张三柱　主编
艾　军　主审

中国土木工程学会教育工作委员会江苏分会组织编写

应用型本科院校土木工程专业规划教材

土木工程专业
建筑工程方向
课程设计指导书

第二版

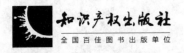

知识产权出版社

全国百佳图书出版单位

内容提要

本书系"应用型本科院校土木工程专业规划教材"之一。本书将土木工程专业建筑工程方向各课程设计加以适当组织,既体现了各门课程的教学要求,又反映了建筑工程专业方向完整的课程体系。各课程设计力求体现课程理论教学的重点、难点及理论应用于实践的基本方法,培养学生初步的设计计算能力,掌握综合运用课程基础理论和设计方法。

全书共分8章:房屋建筑学课程设计;土木工程项目(单位工程)施工组织课程设计;概预算课程设计;桩基础课程设计;普通钢屋架课程设计;钢筋混凝土楼盖课程设计;砌体房屋结构课程设计;单层厂房排架结构课程设计。各章节课程设计的内容包含以下内容:教学要求;设计方法和步骤;设计例题;课程设计有关要求,其中重点介绍了进度安排及阶段性检查,考核、评分办法,并着重强调了课程设计中应注意的问题;思考题。个别章节给出课程设计任务书,供教学使用。

本书可作为高等院校土木工程专业及相关专业的教学用书,也可供相关专业工程技术人员参考。

责任编辑:段红梅 张 冰   **责任校对:**董志英
封面设计:王 鹏 张国仓   **责任出版:**卢运霞

图书在版编目(CIP)数据

土木工程专业建筑工程方向课程设计指导书/张三柱
主编 . —2 版 . —北京:知识产权出版社,2013.4
应用型本科院校土木工程专业规划教材
ISBN 978-7-5130-0708-5

Ⅰ.①土… Ⅱ.①张… Ⅲ.①建筑工程—课程设计—
高等学校—教学参考资料 Ⅳ.①TU-41

中国版本图书馆 CIP 数据核字(2013)第 080877 号

应用型本科院校土木工程专业规划教材

土木工程专业 建筑工程方向课程设计指导书 第二版

张三柱 主编 艾军 主审

出版发行:知识产权出版社

社 址:北京市海淀区马甸南村 1 号	邮 编:100088
网 址:http://www.ipph.cn	邮 箱:bjb@cnipr.com
发行电话:010-82000860 转 8101/8102	传 真:010-82005070/82000893
编辑电话:010-82000860 转 8024	编辑邮箱:zhangbing@cnipr.com
印 刷:北京富生印刷厂	经 销:新华书店及相关销售网点
开 本:787mm×1092mm 1/16	印 张:23
版 次:2013 年 4 月第 2 版	印 次:2013 年 4 月第 1 次印刷
字 数:573 千字	定 价:46.00 元
印 数:0001~2000 册	

ISBN 978-7-5130-0708-5/TU·025(3612)

中国土木工程学会教育工作委员会江苏分会组织编写

应用型本科院校土木工程专业规划教材

编 写 委 员 会

主 任 委 员 李爱群

副主任委员 吴胜兴　刘伟庆

委　　　员 （按姓氏拼音字母排序）

包　华　崔清洋　何培玲　何卫中　孔宪宾

李庆录　李仁平　李文虎　刘爱华　刘训良

佘跃心　施凤英　田安国　童　忻　王振波

徐汉清　宣卫红　荀　勇　殷惠光　张三柱

朱正利　宗　兰

审 定 委 员 会

顾　　　问 蒋永生　周　氏　宰金珉　何若全

委　　　员 （按姓氏拼音字母排序）

艾　军　曹平周　陈国兴　陈忠汉　丰景春

顾　强　郭正兴　黄安永　金钦华　李爱群

刘伟庆　陆惠民　邱宏兴　沈　杰　孙伟民

吴胜兴　徐道远　岳建平　赵和生　周国庆

总　序

中国土木工程学会教育工作委员会江苏分会成立于 2002 年 5 月，现由江苏省设有土木工程专业的近 40 所高校组成，是中国土木工程学会教育工作委员会的第一个省级分会。分会的宗旨是加强江苏省各高校土木工程专业的交流与合作，提高土木工程专业的人才培养质量，服务于江苏乃至全国的建设事业和社会发展。

人才培养是高校的首要任务，现代社会既需要研究型人才，也需要大量在生产领域解决实际问题的应用型人才。目前，除少部分知名大学定位在研究型大学外，大多数工科大学均将办学层次定位在应用技术型高校这个平台上。作为知识传承、能力培养和课程建设载体的教材在应用型高校的教学活动中起着至关重要的作用，但目前出版的教材大多偏重于按照研究型人才培养的模式进行编写，"应用型"教材的建设和发展却远远滞后于应用型人才培养的步伐。为了更好地适应当前我国高等教育跨越式发展的需要，满足我国高校从精英教育向大众化教育重大转移阶段中社会对高校应用型人才培养的各类要求，探索和建立我国高校应用型本科人才培养体系，中国土木工程学会教育工作委员会江苏分会与知识产权出版社联合，组织江苏省有关院校的教师，编写出版了适应应用型人才培养需要的应用型本科院校土木工程专业规划教材。其培养目标是既掌握土木工程学科的基本知识和基本技能，同时也包括在技术应用中不可缺少的非技术知识，又具有较强的技术思维能力，擅长技术的应用，能够解决生产实际中的具体技术问题。

本套教材旨在充分反映应用型本科的特色，吸收国内外优秀教材的成功经验，并遵循以下编写原则：

- 突出基本概念、思路和方法的阐述以及工程应用实例；
- 充分利用工程语言，形象、直观地表达教学内容，力争在体例上有所创新并图文并茂；
- 密切跟踪行业发展动态，充分体现新技术、新方法，启发学生的创新思维。

本套教材虽然经过编审者和编辑出版人员的尽心努力，但由于是对应用型本科院校土木工程专业规划教材的首次尝试，故仍会存在不少缺点和不足之处。我们真诚欢迎选用本套教材的师生多提宝贵意见和建议，以便我们不断修改和完善，共同为我国土木工程教育事业的发展作出贡献。

中国土木工程学会教育工作委员会江苏分会

第二版前言

本教材于 2007 年出版以来，参编教师在长期的教学过程中不断总结教学经验，完善教材内容，增强实用性，努力体现应用型本科院校的教学特点。自 2010 年以来，国家新的结构设计规范陆续颁布，编者结合新规范的内容对教材中的相关章节作了系统修改。

参加修订工作的教师仍为第一版各章作者，全书由南京航空航天大学艾军教授主审，在此表示衷心感谢。

由于我们水平有限，书中不妥之处在所难免，恳请读者批评指正。我们将不断改进和完善。

编　者
2013 年 1 月

第一版前言

　　课程设计是土木工程专业教学过程中重要的实践性教学环节之一，本书将土木工程专业建筑工程方向各课程设计加以适当组织，既体现了各门课程的教学要求，又反映了建筑工程专业方向完整的课程体系。各课程设计力求体现课程理论教学的重点、难点及理论应用于实践的基本方法，培养学生初步的设计计算能力，掌握综合运用课程基础理论和设计方法。本书能对学生课程设计过程起到引导、辅导和参考的作用。在本书编写的过程中相关任课教师对各章节的编写进行了认真探讨，根据教师的教学经验对学生在课程设计中可能会遇到的问题进行了分析和总结，在设计方法上进行较详细的叙述，让学生能够很好地理解课程设计中的核心问题。在各章节编写过程中注重培养学生建筑工程设计及施工的总体概念，为毕业设计和学生今后的工作打下良好的基础。

　　本书各章节课程设计的内容包含以下内容：①教学要求；②设计方法和步骤；③设计例题；④进度安排及阶段性检查，考核、评分办法，课程设计中应注意的问题；⑤思考题。个别章节给出了课程设计任务书，供教学使用。

　　考核课程设计成绩拟从两方面着手：一方面是学生的独立工作能力，另一方面是图纸质量。学生独立工作能力，主要表现在：对基础理论、基本知识和基本技能的掌握程度；分析和解决问题的能力；课程设计中表现的独立性、独特性和必要的独创性；是否按时交图。评价图纸质量主要是看图纸内容的完整性和正确性；图面线条和字体是否工整和符合相应的标准。

　　本书系"应用型本科院校土木工程专业规划教材"之一，由中国土木工程学会教育工作委员会江苏分会统一组织编写，淮海工学院张三柱担任主编，南京航空航天大学艾军教授担任主审。全书共分 8 章，由淮海工学院土木工程系教师负责编写：第一章"房屋建筑学课程设计"（杨俊华），第二章"土木工程项目（单位工程）施工组织课程设计"（严福生），第三章"概预算课程设计"（朱建国），第四章"桩基础课程设计"（王玉琳），第五章"普通钢屋架课程设计"（李新华），第六章"钢筋混凝土楼盖课程设计"（闫肖武），第七章"砌体房屋结构课程设计"（苗克芳），第八章"单层厂房排架结构课程设计"（张三柱）。姚景文老师协助完成了部分章节的绘图工作。全书由张三柱统稿。

本书的编写得到了中国土木工程学会教育工作委员会江苏分会的大力支持，南京航空航天大学土木工程系艾军教授及黄东升、赵新铭、吴强、王喆、李俊、程晔、唐敢等老师在审稿中提出了许多宝贵意见，在此一并表示衷心感谢。

限于编者水平，书中不妥之处在所难免，恳请读者批评指正。

编 者

2007 年 1 月

目　　录

第一章

房屋建筑学课程设计

【本章要点】

● 了解一般民用建筑的设计原理。

● 掌握建筑设计的基本方法和步骤。

● 培养绘制建筑方案及施工图的能力。

第一节 教 学 要 求

一、目的要求

（1）通过本次课程设计，培养学生综合运用建筑设计原理知识分析问题和解决问题的能力。

（2）了解各类建筑设计的国家规范和地方标准、建筑构配件的通用图集及各类建筑设计资料集等，如《房屋建筑制图统一标准》（GB/T 50001—2010）、《总图制图标准》（GB/T 50103—2010）、《建筑制图标准》（GB/T 50104—2010）、《民用建筑设计通则》（GB 50352—2005）、《建筑设计防火规范》（GB 50016—2006）和《建筑设计资料集》等，并能在设计中正确使用。

（3）了解一般民用建筑的设计原理和方法，了解建筑平面设计、剖面设计及立面设计的方法和步骤。正确运用平面设计原理进行平面设计、平面组合，并正确运用所学知识进行剖面设计，运用建筑美学法则进行建筑体型及立面设计。

（4）培养构造节点设计的能力及绘制建筑施工图的能力。

二、设计内容及图纸要求

（一）建筑总平面图

绘图比例 1:500。

（1）标明拟建工程四周一定范围内的建筑物、道路、场地、绿化、设施等的位置、尺寸和标高。

（2）标注拟建建筑物与周围其他建筑物、道路及设施之间的尺寸。

（3）注明指北针或风玫瑰图等。

（二）建筑平面图

各层建筑平面图，比例 1∶100。

（1）画出各房间、门窗、厕所及固定设备，标注房间名称或编号。

（2）标注尺寸：

1）外部尺寸。三道尺寸（总尺寸、轴线尺寸、门窗洞口等细部尺寸）及底层室外台阶、坡道、散水、明沟等尺寸。

2）内部尺寸。内部门窗洞口、墙厚、柱大小等细部尺寸。

（3）标注室内外地面标高、各层楼面标高。

（4）标注定位轴线及编号、门窗编号、剖切符号、详图索引符号等。

（5）楼梯应按比例绘出踏步、平台、栏杆扶手及上下楼方向。

（6）部分家具及设备布置，卫生间应画出卫生器具。

（7）底层平面中，还应画出室外台阶、散水及明沟、指北针。

（8）注写图名和作图比例。

（三）建筑立面图

主要立面和侧立面，比例 1∶100。

（1）画出室外地面线、建筑外轮廓、勒脚、台阶、门、窗、雨篷、阳台、雨水管及墙面分格线的形式和位置。

（2）标注室外地面、台阶、窗台、门窗顶、阳台、雨篷、檐口、屋顶等处完成面的标高。

（3）标注建筑物两端或分段的定位轴线及编号，各部分构造、装饰节点详图的索引符号，注明外墙装修材料、颜色和做法。

（4）注写图名和比例。

（四）建筑剖面图

1～2 个剖面，比例 1∶100。

（1）画出剖切到的或看到的墙体、柱及固定设备。

（2）标注室内外地面、各层楼面与楼梯平台面、檐口底面或女儿墙顶面等处的标高。

（3）标注建筑总高、层高和门窗洞口等细部尺寸。

（4）标注墙或柱的定位轴线及编号、轴线尺寸、详图索引符号，注写图名和比例。

（五）建筑详图

建筑详图是指在平面、立面、剖面中未能清楚表示出来的细部或构配件，用较大的比例绘制的图样，它要求将其形状、大小、材料和做法详细地表示出来。本课程设计要求绘制的详图为楼梯和外墙身详图（也可根据指导教师要求选择）。

图纸深度要求如下。

1. 楼梯详图

（1）楼梯平面图。通常画出首层、中间层和顶层三个平面图。比例 1∶50。

1）按比例画出楼梯的踏步线，用箭头标明上、下楼方向，并注写"上"或"下"字和步级数。

2）在底层平面图上应标注楼梯剖面图的剖切符号。

3）标注尺寸。

- 楼梯间开间和进深尺寸、楼地面和楼梯休息平台面的标高尺寸以及细部的详细尺寸。
- 通常把梯段长度尺寸与踏面数、踏面宽的尺寸合并写在一起。
- 开间、进深方向标注二道尺寸线：

——第一道，细部尺寸：梯段净宽及梯井宽；平台净宽及梯段长（梯段长＝踏面宽×踏面数，踏面数＝步级数－1）。

——第二道，楼梯间轴线尺寸及轴线编号。

（2）楼梯剖面图。按照底层楼梯平面图上剖切位置及剖视方向绘制：

1）画出踏步断面形式、梯梁、平台梁、平台板及墙体。剖切到的用粗实线画，未剖切到的用细实线画。

2）画出栏杆及扶手，可用双线条简单表示。

3）尺寸标注：

- 室外地面、底层地面、各层楼面、楼梯休息平台面的标高及细部的详细尺寸。
- 竖向尺寸标注二道：

——第一道，细部尺寸：梯段高度（梯段高＝踏步高×步级数）。

——第二道，层高尺寸。

- 水平尺寸标注开间、进深尺寸以及定位轴线和编号。

4）详图索引符号。

（3）踏步、栏杆详图。用较大的比例画出踏步、栏杆及扶手的形式，并注明尺寸、材料及构造做法情况。

2. 外墙身详图

根据平面图上的剖切位置与剖视方向或剖面图上的详图索引位置，绘制建筑外墙身详图。主要表示屋面、楼层、地面和檐口构造、楼板与墙的连接、门窗顶、窗台和勒脚、散水、明沟等处构造的情况，即从基础顶部墙身画到女儿墙顶部或挑檐顶部。

可只画底层、顶层或加一个中间层来表示。画图时，在窗洞中间处断开，成为几个节点详图的组合。可画整个墙身的详图，也可把各个节点的详图分别单独绘制。被剖切到的部位均以其材料符号表示。

（1）注明各部位的材料名称、做法及尺寸。

1）对屋面、楼层和地面的构造，采用多层构造说明方法来表示。按层次画出屋面各层构造，用多层构造引出线标注各层材料、做法及厚度。屋面还应标注排水方向及坡度。

2）按层次画出楼层各层构造及踢脚、墙裙，用多层构造引出线标注各层材料、做法及厚度。剖切到的楼板以粗实线表示，抹灰线用细实线表示。

3）按层次画出墙身各层构造。墙体若为多层复合墙体，还应用引出线标注各层材料、做法及厚度。墙身剖面线为粗实线，抹灰线为细实线。

4）画出窗过梁及窗台的形式、材料、做法及细部尺寸，并标明窗台的流水方向与坡度。窗洞口的可见墙线与可见窗框线及剖到的抹灰线为细实线，剖到的窗框线及玻璃线为中粗实线。

5）按层次画出底层地面的各层构造及踢脚、勒脚，并用多层构造引出线标注各层材料做法及厚度。结构层剖面线以粗实线表示，抹灰线用细实线表示。

6）画出墙身水平防潮层，注明材料、做法和尺寸，并标注防潮层与底层地面的距离。

7）按层次画出散水各层构造，用多层构造引出线标注各层材料、做法及厚度，并标注散水宽度、排水方向及坡度。结构层剖面线以粗实线表示，抹灰线用细实线表示。

（2）标注定位轴线及编号，并表明墙与轴线的位置关系。

（3）尺寸标注：

1）标注高度尺寸，分三道尺寸标注：

• 第一道，为建筑总高。

• 第二道，为层高尺寸。

• 第三道，为门窗洞口及窗间墙尺寸。

2）注明建筑各部位标高，如室外地面、室内地面、各层楼面、窗台、门窗顶、檐口等处的标高。

3）注写图名、比例。

（六）设计说明

内容一般应包括：建筑设计的主要依据；本工程项目的设计规模、性质、设计指导思想和设计特点；有关国家与地方法规的执行说明；设计意图及方案特点；建筑结构方案及构造特点；建筑各部位、室内外装修材料及装修标准；主要技术经济指标；门窗表等。

第二节 设 计 方 法 和 步 骤

一、设计前期准备工作

（1）熟悉设计任务书，明确设计要求、设计条件和设计目的。

工程设计任务书，是经上级主管部门批准提供给设计单位进行设计的依据性文件，一般包括以下内容：

1）建设项目的建造要求、建造目的、建筑性质、规模及一般说明。

2）建筑项目的具体使用要求、建筑面积、房间组成与面积分配。

3）建设项目的建设地点、建设基地大小、形状、地形，周围环境、道路、原有建筑要求和地形图。

4）供电、给排水、采暖、空调、煤气、电信、消防等方面的要求。

5）设计期限及项目的建设进度安排要求。

（2）调查研究有关内容，收集必要的设计原始数据。

1）进一步了解建设单位的使用要求，并调查同类建筑的使用情况。

2）了解当地建筑材料供应及结构施工等技术条件。

3）建设地段的现场勘察。了解现场的地形、地貌、周围环境及原有建筑、道路、绿化等。

  4）了解当地传统经验、文化传统、生活习惯、风土人情及建筑风格。

  5）收集有关原始数据和设计资料。

  • 气象资料：所在地区的温度、湿度、日照、雨雪、风向、土的冻结深度等。

  • 地形地貌：地质、水文资料；土壤种类及承载力；地下水位及地震烈度等。

  • 水电等设备管线资料：给水、排水、供热、煤气、电缆、通信等管线布置。

  • 设计项目的有关定额指标。

  （3）收集并学习有关设计参考资料，参观学习已建成的同类建筑。

  1）有关设计参考资料主要有：《房屋建筑学》教材、《建筑设计资料集》（1～10）、《民用建筑设计通则》（GB 50352—2005）、《建筑设计防火规范》（GB 50016—2006）、《总图制图标准》（GB/T 50103—2010）、《房屋建筑制图统一标准》（GB/T 50001—2010）、《建筑制图标准》（GB/T 50104—2010），以及相关的建筑设计规范、地方标准、建筑构配件通用图集和各类建筑设计资料集等。

  2）参观同类建筑，了解以下内容：

  • 建筑与周围环境之间的关系。

  • 建筑规模与房间组成。

  • 平面形式与空间布局；平面组合方式。

  • 竖向空间形式；层高与各部分标高。

  • 使用房间与交通联系部分的设计。

  • 分析、总结有哪些优点及存在的问题。

二、初步设计：构思设计方案

  初步设计是建筑设计的第一阶段，它的主要任务是提出建筑设计方案。

  方案设计与构思是方案草图设计的关键步骤，它决定了方案草图设计的大局。方案设计的好坏将决定整个工程设计的发展、建筑物的使用质量和艺术质量。

  通常是先从方案的总体布局开始，然后逐步深入到平面、剖面、立面设计，也就是先宏观后微观、先整体后局部。在前期准备工作的基础上，合理地布置建筑的外部使用空间，有机地组合内部使用空间，综合考虑平、立、剖三者的关系，创造优美的具有艺术感染力的建筑外形。

  （一）总平面设计

  （1）分析基地的地形地貌、面积与尺寸、周围环境及城市规划对拟建建筑的要求。

  （2）结合日照、朝向、卫生间距、防火及使用要求等进行用地划分，并初步确定建筑的位置、占地面积、平面形式、层数、道路、绿化、停车场等设施。

  （二）建筑平面设计

  建筑设计通常从平面设计、立面设计和剖面设计三个方面来综合考虑。平面设计是关键，因此作方案设计时，总是先从平面入手，并同时考虑立面及剖面的可能性与合理性。只有综合考虑平、立、剖三者的关系，才能做好一个建筑设计。

  建筑平面设计包括单个房间平面设计和平面组合设计。

  无论是由几个房间组成的小型建筑或是由几十个甚至上百个房间组成的大型建筑，

从组成平面各部分的使用性质分析，均可分为两个组成部分，即使用部分和交通联系部分。

1. 使用部分的平面设计

使用部分是指建筑物中的主要使用房间和辅助使用房间。

（1）主要使用房间的平面设计。主要使用房间的平面设计要满足下列要求：

1）房间的面积、形状和尺寸要满足室内使用活动和家具、设备合理布置的要求。

2）门窗的大小和位置，应考虑房间的出入方便，疏散安全，采光通风良好。

3）房间的构成应使结构构造布置合理，施工方便，也要有利于房间之间的组合，所用材料要符合相应的建筑标准。

4）室内空间以及顶棚、地面、墙面和构件细部，要考虑人们的使用和审美要求。

主要使用房间是建筑物的核心，从主要使用房间的功能要求来分类，主要分为以下几类：

1）生活用房间：住宅的起居室、卧室、宿舍和招待所的卧室等。

这类房间在功能上要求安静、舒适、方便、亲切，以满足人们的睡眠、休息等需要。房间一般比较小，结构也较简单，平面通常采用矩形，且在设计时应考虑有较好的朝向、采光与通风。

2）工作、学习用房间：各类建筑中的办公室、值班室，学校中的教室、实验室等。

这类房间的功能要求较复杂，如办公室、阅览室，要求有安静的环境；教室、阅览室，要求有良好的、均匀的光线；有些实验室要求恒温、恒湿等。这类房间的构造和室内技术条件都比较复杂，房间的平面形状和大小应根据具体功能来确定。

3）公共活动房间：商场的营业厅，剧院、电影院的观众厅、休息厅等。

这类房间使用人数多，功能复杂。在设计中需要满足视线、声觉等要求，并要解决采光照明、安全疏散、大跨度结构等问题。因此，此类房间的平面形状，除矩形外，还常采用圆形、梯形、多边形等多种平面形状，以满足其功能和技术上的要求。

（2）辅助使用房间的平面设计。此类房间包括浴室、厕所、盥洗室、厨房、储藏室等。这类房间的平面形状及面积大小应根据具体的功能来确定。如浴室、厕所、盥洗室等房间，用水量大，上、下管道多，在平面布置中应尽量集中，与主要房间既要联系方便，又要适当隔离和隐蔽，且要有较好的采光和通风。辅助使用房间在建筑中应处于次要地位，在不影响使用的前提下，应尽量利用建筑物的暗间、死角及不利朝向，并尽量节约面积。

2. 交通联系部分的平面设计

一栋建筑物除了有满足使用要求的各种房间外，还需要有交通联系部分把各个房间及室内外有机地联系起来，以满足使用便利和安全疏散的要求。

交通联系部分的面积，设计得是否合理，不仅直接影响到建筑物中各部分的联系通行是否方便，而且对房屋造价、建筑用地、平面组合方式等许多方面也有很大影响。因此平面设计中，对交通联系部分的设计有以下要求：

（1）交通路线简捷明确，联系通行方便。

（2）宽度合理，人流通畅，紧急疏散时迅速安全。

（3）满足一定的采光通风要求。

（4）力求节省交通面积，同时考虑空间造型的处理等。

建筑物内部的交通联系部分可以分为以下几类：

（1）水平交通联系部分：走廊、过道、连廊等。

（2）垂直交通联系部分：楼梯、坡道、电梯、自动扶梯等。

（3）交通联系枢纽：门厅、过厅等。

（三）建筑平面组合设计

1. 功能分析

对建筑物的各个使用房间进行功能分析，根据房间的使用性质及联系的紧密程度，找出各部分、各房间的相互关系，进行分组、分区。画出各部分的相互关系图，即功能分析图。借助功能分析图比较形象地表示建筑物的各个功能分区部分以及它们之间的联系或分隔要求、房间的使用顺序，从而确定房间在平面中的具体位置。

建筑平面的功能分析，主要包括以下几个方面：

（1）主次关系。组成建筑物的各部分，按其使用性质必然有主次之分。分清房间的主与次，在设计中，根据建筑物不同部位的特点，优先满足主要房间在平面组合中的位置要求。例如，学校教学楼中，满足教学的教室、实验室等，应是主要的使用房间，其余的管理用房、办公室、储藏室、厕所等，为次要房间。住宅建筑中，生活用的起居室、卧室是主要的房间，厨房、浴厕、储藏室等属次要房间。商店中的营业厅、体育馆中的比赛大厅，也属于主要房间。平面组合时，要根据各个房间使用要求的主次关系，合理安排它们在平面中的位置。上述教学、生活用主要房间，应考虑设置在朝向好且较安静的位置，以获得较好的日照、采光、通风条件。公共活动的主要房间，它们的位置应在出入和疏散方便，人流导向比较明确的部位。

（2）内外关系。在组成建筑的房间中，有些是对内联系，供内部使用，有些则对外联系密切，直接为外来人员服务。例如商店的营业厅，门诊所的挂号、问讯等房间，它们的位置需要布置在靠近人流来往的地方或出入口处。有的主要是内部活动或内部工作之间的联系，例如商店的行政办公、生活用房、门诊所的药库、化验室等，这些房间主要考虑内部使用时和有关房间的联系。

（3）联系与分隔。根据房间的使用性质、特点，进行功能分区。例如学校建筑，可以分为教学活动、行政办公以及生活后勤等几部分，教学活动和行政办公部分既要分区明确，避免干扰，又要考虑分属两个部分的教室和教师办公室之间的联系方便，它们的平面位置应适当靠近一些；对于使用性质都属于教学活动部分的普通教室和音乐教室，考虑音乐教室上课时对普通教室有一定的声响干扰，它们虽属同一个功能区，但是在平面组合中却又要求有一定的分隔。

（4）顺序与流线。由于使用性质和特点的不同，建筑物中各种房间或各个部分的使用往往有一定的先后顺序。人或物在这些空间使用过程中流动的路线，即流线；流线组织合理与否，直接影响到平面组合是否合理、紧凑，平面利用是否经济等。流线分人流和物流，在平面组合设计中，各房间一般是按使用流线的顺序关系有机地组合起来的。如展览馆建筑，各展室是按人流参观路线的顺序连贯起来。火车站建筑则分进出站路线、行包线，人流路线按到站、问讯、售票、候车、检票、进入站台上车，以及出站时由站台经过检票出站等顺序组合起来。各流线应避免交叉，并简捷、通畅。

2. 初步分块

将各部分、各房间根据面积要求，粗略地确定其平面形状及空间尺寸，为建筑各部分的组合作定量准备。

3. 块体组合

根据功能分析先画出单线块体组合示意图。块体组合要多思考、多动手、多比较、多修改。每个方案都有其特点、优点和不足，在设计中，应尽可能地把各种方案的特点、优点，集中到一个建筑设计方案中。因此，要善于从全局出发，抓住主要矛盾，不断对方案进行修改和调整，使之逐步趋于完善。

块体组合是粗线条的设计，是从单一空间到多个空间的组合。把已经考虑好的单个房间，根据使用性质和要求，进行合理的平面组合。平面组合的好坏主要体现在合理的功能分区及明确的流线组织两个方面。但建筑结构与材料，在很大程度上也影响着建筑的平面组合。因此，在考虑满足使用功能要求的前提下，应充分考虑到剖面、立面、结构等影响因素。

(1) 块体组合的依据。块体组合时，除以功能分析为依据外，还要考虑以下因素：

1) 合理的结构体系。应选择经济合理的结构方案，并使平面组合与结构布置协调一致。房间的开间、进深参数尽量统一，以减少楼板类型。上下承重墙尽量对齐，尽量避免在大房间上布置小房间，一般可将大房间放在顶层或依附于楼旁。

2) 合理的设备管线布置。设备管线及管道主要包括：给排水、采暖空调、煤气、电缆、烟道、通风道等。在平面组合设计中，对于设备管线及管道较多的房间，应尽量集中布置，上下对应。

3) 气候环境。严寒地区的建筑尽量采用较紧凑的平面布局以减少外围护结构面积，减少散热面，提高建筑的保温性能；炎热地区的建筑则尽可能采取分散式的平面布局，以利于通风。

4) 地形、地貌、基地形状和大小、道路走向等对平面组合设计的影响。如平面形状的确定、出入口的布置等，都应考虑其影响。

(2) 块体组合的形式：

1) 走廊式组合：以走廊的一侧或两侧布置房间的组合方式。其特点是使用房间与交通部分明确分开，各房间相对独立，房间与房间通过走道相互联系。它适于办公、学校、旅馆、宿舍等建筑类型。

2) 套间式组合：房间之间直接穿通的组合方式。房间与房间之间相互穿套，按一定的序列组合空间。其特点是布局紧凑，各房间之间联系简捷，适于有连续使用空间要求的展览馆、博物馆、车站、浴室等建筑类型。

3) 大厅式组合：以公共活动的大厅为主，穿插布置辅助房间。其特点是大厅使用人数多，面积、层高较大，而辅助房间与大厅相比，尺寸大小悬殊，常将辅助房间围绕大厅布置。适于商场、火车站、影剧院、体育馆等建筑类型。

4) 单元式组合：将关系密切的房间组合在一起，成为一个相对独立的整体，称为单元。将一种或多种单元按功能及环境等要求沿水平或竖直方向重复组合起来，称为单元式组合。其特点是功能分区明确，平面布置紧凑，各单元相对独立、互不干扰，且能提高建筑标准化。适于住宅、幼儿园、学校、医院等建筑类型。

5）混合式组合：以一种组合方式为主的多种方式的组合。适于大型的、功能复杂的建筑类型。

采用何种形式应根据建筑功能、特点来确定。

（四）剖面设计

1. 确定剖面形状

一般民用建筑房间的剖面形状有矩形和非矩形两种；矩形剖面具有形状规则、简单的特点，有利于梁板的布置和施工的方便，因此采用较多。但有些大跨建筑的空间剖面形状，需综合考虑许多方面的因素，如结构形式、视觉、音响、采光通风、体育活动等使用上的要求等，常形成特有的剖面形状，如阶梯教室、影剧院、体育馆等。

2. 确定层高

房间的高度可以用层高或净高表示。

层高及各部分标高是根据室内使用性质和人体活动特点的要求、家具设备的布置、采光通风、结构类型、设备管线布置、室内空间比例及技术经济条件等要求，综合考虑确定的。房间面积小，室内活动人数少，则房间的净高可以低一些；房间面积大，室内活动人数较多，则房间的净高就要高一些。

在满足使用要求的前提下，适当降低房间的层高，可降低整栋房屋的高度，从而减轻建筑物的自重，改善结构受力情况，节省投资和用地。

3. 确定各部分高度

（1）室内地坪的标高。为了防止室外雨水倒流入室内，并防止底层地面及墙身受潮，一般适当提高室内地坪。室内外地面高差，至少不低于150mm，一般可取300～600mm。

对于一些易于积水或需要经常冲洗的地方，如开敞的外廊、阳台以及浴厕、厨房等，地坪标高应稍低一些（约低20～50mm），以免溢水。

（2）窗台高度。窗台的高度主要根据室内的使用要求、人体尺度和家具或设备的高度来确定。一般房间窗台高度与房间工作面一致，常采用900mm左右。

4. 确定层数

确定房屋层数要考虑的主要因素是：使用要求，建筑性质、建筑结构及施工材料要求，基地环境和城市规划要求，建筑防火要求，经济条件等。

5. 建筑空间组合

根据建筑使用功能要求及平面构思，从垂直方向考虑各种高度房间的组合形式。通常尽量把高度相同、使用性质接近或相同的房间组合在同一层；组合过程中，尽可能统一房间的高度，把高度相差不大、使用关系上密切的房间，在满足使用功能的前提下，适当调整房间之间高差，统一高度，以使结构方案合理、施工方便。对于高度相差较大的房间，可以采取把层高较大的房间布置在底层、顶层，或以裙房的形式单独依附于主体建筑布置；同时尽量避免将小房间布置在平面尺寸较大的空间上面。此外，设置同一类管线或管道的房间应尽量集中并上下对应。

（五）建筑体型及立面设计

建筑的美观是通过内部空间及外部造型的艺术处理来体现的，而建筑的外观形象给人的感受和影响最为深刻。

建筑外部形象的设计包括体型设计和立面设计两个部分，其主要内容是研究建筑物的体量大小、体型组合、立面及细部处理、色彩与质感的运用等。建筑体型和立面设计是整个建筑设计的重要组成部分，它应与平面设计、剖面设计同时进行，并始终贯穿于整个设计过程。

立面设计和体型设计，是在满足房屋使用要求和技术经济条件的前提下，根据自然与基地条件、城市规划及环境条件、民族风格和地区特色，运用建筑构图的基本法则，将建筑的功能要求、平面设计、剖面设计、经济因素、结构形式等要求不断统一、协调，经过反复推敲、修改、调整来完成的。

1. 体型的组合

体型是指建筑物的轮廓形状，它反映了建筑物的体量大小、组合方式和比例尺度等。建筑体型各部分体量组合是否恰当，直接影响到建筑造型。

体型组合有以下几种方式：

（1）单一体型。单一体型是将内部空间组合到一个较完整的简单几何体型中去，它造型统一、简洁、轮廓分明，没有明显的主次关系。在大、中、小型建筑中都常采用。

（2）单元组合体型。单元组合体型是将几个独立体量的单元按一定方式组合起来。具有组合灵活的特点，可以结合基地大小、形状、朝向、道路走向等增减单元，高低错落，体型可为一字形、锯齿形、台阶式等。在住宅、学校、医院中常采用这种组合方式。

（3）复杂体型。复杂体型是由若干个不同的体量组合而成的，它体型丰富，适用于功能关系复杂的建筑物。在外形上有大小不同、前后凹凸、高低错落等变化。复杂体型一般又分为两类：一类是对称式，另一类是非对称式。对称式体型组合主从关系明确，体型比较完整统一，给人庄严、端正、均衡、严谨的感觉；非对称体型组合布局灵活，能充分满足功能要求并和周围环境有机地结合在一起，给人以活泼、轻巧、舒展的感觉。

复杂体型组合中各体量的形状、大小、高低各不相同，它们之间的连接直接影响到建筑的外部形象。在设计中常采取直接连接、咬接和以走廊为连接体相连的交接方式。

无论哪一种形式的体型组合都要遵循基本的构图原则。在设计过程中，充分考虑建筑功能、建筑材料和建筑结构的制约因素，运用基本的构图原则，做到主从分明、布局均衡、整体稳定、比例恰当、交接明确、和谐统一。此外体型组合还应考虑到基地地形、城市规划和环境条件、社会经济条件等因素，使建筑与周围环境紧密地结合在一起，努力创新，设计出适用、安全、经济、美观的建筑。

2. 建筑立面设计

建筑立面是指建筑物的门窗组织、比例与尺度、入口及细部处理、材料与色彩等。在设计过程中，应根据建筑功能要求，运用建筑构图原则，恰当地确定门、窗、墙、柱、阳台、雨篷、檐口、勒脚等部件的比例、尺度、位置、使用材料与色彩，设计出完美的建筑立面。

立面处理有以下几种方法：

（1）立面的比例与尺度。立面的比例与尺度是与建筑的功能、材料的性能、结构的类型密切相关的，综合考虑以上因素，并运用构图的基本原则，赋予整个建筑物合适的尺度、协调的比例，是使立面完整统一的重要方面。设计过程中，应借助于比例尺度的构图手法、前人的经验以及早已在人们心目中留下的某种确定的尺度概念，恰当地加以运用，以获得完美的建筑形象。

（2）立面的虚实与凹凸。虚与实、凹与凸是立面设计中常采用的一种对比手法。

建筑立面中"虚"的部分是指窗、空廊、凹廊等以及实体中的透空部分，常给人以轻巧、通透的感觉。"实"的部分是指墙、柱、屋面、栏板等，常给人以厚重、封闭的感觉。虚多实少的处理，能产生轻巧、开敞的效果；实多虚少的处理，能产生稳定、庄严、雄伟的效果；虚实相当的处理，则给人单调、呆板的感觉。只有结合功能要求、结构及材料的性能，巧妙地处理好虚实关系，使它们具有一定的联系性、规律性，才能获得轻巧生动、坚实有力的建筑形象。

建筑立面中凹的部分一般有凹廊、门洞等，凸的部分一般有阳台、雨篷、遮阳板、挑檐等。处理好凹凸关系，可以加强光影变化，增强建筑物的明暗对比，增强建筑物的体积感，丰富立面效果。

（3）立面的线条处理。建筑立面上客观存在着各种各样的线条，任何一种线条都具有一种特殊的表现力。如横向线条给人舒展、宁静、亲切的感觉，竖向线条则给人庄重、挺拔、向上的感觉，而曲线则给人优雅、流畅、飘逸的感觉。立面设计中，可以利用构件，如檐口、窗台、勒脚、窗、柱、窗间墙等，将墙面作横向划分、竖向划分或网格划分、混合划分等，以使立面获得较好的效果。

（4）立面的材料质感与色彩。质感与色彩是材料的固有特性，通过材料质感与色彩的变化，可以增强建筑的表现力。

1）立面的材料质感。建筑材料质感不同，给人的感觉也不同。如天然石材的质地粗糙，给人以厚重、坚固的感觉；金属的表面光滑，给人以轻巧、细腻的感觉。材料的质感处理可以利用材料本身的固有特性来获得装饰效果，也可以通过人工的方法创造某种特殊质感。立面设计中常常利用质感的变化与处理来增强建筑物的表现力。

2）立面的色彩。立面色彩的不同，也具有不同的表现力。一般，白色或浅色给人明快、清新的感觉，深色给人稳重的感觉，而暖色则使人感到热烈、兴奋，冷色使人感到宁静。立面色彩的设计包括大面积墙面基调色的选用和墙面上不同色彩的构图两方面。

立面色彩设计中应注意以下几个问题：

• 色彩处理要注意统一与变化，通常以大面积基调色为主，以取得和谐、统一的效果；局部运用其他色调形成对比以达到在统一中求变化、突出重点的目的。
• 色彩的运用要与建筑性质一致。如医院建筑宜采用给人安定、洁净感的白色或浅色调；娱乐性建筑则常采用暖色调，以增加其活泼、热烈的气氛。
• 色彩运用要与环境相协调，既要与周围建筑氛围相协调，又要适应各地的气候特征与文化背景。如寒冷地区常采用暖色调，炎热地区则多采用冷色调。

（5）立面的重点与细部处理。立面设计中，对建筑物某些局部位置进行重点处理，可以突出主体，反映建筑物的功能、使用性质和立面造型的主要部分，有助于突出表现建筑物的性格。

1）立面的重点处理。建筑立面需要重点处理的部位一般有：建筑物出入口、楼梯间等人流较多的部位；建筑物有特征的部分，如转角、檐口及立面的突出部分等；立面上一些构件的构造搭接及一些接近人体的细部，如窗台、勒脚、阳台、檐口、栏杆和雨篷等。

2）立面的细部处理。细部处理时，应仔细推敲其形式、比例、材料和色彩，注意比例协调，统一中有变化，多样中求统一，以使建筑体型、建筑立面统一而完整。

（六）反复修改方案并绘制设计方案图

方案构思及草图设计一般要经历从总体的粗略设想到方案的具体设计，从平面、剖面到立面，然后再从立面、剖面到平面，必须不断地推敲，反复地修改、调整，以使方案逐步合理化、具体化，直至获得较为完整的、满意的建筑设计方案。

在方案总体构思的基础上，绘制设计方案图。初步设计阶段的图纸一般包括以下内容：

（1）总平面图：表明建筑物的位置、朝向及周围道路、绿化、设施管线的布置。常用比例为 1：500～1：2000。

（2）各层建筑平面及主要剖面、立面：标出主要尺寸（轴线尺寸、总尺寸）、房间面积、部分室内家具和设备的布置。常用比例为 1：100～1：200。

（3）说明书：说明方案概况和主要技术经济指标。

设计方案图可以画得简单一些，方案草图可用单线条表示墙体。

三、楼梯、外墙面等细部节点设计

（一）楼梯设计详图

楼梯设计是根据平面设计中已经确定的楼梯形式进行细部设计。

（1）确定踏步尺寸：

1）根据有关规范确定楼梯踏步尺寸、梯段净宽、梯井宽度和平台宽度。

2）根据层高计算楼梯踏步数。

3）由踏步数确定梯段尺寸。

（2）画出楼梯间平面方案图。按 1：50 比例绘制底层、标准层和顶层平面图。

（3）确定楼梯结构形式和构造方案：

1）楼梯梯段形式。

2）平台梁形式。

3）平台板的布置。

（4）画出楼梯剖面方案图，比例 1：50。

（5）设计踏步、栏杆、扶手的细部构造，确定栏杆、扶手尺寸，并画出构造方案图。

（二）墙体剖面详图

墙体剖面详图（比例 1：20）包括屋面、楼层、地面和檐口构造、楼板与墙的连接、门窗顶、窗台和勒脚、散水、明沟等处构造的情况，即从基础顶部墙身画到女儿墙顶部或挑檐顶部。

（1）确定各部位的构造方案：

1）确定屋面的楼板布置、保温隔热、防水与排水构造方案、檐口的构造做法等。

2）确定楼层楼板的结构布置、楼面、顶棚及踢脚的材料、构造做法。

3）确定墙体的材料、尺寸和构造做法。

4）确定窗台、窗过梁的材料、尺寸和构造做法。

5）确定墙身勒脚、水平防潮层的材料和构造做法。

6）确定散水、明沟的材料、尺寸和构造做法。

（2）画出墙体剖面方案图。

四、绘制建筑施工图

在方案图的基础上，经过修改、完善，使设计方案更合理、经济、可行，并检查各部分有无矛盾之处，进行进一步的协调统一后，按比例绘制总平面、平面、立面、剖面及节点详图的施工图。施工图的图纸深度应尽量达到施工图的要求。

第三节　设　计　例　题

一、设计题目

中学教学楼。

二、设计任务书

（一）建设地点

学校位于城市新建住宅区内，地段情况可参考图 1-1，或自己另选地段。

（二）房间的组成和使用面积

普通教室：12 个，63～72m²。

物理实验室：1 个，96～100m²。

化学实验室：1 个，96～100m²。

生物实验室：1 个，96～100m²。

音乐教室：1 个，70～80m²。

微机教室：1 个，96～100m²。

语言教室：1 个，96～100m²。

阅览室：1 个，120～140m²。

校长办公室：1 个，18～20m²。

教务办公室：1 个，18～20m²。

总务办公室：1 个，18～20m²。

教研室：可设若干个，160～180m²。

值班传达室：1 个，15～18m²。

体育器材室：1～2 个，18～20m²。

室内厕所：每层设，150～180m²。

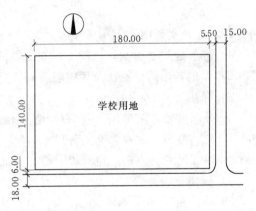

图 1-1　设计用地

（三）总平面布置

（1）教学楼：占地面积按设计。

（2）运动场：设 400m 环形跑道，田径场 1 个，篮球场 1 个，排球场 1 个。

（3）绿化用地（兼生物园地）：300～500m²。

（四）建筑标准

（1）建筑层数：2～4 层。

（2）层高：教学用房 3.6～3.9m，办公用房 3.0～3.4m。

（3）结构：混合结构或局部框架结构。

基础：砖、石或混凝土。

墙体：砖墙或预制砌块。

楼地面：预制混凝土楼板或现浇板。教室、实验室、走道、门厅为水磨石地面，厕所为防滑瓷砖面层。

（4）门窗：木门、铝合金窗。

（5）装修：外墙全部粉刷，内墙为中等抹灰，走廊在 1.2m 以下作瓷砖墙裙。

（6）走道宽（轴线尺寸）：2.4～2.7m（中间走道），1.8～2.1m（单面走道）。

（7）采光：教室窗地比为 1/4，其他用房为 1/8～1/6。

（8）卫生设备：设室内厕所（水冲式便器），水磨石小便槽及污水池。

男厕所：40～50 人一个大便器（或 0.9～1m 长大便槽），两个小便器（或 1m 长小便槽）。

女厕所：20～25 人使用一个大便器（或 0.9～1m 长大便槽）。

（五）图纸内容及深度

（1）建筑总平面图：绘图比例 1：500，在场地内进行绿化布置，并设置足够面积的室外活动场地。

（2）建筑平面图：

1）各层建筑平面图，比例 1：100。

2）画出各房间、厕所及固定设备，并标注房间名称。

3）标注尺寸。

• 外部尺寸：三道尺寸（总尺寸、轴线尺寸、门窗洞口等细部尺寸）及底层室外台阶、坡道、散水、明沟等尺寸。

• 内部尺寸：内部门窗洞口、墙厚等细部尺寸。

4）标注室内外地面标高、各层楼面标高。

5）标注定位轴线及编号、门窗编号、剖切符号、详图索引符号等。

6）注写图名和作图比例（底层平面中，还应画出指北针）。

（3）建筑立面图。主要立面和侧立面，比例 1：100。

1）画出建筑外轮廓、门窗、雨篷、阳台、雨水管及勒脚的形式和位置，注明外墙装修材料、颜色和做法。

2）标注标高尺寸、两端定位轴线及编号，注写图名和比例。

（4）建筑剖面图。1～2 个剖面，比例 1：100。

1）画出剖切到的或看到的墙体、柱及固定设备。

2）标注建筑总高、层高和门窗洞口等细部尺寸。

3）标注室内外地面、楼面、楼梯平台面、门窗洞口顶面和底面、檐口底面或女儿墙顶面的标高。

4）标注墙或柱的定位轴线及编号、轴线尺寸、详图索引符号，注写图名和比例。

（5）屋面平面图。绘图比例1：200～1：300。

1）画出各坡面交线、女儿墙、檐沟、天沟、雨水口、屋面上人孔等位置。

2）标注屋面标高（结构顶面标高），及屋面上人孔等突出屋面部分的有关尺寸，标注排水方向和坡度。

3）标注两端定位轴线及各转角处的定位轴线和编号。

（6）楼梯详图及外墙身详图。楼梯平面图（比例1：50），楼梯剖面详图（比例1：50），踏面、扶手与栏杆节点详图（比例1：2～1：10），要求达到施工图的深度。

外墙剖面详图（1：20）：剖切窗口部位，要求达到施工图的深度。

（六）主要设计参考资料

《房屋建筑学》教材、《建筑设计资料集》（第二版）、《民用建筑设计通则》（GB 50352—2005）、《建筑设计防火规范》（GB 50016—2006）、《中小学校设计规范》（GB 50099—2011）。

三、教学楼设计基础知识

学校是培养人才的基地，学校空间环境的好坏，对少年儿童的生理行为和心理行为影响很大，因此，学校的建筑设计，应创造一种安静、舒适、健康、活泼的学习空间环境。

根据我国现行教育体制，普通中小学教育均为六年制。在正常情况下，小学以14～24个班的规模为宜，中学可有两种：完全中学型（设有初中班及高中班）和初级中学。这两种形式的中学，规模以18～24个班为宜。

（一）总平面设计

学校的总平面设计是指校园区内的平面设计及校园与周围环境的关系。

学校总平面设计，应使学校的用地面积得到充分而合理的应用，并对学校的各种场地、道路、绿化等进行全面合理的规划，创造一个安静舒适、管理方便的学习环境及活动空间。

总平面设计中，要处理好下面几个关键问题：总平面设计与单体建筑的关系，教学楼的体型、位置、朝向和出入口的相对关系，教学楼与体育活动场地的关系。学校出入口与教学楼、体育场地的关系，一般有以下几种布置形式，如图1-2所示。

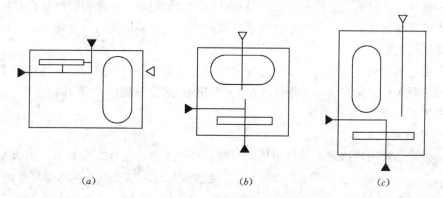

（a）　　　　　　　　（b）　　　　　　　　（c）

图1-2 出入口与教学楼、体育场地的关系
▶—较好的出入口位置；▷—较差的出入口位置

1. 总平面的基本构成

（1）建筑用地。建筑用地是指规划和建造学校各种房屋所占用的场地，包括教学建筑和生活辅助建筑。

教学建筑是学校建筑的主体，包括教室、实验室、图书阅览室、办公室和社团活动室等。教学活动主要是在这些空间完成。这些空间根据功能可有分隔或有联系地组合在一起。

生活辅助建筑包括食堂、宿舍、锅炉房、室外厕所、自行车棚、仓库和变电用房等。生活辅助建筑的使用功能各不相同，设计时应合理地确定它们的位置，处理好这类建筑与教学建筑的关系。

（2）运动场地。运动场地是指全校师生体育活动、集会等活动的场所，应包括带跑道的田径场、一个操场和若干个篮球场、排球场等。篮球场和排球场如图 1-3 和图 1-4 所示。

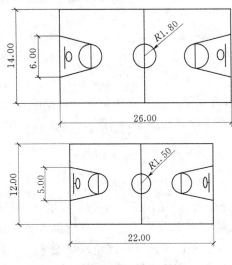

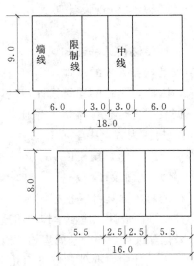

图 1-3 篮球活动场地尺寸（单位：m）　　　图 1-4 排球活动场地尺寸（单位：m）

（3）室外科学园地。室外科学园地是结合中小学生物课、自然课的教学，开展学生课外科学小组活动而设置的。包括生物教学标本园地、植物种植园地、动物饲养园地、天文和气象观测用地等。

（4）道路和绿化。校园内的道路是校园内各建筑物和各场地间的联系脉络。按消防要求，学校主要入口道路宽度不少于 3.5m（单车道），最宽道路为双车道不宜超过 7m，其他道路宽度不少于 2m，道路纵坡不宜大于 8%。

2. 总平面设计要求

（1）遵守国家用地法规，节约用地。目前我国中小学的用地指标如下：小学每生用地 17.6～21.8m²，中学每生用地 22～28.8m²。用地紧张地区或市中心区小学每生用地 10～11m²，中学每生用地 10～12m²。

（2）因地制宜，合理用地。

1）结合地形、地貌及环境等条件，合理进行布局。

2）校舍建筑采用集中式的布置，或采用集中与分散相结合的布置方式，尽量留出大片场地作为运动场地。

3）增加建筑层数。但不宜超过 5 层，否则会带来许多安全问题。

4）运动场地多功能化。运动场地要一场多用，集田径、各类球场、操场于一体。

（3）功能分区要明确。教学区、办公区、体育活动区、科学活动区和生活辅助区等，应分区明确，布局合理，联系方便，互不干扰。

教学区中的教室、实验室、阅览室等，要求安静、朝向好。而音乐教室则应和其他教室有所分离，以避免声音干扰。

办公区与教学区联系密切，应靠近布置或布置在一栋建筑内。

（4）要满足日照通风要求。根据各地的气候特点，正确地选择建筑物的朝向。教学、办公等主要用房应有良好的朝向。同时，相邻建筑物之间要有恰当的间距。通常情况下建筑物朝向为正南时，相邻建筑物的日照间距一般在 $1.0H \sim 1.8H$，其中 H 为南向前排房屋檐口至后排房屋底层窗台的高度。

3. 总平面布置方式

根据学校的地形条件，结合当地的自然环境，处理好教学楼、出入口及运动场地之间的关系。

教学楼和运动场的长轴应尽可能取南北向。出入口位置应交通方便，在靠近主要干道的小巷内或次要街道上，并使学生能直接到达教学楼，而不需穿越体育场和绿化区。

（二）教学楼平面设计

教学楼一般由四部分组成：

教学部分：普通教室、实验室、计算机房、语音教室、音乐教室、图书阅览室和科技活动室等，是教学楼的主体部分。

办公部分：行政办公室、教学办公室、社团办公室等。

辅助部分：厕所、储藏室、传达室等。

交通部分：楼梯、走道、门厅、过厅等。

1. 普通教室设计

设计要求：足够的面积，合理的体型，视听良好，采光均匀，空气流通，通行疏散便捷，结构简单，施工方便。

（1）教室面积的确定。教室的面积取决于教室容纳的人数、活动特点、课桌椅的尺寸和排列方式等因素。

为保证教学质量，中小学校每个班级的学生人数不宜过多。根据教育部规定，中小学校的班级人数为：小学每班近期为 45 人，远期为 40 人；中学每班近期为 50 人，远期为 45 人。小学每人占用的使用面积为 1.10m^2，中学每人占用的使用面积为 1.12m^2。

1）课桌椅的尺寸及布置。中小学校课桌椅的尺寸，要与学生身高和人体各部分尺寸相适应。根据国标《学校课桌椅功能尺寸》（GB/T 3976—2002），桌面宽度：单人用 600mm，双人用 1200mm。桌面深 400mm，桌面高度为 490~760mm。

课桌椅的布置，应满足学生的视听及书写要求，且便于通行就座。座位的排列不得太密集。排距：中学生不宜小于 900mm，小学生不宜小于 850mm。纵向走道宽应大于

550mm，课桌端部距离墙面应大于120mm。

2）视距与视角要求。教室第一排课桌前缘距离黑板面不宜小于2000mm，最后一排课桌后缘距离黑板面：小学不宜大于8000mm，中学不宜大于8500mm，距离后墙面不小于600mm。前排边座与黑板远端的水平视角应大于30°，第一排学生的视线与黑板上边缘的垂直视角应大于45°。普通教室的座位布置方式及有关尺寸如图1-5和表1-1所示。

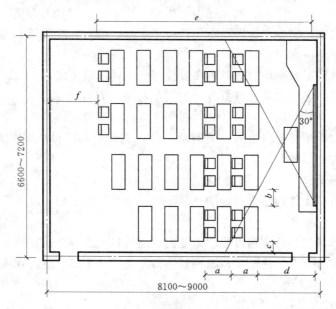

图1-5　普通教室座位布置

表1-1 　　　　　　　　　　　中小学校普通教室座位布置有关尺寸 　　　　　　　　　　　单位：mm

部 位 名 称	代 号	间 隔 尺 寸	
		小学	中学
课桌椅前后排距	a	≥850	≥900
纵向走道宽度	b	≥550	≥550
课桌端部与墙面的距离	c	≥120	≥120
第一排课桌前沿与黑板距离	d	≥2000	≥2000
最后一排课桌后沿与黑板距离	e	≤8000	≤8500
教室后部横向走道宽度	f	≥600	≥600
前排边座学生与黑板远端形成的水平视角	g	≥30°	≥30°

（2）教室的平面形状及尺寸的确定。教室的平面形状，除应满足视听要求及课桌椅的布置外，尚应综合考虑采光、通风、结构形式和施工等方面的问题。教室常用的平面形式有矩形、方形和多边形。目前我国通常采用矩形教室。教室的座位布置形式如图1-6和图1-7所示。

（3）教室的门窗设计。门的设计：应满足出入便捷、疏散迅速、开启灵活的要求。通

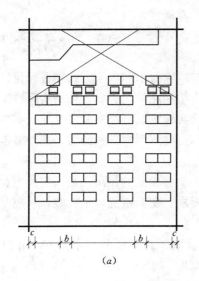
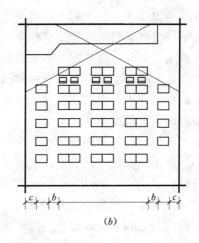

(a)　　　　　　　　　(b)

图 1-6　矩形教室布置形式

常在教室内纵墙的前后两端各设一个门，门的宽度一般取 1000mm，门洞高一般为 2400～2700mm，门的上部设置亮子，以利通风和增加黑板面的垂直照度。为了满足防火疏散的要求，门一般应向外开启，但为了避免影响走廊通行，教室的门一般为向内开。

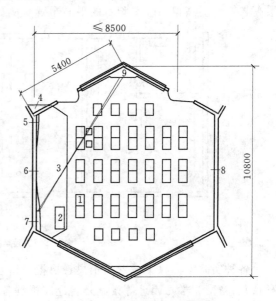

图 1-7　六边形教室平面布置

1—课桌；2—讲课桌；3—讲台；4—清洁柜；5—音箱；
6—黑板；7—书柜架；8—墙报板；9—衣架

窗的设计：教室窗主要是用于采光和通风，窗的构造要安全可靠，便于开启。窗的位置及大小，主要受采光标准与结构的控制。通常采用窗地面积比的方法，估算窗的面积大小。规范规定，教室、办公室的窗地面积比一般为 1∶4～1∶6。一般采用窗宽为 1500～2100mm，窗高为 2100～2700mm。

为了使座位的亮度均匀，光线必须从学生左侧射入室内，并且使窗的上口尽可能接近天棚，窗台高一般为 900～1000mm。

（4）普通教室的内部设施及设备。普通教室内应设置黑板、讲台、清洁柜、投影幕挂钩、广播喇叭箱、学习园地、窗帘杆、伞架和衣帽挂等。教室的前后墙应各设置一组电源插座。

黑板尺寸：高度不小于 1000mm，宽度不小于 4000mm。黑板下沿与讲台面的垂直距离：小学宜为 800～900mm，中学宜为 1000～1100mm。黑板表面应采用耐磨和无光泽的材料。后墙黑板通常作学习园地使用，可用水泥面制作。

讲台长度应宽出黑板 200～250mm，宽度宜为 700～750mm，高度宜为 200mm。

2. 专用教室的设计

专用教室应根据学科内容及其对教学环节的特殊要求和教学方式等进行设计。

(1) 实验室。中学的实验室主要有物理、生物和化学实验室。根据实际情况及教学环节的要求，物理和化学实验室可分为边讲边实验实验室、分组实验室及演示实验室三种类型。生物实验室可分为显微镜实验室、演示室和生物解剖室三种类型。根据教学需要及学校的不同条件，以上类型的实验室可全设或兼用。

实验室的开间、进深和面积大小，主要取决于实验室的使用人数、实验器材设备、实验桌的大小、形式及布置方式、室内设施等的要求。实验室的容纳人数，一般是按一个班级的人数设计。

实验室还应设置辅助用房，如准备室、仪器室、药品室和标本室等，并应紧靠实验室，同时设内门与之相通，以便于使用。

实验室的面积一般为 90～96m²，实验室的辅助用房面积一般为 45～48m²。实验室的层高与教室层高相同。实验室的平面布置实例如图 1-8 所示。

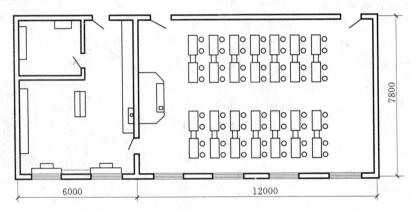

图 1-8   实验室的平面布置

各种实验室内除了设置演示桌、黑板、讲台、学生实验桌、银幕挂钩、幻灯机（或投影仪）、窗帘、学习园地等设施外，还应根据各种实验室的功能要求，设置给水排水系统、电气设备和通风管道等。

物理实验室：包括准备室、仪器室、天平室、暗室和实验员室。光学实验室宜设遮光通风窗，电学实验室的地面应设绝缘面层。物理实验室的平面布置如图 1-9 所示。

化学实验室：包括准备室、仪器室、药品库和实验员室。化学实验室宜设在一层，下水管道宜采用耐腐蚀的陶管或塑料管道，地面应设地漏。在外墙靠近地面处应设置排风扇，在室内应设置带机械排风的通风橱、急救冲洗喷嘴等设施。化学实验室的平面布置如图 1-10 所示。

生物实验室：包括准备室、仪器室、标本室、模型室和实验员室。标本室应有良好的日照和朝向。

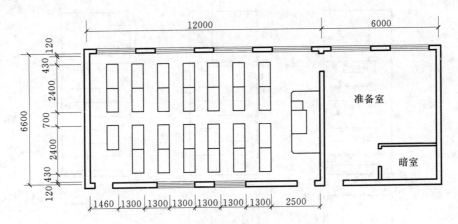

图 1-9 生物、物理实验室平面布置

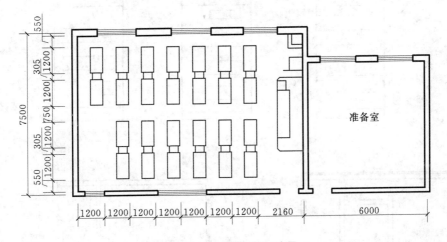

图 1-10 化学实验室平面布置

（2）语言教室。语言教室是利用电教手段、装备有声响器械进行语言课教学的专用房间，又称语言实验室。每座平均使用面积为 $2m^2$，内设隔声座位和电教设备。一般中小学，除语言教室外，还要设一间准备室，供编辑、器材维修和课前准备用，面积为 6～10m^2。语言教室课桌布置的基本形式及有关尺寸如图 1-11 所示。

语言教室的位置，应选择在教学楼中比较安静并便于管理和使用的地方，且应有良好的采光、通风和隔声条件。

语言教室一般全校设置一个，其容量按一个班人数设计，面积大小取决于教室的使用人数、学习桌尺寸、座位的布置形式，并考虑方便学生入座和离座。只考虑听音的语言教室，其座位布置与普通教室相似。

语言教室应设有控制台，控制台可设在教室的讲台上，或设在独立的控制室内。控制室一般设在教室前部，面向学生；也可设在教室的后部或侧面，如图 1-12 所示。

语言教室的顶棚和墙面要求反光均匀、吸声好。地面也要求隔声和吸声良好，可铺设地毯。

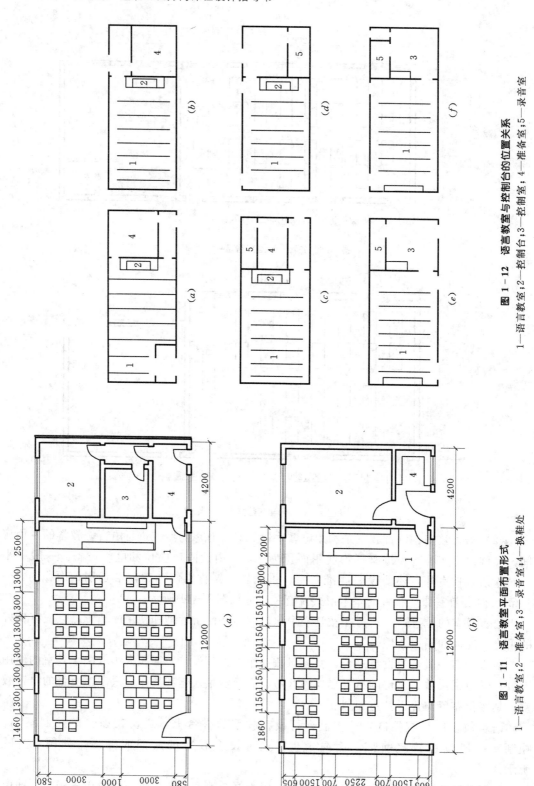

图 1－12　语言教室与控制台的位置关系

1—语言教室；2—控制台；3—控制室；4—准备室；5—录音室

图 1－11　语言教室平面布置形式

1—语言教室；2—准备室；3—录音室；4—换鞋处

（3）微型计算机教室。微型计算机教室是计算机教学和操作的空间，应有足够的面积，布置符合使用要求的计算机。微机室面积一般由使用人数确定。通常以班为操作单位，中小学生每人所占使用面积为 $1.57\sim1.80\mathrm{m}^2$。计算机操作台的布置，应便于学生就座、操作和教师巡回辅导，还应满足疏散要求等。微机教室课桌布置的基本形式及有关尺寸如图 1-13 所示。

图 1-13　微机教室平面布置

微机室的室内应有良好的工作环境，有较高的洁净要求及温湿度要求。因此室内装修应采用墙面及顶棚面不积灰尘、能降低室内噪声的材料。例如，墙面可贴壁纸或刷涂料，顶棚采用平整吊顶，地面采用架空木地板，黑板应采用无粉尘书写面板，炎热地区宜装有空调机。

微机室还应设一些辅助房间，如办公室、鞋帽间、卫生间和资料储藏室等。

（4）音乐教室。音乐教室是中小学必不可少的音乐教学空间，大小形状可与普通教室相同，若兼作文娱排练和其他用途时，面积可适当加大。

音乐教室使用中对其他教室干扰较大，平面设计组合时应将它放在教学楼的尽端或顶层，也可与教学区分开，单独设置，如图1-14所示。

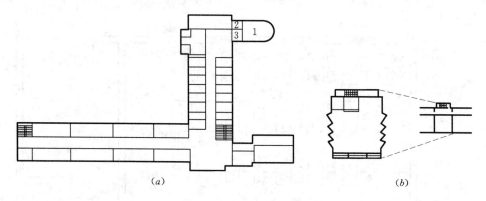

图 1-14 音乐教室的位置
（a）设置在走廊尽端；（b）设置在顶层
1—音乐教室；2—乐器室；3—隔声廊

音乐教室的平面尺寸及形状是由学生人数、乐器尺寸及教学活动方式确定的。一般以班为单位，每人所占面积为 $1.50\sim1.57m^2$。音乐教室的平面形状通常有三角形、多边形、扇形、正方形或一端呈圆弧形等几种。音乐教室的墙面和顶棚可装修成波形反射面和适当的吸声面，地面可铺设地毯，以获得较好的声音效果。

（5）多功能教室。多功能大教室一般应该容纳两个班以上或一个年级的学生上合班课，也可兼作视听教室或供放映幻灯、科教电影、实验演示、观摩教学、学术报告、集会使用。一般全校设一个。

多功能大教室可设计成阶梯教室，使用面积为每座 $1.0m^2$，并应设置一控制室，用以存储电教器材和放映。控制室的面积一般为 $40m^2$，应与多功能教室紧密相连，并设门相通。

多功能大教室的桌椅布置应满足一定的要求，以获得良好的视听效果。教室第一排课桌前沿与黑板的水平距离不宜小于2500mm，最后一排课桌后沿与黑板的水平距离不应大于18000mm。第一排边座学生视线与黑板远端的水平夹角应不小于30°。

教室的座位宽度不应小于450～500mm。座位排距：小学不应小于800mm，中学不应小于850mm。纵、横向走道净宽不应小于900mm，靠墙纵向走道宽度不应小于550mm。课桌椅宜采用固定式，坐椅宜采用翻板椅。

多功能大教室的地面可为平地面或起阶地面。对于容纳200人以下的教室，其地面的升高，一般前3～5排可做成平地面，后部可按每两排升高一阶，每阶高度为80～100mm。

（6）图书阅览室。图书阅览室是学校重要的公用教育设施，一般包括阅览室、书库和管理室三部分，面积大小视需要确定，位置应设在比较安静且便于师生使用之处。阅览室应有良好的采光通风和安全疏散条件，书库则要求干燥、通风和防火安全。书库与阅览室应紧密相连，有门相通，管理室与书库可合并设置，教师阅览室与学生阅览室可分开设置或合并设置。

3. 办公及生活用房的设计

(1) 办公室：包括行政办公室、教学办公室和社团办公室等。办公室的大小应有利于家具设备的布置，通常开间为3300～3900mm，进深为5100～6600mm，办公室要有良好的采光和通风。办公室的平面布置如图1-15所示。

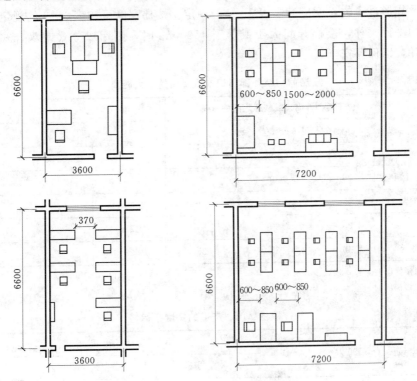

图1-15 办公室的平面布置

(2) 厕所及取水点的设计。

1) 学生使用厕所多集中在课间休息时，因此必须有足够的数量，一般中小学人数可按男女生各为一半计算。

2) 厕所的位置应较隐蔽，并便于使用，且要求通风良好，位置一般多设于教学楼端部、转弯处或次要楼梯间附近。厕所应尽量设在一起，以利集中管线。教工厕所与学生厕所应分开设置，若设在一道，则应设小间与学生分开。

3) 厕所内或外应设水龙头、水槽和污水池，供学生洗手和搞卫生时用水，也可将取水点设在楼梯间。厕所地坪标高一般应比同层楼地面低50～60mm，并应设地漏。

4. 交通系统的设计

(1) 门厅。门厅是教学楼组织分配人流的交通枢纽和学生活动的地方，可以用来布置布告栏、宣传栏、板报等，设计时应注意以下几点：

1) 与学校主要出入口及室外活动场地联系要便捷。

2) 内部空间要完整，采光通风要良好，要有足够的面积满足安全疏散要求及休息停留使用要求。门厅的宽度一般为 4.5～9m，进深与两侧房间同。

3) 入口处一般应设门廊或雨篷，教学楼入口的宽度应符合安全疏散要求。寒冷地区要设门斗，以防冷气直接侵入室内。

（2）楼梯。楼梯是联系上下楼层的通道，要求位置明显，疏散方便，宽度和数量要满足疏散和防火要求。对于一般楼梯，根据防火要求，过道从房间门至楼梯间或外门的最大距离，以及袋形过道的长度应满足表 1-2 的规定。楼梯宽度可按表 1-3 的规定。楼梯一般采用双跑平行楼梯，楼梯开间大于或等于 4500mm 时，则用双分式或双合式楼梯，且不宜作梯井，以保证安全。

表 1-2　　　　　　房间门至外部出口或楼梯间的最大距离　　　　　　单位：m

建筑类型	位于两个外出口或楼梯之间的房间①			位于袋形走廊两侧或尽端的房间②		
	耐 火 等 级			耐 火 等 级		
	一、二级	三级	四级	一、二级	三级	四级
托儿所、幼儿园	25	20	—	20	15	—
医院、疗养院	35	30	—	20	15	—
学校	35	30	—	22	20	—
其他民用建筑	40	35	25	22	20	15

① 非封闭楼梯间时，按本表减少 5m。

② 非封闭楼梯间时，按本表减少 2m。

表 1-3　　　　　　楼梯、门、走道的宽度指标

宽度（m/100 人）		房屋耐火等级		
		一、二级	三级	四级
层 数	一、二层	0.65	0.75	1.00
	三层	0.75	1.00	—
	四层	1.00	1.25	—

楼梯踏步尺寸，一般采用踏步高为 140～160mm，踏步宽为 280～340mm，楼梯扶手高 900～1000mm。

（3）走道。走道分内走道（内廊）和外走道（外廊）。一般教学楼走道的宽度，内廊时宽度为 2.4～3m，单面走道和外廊时宽度为 1.8～2.1m，办公部分走道宽度为 1.5～1.8m。走道的宽度指标可按表 1-3 的规定。

走道要有良好的采光和通风，可在走道两端开窗直接采光，也可在两侧墙上设高窗或门上设亮子间接采光。

外廊的栏杆高度一般为 1000～1100mm，不能低于 1000mm。外廊易飘进雨水，地面应低于室内或坡向外，并作有组织排水。

5. 教学楼的组合设计

组合设计是将各个功能不同的房间组合在一起，综合考虑平面、立面、剖面及体型各个方面。

（1）组合的基本原则：

1）结合地形，因地制宜。

2）各部分功能分区明确、合理，既要联系方便，又要避免相互干扰。

3）建筑空间布置紧凑，各个体部组合得当。

4）交通联系要简捷。

5）结构合理，施工方便。

6）设备管线尽量集中。

（2）教学楼功能分析及各部分的组合关系：

1）功能分析。教学楼的各个组成部分，应构成为一有机整体，各个部分之间既有联系，又有相对的独立性，以免互相交叉干扰。利用功能分析图，可将它们的组成及相互关系及联系的紧密程度，进行功能分区。一般可分为教学区和办公区，而教学区中的音乐教室对普通教室干扰较大，可将它设在教学楼的尽端，或设在教学楼尽端的顶层和底层，也可作为独立部分设在教学楼之外。

2）各部分的组合关系。教室与办公室同层布置，相互联系方便，易于照管学生，但可能形成干扰；教室与办公室分层布置，保持了办公部分的独立性，环境安静，但不便与学生联系；教室与办公室分别独立设置在不同的建筑中，办公环境安静，但与教室联系不便。

3）教室与实验室的组合关系。实验室做成一个单元，放在教学楼的端部、后部或联系体中，分区明确，管理方便，通风采光较好，多用于综合教学楼中；实验室与教室混合布置，联系方便，但与教室互相干扰，管理不便；实验室与教室各作为一栋建筑单独设置，利于管线集中，且管理方便。

（3）教学楼的组合方式。教学楼的组合方式主要包括以下几种：走廊式（包括内廊式、外廊式、内廊外结合式）、厅式、天井式、单元式，其中走廊式是应用最广的形式。

（三）教学楼剖面设计

1. 确定剖面形状

教学楼房间的剖面形状有矩形和非矩形两种，一般多采用矩形，但阶梯教室的室内地坪宜升高，采用起坡或阶梯，阶梯梯级的高度，每级一般为 100～140mm。

2. 确定层数、层高

按规范规定：小学教学楼应不超过四层，中学教学楼应不超过五层。

教室的层高主要取决于使用人数、空气容量、采光通风要求、空间比例及结构形式等因素。按卫生标准规定，一般每个学生的空气容量为 $3～5m^3$。教室的使用人数较多，房间面积较大，房间不宜压抑也不要太空旷，从房间的比例和空间视觉效果分析，房间的高度和宽度比值以 1：1.5～1：3 为好。因此，教室的净高一般不小于 3.4m，层高一般取

3.6～3.9m。学校主要房间的净高，应符合表1-4的规定。

3. 剖面空间组合

确定各个空间的竖向组合方式，处理好各部分之间的高差关系，对不同层高的各部分之间，可在走道上用踏步或坡道连接。并注意充分利用室内空间，如底层楼梯下面和顶层楼梯上部，可用作储藏室或其他房间。

表1-4　　　　　　　　　主　要　房　间　净　高

房间名称	净高（m）	房间名称	净高（m）
小学教室	3.10	舞蹈教室	4.50
中学、中师、幼师教室	3.40	教学辅助用房	3.10
实验室	3.40	办公及服务用房	2.80

（四）教学楼的体型及立面设计

中小学建筑的体型及立面设计要反映学校的性格与特征，常通过成组的教室、明快的窗户、开敞通透的出入口及明亮的色彩，给人以开朗、活泼、亲切、愉快的感觉。

设计过程中，要主次分明。应把教学用房这个主要的使用空间，放在主要部位；而办公和辅助用房则宜放在次要部位。通过体量、线形、虚实、凹凸、光影与色彩的对比，突出其主要部分。另外，还必须使各部分相互呼应、协调、统一，以使建筑获得整体完美、形象生动的艺术效果。

1. 外墙面划分

墙面的处理方式有水平划分、垂直划分、网格式划分与混合式划分等几种。

水平划分：利用建筑构件，如水平遮阳板、檐口、窗台线、勒脚及挑出的长外廊等，构成水平线条，给人以平静、轻快的感觉。

垂直划分：利用垂直壁柱或线条加强立体感，改善墙面的比例效果。

网格式划分：综合利用水平线条和垂直线条，将立面均匀地划分为网格，使之更加丰富和富有变化，这种划分有突出的方向性。

混合式划分：同时利用水平划分与垂直划分两种处理方式进行立面处理，一般多采用上轻下重、上虚下实，以给人稳定的感觉。

2. 细部设计

需要重点处理的部位，是出入口。出入口处理得好，可以突出主体，打破立面设计上过分统一而形成的单调感。因此，出入口处多作一些特殊的处理，如挑出的雨篷或门廊、空透的隔断、花墙，独特的花台，以及丰富多变的材料、质地、色彩，以获得统一多变、重点突出的效果。

其他细部，如门窗、柱子、檐口、雨篷、栏杆、遮阳及装饰线等，也应综合使用功能、结构构造等多方面的要求，在比例尺度、形式、色彩上仔细考虑，以获得较好的整体效果。

四、教学楼设计图例

图1-16～图1-20（见书后插页）为某小学教学楼的建筑平面图、立面图和剖面图。

第四节 课程设计有关要求

一、进度安排与阶段性检查

房屋建筑学课程设计要求在两周内完成。按 12 天安排进度和阶段性检查，如表 1 - 5 所示。学生应严格按进度安排完成课程设计所规定的任务。

表 1 - 5　　　　　　　房屋建筑学课程设计进度安排及阶段性检查表

时间安排	应完成的任务	检查内容
第 1～2 天	构思设计方案，总平面设计，建筑平面设计	方案是否合理、经济、可行
第 3～4 天	深化建筑平面设计，剖面设计，建筑立面设计，绘制设计方案图	是否综合考虑平、立、剖三者的关系，功能是否合理，立面造型是否美观
第 5～6 天	修改调整设计方案，设计楼梯、外墙面等细部节点	方案是否更合理、经济、可行，方案图是否具体、完整
第 7～9 天	绘制建筑施工图，完成总平面图、平面图	制图是否符合规范要求，图面表达是否详细
第 10 天	完成立面图	制图是否符合规范要求，图面表达是否详细，与平面的关系有无矛盾
第 11 天	完成剖面图	制图是否符合规范要求，图面表达是否详细，与平面、立面的关系有无矛盾
第 12 天	完成节点详图，检查、整理图纸，上交	制图是否符合规范要求，构造是否合理，图面表达是否详细，课程设计成果是否齐全
第 13 天	课程设计答辩，课程设计总结	详细检查学生对一般民用建筑的设计原理和方法是否清楚；对建筑平面设计、剖面设计及立面设计的方法和步骤是否清楚；是否独立完成。给出课程设计成绩。对学生在课程设计中存在的问题进行总结

二、考核和评分办法

房屋建筑学课程设计由指导教师根据学生完成设计质量、答辩情况、是否独立完成以及设计期间的表现和工作态度进行综合评价。设计质量主要从以下几个方面来评定：总图设计；功能设计；创意设计；立面造型；技术设计；结构的经济合理性；图面表达等。这部分成绩占总成绩的 70%。答辩成绩主要从以下几个方面来评定：自述问题；理解问题；分析问题；回答问题；知识广度；综合表述等。这部分成绩占总成绩的 30%。评分标准如表 1 - 6 所示（按百分制，最后折算）。

课程设计成绩先按百分制评分，然后折算成 5 级制：90～100 分为优，80～89 分为良，70～79 分为中，60～69 分为及格，60 分以下为不及格。凡是没有完成课程设计任务书所规定的任务及严重抄袭者按不及格处理。

表 1-6　　　　　　　　　　　房屋建筑学课程设计成绩评定表

项　目	分　值	评　分　标　准	实评分
设计成果成绩	63～70	功能关系合理，建筑形体及立面较新颖，符合美学要求，图纸基本无错误，完成全部成果要求	
	56～62	功能关系合理，建筑形体及立面基本符合美学要求，图纸有小错误，完成全部成果要求	
	49～55	功能关系基本合理，建筑形体及立面符合基本的美学要求，图纸错误较少，完成全部成果要求	
	42～48	功能关系基本合理，建筑形体及立面缺乏基本的美学要求，图纸错误较多，基本完成成果要求	
	0～41	功能关系不合理，概念不清，图纸有较多重大错误，不能完成成果要求	
答辩及平时成绩	27～30	设计原理和方法清楚，回答问题正确，知识面广，综合表述能力强	
	24～26	设计原理和方法较清楚，回答问题基本正确，知识面较广，综合表述能力较强	
	21～23	设计原理和方法基本清楚，回答问题基本正确，综合表述能力较强	
	18～20	设计原理和方法基本清楚，回答问题错误较多，综合表述能力一般	
	0～17	设计原理和方法不清楚，回答问题不正确，综合表述能力较差	
合　计			

三、课程设计中应注意的问题

（1）注重设计的完整性，功能合理，流线组织合理，环境场地布置合理。

（2）充分结合地形，密切建筑与环境的关系。在平面布局和建筑形体设计时，要充分考虑其与附近现有建筑和周围环境之间的关系。

（3）了解各房间的使用情况，所需面积，各房间之间的关系，平面紧凑，满足其使用要求。

（4）学习使用规范、标准、手册及图集。避免设计过程中的重复，能采用标准和图集表达节点构造。

（5）注意研究建筑造型，推敲立面细部，根据具体环境适当表现建筑的个性特点。

（6）加强独立创新能力的培养，在妥善解决功能问题的基础上，力求方案设计富于个性和时代感。

（7）根据功能和美观要求处理平面布局及空间组合的细节，如妥善处理楼梯设计、厕所设计等各种问题。

（8）确定结构布置方式，根据功能及技术要求确定开间和进深尺寸，通过设计了解建筑设计与结构布置关系。

（9）制图符合规范要求，课程设计的出图质量、标准、要求应按照施工图的标准执行，防止片面性。

思　考　题

1-1　建筑设计的主要依据有哪些？

1-2 平面设计包含哪些基本内容？

1-3 确定房间的面积大小应考虑哪些因素？

1-4 影响房间形状的因素有哪些？

1-5 为什么矩形平面被广泛采用？

1-6 如何确定房间门窗数量、面积大小、位置及开启方式？

1-7 主要使用房间设计有什么要求？

1-8 辅助房间设计有什么要求？

1-9 如何确定楼梯的宽度、数量和位置？

1-10 如何确定走道的宽度？

1-11 门厅的作用和设计要求有哪些？

1-12 平面组合有哪几种方式？如何运用功能分析图进行平面组合？

1-13 基地环境、条件对平面组合有何影响？

1-14 确定层高、净高及建筑物的层数应考虑哪些因素？

1-15 如何确定房间的剖面形状？

1-16 空间组合时如何处理高差相差较大的空间？

1-17 影响体型及立面设计的因素有哪些？

1-18 体型组合有哪几种方式？

1-19 立面构图中的统一与变化、均衡与稳定、对比、比例、尺度等的含义是什么？

1-20 在底层平台下作出入口时，为增加净高常采用哪些措施？

1-21 墙中为什么要设水平防潮层？

1-22 常见勒脚的构造做法有哪些？

1-23 试述散水、明沟的作用和一般做法。

1-24 试述楼梯的种类及其特点和适用范围。

1-25 试述砌块墙的特点和设计要求。

1-26 试述屋顶的种类及其特点。

1-27 试述坡屋顶的基本组成、各部分的作用及其做法。

1-28 何为有组织排水？何为无组织排水？试述其适用范围。

1-29 试述门的种类及其特点与适用范围。

1-30 变形缝的作用是什么？有几种基本类型？

第二章

土木工程项目(单位工程)施工组织课程设计

【本章要点】
- 熟悉单位工程施工组织设计编制程序和内容。
- 掌握施工方案的选择。
- 掌握施工进度计划的编制。
- 掌握施工现场平面布置图的绘制。

第一节 教 学 要 求

一、课程设计目的

理解编制单位工程施工组织设计的编制程序和依据；掌握编制单位工程施工组织设计的内容、步骤和方法；掌握施工进度和资源需用量计划编制的步骤和方法；掌握选择施工方案的主要内容和对施工方案的评价方法；掌握施工平面图设计的主要内容和设计方法。并通过示例加以应用。

二、课程设计重点

本课程设计重点内容如下：

(1) 选择施工方案。

(2) 编制施工进度计划。

(3) 设计施工平面图。

单位工程施工组织设计是针对某单位工程（如一栋房屋、一座桥梁等）的具体情况而编制，其任务是从施工的全局出发，根据具体条件，拟订工程的施工方案，确定施工程序，施工流向，选择合理、经济的施工方法、劳动组织、技术组织措施，安排施工进度和劳动力、资金、机具、材料及各种构件、半成品的供应，对运输、道路、场地的利用，水、电能源的保证等现场设施的布置和建设作出规划，以便预计施工中的各种需要及其变化，作好事前准备，把设计与施工，技术与经济，企业的全局活动和工程的施工组织，把施工中各单位、各部门、各阶段以及各项目之间的关系很好地协调起来，使施工建立在科学的基础上，从而做到人尽其力，物尽其用，优质低耗高速地完成建设。即在人、资金、材料、机械和施工方法五个主要方面，作全面地、科学地、合理地安排，从而形成指导施工活动的文件。

现阶段，在实际工作中，单位工程施工组织设计根据其用途可以分成两类：一类是用于施工单位投标的单位工程施工组织设计；另一类用于施工现场指导施工。前一类的目的是为了获取工程，由于时间关系和侧重点的不同，其施工方案可能较为粗糙，而工程质量、工期和单位的机械化程度、技术水平、劳动生产率等，则可能较为详细；后一类的重点在施工方案。

为此，本课程设计要求如下：

（1）有较为合理的施工方案和施工方法。它包含有合理的施工顺序，合理的施工过程的划分，合理的施工流向，合理的施工段，主要分部分项工程的施工方法选择，主要施工机械的合理选择及特殊施工项目的施工方法及施工机具的选择。

（2）编制合理的施工进度计划。在编制的过程中要求选择施工方案的基础上，计算各个施工项目及施工过程的工程量，确定施工项目的持续时间和施工过程的流水节拍，组织各施工项目的流水施工，搭接施工，并绘制施工进度计划表和施工进度计划网络图。

（3）作好施工前的工作计划。它包括技术准备，现场准备，机械设备、工具和构件等准备，并编制施工准备的计划表。

（4）确实做好劳动力、机械设备、材料、构件及半成品需用量计划及运输计划。

（5）绘制好施工平面图。绘制施工平面图则用来表明单位工程所需的机械设备、加工场地、材料、构件及半成品的堆放地点及临时运输道路，临时供水、供电、供热管网及其他临时设施的合理布置，以便在施工时有条不紊地进行施工，提高劳动率，加快施工进度及提高经济效益。

（6）拟定施工组织措施。拟定施工组织措施包括技术组织措施、质量组织措施及安全、消防措施，对于一些新技术、新工艺的使用及特殊工程项目的施工必须加强。

（7）作好技术经济分析与比较，以便较经济地完成建设任务，它包括施工工期的分析、材料和机械设备的分析比较等。

第二节 设计方法和步骤

一、概述

（一）单位工程施工组织设计的编制依据

编制单位工程施工组织设计的依据主要包括以下几方面：

（1）上级主管部门和建设单位对该工程的要求。如建设工期（开竣工日期），用地范围，质量等级和技术要求、验收标准，施工合同中的有关规定等。

（2）经过会审的施工图。包括单位工程的全部施工图纸、会审记录和有关标准图，较复杂的工业厂房等，还包括设备、电器和管道等设计图纸。

（3）工程预算文件和有关定额。如分部分项工程量以及使用的预算定额和施工定额。

（4）施工组织总设计。如果本单位工程是整个建设项目中的一个项目，则该工程的施工组织设计必须按照总设计确定的各项指标和有关要求进行编制。

（5）劳动力、主要施工机械和设备供应情况。

（6）施工企业年度施工计划。如本工程开竣工日期的规定，以及其他项目穿插施工的要求等。

（7）施工现场的具体情况。如地形、地貌、工程地质与水文地质、气象、交通运输道路、水电供应条件等。

（8）工程所需材料和设备的订货指标，引进材料和设备的供应日期。

（9）国家有关规定和标准。如施工图集、标准图集、施工手册、施工验收规范、质量标准和操作规程以及各种定额手册等。

（二）单位工程施工组织设计的编制程序

所谓编制程序，是指单位工程施工组织设计中各个组成部分形成的先后次序以及相互之间的制约关系。单位工程施工组织设计的编制程序如图 2-1 所示。

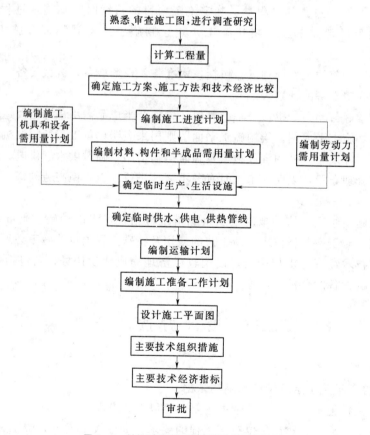

图 2-1 单位工程施工组织设计的编制程序

由于单位工程施工组织设计是施工基层控制和指导施工的文件，必须切合实际，在编制前应会同有关部门和人员共同讨论，研究主要的技术措施和组织问题。

（三）单位施工组织设计的内容

根据工程的性质、规模、结构特点、技术复杂程度和施工条件，施工组织设计的内容和深度可以有所不同，其主要内容如下。

1. 工程概况和施工特点

（1）工程概况。

1）工程建设，包括拟建工程的建设单位、建设地点、工程性质、名称、用途，资金来源和工程造价，开竣工日期，设计单位、施工单位（总、分包情况）、监理单位，施工图纸情况（是否齐全、是否通过会审等），上级有关文件或要求等。

2）建筑设计，包括拟建工程的建筑面积和平面组合情况，层数、层高、总高、总宽、总长等尺寸和平面形状。室内外装修的构造和做法；门窗材料；楼地面做法；屋面防水做法；还有消防、空调、环保等内容。

3）结构设计，包括基础构造和埋深，设备基础的形式，桩基础的根数和深度，主体结构的类型，墙、柱、梁、板的材料和截面尺寸，预制构件的类型、重量和安装位置，楼梯构造和形式等。

4）地点特征，包括拟建工程的位置、地形、地质、地下水位、水质、气温、冬雨季时间、主导风向、风力和地震烈度等。

5）施工条件，包括水、电供应情况，道路情况，场地平整情况，建筑场地四周环境，材料、构件、加工品的来源、供应和加工能力，施工单位的建筑机械和运输工具可供本工程项目使用的程度，施工技术和管理水平等。

（2）施工特点，主要是针对工程特点，结合调查资料，进行分析研究，找出关键性问题加以说明。对新材料、新技术、新结构、新工艺和施工的难点应着重说明。

不同类型的建筑，不同条件下的工程施工，均有不同的施工特点。例如，多层混合结构民用房屋的施工特点是：砌砖和抹灰工程量大，材料运输量大，便于组织流水施工等；装配式单层工业厂房的施工特点是：土石方工程量大，基础施工复杂，构件预制量大，土建、设备、电器、管道等施工安装的协作配合要求高等；现浇钢筋混凝土高层建筑的施工特点是：结构和施工机具设备的稳定性要求高，钢材加工量大，混凝土浇筑困难，安全问题突出，要有高效率的机械设备和解决高层建筑垂直运输等问题。

2. 施工方案和施工方法

施工方案和施工方法主要包括施工方案的确定、施工方法的选择和技术组织措施的制定等内容。

3. 施工进度计划

施工进度计划主要包括各施工过程的工程量、劳动量或机械台班量、工作延续时间、施工天数等内容。

4. 各项资源需用量计划

资源需用量计划主要包括施工准备工作计划，劳动力、主要材料、施工机具、预制构件等需用量计划。

5. 施工平面图

施工平面图主要包括起重运输机械位置的安排，搅拌站、加工棚、仓库和材料堆场布置，运输道路布置，临时设施和供电管线的布置等内容。

6. 主要技术组织设计

技术组织设计主要包括各项技术措施，质量、安全、消防措施，降低成本和现场文明施工措施等。

7. 主要技术经济指标

技术经济指标主要包括工期指标、质量和安全指标和节约材料指标等。

二、施工方案的选择

施工方案的选择，是单位工程施工组织设计中带决策性的重要环节，是决定整个工程全局的关键，做到方案技术可行、工艺先进、经济合理、措施得力、操作方便。方案选择是否合理，将直接影响到单位工程施工的质量、进度和成本。

一般来说，施工方案的选择主要包括：施工段的划分，确定施工流向和施工程序；确定各施工过程的施工顺序；主要分部分项工程的施工方法和施工机械选择；单位工程施工的流水组织；主要的技术措施和确保技术措施的落实。

在拟定施工方案之前，还应先考虑下面一些问题：现场的水、电供应条件；施工阶段的划分；各施工阶段主导施工机械的型号、数量及供应条件；材料、构件及半成品的供应条件；劳动力的供应情况；工期的限制等。这些问题作为编制施工方案时的初始依据，并在施工方案编制过程中逐步调整和完善。

对于不同结构的单位工程，其施工方案拟定的侧重点不同。砖混结构房屋施工，以主体工程施工为主，重点在基础工程的施工方案；单层工业厂房施工，以基础工程、预制工程和吊装工程的施工方案为重点；多层框架则以基础工程和主体框架施工方案为主。此外，施工技术比较复杂、施工难度大或者采用新技术、新工艺、新材料的分部分项工程，还有专业性很强的特殊结构、特殊工程，也应为施工方案的重点内容：

（1）基础工程。确定土方的开挖方法，选择施工机械，放坡或护坡的方法，地下水的处理，冬雨季施工措施，土方调配，基础工程的施工方法等。基础工程强调在保证质量的前提下，要求加快施工速度，突出一个"抢"字，混凝土浇筑要求一次成型，不留施工缝。

（2）混凝土结构工程。选择模板类型和支护方法，钢筋加工、运输、安装方法，混凝土的浇筑方法及施工要点，混凝土的质量保证措施和质量评定。

（3）装饰工程。确定屋面防水工程、室外装饰、室内装饰、门窗安装、油漆、玻璃的施工方法和工艺流程。

（一）确定施工流向和施工程序

1. 确定施工流向

施工流向是指一个单位工程（或施工过程）在平面上或空间上开始施工的部位及其进展方向。它主要解决一个建筑物（或构筑物）在空间上的合理施工顺序问题。

对于单层建筑物，只要按其工段、跨间分区分段地确定平面上的施工流向，是自上而下还是自下而上地进行等。

施工流向地确定，涉及一系列施工过程地开展和进程，是组织施工的重要环节，为此，应考虑以下几方面因素：

（1）满足生产工艺或用户使用上的要求，这是确定施工流向的关键。一般对生产工艺上影响其他工段试车投产的或生产使用上要求急的工段、部位先安排施工。例如，工业厂房内要求先试车生产的工段应先施工；高层宾馆、饭店等，可以在主体结构施工到相当层数后，即进行地面上若干层的设备安装与室内外装修。

（2）单位工程各部分施工的繁简程度。一般来说，技术复杂、施工进度较慢、工期较长的工段或部位，应先施工。

（3）施工技术和施工组织的要求。例如，柱的吊装应从高低跨并列处开始；屋面防水层施工应按先高后低的方向施工，同一屋面则由檐口到屋脊方向施工；当基础埋深不一致时，应按先深后浅的顺序施工。

（4）施工组织的分层分段。划分施工层、施工段的部位，如伸缩缝、沉降缝和施工缝等，也是决定其施工流向时应考虑的因素。

（5）分部工程或施工阶段的特点。例如，基础工程由施工机械和方法决定其平面的施工流向；主体工程从平面上看，从哪一边开始都可以，但竖向一般从下而上施工；装饰工程的施工流向较复杂，可以自上而下、自下而上和自中而下再自上而中。

1）自上而下的流水施工方案，是指主体结构封顶或屋面防水层完成后，装修由顶层开始逐层向下施工。一般有水平向下和垂直向下两种形式，如图 2-2 所示。其优点是：主体结构完成后，建筑物有一个沉降时间，沉降变化趋于稳定，这样可保证屋面防水质量，亦能保证室内装修质量；同时，可以减少与主体工程交叉施工，以利于安全；再者，便于自上而下进行清理。其缺点是不能与主体结构搭接施工，工期较长。

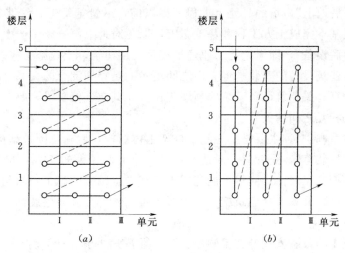

图 2-2　自上而下施工流向
（a）水平向下；（b）垂直向下

2）自下而上的流水施工方案，是指主体结构工程第二至第三层楼板安装并浇筑板缝后，室内装修插入，由底层开始逐层向上施工，一般与主体结构平行搭接施工，如图2-3所示。它的流向一般为水平向上。其优点是：装修工程可以与主体结构平行搭接进行施工，从而缩短了工期。其缺点是：施工过程交叉太多，需要增加安全措施；材料供应相应

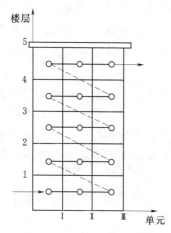

图 2-3　自下而上施工流向

紧张，机械负担较重；现场施工组织和管理也比较复杂；当采用预制楼板时，板缝往往填灌不实，易渗漏施工用水，且板靠墙的一边易渗漏雨水和施工用水，因而不易保证施工质量。为此在上下两相邻楼层中，应采取抹好上层地面，再做下层天棚抹灰的施工。

3）自中而下再自上而中的流水施工方案，这种方案综合了上述两种方案的优点，克服了不足之处，主要适用于高层建筑装修。

2. 确定施工程序

施工程序是指单位工程中各分部工程或施工阶段的先后次序和其制约关系，主要是解决时间上的问题。确定时应注意以下几点：

（1）施工准备工作。单位工程开工前必须做好一系列准备工作，尤其是施工现场的准备工作。在具备开工条件交底；施工合同已签订且"三通一平"已基本完成；永久性或半永久性和水准点已设置；材料、构件、机具、劳动力安排等已落实并能按时进场；各项临时设施已搭设并能满足需要；现场安全宣传牌已竖立；安全防火等设施已具备。

（2）单位工程施工顺序。单位工程施工必须遵守"先地下后地上"、"先土建后设备"、"先主体后围护"、"先结构后装修"的施工程序。

1）"先地下后地上"，指的是地上工程开始以前，尽量把管道、线路等地下设施敷设完毕，并完成或基本完成土方工程和基础施工，以免对地上部分施工产生干扰。

2）"先土建后设备"，即无论是工业建筑还是民用建筑，土建施工应先于水、暖、煤、电、卫、通信等建筑设备的安装。但它们之间更多的是穿插配合的关系，一般在土建施工的同时要配合进行有关建筑设备安装的预埋工作。尤其在装修阶段，要以保质量、讲成本的角度，处理好相互之间的关系。

3）"先主体后围护"，主要是指先施工框架主体结构，后施工围护结构。

4）"先结构后装修"，是针对一般情况而言。有时为了缩短工期，也可以部分搭接施工。例如，在冬期施工之前，应尽可能完成土建和围护结构的施工，以利于施工中的防寒和室内作业的开展；又如大板建筑施工，大板承重结构部分和某些装饰部分宜在加工厂同时完成。

（3）土建施工与设备安装的施工顺序。在工业厂房的施工中，除了完成一般工程外，还要完成工艺设备和工艺管道的安装工程。一般来说，有以下三种施工程序：

1）封闭式施工法。先建造厂房基础，安装结构，而后进行设备基础的施工。当设备基础不大，设备基础对厂房结构的稳定无影响，而且是在冬、雨季施工时比较适用此方法。

这种方法的优点：由于土建工作面大，因而加快了施工速度，有利于预制和吊装方案的合理选择；由于主体工程先完成，所以设备基础施工不受气候的影响；可利用厂房吊车梁为设备基础施工服务。

这种方法的缺点：出现重复工作，如挖基槽、回填土等施工过程；设备基础施工条件差，而且拥挤；不能提前为设备安装提供工作面，工期较长。

2) 敞开式施工法。先对厂房和设备基础进行施工，而后对厂房结构进行安装。该方法对于设备基础较大较深，基坑挖土范围与柱基础的基坑挖土连成一片，或深于厂房柱基础，而且在厂房所建地点的土质不好时适用。

敞开式施工的优缺点与封闭式施工的优缺点正好相反。

3) 设备安装与土建施工同时进行。这是当土建施工为设备安装创造了必要条件，同时能防止设备被砂浆、垃圾等污染的情况下，所适宜采用的施工程序，如建造水泥厂的施工。

(二) 确定施工顺序

施工顺序是指各施工过程之间施工先后次序。它既要满足施工的客观规律，又要合理解决好工种之间在时间上的搭接问题。

1. **确定施工顺序的基本原则**

(1) 符合施工工艺的要求。这种要求反映施工工艺上存在的客观规律和相互制约关系，一般是不能违背的。例如，基础工程未做完，其上部结构不能进行；浇筑混凝土必须在安装模板、钢筋绑扎完成，并经隐蔽工程验收后才能开始。

(2) 与施工方法协调一致。例如，在装配式单层工业厂房的施工中，如果采用分件吊装法，则施工顺序是先吊柱，再吊梁，最后吊一个节间的屋架和屋面板。

(3) 考虑施工组织的要求。施工顺序可能有几种方案时，就应从施工组织的角度，进行分析、比较，选择出最经济合理，有利于施工和开展工作的方案。例如，有地下室的高层建筑。其地下室地面工程可以安排在地下室顶板施工前进行，也可以在顶板铺设后施工。从施工组织方面考虑，前者施工较方便，上部空间宽敞，可利用吊装机械直接将地面施工用的材料吊到地下室；而后者，地面材料的运输和施工就比较困难了。

(4) 考虑施工质量的要求。例如屋面防水施工，必须等找平层干燥后才能进行，否则将影响防水工程质量。

(5) 考虑当地气候条件。例如，雨季和冬季到来之前，应先做完室外各项施工过程，为室内施工创造条件；冬季施工时，可先安装门窗玻璃，再做室内地面和墙面抹灰。

(6) 考虑安全施工的要求。例如，脚手架应在每层结构施工之前搭好。

2. **多层砖混结构的施工顺序**

多层砖混结构的施工特点是：砌砖工程量大，装饰工程量大，材料运输量大，便于组织流水施工等。施工时，一般可分为基础、主体结构、屋面、装修和房屋设备安装等施工阶段，其施工顺序如图 2-4 所示。

(1) 基础工程的施工顺序。这个阶段的施工过程与施工顺序一般是：定位放线→挖基槽（机械、人工挖土）→做垫层→基础→做基础防潮层→回填土。如有桩基础，则应另列桩基工程。如有地下室，则在垫层完成后进行地下室地板、墙身施工，安装地下室顶板，最后回填土。

在组织施工时，应特别注意挖土与垫层的施工搭接要紧凑，时间不宜隔太久，以防下雨后基槽（坑）内积水，影响地基的承载能力。还应注意垫层施工后的技术间隙时间，使

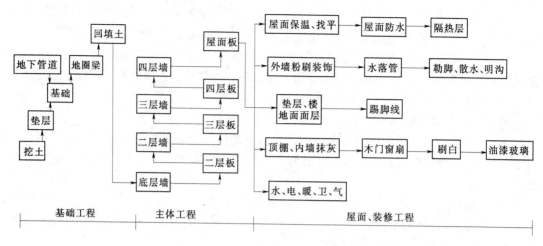

图 2-4 多层砖混结构施工顺序

其达到一定强度后，再进行后道工序的施工。各种管沟的挖土、铺设等应尽可能与基础施工配合，平行搭接施工。基槽（坑）回填土，一般在基础工程完成后一次分层夯填完毕，这样既避免了基槽遇雨水浸泡，又可以为后续工作创造良好的工作条件；当工程量较大且工期较紧时，也可将回填土分段与主体结构搭接进行，或安排在室内装修施工前进行。

（2）主体结构工程的施工顺序。主体结构工程的施工包括：搭脚手架，墙体砌筑，安门窗框，现浇圈梁和雨篷，浇筑现浇平板、屋面板和楼梯等施工过程。

这一阶段，应以墙体砌筑为主体进行流水施工，根据每个施工段砌墙工程量、工人人数、垂直运输量和吊装机械效率等计算确定流水节拍的大小，而其他施工过程则应配合砌墙的流水，搭接进行。例如，脚手架的搭设和楼板铺设应配合砌墙进度逐段逐层进行；其他现浇构件的支模、扎筋可安排在墙体砌筑和安装楼板紧密结合，与之同时或相继完成；若现浇楼梯，更应注意与楼层施工紧密配合，否则由于混凝土养护的需要，后道工序将不能如期进行，从而延长工期。

（3）屋面、装修、房屋设备安装阶段的施工顺序。屋面保温层、找平层和防水层的施工应依次进行。刚性防水屋面的现浇钢筋混凝土防水层、分格施工应在主体结构完成后开始并尽快完成，以便为顺利进行室内装修创造条件。一般情况下，它可以和装修工程搭接或平行施工。

装修工程阶段的主要工作，可分为室外装修和室内装修两部分，其中室内装修包括：天棚、墙面、地面抹灰，门窗扇（框）安装，五金和各种木装修，踢脚线、楼梯踏步抹灰，玻璃安装，油漆，喷白浆等施工过程。其中抹灰工程为主导施工过程。由于其施工内容多，繁而杂，因而进行施工项目的适当合并，正确拟定装修工程的施工顺序和流向，组织好立体交叉搭接流水施工，显得十分重要。

室内抹灰在同一层内的顺序有两种：地面→天棚→墙面；天棚→墙面→地面。前一种顺序便于清理地面，地面质量易于保证，而且利用墙面和天棚的落地灰，以节约材料，但地面需要养护和采取保护措施，否则后道工序不能按时进行。后一种顺序应在做地面面层时将落地灰清扫干净，否则会影响地面的质量（产生起壳现象），而且地面施工用水的渗漏可能影响下一层墙面、天棚的抹灰质量。

底层地坪一般是在各层装修做好后施工。为保证质量，楼梯间和踏步抹灰往往安排在各层装修基本完成后进行。门窗扇的安装可在抹灰之前后之后进行，主要视气候和施工条件而定。宜先油漆门窗扇，后安装玻璃。

房屋设备安装工程的施工可与土建有关分部分项工程交叉施工，紧密配合。例如，基础施工阶段，应先将相应的管沟埋设好，再进行回填土；主体结构施工阶段，应在砌墙或现浇楼板的同时，预留电线、水管等孔洞或预埋木砖和其他预埋件。

3. 装配式单层工业厂房的施工顺序

装配式单层工业厂房的施工特点是：基础施工复杂，土石方工程量大，构件预制量大等。其施工一般分为基础工程、预制工程、结构安装工程、围护工程和装饰工程五个施工阶段。现分别叙述如下：

（1）基础工程的施工顺序。基础工程的施工过程和顺序是：挖土→垫层→杯形基础（又可分为扎筋、支模、浇筑混凝土等）→回填土。

对厂房内的设备基础，应根据不同情况，采用封闭式或敞开式施工。封闭式施工，即先建造厂房基础；设备基础在结构吊装后再施工。这种施工方法适用于设备基础不大，埋深不超过厂房基础深度，或当厂房施工处于冬季或雨季时采用。敞开式施工，即厂房基础与设备基础同时施工。这种施工方法适用于设备基础较大较深的情形。当厂房所在地点土质不好时，往往采用先对设备基础进行施工的顺序。

（2）预制工程的施工顺序。通常对于重量较大、运输不便的大型构件，如柱、屋架、吊车梁等，采取在现场预制。可采用先屋架后柱或柱、屋架依次分批预制的顺序，这取决于结构吊装方法。现场后张法预应力屋架的施工顺序是：场地平整夯实→支模→扎筋→预留孔道→浇筑混凝土→养护→拆模→预应力钢筋张拉→锚固→灌浆。

（3）结构安装工程的施工顺序。吊装顺序取决于安装方法。若采用分件吊装时，施工顺序一般是：第一次吊装柱，并进行校正和固定；第二次吊装吊车梁、连系梁、基础梁等；第三次吊装屋盖构件。若采用综合吊装法时，施工顺序一般是：先吊装一、二个节间的4~6根柱，再吊装该节间内的吊车梁等构件，最后吊装该节间内的屋盖构件，如此逐间依次进行，直至全部厂房吊装完毕。抗风柱的吊装顺序一般有两种方法，一种方法是在吊装柱的同时先安装该跨一端抗风柱，另一端则在屋架吊装完毕后进行；另一种方法是全部抗风柱的吊装均待屋盖吊装完毕后进行。

（4）围护工程的施工顺序。围护工程施工内容包括墙体砌筑、安装门窗框和屋面工程。墙体工程包括搭脚手架，内、外墙砌筑等分项工程。屋盖安装结束后，随即进行屋面灌浆嵌缝等的施工，与此同时进行墙体砌筑。脚手架应搭配砌筑和屋面工程搭设，在室外装饰之后，做散水坡前拆除。

（5）装饰工程的施工顺序。装饰工程的施工又分为室内装饰和室外装饰。室内装饰工程包括地面、门窗扇、玻璃安装、油漆、刷白等分项工程；室外装饰工程包括勾缝、抹灰、勒脚、散水坡等分项工程。

单层厂房的装饰工程一般是与其他施工过程穿插进行。室外抹灰一般自上而下；室内地面施工前应将前道工序全部做完；刷白应在墙面干燥和大型屋面板灌浆之后进行，并在油漆开始之前结束。

（三）选择施工方法与施工机械

正确的选择施工方法和施工机械是施工组织设计的关键，它直接影响着施工进度、工程质量、施工安全和工程成本。

1. 施工方法的选择

选择施工方法的基本要求如下：

（1）满足主导施工过程的施工方法的要求。

（2）满足施工技术的要求。

（3）符合机械化施工程度的要求。

（4）符合先进、合理、可行、经济的要求。

（5）满足工期、质量、成本、安全的要求。

主要分部分项工程施工方法的选择内容如下：

（1）基础工程，包括：确定基槽开挖方式和挖土机具；确定地表水、地下水的排除方法；砌砖基础、钢筋混凝土基础的技术要求，如宽度、标高的控制等。

（2）砌筑工程，包括：砖墙的组砌方法和质量要求；弹线和皮数杆的控制要求；脚手架搭设方法和安全网的挂设方法。

（3）钢筋混凝土工程，包括：选择模板类型和支撑方法，必要时进行模板设计和绘制模板放样图；选择钢筋的加工、绑扎、连接方法；选择混凝土的搅拌、输送和浇筑顺序和方法，确定所需设备类型和数量，确定施工缝的留设位置；确定预应力混凝土的施工方法和其所需设备。

（4）结构吊装工程，包括：确定结构吊装方法；选择所需机械，确定构件的运输和堆放要求，绘制有关构件预制布置图。

（5）屋面工程，包括：屋面施工材料的运输方式；各道施工工序的操作要求。

（6）装饰工程，包括：各种装修的操作要求和方式；材料的运输方式和堆放位置；工艺流程和施工组织确定。

2. 施工机械的确定

施工方法的选择必然要涉及施工机械的选择，机械化施工作为实现建筑工业化的重要因素，施工机械的选择将成为施工方法选择的中心环节。在选择施工机械的时应注意以下几点：

（1）选择主导施工过程的施工机械。根据工程的特点，决定最适宜的机械类型。例如，基础工程的挖土机械，可根据工程量的大小和工作面的宽度选择不同的挖土机械；主体结构工程的垂直、水平运输机械，可根据运输量的大小、建筑物的高度和平面形状以及施工条件，选择塔吊、井架、龙门架等不同机械。

（2）选择与主导施工机械配套的各种辅助机具。为了充分发挥主导施工机械的效率，在选择配套的机械时，应使它们的生产能力相互协调一致，并能保证有效的利用主导施工机械。例如，在土方工程中，汽车运土应保证挖土机械连续工作；在结构安装中，运输机械应保证起重机械连续工作等。

（3）应充分利用施工企业现有的机械，并在同一工地贯彻一机多用的原则。

（4）提高机械化和自动化程度，尽量减少手工操作。

（四）确定施工的流水组织

工程施工的流水组织是施工组织设计的重要内容，是影响施工方案优劣程度的基本因素，在确定施工的流水组织时，主要解决流水段的划分和流水施工的组织方式两个方面的问题。

（五）主要技术组织措施

措施主要包括技术措施、质量措施、安全措施、降低成本和现场文明施工措施等内容，这些措施的制定，应针对工程施工的特点，严格执行施工验收规范、检验标准和操作规程。

1. 技术措施

（1）施工方法的特殊要求和工艺流程。

（2）水下和冬雨期施工措施。

（3）技术要求和质量、安全注意事项。

（4）材料、结构和机具的特点、使用方法和需用量。

2. 质量措施

（1）确定定位放线、标高测量等准确无误的措施。

（2）确定地基承载力和各种基础、地下结构施工质量的措施。

（3）严格执行施工和验收规范，按技术标准、规范、规程组织施工和进行质量检查，保证质量。例如，强调隐蔽工程的质量验收标准和隐患的防止；混凝土工程中混凝土的搅拌、运输、浇灌、振捣、养护、拆模和试验等工作的具体要求；新材料、新工艺或复杂操作的具体要求、方法和验收标准。

（4）将质量要求层层分解，落实到班组和个人，实行定岗操作责任制，三检制。

（5）强调执行质量监督、检查责任制和具体措施。

（6）推行全面质量管理在施工中的应用，强调预防为主的方针，及时消除事故隐患；强调人在质量管理中的作用，要求人人为提高质量而努力；制定加强工艺管理，提高工艺水平的具体措施，不断提高施工质量。

3. 安全措施

（1）严格执行安全生产法规，如《建筑安装工程安全技术规程》，在施工前要有安全交底，保证在安全的条件下施工。

（2）保证土石方边坡稳定的措施。

（3）明确使用机电设备和施工用电安全措施，特别是焊接作业安全措施。

（4）防止吊装设备，打桩设备倒塌措施。

（5）季节性安全措施，如雨季的防洪、防雨，暑期的防暑降温，冬季的防滑、防火等措施；施工现场周围的通行道路和居民保护隔离措施。

（6）保证安全施工的组织措施，加强安全教育，明确安全施工生产责任制。

4. 降低成本措施

（1）合理进行土石方平衡，以减少土方运输和人工费。

（2）综合利用吊装机械，减少吊次，节约台班费。

（3）提高模板精度，采用整装整拆，加速模板周转，以节约木材和钢材。

（4）在混凝土，砂浆中掺外加剂或掺合剂，以节约水泥。

（5）采用先进的钢筋焊接技术以节约钢材，加强技术革新、改造，推广应用新技术、新工艺。

（6）正确贯彻执行劳动定额，加强定额管理；施工任务书要做到任务明确，责任到人，要及时核算、总结；严格执行定额领料制度和回收、退料制度，实行材料承包制度和奖罚制度。

5. 现场文明施工措施

（1）遵守国家的法令、法规和有关政策，明确施工用地范围，不得擅自侵占道路，砍伐树木，毁坏绿地。

（2）设置施工现场的围栏与标牌，确保出入口交通安全，道路畅通，安全与消防设施齐全。

（3）强调对办公室、更衣室、食堂、厕所和环境的卫生要求，并加强监督指导，实行门前三包责任制。

（4）施工现场应按施工平面图的要求布置材料、构件和工程暂设，加强对各种材料、半成品、构件的堆放与管理。

（5）防止各种环境污染，施工现场内要整洁，道路要平整、坚实、避免尘土飞扬。

（六）施工方案评价

为了提高经济效益降低成本，保证工程质量，在施工组织设计中对施工方案的评价（即技术经济分析）是十分重要的，施工方案评价是从技术和经济的角度，进行定性和定量分析，评价施工方案的优劣，从而选取技术先进可行、质量可靠、经济合理的最优方案。

1. 定性分析

定性分析是对施工方案的优缺点从以下几个方面进行分析和比较：

（1）施工操作上的难易程度和安全可靠性。

（2）为后续工程提供有利施工条件的可能性。

（3）对冬雨季施工带来的困难多少。

（4）选择的施工机械获得的可能性。

（5）能否为现场文明施工创造有利条件。

2. 定量分析

定量分析一般是计算出不同施工方案的工期指标、劳动消耗量、降低成本指标、主要工程工种机械化程度和三大材料节约指标等来进行比较。其具体分析比较的内容包括以下几方面：

（1）工期指标。工期反映国家一定时期和当地的生产力水平，应将该工程计划完成的工期与国家规定的工期或建设地区同类型建筑的平均工期进行比较。

（2）施工机械化程度。施工机械化程度是工程全部实物工程量中机械施工完成的比重，其程度的高低是衡量施工方案优劣的重要指标之一，计算公式如下：

施工机械化程度 = 机械完成实物量 / 全部实物量 × 100%

（3）降低成本指标。降低成本指标的高低可反映采用不同施工方案产生的不同经济效果，可用降低成本额和降低成本率表示，计算公式如下：

$$降低成本额＝预算成本－计划成本$$

$$降低成本率＝降低成本额／预算成本×100％$$

（4）主要材料节约指标。主要材料根据工程不同而定，靠材料节约措施实现。分别计算主要材料节约量和主要材料节约率，计算公式如下：

$$主要材料节约量＝预算用量－计划用量$$

$$主要材料节约率＝主要材料节约量／预算用量×100％$$

（5）单位建筑面积劳动消耗量。单位建筑面积劳动消耗量是指完成单位建筑面积合格产品所消耗的劳动数量，它可反映施工企业的生产效率和管理水平，以及采用不同的施工方案对劳动量的需求，计算公式如下：

$$单位建筑面积劳动消耗量＝完成该工程的全部劳动工日数／该工程建筑面积$$

三、施工进度计划的编制

施工进度计划是在确定的施工方案基础上，根据工期要求和各种资源供应条件，遵循工程的施工顺序，用图表形式表示施工过程的搭接关系及竣工时间的一种计划安排。

（一）概述

1. 施工进度计划的作用

（1）控制工程的施工进度和各施工过程进度的主要依据。

（2）确定施工过程的施工顺序、持续时间以及相互之间的衔接、配合关系。

（3）确定所需的劳动力、机械和材料等资源的数量。

（4）编制季、月施工作业计划和各项资源需用量计划的依据。

（5）指导现场的施工安排。

2. 施工进度计划的组成

单位工程施工进度计划通常用图表表示，即水平图表、垂直图表或网络图形式表示。在水平图表上单位工程施工进度计划由两部分组成，如表 2-1 所示。

表 2-1　　　　　　　　　施 工 进 度 计 划

序号	分部分项工程名称	工程量		定额	劳动量		机械		每天工作班	每天工人数	工作天数	施 工 进 度 (d)									
		单位	数量		工种	工日数	名称	台班数				月					月				
												5	10	15	20	25	30	35	40	45	50

从表 2-1 可以看出，表的左面部分列出了分部分项工程名称及其技术计算资料，包括相应的工程量、定额和劳动量等计算数据；表的右面部分是指示图表，它的左面表格中有相关数据用横线条形象地表现出各分部分项工程的施工进度，各施工阶段的工期和总工期，并综合反映了各分部分项工程相互之间的关系。

3. 施工进度计划的编制依据和程序

（1）施工进度计划的编制依据。施工进度计划的编制依据包括：单位工程的全部施工图纸，如建筑结构图，工艺设备布置图和设备基础图；有关部门或建设单位要求的开、竣工时间；施工方案，建设地区的自然和技术条件及施工条件；单位工程施工图预算，采用的定额和其他有关的技术资料等；

（2）施工进度计划的编制程序。施工进度计划的编制程序如图 2-5 所示。

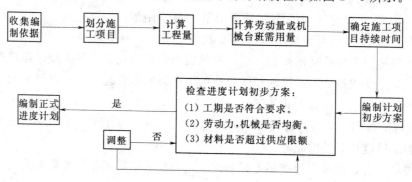

图 2-5 施工进度计划的编制程序

（二）施工进度计划的编制方法和程序

1. 划分施工项目

施工项目是包括一定工作内容的施工过程，是进度计划的基本组成单元。在划分施工项目时，需注意以下几方面的问题：

（1）明确施工项目划分的内容。根据施工图纸、施工方案和施工方法，确定拟建工程可划分成哪些分部分项工程，明确其划分的范围和内容。

（2）掌握施工项目划分的粗细程度。对于不同的施工组织要求，施工项目划分的粗细程度也不相同。对控制性施工进度计划。其项目可以划分得细一些。例如，混合结构住宅工程的控制性进度计划，其工程项目应划分为施工准备阶段，基础工程、主体结构工程、屋面工程、装修工程等。对于指导性施工进度计划，项目可以划分得细一些，特别对于主导施工过程，要求更详细更具体，以提高计划的精确性。

（3）施工项目划分要密切结合施工方案。施工方案或施工方法的不同，不仅会影响施工项目的名称、数量和内容的确定，而且还会影响施工顺序的安排。例如，厂房基础工程采用敞开式或封闭式施工顺序时，其施工过程数量是不同的，采用敞开式施工顺序时，可以把柱基础和设备基础合并为一个施工过程；若采用封闭式施工顺序时，则应分别列出柱基础和设备基础两项等。

（4）适当合并项目，注意分合结合。为了使计划简明清晰，突出重点，一些次要的施工过程应合并到主要施工过程中去，如基础防潮层可合并到墙砖基础内；有些虽然重要但工程量不大的施工过程也可以与相邻施工过程合并，如基础挖土可与垫层合并为一项；同一时间内同一工作队施工的施工过程可合并，如各种油漆、玻璃可合并为油漆玻璃一项，散水、勒脚和明沟可合并为一项；对次要零星项目，可合并为其他过程。

（5）区分直接施工与间接施工。直接在建筑物或构筑物上进行施工的过程，或者占有工期并对其他施工过程有影响的运输制作过程，经适当合并后应列出；在拟建工程工作面之外完成施工项目，而且不占工期（如各种构件在场外预制和其运输过程），可不列入施工进度计划之内，只要求在使用前运入施工现场。

（6）设备安装过程。在土建施工进度计划中，对水暖电卫通信和生产设备安装等施工项目，只要表明其与土建施工的配合关系即可，不必细分。

2. 计算工程量

工程量计算应根据施工图纸，有关计算规则和相应的施工方法进行。计算时应注意以下几个问题：

（1）注意工程量的计量单位。施工定额中某些项目的工程量计量单位与预算定额有所不同，因此，计算时要进行必要的单位换算，以便计算劳动量、材料和机械台班需用量时可直接套用定额。

（2）注意所采用的施工方法。计算工程量时，应注意与所采取用的施工方法一致，以便计算所得工程量与施工实际情况相符合。例如，挖土时是否放坡，是否加工作面，坡度和工作面尺寸是多少，以及开挖方式是单独开挖、条形开挖还是整片开挖，都直接影响工程量的计算。

（3）注意结合施工组织要求。组织流水施工时的项目应按施工层、施工段划分，算出分层、分段工程量。

（4）正确取用预算文件中的工程量。如已编制预算文件，则施工进度计划中的工程量可根据施工项目包括的内容从预算工程量的相应项目内抄出并汇总。

3. 劳动量和机械台班数的确定

根据计算的工程量、施工方法和当地实际采用的劳动定额和机械台班定额，按式（2-1）即可计算出各施工项目的劳动量和机械台班量：

$$P_i = Q_i/S_i = Q_i H_i \qquad (2-1)$$

式中：P_i 为某施工项目所需的劳动量（工日）或机械台班数（台班）；Q_i 为该施工项目的工程量；S_i 为该施工项目的产量定额；H_i 为该施工项目的时间定额。

在使用定额的过程中，有时会遇到定额中所列项目的工作内容与施工进度计划中确定项目的工作内容不一致的情况，主要有以下两种情况：

（1）当施工项目由两个或两个以上的施工过程合并而成时，则该施工项目的劳动量可按式（2-2）计算：

$$P = \sum P_i = P_1 + P_2 + \cdots + P_n \qquad (2-2)$$

（2）当施工项目由若干个具有同一性质不同类型（做法、材料等不同）的分项工程合并时，应根据各个不同类型的分项工程的产量定额或时间定额和工程量，按式（2-3）和式（2-4）分别计算其扩大后的综合产量定额或综合时间定额：

$$S_i = \sum Q_i / \sum P_i$$
$$= (Q_1 + Q_2 + \cdots + Q_n)/(P_1 + P_2 + \cdots + P_n)$$
$$= (Q_1 + Q_2 + \cdots + Q_n)/(Q_1/S_1 + Q_2/S_2 + \cdots + Q_n/S_n) \qquad (2-3)$$

或 $\qquad H_i = \sum P_i / \sum Q_i = (Q_1 H_1 + Q_2 H_2 + \cdots + Q_n H_n)/(Q_1 + Q_2 + \cdots + Q_n) \qquad (2-4)$

【例 2 - 1】 某砖混结构住宅的抹灰工程，已知内墙抹灰 $4108 \mathrm{m}^2$，时间定额为 0.088 工日/m^2；外墙抹灰 $1866 \mathrm{m}^2$，时间定额为 0.119 工日/m^2。试计算：

（1）抹灰工程所需的劳动量。

（2）综合时间定额。

解：（1）抹灰工程的劳动量：

内墙抹灰 $\quad P_1 = Q_1 \times H_1 = 4108 \times 0.088 = 362(\text{工日})$

外墙抹灰 $\quad P_2 = Q_2 \times H_2 = 1866 \times 0.119 = 222(\text{工日})$

（2）综合时间定额：

$$H = (P_1 + P_2)/\sum Q = (362 + 222)/(4108 + 1866) = 0.098(\text{工日}/\mathrm{m}^2)$$

4. 确定各施工过程的工作持续时间

各施工过程的持续时间的计算方法有经验估算法、定额计算法和倒排进度法。

（1）经验估算法。此法一般适用于采用新工艺、新技术、新结构、新材料等无定额可查的工程。为了提高其准确程度，可采用"三时估计法"，即先估计出完成该施工工程的最乐观时间（A）、最悲观时间（B）和最可能时间（C），然后按式（2-5）确定该施工工程的工作持续时间：

$$T = (A + 4C + B)/6 \qquad (2-5)$$

（2）定额计算法。此法是根据施工过程所需的劳动量或机械台班数，以及配备的施工人数或机械台数，按式（2-6）来确定其工作持续时间：

$$T_i = P_i/R_i b \qquad (2-6)$$

式中：R_i 为某施工过程施工每班所配备的劳动力人数或机械台数；b 为每天采用的工作班制。

在组织分段流水施工时，也可用式（2-6）确定每个施工段的流水节拍数。在应用式（2-6）时，特别要注意施工班组人数、机械台数和工作班制的选定。

1）施工班组人数的确定应考虑以下三个因素：

• 最少劳动组合，即该施工过程的施工最少应安排多少工人进行。

• 最小工作面，即某施工过程的施工最多可安排多少工人进行。

• 施工企业可能安排的劳动力数量。

2）机械台数的选定，详见本章第二节。

3）工作班制的确定，一般情况下，当工期允许、劳动力和机械周转使用不紧迫，且施工也没有要求连续作业时，可采用一班制；当工期紧，机械周转紧张或某些工序必须连续作业（如浇捣混凝土）时，可采用二班甚至三班制。

【例 2 - 2】 某工程砌墙需要劳动量 864 个工日，施工班组人数为 24 人（技工 10 人，普工 14 人，比例为 1:1.4），采用一班制施工。如果分成四个施工段，试求该施工过程的作业天数和流水节拍。

解：

$$T = P_i/R_i b = 864/(24 \times 1) = 36(\mathrm{d})$$

$$T = 36/4 = 9(\mathrm{d})$$

（3）倒排进度法。此法是根据施工工期和施工经验，确定各施工过程的工作持续时间，再按劳动量选定工作班制，便可确定工人数或机械台数。其计算公式如下：

$$R_j = P_i / T_i b \qquad\qquad (2-7)$$

【例 2-3】　某工程内墙抹灰需劳动量 668 个工日，需要在 24d 内完成，采用一班制施工，试求每天工人数。

解：

$$R = P/Tb = 668/(24 \times 1) = 27.8（人）$$

取 28 人。

[例 2-3] 施工班组人数为 28 人，若配备技工 12 人、普工 16 人、其比例为 1：1.3。是否有这些劳动人数，是否有 12 个技工，工作面是否满足，都需要经过分析研究才可确定。

5. 施工进度计划的编制

上述各项内容的确定后，即可编制施工进度计划的初步方案。一般有以下三种编制方法：

（1）根据施工经验直接安排的方法。此方法是根据施工经验资料和有关计算，直接在进度表上画出进度线来。这种方法比较简单实用，但施工过程较多时，则不一定能达到最优计划方案。其一般步骤是：先安排主导施工过程的进度，并使其连续，然后再将其余施工过程与之配合搭接、平行安排。

（2）按工艺组合组织流水施工的方法。此方法是将某些在工艺上有关系的施工过程归并为一个工艺组合，组织各工艺组合内部的流水施工，然后将各工艺组合最大限度地搭接起来，组织分别流水。

（3）用网络计划进行安排的方法。

6. 施工进度计划检查与调整

施工进度计划初步方案编完后，应根据上级要求、合同规定、施工期间劳动力和材料均衡程度及机械负荷情况、施工顺序等进行全面的检查与合理的调整。

（1）检查的内容：

1）施工顺序是否符合建筑施工的客观规律，是否正确合理。

2）施工进度计划安排的计划工期是否满足上级规定或施工合同的要求。

3）施工进度计划的劳动力、材料、机械等资源消耗供应是否均衡。

4）主要工种工人是否连续作业，施工机械是否充分发挥效率。

（2）调整的基本要求：

1）调整和修改施工进度计划应从全局出发，避免片面性。

2）调整后的施工进度计划，要求工期合理，资源尽量均衡，并且满足施工方案与工艺技术的要求。

3）调整后的施工进度计划满足流水施工基本原理的要求。

由于建筑施工是个复杂的生产过程，每个施工过程之间不是孤立的，而是相互影响、互相联系和互相依赖的，所以，在施工进度计划的执行过程中，要经常检查，不断调整。

（三）施工准备工作计划

按照施工方案的要求，为保证施工进度计划的按期实现，应编制施工准备工作计划。其形式如表 2-2 所示。

表 2-2　　　　　　　　　　　施工准备工作计划

序号	施工准备工作项目	工程量		负责队组或人	进　度													
		单位	数量		某月							某月						
					1	2	3	4	5	6	…	1	2	3	4	5	6	…

（四）各项资源需要量计划

各项资源需用量计划是做好劳动力和物资的供应、平衡、调度、落实的依据，其内容包括以下几方面。

1. 劳动力需用量计划

根据施工进度计划，计算出所需劳动力，作为安排劳动力、调配和均衡劳动力消耗指标、安排生活福利设施的依据。其形式如表 2-3 所示。

表 2-3　　　　　　　　　　　劳动力需用量计划

序号	工种名称	需用总工日数	需用人数和时间												备注
			某月			某月			某月			……			
			上	中	下	上	中	下	上	中	下	上	中	下	

2. 主要材料和构件需用量计划

（1）主要材料需用量计划。主要材料需用量计划是将各施工过程的工程量，按组成材料的名称、规格和使用时间，根据预算定额和储备定额，分别进行材料分析与计算，最后汇总而成。该计划用于掌握材料的使用、储备动态，确定仓库和堆场面积，组织材料供应与运输。其形式如表 2-4 所示。

表 2-4　　　　　　　　　　　主要材料需用量计划

序号	品名	规格	需用量		供应时间	备注
			单位	数量		

（2）主要构件需用量计划。构件主要包括钢构件、木构件和钢筋混凝土制品等，其需用量计划是根据施工图和施工进度计划进行编制的，主要是为了与构件制作单位签订供货合同，确定堆场和组织运输。其形式如表 2-5 所示。

表 2-5 主要构件需用量计划

序号	品名	规格	图号	需用量		使用部位	加工单位	供应日期	备注
				单位	数量				

（3）主要施工机具需用量计划。施工机具需用量计划是根据施工方案和施工进度计划所确定的机型、数量和使用时间汇总而成，主要用于设备部门调配和现场道路及其他平面布置之用。其形式如表 2-6 所示。

表 2-6 主要施工机具需用量计划

序号	机械和机具名称	规格型号	需用量		机械来源	使用起止日期		备注
			单位	数量		月.日	月.日	

（4）运输计划。各种材料、构件的运输计划，是根据施工进度计划和上述资源需用量计划进行编制的。可作为施工单位或者其他运输单位组织运输力量，保证资源按时进场的依据。其形式如表 2-7 所示。

表 2-7 运 输 计 划

序号	需运项目	单位	数量	货源	运距(km)	运输量(t·km)	所需运输工具			需用起止时间
							名称	吨位	台班	

四、施工平面图设计

（一）概述

施工平面图是用于指导单位工程施工的现场平面布置图，是对拟建工程的施工现场所作的平面规划和布置，是施工组织设计的重要内容。它是按照一定的设计原则，确定和解决为施工服务的施工机械、施工道路、材料和构件堆场、各种临时设施、水电管网等的现场合理位置关系。

施工平面图是施工方案在施工现场的空间体现，反映了已建建筑和拟建工程、临时设施和施工机械、道路等之间的相互空间关系。它布置得是否恰当合理，执行管理的好坏，对现场文明施工、施工进度、工程成本、工程质量和施工安全都就将产生直接的影响，因此，搞好施工平面图设计具有重要的意义。施工平面图绘制的比例一般为 1：200～1：500。

（二）施工平面图设计的依据和基本原则

在绘制施工平面图之前，首先应认真研究施工方案和施工方法，并对施工现场和周围环境做深入细致的调查研究；对布置施工平面图所依据的原始资料进行周密的分析，使设计与施工现场的实际情况相符。只有这样，才能使施工平面图起到指导施工现场组织的作用，施工平面图设计的主要依据有以下三方面的资料。

1．建设地区的原始资料

（1）自然条件调查资料，如地形、水文、工程地质和气象资料等，主要用于布置地面水和地下水的排水沟，确定易燃、易爆、沥青灶、化灰池等有碍身体健康的设施布置位置，安排冬季、雨季施工期间所需设施的位置。

（2）技术经济条件调查资料，如交通运输、水源、电源、物资资源、生产和生活基本状况等，主要用于布置水、电管线和道路等。

2．设计资料

（1）建筑总平面图，用于决定临时房屋和其他设施的位置，以及修建工地运输道路和解决给水排水等问题。

（2）一切已有和拟建的地上、地下的管道位置和技术参数，用以决定原有管道的利用或拆除，以及新管线的敷设与其他工程的关系。

（3）建筑区域的竖向设计资料和土方平衡图，用以布置水、电管线，安排土方的挖填和确定取土、弃土地点。

（4）拟建房屋或构筑物的平面图、剖面图等施工图设计资料。

3．施工组织设计资料

（1）主要施工方案和施工进度计划，用以决定各种施工机械的位置。

（2）各类资源需用量计划和运输方式。

4．施工平面图设计的基本原则

（1）在保证施工顺利进行的前提下，平面布置要力求紧凑，尽可能地减少施工用地，不占或少占农田。

（2）合理布置施工现场的运输道路及各种材料堆场、加工场、仓库和各种机具的位置，尽量使各种材料的运输距离最短，避免场内二次搬运。为此，各种材料必须按计划分期分批进场，按使用的先后顺序布置在使用地点的附近，或随运随吊。这样，既节约劳动力，又减少了材料在多次搬运中的损耗。

（3）力争减少临时设施的工程量，降低临时设施的费用。为此可采取下列措施：

1）尽可能利用原有的建筑物，争取提前修建可供施工使用的永久性建筑物。

2）采用活动式装拆房屋和可就地取材的廉价材料。

3）临时道路尽可能沿自然标高修筑以减少土方量，并根据运输量采用不同标准的路面构造；

4）加工场的位置可选择在开拓费用最少之处。

（4）合理地规划行政管理和文化生活福利用房的相对位置，便于工人的生产和生活，使工人至施工区所需时间最少。

（5）要符合劳动保护、环境保护、技术安全和防火的要求。

工地内各种房屋和设施的间距，应符合防火规定；场内道路应畅通，并按规定设置消防栓；易燃品和有污染的设施应布置在下风向，易爆品应按规定距离单独存放；在山区进行建设时，应考虑防洪等特殊要求。

（三）施工平面图的主要内容

施工平面图设计的主要内容包括以下几部分：

（1）建筑平面上已建和拟建一切房屋、构筑物和其他设施的位置和尺寸。

（2）拟建工程施工所需的起重与运输机械、搅拌机等位置和其主要尺寸，起重机械的开行路线和方向等。

（3）地形等高线，测量放线标桩的位置和取舍土的地点。

（4）为施工服务的一切临时设施的布置和面积。

（5）各种材料（包括水暖电卫材料）、半成品、构件和工业设备等的仓库和堆场。

（6）施工运输道路的布置和宽度尺寸，现场出入口，铁路和港口位置等。

（7）临时给水排水管线、供电线路、热源气源管道和通信线路等的布置。

（四）施工平面图设计步骤

施工平面图设计的一般步骤为：决定起重机械的位置→布置材料和构件的堆场→布置运输道路→布置各种临时设施→布置水电管网→布置安全消防设施。

1. 起重机械的位置

起重机械的位置，直接影响仓库、材料和构件的堆场、砂浆和混凝土搅拌站的位置，以及道路和水电线路的布置，故应首先予以考虑。

（1）固定式垂直运输机械的布置。主要根据机械性能、建筑物的平面形状和大小、施工段划分的情况、材料的来向、已有运输道路状况和每班运送的材料数量等而定。布置时应注意如下几点：

1）尽量考虑到材料运输的方便，并使高空水平运输量最小。

2）当建筑物各部位高度相同时，则布置在施工段分界点附近；当建筑物个部位高度不一时，宜布置在高低层并列处。

3）为减少砌墙留槎和拆架后的修补工作，井架和门架最好布置在门窗洞口处。

4）卷扬机的位置不能离起重架太近，一般在 10m 以上；井架、龙门架和桅杆离开建筑物外墙的距离，视屋面檐口挑出尺寸或双排脚手架搭设要求决定。

5）摇头把杆与井架的夹角以 45°为佳，也可在 30°～60°变化，把杆长度与其回转半径的关系，可按式（2-8）计算：

$$\gamma = L\cos\alpha \qquad\qquad (2-8)$$

式中：γ 为把杆回转半径，一般为 4.5～11m；L 为把杆长度，一般为 6～15m；α 为把杆与水平线的夹角。

6）井架的高度应视拟建工程屋面高度和井架形式确定，一般按式（2-9）计算：

$$H = h_1 + h_2 + h_3 \qquad\qquad (2-9)$$

式中：H 为井架高度；h_1 为室内、室外地面的高差；h_2 为屋面至室内地面的高度；h_3 为屋面至井架顶端的高度。

（2）有轨式起重机的布置。有轨式起重机的布置方式，主要取决于建筑物的平面形状、尺寸和四周施工场地的条件。要使起重机的起重幅度能将材料和构件直接运至任何施工地点，尽量避免出现"死角"。争取轨道长度最短。通常将轨道布置在建筑物较宽的一侧或两侧，必要时还需增加转弯设备。同时要做好轨道路基四周的排水工作。

（3）无轨自行起重机的布置。对履带吊、汽车吊等，一般只需考虑开行路线。其开行路线，主要取决于建筑物的平面位置、构件的重量、安装高度和吊装方法。

2. 确定搅拌站、加工棚、仓库和材料堆场的布置

（1）搅拌站的布置。搅拌站的布置要求如下：

1）搅拌站应有后台上料的场地，尤其是混凝土搅拌机，要与砂石堆场、水泥库一起考虑布置。

2）搅拌站的位置应尽可能地靠近垂直运输设备，以减少混凝土和砂浆的水平运距；当采用塔吊进行垂直运输时，搅拌站的出料口应位于塔吊的有效半径之内；当采用固定式垂直运输设备时，搅拌站应尽可能地靠近起重机；当采用自行式起重设备时，搅拌站可布置在开行路线旁，且其位置应在起重臂的最大外伸长度范围内。

3）搅拌站的附近应有施工道路，以便砂石进场和拌和物的运输。

4）搅拌站的位置应尽量靠近使用地点，有时浇筑大型混凝土基础时，可将混凝土搅拌站直接设在基础边缘，待基础混凝土浇完后再行转移。

5）搅拌站场地四周应设置排水沟，以利于清洗机械和排除污水，避免造成现场积水。

6）混凝土搅拌台所需面积约 $25m^2$，砂浆搅拌台约 $15m^2$，冬期施工还应考虑保温和供热设施等，需要相应增加其面积。

（2）加工棚的布置。木材、钢筋、水电等加工棚宜设置在建筑物四周稍远处，并有相应的材料堆场。

（3）材料堆场的布置：

1）材料堆场的面积计算。各种材料堆场的堆放可按式（2-10）计算：

$$F = \frac{Q}{nqk} \qquad (2-10)$$

式中：F 为材料堆场或仓库所需面积；Q 为某种材料现场总用量；n 为某种材料分批进场次序；q 为某种材料每平方米的储存金额；k 为堆场、仓库的面积利用系数。

2）仓库的布置。现场仓库按其储存材料的性质和重要程度，可采用露天堆场、半封闭式（棚）或封闭式（仓库）三种形式。

• 露天堆场。主要用于堆放不受自然气候影响而损坏质量的材料，如石料、砖和装配式混凝土等。

• 半封闭式（棚）。主要用于储存需防止雨、雪、阳光直接侵蚀的材料，如油毛毡、细木零件和沥青等。

• 封闭式（仓库）。用于储存在大气侵蚀下易发生变质的建筑制品、贵重材料以及容易损失或散失的材料，如水泥、石膏、五金零件和贵重设备、器具、工具等。

一般来说，水泥仓库应选择地势较高、排水方便、靠近搅拌机的地方；各种易爆、易燃品仓库的布置应符合防水、防爆安全距离的要求；木材、钢筋和水电器等仓库，应与加工棚结合布置，以便就近取材加工。

3）材料和构件堆放的布置：

- 预制构件应尽量靠近垂直运输机械，以减少二次运输的工程量。
- 各种钢、木门窗和钢、木构件，一般不宜在露天堆放。
- 砂石应尽量靠近搅拌站，并注意运输和卸料方便。
- 钢模板、脚手架应布置在靠近拟建工程的地方，并要求装卸方便。
- 基础所需的砖应布置在拟建工程四周，并距基坑、槽边不小于 0.5m，以防止塌方。
- 石灰和淋灰池可根据情况布置在砂浆搅拌机附近；沥青灶应选择较空的场地，远离易燃品仓库和堆放，并布置在下风向。

3. 布置运输道路

施工运输道路应按材料和构件运输的需要，沿其仓库和堆放进行布置。运输道路的原则和要求如下：

（1）现场主要道路应尽可能利用已有道路或规划的永久性道路的路基，根据建筑总平面图上的永久性道路位置，先修筑路基，作为临时道路，工程结束后再修筑路面。

（2）现场道路最好是环行布置，并与厂外道路相接，保证车辆通行畅通；如不能设置环行道路，应在路端设置倒车场地。

（3）满足材料、构件等运输要求，使道路通到各个堆场和仓库所在位置，并距装卸区越近越好。

（4）满足消防的要求，使道路靠近建筑物、木料场等易燃地方，以便车辆直接开到消防栓处。消防车道不小于 3.5m。

（5）施工道路应避开拟建工程和地下管道等地方。否则，这些工程若与在建工程同时开工时，将切断临时道路，给施工带来困难。

（6）道路布置应满足施工机械的要求。搅拌站的出料处、固定式垂直运输机械旁、塔吊的服务范围内均应考虑运输道路的布置，以便于施工运输。

（7）道路应高出施工现场地面标高 0.1～0.2m，两旁应有排水沟，一般沟深与底宽均不小于 0.4m 以便排除路面积水，保证运输。

道路的最小宽度和转弯半径如表 2-8 和表 2-9 所示。架空线与架空管道下面的道路，其通行空间宽度应比道路宽度大 0.5m，空间高度应大于 4.5m。

表 2-8　　　　　　　　　　施工现场道路最小宽度

序　号	车辆类别和要求	道路宽度（m）	序　号	车辆类别和要求	道路宽度（m）
1	汽车单行道	不小于 3.0	3	平板拖车单行道	不小于 4.0
2	汽车双行道	不小于 6.0	4	平板拖车双行道	不小于 8.0

表 2-9　　　　　　　　　　　施工现场道路最小转弯半径

车辆类型	路 面 内 侧 的 最 小 转 弯 半 径（m）		
	无拖车	有一辆拖车	有两辆拖车
小客车、三轮车	6	—	—
一般二轴载重汽车	单车道 9 双车道 7	12	15
三轴载重汽车 重型载重汽车	12	15	18
超重型载重汽车	15	18	21

4. 布置各种临时设施

施工现场的临时设施可分为生产性的和生活性的两大类。施工现场各种临时设施，应满足生产和生活的需要，并力求节省临时施工的费用。各种临时设施需用面积参考指标如表 2-10 和表 2-11 所示。

表 2-10　　　　　　　　　　　现场作业棚所需参考指标

序　号	名　称	单位	面　积	备　注
1	木工作业棚	m²/人	2	占地为面积参考值的 3～4 倍
2	电锯房	m²	80	一台 863.6～914.4mm 圆锯
3	电锯房	m²	40	小圆锯一台
4	修锯房	m²	40	
5	钢筋作业棚	m²/人	3	占地为面积参考值的 3～4 倍
6	混凝土搅拌棚	m²/台	10～18	400L 搅拌机
7	烘炉房	m²	30～40	铁工
8	卷扬机房	m²/台	6～10	100t
9	焊工房	m²	20～40	
10	电工房	m²	15	
11	白铁工房	m²	20	
12	油漆工房	m²	20	
13	机、钳修理房	m²	20	
14	立式锅炉房	m²/台	5～10	
15	发电机房	m²/kW	0.2～0.3	
16	水泵	m²/台	3～8	
17	移动式空压机	m²/台	18～30	以 6m/min 或 9m/min 为例
18	固定式空压机	m²/台	9～15	以 10m/min 或 20m/min 为例

表 2-11　　　　　　　　临时宿舍、文化福利和行政管理房屋面积参考指标

序　号	行政、生活、福利建筑物名称	单　位	面　积	备　注
1	办公室	m²/人	3.5	使用人数按干部人数的70%计算
2	单身宿舍 （1）单层通铺 （2）双层床 （3）单层床	m²/人 m²/人 m²/人	2.6～2.8 2.1～2.3 3.2～3.5	
3	家属宿舍	m²/户	16～25	
4	食堂兼礼堂	m²/人	0.9	
5	医务室	m²/人	0.06	不小于30m²
6	理发室	m²/人	0.03	
7	浴室	m²/人	0.10	
8	开水房	m²	10～40	
9	厕所	m²/人	0.02～0.07	
10	工人休息室	m²/人	0.15	

临时设施的布置应遵循的原则如下：

（1）生产性和生活性临时设施的布置应有所区分，以避免互相干扰。

（2）临时设施的布置力求使用方便，有利施工，保证安全。

（3）临时设施应尽可能采用活动式、装拆式结构或就地取材、设置。

（4）工人休息室应设在施工地点附近。

（5）办公室应靠近施工现场。

5. 布置水电管网

（1）工地临时供水包括施工、生活和消防用水三方面。

1）施工用水量。施工用水量是指施工最高峰期的某一天或高峰时期内平均每天需要的最大用水量，可按式（2-11）计算：

$$q_1 = K_1 \sum Q_1 N_1 K_2 / (8 \times 3600) \qquad (2-11)$$

式中：q_1 为施工用水量；K_1 为未预见施工用水系数，取 1.05～1.15；K_2 为施工用水不均衡系数（现场用水取 1.50；附加工厂取 1.25；施工机械与运输机具取 2.00；动力设备取 1.1）；N_1 为用水定额；Q_1 为最大用水日完成的工程量、附属加工厂产量或机械台班数。

现场或附属生产企业施工（生产）用水参考定额如表 2-12 所示，机械用水参考定额如表 2-13 所示。

2）生活用水量。生活用水量是指最多时期职工的生活用水，可按式（2-12）计算：

$$q_2 = \frac{Q_2 N_2 K_3}{8 \times 3600} + \frac{Q_3 N_3 K_4}{24 \times 3600} \qquad (2-12)$$

式中：q_2 为生活用水量；Q_2 为现场施工最高峰人数；N_2 为现场生活用水定额，每人每班用水量主要视当地气候而定，一般取 20～60L/（人·班）；K_3 为现场生活用水不均衡系数，取 1.30～1.50；Q_3 为居住区最高峰职工和家属居民人数；N_3 为昼夜生活用水定额，每人每昼夜平均用水量随地区和有无室内卫生设备而变化，一般取 100～120L/（人·昼夜）；K_4 为居民区生活用水不均衡系数，取 2.00～2.50。

表 2 - 12　　　　　　　现场或附属生产企业施工（生产）用水参考定额

用 水 对 象	单 位	耗水量（L）	备 注
浇筑混凝土全部用水	m³	1700～2400	
搅拌混凝土	m³	250	
混凝土养护（自然养护）	m³	200～400	
混凝土养护（蒸汽养护）	m²	500～700	
冲洗模板	m³	5	
冲洗石子	m³	600～1000	
清洗搅拌机	台班	600	
洗砂	m³	1000	当含泥量大于2％且小于3％时
浇砖	千块	200～250	
抹面	m²	4～6	
楼地面	m²	190	
搅拌砂浆	m³	300	不包括调剂用水
消化石灰	t	3000	

表 2 - 13　　　　　　　　机 械 用 水 参 考 定 额

序号	用 途	单 位	耗水量（L）	备 注
1	内燃挖土机	m³·台班	200～300	以斗容量 m³ 计
2	内燃起重机	t·台班	15～18	以起重吨数计
3	内燃压路机	t·台班	12～15	以压路机吨数计
4	拖拉机	台·t	200～300	
5	汽车	台·t	400～700	
6	空压机	(m³/min)·台班	40～80	以压缩空气 m³/min 计
7	内燃机动力装置（直流水）	马力·台班	120～300	
8	内燃机动力装置（循环水）	马力·台班	25～40	
9	锅炉	t·h	1000	以小时蒸发量计

注　1. 序号1是指内燃挖土机每台班挖1m³ 土的耗水量为200～300L，其余类推。

　　2. 功率的国际单位为 W，马力为惯用单位。

3）消防用水量。消防用水是指施工与生活区内需考虑的消防用水量，其用水量如表 2-14 所示。

表 2 - 14　　　　　　　　　消 防 用 水 量（q_3）

序 号	用 水 名 称		火灾同时发生次数	单 位	用 水 量
1	居民区消 防用水	5000 人以内	一次	L/s	10
		10000 人以内	二次	L/s	10～15
		25000 人以内	二次	L/s	15～20
2	施工现场 消防用水	施工现场在 25hm² 内	一次	L/s	10～15
		每增加 25hm²	一次	L/s	5

4）总用水量 Q 的计算：

当 $q_1 + q_2 \leqslant q_3$ 时，则

$$Q = \frac{1}{2}(q_1 + q_2) + q_3 \qquad (2-13)$$

当 $q_1 + q_2 > q_3$ 时，则

$$Q = q_1 + q_2 + q_3 \qquad (2-14)$$

当 $q_1 + q_2 < q_3$，且工地面积小于 5km^2 时，则

$$Q = q_3 \qquad (2-15)$$

上述确定的总用水量，还需增加 10% 的管网可能产生的漏水损失，即

$$Q_总 = 1.1Q \qquad (2-16)$$

5）临时供水管径的计算。当总用水量确定后，即可按式（2-17）计算供水管径：

$$D_i = \sqrt{\frac{4000Q_i}{\pi v}} \qquad (2-17)$$

式中：D_i 为某管段的供水管直径，mm；Q_i 为某管段用水量，L/s，供水总管段按总用水量 $Q_总$ 计算，环状管网布置的各管段采用环管内同一用水量计算，枝状管段按各枝管内的最大用水量计算；v 为管网中水流速度，一般取 $1.5 \sim 2.0\text{m/s}$。

当确定供水管网中各段供水管内的最大用水量和水流速度后，也可查表 2-15 和表 2-16 选择管径。

表 2-15 　　　　　　　　给 水 铸 铁 管 计 算 表

序号	管径 D_i (mm) 用水量 Q_i (L/s)	75		100		150		200		250	
		i	v	i	v	i	v	i	v	i	v
1	2	7.98	0.46	1.94	0.26						
2	4	28.4	0.93	6.69	0.52						
3	6	61.5	1.39	14.0	0.78	1.87	0.34				
4	8	109.0	1.86	23.9	1.04	3.14	0.46	0.76	0.26		
5	10	171.0	2.33	36.5	1.30	4.69	0.57	1.13	0.32		
6	12	246.0	2.76	52.6	1.56	6.55	0.69	1.58	0.39	0.592	0.25
7	14			71.6	1.82	8.71	0.80	2.08	0.45	0.692	0.29
8	16			93.5	2.08	11.1	0.92	2.64	0.51	0.886	0.33
9	18			118.0	2.34	13.9	1.03	3.28	0.58	1.09	0.37
10	20			146.0	2.60	16.9	1.15	3.97	0.64	1.32	0.41
11	22			177.0	2.86	20.2	1.26	4.73	0.71	1.57	0.45
12	24					24.1	1.38	5.56	0.77	1.83	0.49
13	26					28.3	1.49	6.64	0.84	2.12	0.53
14	28					32.8	1.61	7.38	0.90	2.42	0.57
15	30					37.7	1.72	8.40	0.96	2.72	0.62
16	32					42.8	1.84	9.46	1.03	3.09	0.66
17	34					48.4	1.95	10.6	1.09	3.45	0.70
18	36					54.2	2.06	11.8	1.16	3.83	0.74
19	38					60.4	2.18	13.0	1.22	4.23	0.78

注 v 为流速，m/s；i 为压力损失，m/km 或 mm/m。埋入地下一般选用给水铸铁管。

表 2 - 16 给 水 钢 管 计 算 表

序号	管径 D_i (mm)	75		100		150		200		250	
	用水量 Q_i (L/s)	i	v	i	v	i	v	i	v	i	v
1	0.1										
2	0.2	21.3	0.38								
3	0.4	74.8	0.75	8.98	0.32						
4	0.6	159.0	1.13	18.4	0.48						
5	0.8	279.0	1.51	31.4	0.64						
6	1.0	437.0	1.88	47.3	0.80	12.9	0.47	3.76	0.28	1.61	0.20
7	1.2	629.0	2.26	66.3	0.95	18.0	0.56	5.18	0.34	2.27	0.24
8	1.4	859.0	2.64	88.4	1.11	23.7	0.66	6.83	0.40	2.97	0.28
9	1.6	1118.0	3.01	114.0	1.27	30.4	0.75	8.70	0.45	3.79	0.32
10	1.8			144.0	1.43	37.8	0.85	10.7	0.51	4.66	0.36
11	2.0			178.0	1.59	46.0	0.94	13.0	0.57	5.62	0.40
12	2.6			301.0	2.07	74.9	1.22	21.0	0.74	9.03	0.52
13	3.0			400.0	2.39	99.8	1.41	27.4	0.85	11.7	0.60
14	3.6			577.0	2.86	144.0	1.69	38.4	1.02	16.3	0.72
15	4.0					177.0	1.88	46.8	1.13	19.8	0.81
16	4.6					235.0	2.17	61.2	1.30	25.7	0.93
17	5.0					277.0	2.35	72.3	1.42	30.0	1.01
18	5.6					348.0	2.64	90.7	1.59	37.0	1.13
19	6.0					399.0	2.82	104.0	1.70	42.1	1.21

注 地面上一般选用钢管。

6）供水管网的布置：

- 布置方式。临时给水管网一般有三种布置方式，即环状管网、枝状管网和混合管网。

环状管网能够保证供水的可靠性，但管线长、造价高，它适用于要求供水可靠的建筑项目或建筑群；枝状管网由干管与支管组成，管线短、造价低，但供水可靠性差，故适用于一般中小型工程；混合管网是主要用水区和干管采用环状，其他用水区和支管采用枝状的混合形式，兼有两种管网的优点，一般适用于大型工程。

管网铺设方式有明铺和暗铺两种。为不影响交通，一般以暗铺为好，但要增加费用；在冬期或寒冷地区，水管宜埋置在冰冻线以下或采用防冻措施。

- 布置要求。供电管网的布置应在保证供水的前提下，使管道铺设越短越好。同时还应考虑在水管期间支管具有移动的可能性；布置管网时应尽量利用原有的供水管网和提前铺设永久性管网；管网的位置应避开拟建工程的地方；管网铺设要与土方平整规划协调。

（2）工地临时供电：

1）用电量计算。施工现场用电包括动力用电和照明用电。可按式（2－18）计算：

$$P = 1.05 \sim 1.10\{k_1 \sum P_1/\cos\varphi + k_2 \sum P_2 + k_3 \sum P_3 + k_4 \sum P_4\} \qquad (2-18)$$

式中：P 为供电设备总需要容量，kW；P_1 为电动机额定功率（见表 2－17），kW；P_2 为电焊机额定功率（见表 2－17），kW；P_3 为室内照明容量，kW；P_4 为室外照明容量，kW；$\cos\varphi$ 为电动机的平均功率因数（施工现场最高为 0.75～0.78，一般为 0.65～0.75）；k_1、k_2、k_3、k_4 分别为电动机、电焊机、室内照明、室外照明等设备的同期使用系数，其中 k_1、k_2 值见表 2－18，k_3 一般取 0.8，k_4 一般取 1。

表 2－17　　　　　　　　　　　常用电动机和电焊机额定功率

序　号	机　械　名　称	单位	功率
1	蛙式打夯机	kW	2.8
2	国产 2～6t 塔式起重机	kW	34.5
3	40t 塔式起重机	kW	71
4	W－505 履带式起重机	kW	48
5	W－1004 履带式起重机	kW	80
6	W－2001 履带式起重机（苏联）	kW	140
7	UJ325 灰浆搅拌机	kW	3
8	200L 灰浆搅拌机	kW	2.2
9	J1－250 自落式混凝土搅拌机	kW	5.5
10	J4－375 强制式混凝土搅拌机	kW	10
11	400L 鼓形混搅拌机（上海）	kW	11.1
12	HZ6X－50 插入式振动机	kW	1.1～1.5
13	软插入式振动机	kW	0.55
14	BX3－500－3 交流电焊机	kW	38.6
15	BX3－500－3 交流电焊机	kW	23.4

表 2－18　　　　　　　　　　　电动机、电焊机的同期使用系数

电机名称	数　量	同　期　使　用　系　数	
		k	数　值
电动机	3～10 台		0.7
	11～30 台	k_1	0.6
	30 台以上		0.5
电焊机	3～10 台	k_2	0.6
	10 台以上		0.5

2）选择电源和变压器。选择电源最经济的方案是利用施工现场附近已有的高压线或发电站和变电所，但事先必须将施工中需要的用电量向供电部门申请；如在新辟的地区施工，不能利用已有的正式供电系统，则需自行解决发电设施。

变压器的容量可按式（2-19）计算：

$$P = K(\sum P_{max}/\cos\varphi) \qquad (2-19)$$

式中：P 为变压器的容量，kW；K 为功率损失系数，取 1.05；$\sum P_{max}$ 为各施工区的最大计算负荷；$\cos\varphi$ 为功率因数，取 0.75。

计算所得的容量值，可从常用变压器产品目录（见表 2-19）中选用合适型号的变压器，并使选定的变压器的额定容量稍大于（或等于）计算的变压器的容量值。

表 2-19　　　　　　　　　　常用电力变压器性能表

型 号	额定容量（kW）	额定电压（kV）		损耗（W）		总重（kg）
		高压	低压	空载	短路	
SJL1-50/10（6.3，6）	50	10，6.3，6	0.4	222	1128，1098，1120	340
SJL1-63/10（6.3，6）	63	10，6.3，6	0.4	255	1390，1342，1380	425
SJL1-80/10（6.3，6）	80	10，6.3，6	0.4	305	1730，1670，1715	475
SJL1-100/10（6.3，6）	100	10，6.3，6	0.4	349	2060，1985，2040	565
SJL1-125/10（6.3，6）	125	10，6.3，6	0.4	419	2430，2325，2370	680
SJL1-160/10（6.3，6）	160	10，6.3，6	0.4	479	2855，2860，2925	810
SJL1-200/10（6.3，6）	200	10，6.3，6	0.4	577	3660，3530，3610	940
SJL1-250/10（6.3，6）	250	10，6.3，6	0.4	676	4075，4060，4150	1080

3）电导线截面的选择。在确定配电导线截面大小时，应满足以下三方面的要求：第一，导线应有足够的力学强度，不发生断电现象；第二，导线在正常温度下，能持续通过最大的负荷电流而本身温度不超过规定值；第三，电压损失在规定的范围内，能保证机械设备的正常工作。

导线截面的大小一般按允许电流要计算选择，以电压损失和力学强度要求加以复核，取三者中的大值作为导线截面面积。

· 按允许电流选择，可按式（2-20）计算：

$$I = 1000P_{总} / \sqrt{3}U\cos\varphi \qquad (2-20)$$

式中：I 为某配电线路上负荷工作电流，A；U 为某配电线路上的工作电压，V，在三相四线制低压时取 380V；$P_{总}$ 为某配电线路上的总电量，kW。

根据以上计算出的某配电线路上的电流以后，即可以查表 2-20 得所选导线的截面积。

· 按允许电压损失选择导线截面大小，可按式（2-21）计算：

$$S = \frac{\sum (P_{总} L)}{C[\varepsilon]} = \frac{\sum M}{C[\varepsilon]} \qquad (2-21)$$

式中：S 为配电导线截面面积，mm^2；L 为用点负荷至电源的配电线路长度，m；C 为系数，三相四线制时，铜线取 77，铝线取 46.3；$\sum M$ 为配电线路上负荷矩总合，$kW \cdot m$，数值上等于配电线路上每个用电负荷的计算用电量 $P_{总}$ 与该负荷至电源的线路长度的乘积之总和；$[\varepsilon]$ 为配电线路上允许的电压损失值，动力负荷线路取 10%，照明负荷线路取 6%，混合线路取 8%。

当已知导线的截面大小时，可按式（2-22）复核其允许电压损失值：

$$\varepsilon = \sum M / (CS) \leqslant [\varepsilon] \qquad (2-22)$$

式中：ε 为配电线路上计算的电压损失值，%。

表 2-20　　　　　　　　　　　　**25℃ 时导线持续允许电流**

序号	导线标称截面面积（mm^2）	裸线		橡皮或塑料绝缘线（单芯）			
		TJ 型	TL 型	BX 型	BLX 型	BV 型	BLV 型
1	6	—	—	58	45	55	42
2	10	—	—	85	65	75	59
3	16	130	105	110	85	105	80
4	25	180	135	145	110	138	105
5	35	220	170	180	138	170	130
6	50	270	215	230	175	215	165
7	70	340	265	285	220	265	205
8	95	415	325	345	265	265	250
9	120	485	375	400	310	375	285
10	150	570	440	470	360	430	325
11	185	645	500	540	420	490	380

- 按力学强度复核截面。所选导线截面面积应大于或等于强度允许的最小导线截面。当室外配电电线架空敷设在电杆上，电杆间距为 20～40m 时，导线要求的最小截面面积如表 2-21 所示。

表 2-21　　　　　　　　　**导线按力学强度要求的最小截面面积**　　　　　　　　单位：mm

电 压	裸 线		绝缘导线	
	铜	铝	铜	铝
低压	6	16	4	10
高压	10	25	—	—

4）变压器道和配电线路的布置。单位工程的临时供电线路，一般采用枝状布置，要求如下：

- 尽量利用已有的配电线路和已有的变压器。
- 若只设一台变压器，线路枝状布置，变压器一般设置在引入电源的安全区；设多台变压器，各变压器作环状连接布置，每个变压器与用电点作枝状布置。

- 变压器设在用电集中的地方，或者布置在现场边缘变压线接入，离地面应大于3m，四周设有高度大于1.7m的护栏，并有明显的标志，不要把变压器布置在交通道口处。
- 线路宜在路边布置，距建筑物应大于1.5m，电杆间距25～40m，高度4～6m，跨铁道时高度为7.5m。
- 线路不应妨碍交通和机械施工、进场、装拆、吊装等。
- 线路应避开堆场、临时设施、基槽和后期工程的地方。
- 注意接线和使用上的安全性。

第三节　设　计　例　题

一、混合结构工程施工组织设计实例

(一) 工程特点

1. 工程概况

本工程为江苏省××市某中学教学楼，系新建项目。由市教委投资，设计单位为该市建筑设计院，施工单位为×建筑公司，由市××建设监理公司监理。工程造价为584.731万元。开工日期为××年4月1日，竣工日期为××年8月30日，工期历时152天。

本工程建筑面积为8110m²，长114.8m，宽19.04m，中间部分6层，高26.03m，首层为门厅，其余各层分别为行政办公室、教研室、教务处和部分教室。两侧为5层，高22.10m，均为普通教室和实验室，标准层层高4.15m。在楼的中间和两侧设置4部双跑楼梯，每层都设有男、女卫生间。室内设计地坪±0.000相当于绝对标高3.21m，室内外高差0.60m，本工程的平、立面示意图如图2－6所示。

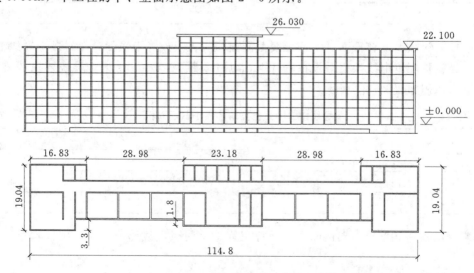

图2－6　某中学教学楼平面、立面图

本工程承重结构除中间门厅部分为现浇钢筋混凝土半框架结构外，其余皆为混合结构。由于该教学楼平面长度较大，故在中间和东、西两侧连接部位各设一道伸缩缝。该工程所在地区土质较差，根据设计要求在天然地基上垫 700mm 厚的石屑，然后铺 100mm 厚的 C10 混凝土垫层，其上做 400mm 厚的 C15 钢筋混凝土基础板，以上为 MU10 水泥砂浆条形砖基础。上部结构系承重墙承重，预制钢筋混凝土空心楼板（卫生间及实验室局部为现浇钢筋混凝土楼板），大梁及楼梯均为钢筋混凝土现浇结构。该教学楼按抗震设防要求，每层设圈梁一道，圈梁上皮为楼板下皮，在内外墙交接处均设钢筋混凝土构造柱。屋面为卷材柔性防水做法，根据地方建筑主管部门的要求，卷材采用改性沥青油毡，用专用黏结涂料冷铺法铺设。

本工程各层教室及办公室为一般水泥砂浆地面，门厅采用无釉防滑陶瓷地砖，走廊、卫生间等为水磨石地面，化学实验室采用陶瓷锦砖地面。内墙墙面及顶面均为普通抹灰，表面喷涂乳胶漆涂料。所有的教室及实验室、办公室均有 1.4m 高的水泥墙裙，其上刷涂油漆。室外墙面除首层为彩色水刷石外，窗间墙抹水泥砂浆刷外墙涂料，其余为清水砖墙。

室内采暖系统与原有地下采暖管道连接。实验室设局部通风。电气设备除一般照明系统外，各教室暗敷电视电缆，并在指定部位设闭路教学电视吊装预埋件，物理实验室内设动力用电线路。

2. 地区特征和施工条件

本工程位于市内中心区，东面为市区干道，北面为学校主办公楼及其他教学楼，南面和西面为操场，施工场地较为宽敞。根据学校要求，施工现场主要安排在该教学楼南面操场范围内。

施工现场原为旧房拆除后的场地，根据地质钻探资料，基地以下水位较高，施工时需考虑排水措施。

本工程所在地区雨季为 6～9 月，主导风向偏东。

施工所需电力、供水均可由学校原有供电、供水网引出。

本工程为市教委计划内工程，经与施工方协商，材料和劳动力均保证满足施工需要，全部材料均由施工单位自行采购，供货渠道已落实。由于主要交通道路为市内交通主干线，经与交通管理和市容管理部门协商，主要建筑材料与构件，在指定时间（××点至××点）内均可送至工地；同时，为保证学校的良好教育秩序和环境卫生，现场布置尽可能简单，材料少存多运，全部预制构件均采用商品预制构件，现场不必设构件加工场。此外，因工程距施工单位基地较近，在现场可不设临时生活用房，只利用原场地西侧的待拆旧平方作为土地办公室。

（二）施工方案

1. 施工总顺序

根据单栋建筑物"先地下，后地上"、"先主体，后围护"、"先结构，后装修"、"先土建，后设备"的原则，本教学楼总的施工顺序为：基础→主体→屋面→室内装修→室外装修→水、电、暖、卫设备。

装修工程可在主体工程完工后进行，从顶层依次做下来。这样由于房屋在主体结构完工后有一定的沉陷时间，有利于保证装修工程质量，且可减少交叉作业时间，有利安全。但这种安排导致工期拖长。本工程将室内装修提前插入和主体结构交叉施工，即二层楼面板安装完毕并灌缝后，底层即插入顶墙抹灰，然后由上而下依次进行。

基础完成后，立即进行回填，以确保上部结构正常施工。水、电、暖、卫工程随结构同步插入进行。

2. 施工机械的选择

根据工程情况和施工条件，采用的都为常规施工机械，其中起重机机械采用塔吊加井架方案。该方案采用一台塔吊，沿教学楼南侧顺长布置。根据经验可选中型 QT60 型塔吊一台（臂长 25m）。按实际情况验算结果如下：

塔吊轨道距墙面最小距离按规定需为 1.5m，轨道本身宽度 4.2m，楼最宽处为 19.04m，则塔吊塔壁的起重幅度应为 $(19.04-0.3)+1.5+4.2/2=22.34$，选 QT60 塔吊型塔吊可以满足该工程的平面尺寸要求，同时提升高度也满足建筑物的高度要求。塔吊主要用于吊装预制钢筋混凝土圆孔板，也可吊装部分其他材料。该方案只设一台塔吊还满足不了施工高峰的需要，故还须加设井架。根据施工进度（见表 2-22）可看出，施工中垂直运输量最高峰是在主体结构工程与装修工程同时进行期，大约在第 55～60 天。以第 56 天为例，同时进行的工序有：砌墙（第 5 层第 2 段），支模板（第 5 层第 2 段），混凝土浇筑（第 5 层第 1 段），室内抹顶灰（第 2 层）及捣制楼梯（第 5 层第 7 段）和砌隔断墙，洗手池及板条墙、吊顶等。根据计算每班需要的吊次为 278 次。

塔吊每班吊运 120 次，故每班还剩余 278－120＝158（次），需由井架完成。已知井架每班可吊运 84 次。则还需选用井架台数为 158/84＝1.9（台），选用 2 台。

3. 确定流水段及施工流向

（1）基础工程阶段。基础工程除机械挖土不分段外，为使工作面宽敞，同时考虑到各分部工程在各施工阶段的劳动量基本相等，故从中间分为两个施工段。

为使人员稳定，有利于管理，砌基础的瓦工班组工人数采用与主体结构砌墙人数（80人）相同。全部砌基础需要劳动量为 623 工日，分两段施工，故每个施工段流水节拍为 623/（2×80）＝3.9（天），取 4 天。浇筑混凝土垫层、钢筋混凝土基础板及砌基础等各部分分项工程按全等节拍方式组织流水作业，流水节拍均取 4 天。

（2）主体结构工程阶段：

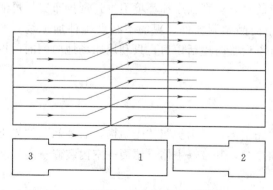

图 2-7 施工段的划分及施工流向示意图

1）划分施工段，计算工程量及所需劳动量。由该工程建筑结构情况可知，中间 6 层部分现浇混凝土量较大，若从中间划分为对称两段施工，不利于结构的整体性，且不易满足工人班组在各层间连续施工的要求，所以决定以该建筑的缝为界划分为三段，按分别流水方式组织施工。因为中间部分分为 6 层，为避免流水中断，故从中间开始流水施工。施工段的划分及施工流向如图 2-7 所示，各主要分部分项

某中学教学楼施工进度计划

表 2－22

序号	阶段	分部分项工程名称	工程量 单位	工程量 数量	时间定额	劳动量	工人人数	工作天数	工程进度
1	基础阶段	基槽挖土	m³	5016	0.034	170	14	12	
2		垫石屑	m³	1596	0.003	478	1	8	
3		混凝土垫层	m³	228	1.789	408	50	8	
4		钢筋混凝土垫层	m³	912	1.282	1169	75	16	
5		砖砌基础	m³	919	0.678	623	80	8	
6		基槽回填砌管沟	m³	683		143	36	4	
7		填房心土	m³	2294	0.144	330	40	8	
8	主体阶段	砌砖墙	m³	3558	0.868	3087	80	40	
9		支模板	m³	2640	0.08	222	8	32	
10		扎钢筋	t	22	3.00	70	5	16	
11		浇混凝土	m³	322	1.00	322	20	16	
12		安装模板及灌缝	m³	1287	0.202	260	9	29	
13		搭（拆）脚手架				320	8	40	
14		浇制楼梯	m²	267	1.636	437	10	44	
15		拆模板	m²	2640	0.026	69	4	16	
16	屋面工程	砌女儿墙	m³	3057	1.963	60	15	4	
17		揭制压顶	m³	240	0.40	28	7	4	
18		铺焦渣	m³	1571	0.044	96	12	6	
19		抹找平层	m²	1571	0.039	69	10	6	
20		铺卷材	m²	205	1.802	61	10	6	
21	室内装修阶段	砌隔断墙　洗水池	m²	1485	0.202	370	10	37	
22		板条墙	m²			300	8	37	
23		顶，墙抹灰	m²	20950	0.081	1696	32	53	
24		水磨石及水泥地面	m²	6270	0.100	627	15	42	
25		吊顶				296	8	37	
26		门窗扇安装				222	6	37	
27	室外装修工程	门窗油漆玻璃	m²	20950	0.008	168	12	21	
28		喷浆涂料	m²	2882	0.236	680	32	21	
29		墙面水刷石	m²	1118	0.093	104	8	13	
30		砖墙勾缝	m²	368	0.12	44	15	3	
31		做散水	m²	30.46	0.985	30	10	3	
32		做台阶花池 安装水落管				20	4	5	

塔吊安（拆）表 5 天

工程量及所需要的劳动量如表 2－23 所示。

表 2－23 主体结构各主要分部分项工程量及劳动量

工序名称		工 程 量				时间定额	劳 动 量		
		单位	1	2	3		1	2	3
砌砖墙	一层	—	208	307	307	0.800	166	246	246
	二层		190	285	285	0.835	159	238	238
	三～五层		160	248	248	0.910	146	226	226
	六层		170	—	—	0.872	148	—	—
现浇混凝土	支模板		230	232	232	0.08	1.84	1.86	1.86
	扎钢筋	t	1.84	1.95	1.95	3.00	5.5	5.85	5.85
	浇筑混凝土		25.8	26.4	26.4	1.00	25.8	26.4	26.4
安装预制楼板		块	100	270	270	0.0083	1.33	2.25	2.25
预制板灌缝		100m	3.6	5.9	5.9	1.18	4.2	7.0	2.0

2）确定流水节拍。根据工期要求，主体结构须在近两个月，即 50 个工作日左右完成，要使瓦工组连续施工，故主体每层施工时间应为 8～9d。若取 8d，并按第二层计算，则需工人人数为

$$\frac{159 + 238 + 238}{8} = 79.4(人)$$

取 80 人，按技工与普工的比例为 1：1.2 计算，取技工为 36 人，普工为 44 人。

据此，第一段砌墙的流水节拍为

$$\frac{159}{\frac{159 + 238 + 238}{80 \times 8} \times 80} = 2(d)$$

同理，第二段和第三段的流水节拍分别为 3d。考虑 36 名技工同时在第一段上工作面太小，且每班需砌筑 80～100m³ 砖墙，吊装机械和灰浆搅拌机负荷过大，所以采用双班制，组成两个队（每队技工 18 人，普工 22 人），分为日、夜两班工作，每砌完一层，调换一次。

其他各分部分项工程的流水节拍，应在保证本身合理组织的条件下，尽量缩短。为满足瓦工在各层间连续作业，砌墙以外的分部分项工程在一个施工段上施工的总时间在第一段不应多于 6d，在二、三段应不多于 5d（即等于每层砌墙总时间减去砌墙在本段的流水节拍），故支模板为 2d，绑扎钢筋为 1d，浇筑混凝土为 1d，安装预制圆孔楼板及灌缝为 1d 或 2d，并都在第一天加班 4h。

主体结构工程阶段的流水进度见表 2－22。在表中可见其他分部分项工程（如支模板、扎钢筋、浇筑混凝土及安装楼板）是间断施工的，实际这些班组工人并非停歇，而是在进行主要工序以外的准备或辅助工作，如木工棚内制作木构件，钢筋工则进行主要钢筋的加工与配料，混凝土工可进行砂石的筛分、清洗等工作。

4. 装修工程阶段

在该阶段，按结构部位可分为屋面工程、室内装修工程和室外装修工程三部分。

（1）屋面工程部分：以第五层和第六层分为两个施工段，按分别流水方式组织施工。

（2）室内装修部分：以顶墙抹灰为主导工程，其他工序与之相协调。顶墙抹灰以一层楼为一施工段。由于工程工期紧，故采用自下而上的流向。室内装修根据进度要求约有三个月的工期，顶墙抹灰考虑占两个月左右，每层抹灰 10d，工人数为 319/10＝31.9（人），取 32 人。第六层劳动量较少，只需 5d。

（3）室外装修工程部分：采用自上而下的施工流向。

（三）施工方法

本工程为常规混合结构施工，故只对其中较重要的施工方法给予说明。

1. 基础工程

地下部分的施工顺序为：机械挖土→清底钎探→验槽处理→铺垫石屑→混凝土垫层→钢筋混凝土基础板→砖砌基础→混凝土基础圈梁→防潮层→暖气沟和埋地管线→回填土。

本工程采用 W—100 型反铲挖土机由东向西，由南向北倒退开挖，最后由东部撤出。基坑底面按设计尺寸周边各留出 0.5m 宽的工作面，边坡坡度系数为 1：0.75，基坑挖土量 5016m³，回填土 2673m³，剩余土方运至市指定工程废土存放点。

考虑地下水位较高，采用大口集水井降水，在基底东西两侧各挖一集水井，以满足施工排水问题。

基础墙内的构造柱生根在钢筋混凝土基础板的下皮，按轴线固定在模板上，防止浇筑混凝土时移位。

基槽回填土要分层进行，铺土厚度 0.4m，采用蛙式打夯机夯实。

2. 主体结构工程

主体结构工程中砖砌墙为主导工序，平均每天砌砖 88.95m³，合 4.63 万块。本工程混凝土现浇量较大，其各工种劳动力按各相应的分部分项工程配备，在 5～6d 内完成梁、板、圈梁、构造柱等安装，以使瓦工能连续施工。

外墙采用双排钢管外脚手架，内墙采用里脚手。

垂直运输由一台吊塔和两台井架完成。水平运输除塔吊外砖与砂浆采用运料车运输。

圈梁施工除外墙先砌 120mm 厚砖外，其余在有圈梁处均采用硬架支模，即将预制楼板搁置在圈梁模板上，然后浇筑圈梁混凝土（见图 2-8）。该种圈梁施工方法，既可保证楼板与圈梁的整体性，又可缩短工期，同时还可加大圈梁和构造柱的工作面。

现浇混凝土构件模板均采用普通模数钢模板，不足部分采用木模板填充。

混凝土采用机械搅拌和机械振捣，辅以人工插捣，养护方法为自然养护。本工程工

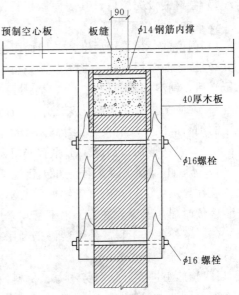

图 2-8　圈梁硬架支模构造

期较短，根据规范，大梁强度须达到设计强度的100％才允许拆除底模。据当地气候条件，浇筑第一层大梁混凝土时的气温为15d左右，故需28d才能拆除底模。以上各层浇筑混凝土时虽气温稍高，但也需20d左右才能拆模。按进度计划要求仅有13d，故决定增加水泥用量，提高混凝土强度等级，将第一层大梁拆除底模时间缩短到混凝土浇筑后的12d，以使装饰工程得以提前插入。

3. 装修工程阶段

（1）屋面工程。屋顶结构安装及女儿墙完成后，在屋面板上铺焦渣保温及找坡后，抹水泥砂浆找平层，待找平层含水率降至15％以下（根据当地气温条件，按经验应养护3～4d）后可铺贴卷材。

防水层采用高聚物改性沥青防水卷材，冷粘法施工。胶黏剂应采用橡胶或改性沥青的汽油溶液。其黏结剥离强度应大于0.8N/m。改性沥青卷材施工方法不同于一般沥青油毡多层做法，要注意其施工要点：

1）复杂部位的增强处理。待基层处理剂干燥后，应先将水落口、管根等易发生渗漏部位在其中心200mm左右范围均匀涂刷一层厚1mm左右的胶黏剂，随即粘贴一层聚酯纤维无纺布，并在无纺布上再涂刷一层厚1mm左右的胶黏剂，干燥后即可形成无接缝、具有弹性的整体增强层。

2）接缝处理。卷材的纵、横之间搭接宽度为80～100mm，接缝可用胶黏剂黏合，也可用汽油喷灯边熔化边压实。平面与立面联结的卷材应由下向上压缩铺贴，并使卷材紧贴阴角，不应有空鼓现象。

3）接缝边缘和卷材末端收头处理。可采用热熔处理，也可采用刮抹黏结剂的方法进行黏合密封处理。必要时，可在经过密封处理的末端收头处掺入水泥重量20％的107胶水泥砂浆进行压缝处理。

4）卷材铺设完毕后，其表面做蛭石粉保护层。

（2）室内装修工程：

1）门窗框一律采用后塞口。墙面阳角处均做水泥砂浆护角。

2）楼地面基层清理、湿润后，先刷一道素水泥浆作为结合层，抹水泥砂浆面层，抹平压光后，铺湿锯末养护。

3）地面工程排在顶墙抹灰之后，为防止做上层地面时板缝渗漏，影响抹灰质量，灌缝用的细石混凝土应有良好的级配，1m² 混凝土的水泥用量不少于300kg，坍塌度不大于50mm。安排在地面后的施工工序有安门窗扇、油漆、安门窗玻璃和内墙粉刷等。

4）水、电、暖、卫工程应和土建施工密切配合，其管道安装应在抹灰前完成，而其设备应在抹灰后进行。电气管线的立管随砌墙进度安排进行，不得事后剔凿，水平管应在安装楼板时配合埋设，立管、水平管均采用PVC阻燃管。

（3）室外装修工程。外墙装修仍利用砌筑用脚手架，按自上而下的顺序进行，拆除架子后进行台阶、散水。

（四）施工进度计划和劳动力、材料、机械的供应计划

1. 施工进度计划

施工准备工作20d，主要包括清理场地、修筑临时道路、铺设临时水电管网、建造搅

拌机棚及其他临时工棚等。在施工准备工作期间，最好将水、电、暖、卫等室外管道工程做好。这样，既可避免与房屋施工互相干扰，又可利用它们供水供电，以节约临时设施费用。施工准备阶段后，即开始基础工程阶段。基础工程阶段最后一个工序（填房心土）结束后，即开始主体结构工程阶段的第一道工序——砌隔断墙、洗手池，安门窗口，此两阶段在此拼接。三个阶段拼接后，即得到进度计划的初始方案。

对所得的初始方案，根据工期要求和劳动力的均衡要求等进行检查、调整，最后确定施工进度计划，见表 2-22。

2. 劳动力、材料和机械供应计划

劳动力需用量计划可根据工程预算、劳动定额和施工进度编制。材料需用量计划根据施工预算和施工进度计划汇总编制。机械供应计划则可根据施工方案、施工方法及施工进度计划编制。以上各项供应计划的计算过程从略，部分计算结果（工程量、劳动力等）已列入表 2-23 内。

（五）施工平面图

1. 起重机械的布置

由于南侧场地宽敞，可以多堆放材料，故塔吊布置在南侧，两台井架布置在北侧，位于施工缝的分界线处。

2. 搅拌站、材料仓库及露天堆场的布置

首先考虑塔吊与井架的大致分工。塔吊主要负责砖、灰浆及大部分预制混凝土空心楼板的吊装，井架主要负责混凝土、少量预制楼板、模板及其他零星材料的吊装。据此，即可确定搅拌站和主要材料的堆放位置。

（1）混凝土与灰浆搅拌站设在北面，所用砂石料及灰膏布置在它的附近，以减少水平运输量。

（2）石灰采用的是材料厂淋好的石膏，现场不设白灰堆场和淋灰池。

（3）砖的堆放位置，除基础和第一层用的砖直接安排在墙的四周外，其他各层用砖最好靠近塔吊放置。根据具体条件，本工程砖的储备量为 20d 用量，约计 100 万块。堆放面积约需 1000m²，除布置在南侧一部分，其余安排在东西两侧。

（4）预制钢筋混凝土楼板放在南侧，在塔吊的起重范围内，以免二次搬运。

（5）木料堆场与木工作业棚要考虑防火要求，设在离房屋较远的西北侧。钢筋堆场及钢筋加工棚设在东侧。

（6）水泥库集中设置，以便严格管理。

在装修阶段开始后，由于工地上存放的砖和预制楼板越来越少，装修所用的材料如隔断墙用的空心砖、铺地用的瓷砖等可堆放在原来砖和空心楼板的位置上。管材零件则可利用清理出来的一部分水泥库来堆放。

3. 水电管线及其他临时设施的布置

本工程水电供应均从已有水网及电力网引进，临时水管网采用环形布置。

除上述外，工地上还设置办公室、休息室、工具及零星物品仓库、厕所等。

施工现场搅拌站、仓库、堆场等占地面积均根据机具种类、日工人数和材料库存量等基本参数按施工手册推荐的方法计算而得，计算结果见施工平面图所注，如图 2-9 所示。

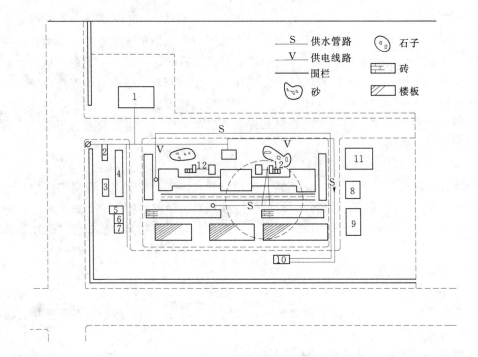

图 2-9　某中学教学楼施工现场布置平面图

1—木工作业棚 200；2—办公室 60；3—门窗库 40；4—水泥库 150；5—瓦抹灰工具棚 40；
6—混合工作业棚 52；7—三大工具堆场 80；8—钢筋堆场 80；9—钢筋工作业棚 180；
10—厕所 15；11—休息棚 200；12—卷扬机及井架

（六）主要施工技术措施及组织措施

1. 工程领导机构

本工程实行项目经理负责制，由施工单位派工程项目经理，实行现场施工技术、质量、安全、劳动和成本的全方位负责制管理。同时由监理公司进行工程监理。工地下设现场工长、技术员、质量员、安全员、定额员、器材员。要求现场管理人员必须具备相应工种上岗条件。

2. 技术保障措施

（1）技术保障措施：

1）施工前做好技术交底，并认真检查执行情况，对监理人员提出的问题要及时解决，并将解决的情况向监理人员反馈。

2）各分部分项工程均应严格按施工及验收规范操作，并做好自检自查，要做好轴线、钢筋、隐蔽工程的预检工作，做好记录并及时办理验收工作。

3）严格原材料的进场检验及验收制度，并保留好材料的质检报告。进场材料应分批堆放，并注明规格、性能。

4）混凝土、砂浆的配合比要准确，现场施工配合比由公司实验室提供，不得随意更改。

当现场砂石含水率有变化时，要及时通知公司实验室调整配比，并按规定留足混凝土及砂浆的试块，同时注意养护条件。试件试验结果随隐蔽工程记录一并交建设单位存档。

5）硬架支模圈梁的拆模时间要严格掌握，达到规定拆模强度后方可支撑。

（2）安全措施：

1）因该工程位于学校园内，必须做好安全防范工作，工地周围做好围栏，严禁学生和无关人员进入工地。

2）分不同工程部位，做好施工安全交底工作，严格执行有关的安全操作规程。

3）进入现场的施工人员及其他相关人员必须戴安全帽。外脚手架外侧要挂安全网，井架走道及楼梯口应加临时栏杆，严禁从主体高空向下抛扔物品。

4）塔吊和井架卷扬机要加专用防范设施，严禁非专职人员任意启动操作机械设备。

5）保持道路通畅，现场要设置足够的消防器材，安全员要注意明火操作的现场安全情况，特别是要注意电焊渣的跌落可能造成的失火隐患。

6）雨季要注意防止触电和雷击。

3. 技术节约措施

（1）按计划进料，与施工要求尽可能配合协调，以减少二次搬运。砂、石、砖等要准确量方、点数收料，做好收料记录。水泥使用要按量限额使用，注意散装水泥的及时回收。

（2）注意钢模板和配件的保管和保养，拆模后及时集中堆放，严禁乱拆、乱扔、乱放。

（3）砌筑砂浆中，在保证质量前提下掺用粉煤灰，并合理掺用减水剂和早强剂，以节约水泥和满足施工工期的要求。

4. 季节性措施

本工程 4 月份开工，8 月 30 日竣工，避开冬季，但要采取雨季施工现场措施。要做好所有电气设备的防雨罩，现场要及时做好排水沟，以防积水。大雨过后要及时检查现场的重点机电设备，并加强雨季材料的防潮、防水保护措施。

（七）主要技术经济指标

（1）工期指标。本工程计划工期 139d，比合同工期 5 个月（152d）和当地类似的工程（150d）为短。

（2）施工准备期 20d，比预订额期限 1～1.5 个月为短。

（3）劳动生产率指标：

$$单方用工 = 18969/8110 = 2.34（工日 /m^2）$$

（4）单位面积建筑造价。本教室楼全部工程单方面造价为 721 元。

（5）劳动力消耗均衡性指标：

$$K = 施工期高峰人数 / 施工期平均人数 = 168/125 = 1.35$$

与类似工程相近。

二、钢筋混凝土框架结构施工组织设计实例

（一）工程概况

××市雅玛柯紫菜有限公司位于该市××开发区内，中日合资企业，由于生产规模的不断扩大，原有生产车间已不能满足生产的需要，故拟增建加工生产车间，该工程设计单位为××市建筑设计院，施工单位为该市××建筑工程有限公司，监理单位为该市××建筑监理公司，开工日期为××年3月1日，竣工日期为××年8月24日，日历工期178d。

1. 建筑地点特征

该生产综合楼坐落在厂区南侧，东侧紧靠开发区主干道，北侧距原厂区建筑物29.5m，施工现场场地宽敞。

地下土质情况由工程地质勘察报告提供。地表以下3.2m为杂填土，应作弃土运走，以下为粉质黏土。地下水位在现场地坪以下1.5m左右，该地区地下水量丰富，属碱性水，对混凝土和钢筋无腐蚀性。

该市冬季大约在11月中旬至第二年的3月中旬，主导风向为东北风。夏季最高气温38℃，主导风向为西南风。年平均降水量500mm左右，6～9月间是降水量集中的季节，达400mm以上。

2. 工程特点

本工程占地1059m²，建筑面积3334m²。建筑物为主体四层，局部五层。

首层层高4.5m，二～四层高4.2m，五层（电梯间）为3.9m，总高度为21m。为满足生产运输的要求，建筑物整体呈矩形，楼内设两部生产用电梯，一部双跑楼梯。室外设一部外楼梯作为消防通道。

本工程采用现浇钢筋混凝土框架结构。横向三跨，两边跨跨距为7.2m，中跨跨距为7.5m。纵向柱距为6m。结构柱除首层为500mm×600mm矩形柱外，其余各层均为500mm×500mm的方柱，共28根。横向框架梁截面尺寸为300mm×800mm，纵向框架梁截面尺寸为300mm×600mm。楼板为现浇肋梁楼盖，厚度为100mm，屋面为100mm，屋面板厚度为80mm，楼板梁截面尺寸为250mm×500mm。建筑抗震设防为7度。其建筑立面和标准层结构平面图如图2-10所示。

本工程首层和二层梁柱的混凝土强度等级均为C30，三、四层和局部五层为C25，其他构件采用C20。主要受力钢筋为Ⅱ级，箍筋、构造筋为Ⅰ级。

3. 施工现场条件

（1）根据建设单位提供的情况，红线内地下无障碍物，现场东侧有上水干管，建设单位已接通正式水，水表位置在厂区入口处，施工用水可由此接。现场东北角有箱式变电站一座，可解决施工用电问题。

（2）场地基本平整，厂内运输道路的入口紧靠小区主干道。

（3）建设单位提供了四个坐标点和两个水准点。

（4）该建筑物周围没有临时建筑，原有建筑与拟建建筑物被厂区入口分开，施工现场用地较开阔。

（二）施工方案

1. 施工流向

本工程划分为基础工程、主体工程和装饰工程三个分部工程。其施工流向为：基础和主体为自下而上施工；装饰施工在屋面防水工程完成后，自上而下施工，先外檐装修后内檐装饰。

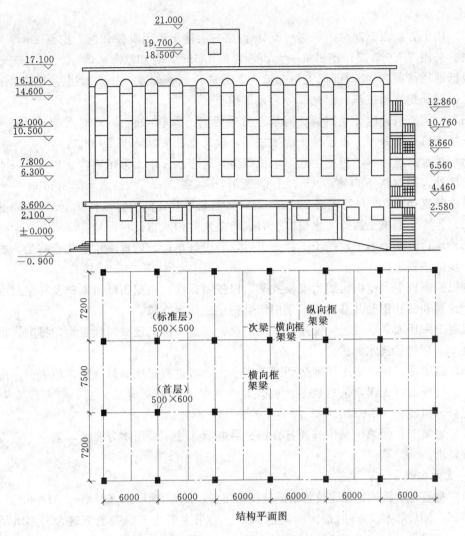

图 2-10 某生产车间建筑立面和结构平面图

2. 施工顺序

各分部工程施工顺序如下：

（1）基础工程：挖土→修坡清底→搭架子→基础处理→打垫子→混凝土支模、绑筋、浇筑→养护、拆模→砖砌筑→回填（挖土后设排水系统，排水直至回填土结束）。

（2）主体工程：立塔吊→搭架子→柱支模→柱浇混凝土→支梁板模板→绑筋→浇混凝土→养护达到设计强度后拆架子→砌填充墙→安门窗，一层主体完工后立龙门架。

（3）装修工程：外檐：立双排架→抹灰→涂料→按雨水管→抹散水、台阶→拆架子。

内檐：墙抹灰→顶棚→地面→涂料→门窗扇→油漆、五金、玻璃（二层抹灰完工后拆龙门架）。

（三）施工方法与施工机械的选择

1. 基础工程

（1）桩基础：本工程为预制桩基础，桩基础施工使用履带式柴油锤打桩机，锤重 2.5t。

（2）挖土方：该车间桩顶标高－2.4m，第一层挖土采用机械开挖，挖深 2m，人工修坡清底。采用 WY600 反铲挖土机一台，斗容量 0.6m³，自卸汽车 4 辆。

根据地质情况，－3.2m 以上为杂填土，需进行地基处理，故第二层挖土深度 1.2m，为避免机械开挖扰动桩基，因此部分为人工挖土。

（3）回填石屑：应分层回填，回填至桩顶标高－2.4m 处。回填时搭架子，夯实用 4 台蛙式打夯机分层夯实。由于挖土深度较深，故考虑放坡，坡度 1∶0.38。

（4）排水措施：本工程槽在地下水位以下，地表水及雨水采用明沟→集水井→水泵系统排出场外。排水沟下口宽 30cm，上口宽 50cm，高 50cm，2‰放坡，30m 设一个集水井，集水井直径 1.2m 井筒码砖 20 层，用麻绳捆紧，井底低于排水沟 1.0m，井底铺砂石滤水层。排水至回填土达地下水位以上时，将集水井内水排掉再回填。

（5）承台混凝土施工：挖土工程完工后，经设计单位、监理单位验收合格后，方可进行下一步工序施工。

先把控制桩引入槽内，用水准仪找平，以控制标高。根据图纸对基础及柱根尺寸进行弹线、支模和绑扎钢筋。基础模板采用组合钢模板加木支撑。

混凝土采用商品混凝土，使用插入式振捣，注意快插、慢拔、插点均匀排列。混凝土在浇筑 12h 后进行浇水养护。

（6）砖砌体：待混凝土强度达到规范要求时，可进行基础墙体施工，施工前，应对轴线尺寸进行校正，无误后进行砌筑，砌筑时立皮数杆控制灰缝及标高，砌筑砂浆为 M5，现场搅拌。机砖采用 MU10。

（7）回填土：回填土采用蛙式打夯机分层夯填，柱周围用木夯夯实，素土干密度应满足规范要求。

2. 主体工程

（1）垂直运输机械：在建筑物南侧延长向布置 TQ60/80 塔吊（低塔），$M＝800$kN·m，塔高 30m，回转半径 25m 时最大起重量 3.2t。塔吊主要用于混凝土浇筑，采用塔吊料斗的方法，斗容量 1m³，重 0.7t，加混凝土重 2.5t，共 3.2t，塔吊能满足要求。

在一层主体完工后在楼北侧立卷扬机和井架，用作装修材料和灰浆等的垂直运输。

（2）模板：采用组合钢模板散装散支散拆。考虑到纵、横框架梁不等高，故柱钢模配模高度在标准层均配至 3.4m 处，再配以 200mm 高的木方（厚与钢模肋高同，取 50mm），恰好到梁底标高。

（3）钢筋：本工程采用钢筋直径均在 $\phi25$ 以内，故在现场进行加工绑扎。为保证每层钢筋截面接头小于 50%，采用错层搭接的方式。横向框架梁下部纵筋在中柱处对称搭接，$L_d≥35d$；下部纵筋在柱根处对称搭接，对 $\phi20～22$ 的钢筋，$L_d≥1000$mm，对于 $\phi16～18$ 的钢筋，$L_d≥700$mm。外墙与柱之间应设拉结筋，沿高度每隔 600mm 和柱内甩的两根 $\phi6$ 钢筋拉结。

（4）混凝土施工：采用商品混凝土，机械振捣，柱每层分三次循环浇灌和振捣。

主体工程分为两段，施工缝留在纵向 4 轴至 5 轴梁跨中 1/3 处，应留立槎。

（5）脚手架：采用钢管扣件脚手架，硬架支模方案，这样既可作施工用脚手架，又可

工程施工进度计划表

表 2-24

序号	分部分项工程名称	工程量单位	工程量数量	工人人数	工作天数	施工进度
1	施工准备			20	8	
2	土方开挖	m³	2498	30	8	
3	基础垫层	m³	31	20	3	
4	基础工程	m³	236	90	12	
5	砖基础	m³	24	32	3	
6	回填土	m³	2743	20	6	
7	一层主体	m³	171	120	12	
8	二层主体	m³	170	120	12	
9	三层主体	m³	170	120	12	
10	四层主体	m³	170	120	12	
11	五层主体	m³	76	120	9	
12	框架填充墙	m³	603	180	30	
13	屋面防水	m³	790	20	15	
14	室外装饰	m²	2104	145	21	
15	室内装饰	m²	2347	160	21	
16	楼地面工程	m²	1050	150	30	
17	门窗工程	m²	313	30	15	
18	油漆涂料	m²	4451	45	8	
19	水电安装					水电预埋 …… 水电安装
20	室外工程	m²	78	30	21	
21	竣工验收				6	

施工进度时间轴：（3月1日）3月、4月、5月、6月、7月、8月（8月24日）

天数刻度：3 6 9 12 15 18 21 24 27 30 33 36 39 42 45 48 51 54 57 60 63 66 69 72 75 78 81 84 87 90 93 96 99 102 105 108 111 114 117 120 123 126 129 132 135 138 141 144 147 150 153 156 159 162 165 168 171 174 177 180

作梁板的竖向支撑。砌墙用里脚手架,每步架高 1.5m。

(6)填充墙施工:填充墙采用 500 级加气混凝土砌块,用 M2.5 级水泥混合砂浆砌筑。

3. 装饰工程

(1)主要工作:

外檐:抹灰,刷涂料,安雨水管,抹台阶散水等。

内檐:抹灰,刷涂料,安门窗扇,油漆,安玻璃等。

(2)主要施工方法:内墙墙面可先在砌体表面刷涂 TG 胶一道,抹掺 TG 胶的水泥砂浆底层,罩纸筋灰面层,再刷涂料。外墙墙面基层处理和底层做法同内墙,待做完中、面层灰浆后,再刷涂料面层。室内装修前必须将屋面防水做好,以防上面漏水污染墙面。

(四)施工进度计划的说明

该施工进度计划工期为 178d,自××年 3 月 1 日开工,于同年 8 月 24 日竣工,施工进度计划如表 2-24 所示。

主要工程量、主要劳动力需用量计划、材料需用量计划、机械需用量计划分别如表 2-25 至表 2-28 所示。

表 2-25　　　　　　　　　　　　主要工程量汇总表

工程项目	单位	工程量	备注	工程项目	单位	工程量	备注
挖土方	m³	2498	基础	钢筋	kg	15000	主体
垫层	m³	31	基础	地面	m²	786	装修
承台	m³	165	基础	楼面	m²	264	装修
条基	m³	5	基础	墙裙	m²	819	装修
地梁	m³	54	基础	楼梯抹灰	m²	129	装修
基础柱	m³	12	基础	踢脚板	m²	30	装修
回填土	m³	2743	基础	内墙面	m²	2347	装修
混凝土梁	m³	294	主体	顶棚	m²	3073	装修
混凝土板	m³	324	主体	屋面	m²	821	装修
混凝土柱	m³	129	主体	雨篷抹面	m²	222	装修
混凝土构造柱	m³	10	主体	挑檐抹灰	m²	228	装修
混凝土挑檐	m³	10	主体	独立柱抹灰	m²	304	装修
混凝土楼梯	m²	129	主体	外墙面	m²	2104	装修
钢门	m²	69	主体	站台地面	m²	220	装修
钢窗	m²	244	主体	台阶	m²	2	装修
玻璃	m²	244	主体	雨水管	m	143	装修
油漆	m²	158	主体	楼梯栏杆	m	87	装修
脚手架	m²	3567	主体	埋件	kg	12	装修
砌墙	m³	592	主体	散水	m²	50	装修

表 2 - 26 　　　　　　　　劳 动 力 需 用 量 计 划

工种	班组数	班组人数	基础	主体	装饰	备 注
灰土工	1	10	62			有1班组为6人，持续时间2天
混凝土工	1	60	136	840		有1班8人，持续时间2天
架子工	1	10	10	70	60	
钢筋工	1	60	240	1800		
木工	1	60	180	2340	5	有1班5人，持续时间1天
瓦工	1	10	20	520	20	有1班20人，持续时间27天
抹灰工	1	10			1465	有1班25人，持续时间15天 有1班35人，持续时间30天 有1班5人，持续时间1天
油漆工	1	10			280	
防水工	1	4				

表 2 - 27 　　　　　　　　材 料 需 用 量 计 划

材料	总量	进场时间	分 段 需 要 量				
商品混凝土	1153m³	3 月 12 日	按 计 划 供 应				
水泥	313t	3 月 1 日	3 月 1 日	4 月 1 日	5 月 10 日	7 月 1 日	8 月 10 日
			43t	30t	90t	90t	60t
砂	449m³	3 月 1 日	3 月 1 日	4 月 1 日	5 月 10 日	7 月 1 日	9 月 10 日
			49m³	130m³	70m³	80m³	120m³
砌块	592m³	3 月 1 日	3 月 1 日	5 月 10 日	5 月 18 日	5 月 25 日	6 月 2 日
			53.8m³	134.5m³	134m³	134.5m³	134.5m³
钢筋	150t	3 月 8 日	3 月 8 日	3 月 18 日	4 月 3 日	4 月 18 日	5 月 3 日
			30t	35t	35t	35t	15t
白灰	30t	3 月 15 日	30t				
钢模板	560m²	3 月 10 日	3 月 10 日	3 月 18 日	3 月 28 日		
			180m²	280m²	100m²		
脚手架	6500 根	3 月 5 日	3 月 5 日	3 月 16 日	4 月 1 日	6 月 28 日	
			500 根	1200 根	1200 根	3600 根	
扣件	1.5 万个	3 月 5 日	3 月 5 日	3 月 16 日	4 月 1 日	6 月 28 日	
			2500 个	4000 个	4000 个	5000 个	
脚手架	2600 块	3 月 5 日	3 月 5 日	3 月 16 日	4 月 1 日	6 月 28 日	
			300 块	500 块	500 块	1300 块	
安全网	1200 片	4 月 2 日	4 月 2 日	4 月 18 日	5 月 3 日		
			300 片	300 片	300 片		

表 2 - 28　　　　　　　　　　　　施工机械需要量计划

序　号	机具名称	型　号	需 用 量		使　用
			单　位	数　量	
1	塔吊	TQ60/80	台	1	主体垂直运输
2	卷扬机	JJM—3	台	1	装修垂直运输
3	振捣机	21Z—50	台	4	浇混凝土
4	蛙夯	21W—60	台	4	基础回填
5	钢筋切断机	GJS—40	台	1	钢筋制作
6	钢筋调直机		台	7	钢筋制作
7	电焊机	BX3—300	台	2	钢筋制作
8	砂浆搅拌机	JQ250	台	2	砖砌筑
9	抹灰机械	21m—66	台	2	混凝土表面抹光
10	挖土机	WY60	台	1	基础挖土
11	载重汽车		台	4	运输（运土）
12	电锯电刨		台	2	木活加工
13	离心水泵		台	2	基础排水
14	筛砂机		台	1	主体

（五）施工平面图布置说明

（1）平面布置原则：

1）临时道路的布置，已考虑和永久性道路相结合，以保证场内运输通畅。

2）根据塔吊最大回转半径和最大起重确定塔吊位置，沿建筑物的长向布置在较开阔处。

3）构件堆放尽可能布置在塔吊回转半径范围内。

4）对于有特殊要求的材料，半成品应放在仓库内。

5）施工用电由建设单位提供电源进线，不另设变压器。

6）施工用水主管管径为 50mm，支管管径为 40mm，消防栓间距 100m，消防用水管和生活用水管合并使用。

7）职工宿舍的布置要尽量远离生产区、办公区及施工现场。

（2）现场临时设施如表 2 - 29 所示，施工平面布置图如图 2 - 11 所示。

（六）主要施工技术与组织措施

1. 工地管理机构与组织系统

该工程施工以项目为核算单位，实行项目承包制。施工单位指定项目经理对全工程负责，下设材料员、器材员（负责材料、设备）、技术员（负责技术、质量和测量放线）、定额员（负责成本预算）、施工工长（负责安全保障）。要求现场管理人员必须持证上岗，方能施工。

表 2-29　　　　　　　　　　　现 场 临 时 设 施 情 况

序 号	设 施	规 格	单 位	数 量
1	搅拌机棚	4×3	m²	12
2	水泥库	6×6	m²	36
3	木工棚	6×8	m²	48
4	钢筋棚	6×10	m²	60
5	工具材料仓库	5×12	m²	60
6	办公室	5×8	m²	40
7	宿舍	5×25	m²	125
8	门卫	3×3	m²	9
9	总计		390m²	

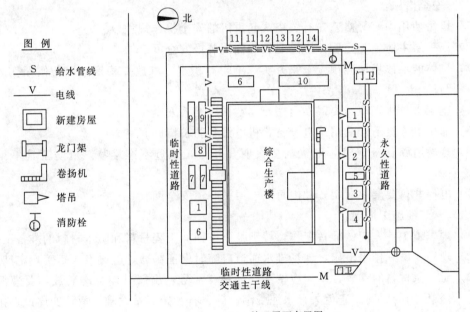

施工平面布置图

图 2-11　某生产车间施工平面布置图

1—砌块；2—砂堆；3—石堆；4—水泥棚；5—搅拌机棚；6—模板；7—构件；8—钢筋加工棚；
9—钢筋；10—仓库；11—办公室；12—宿舍；13—食堂；14—卫生间

2. 技术质量保证措施与安全措施

（1）技术保证措施：

1）收到正式图纸后组织力量做好图纸审查和各专业图纸会审工作，及时解决图纸上的问题，由专人负责管理洽商。

2）设专人负责组织编制施工组织设计，要结合施工实际严格审批、变更及检查制度，做好各级技术交底工作。

3）施工过程中要认真积累技术档案资料，明确入档项目份数及标准，定期回收资料，按要求编制竣工档案。

4）加强原材料实验及管理工作，原材料要有出厂证明及复试证明材料。

（2）质量保证措施：

1）基础开挖时，如发现土质情况与勘测图不符，应与设计单位研究处理。

2）基础及场地回填土应分层夯实至室外地坪标高，以满足铺设轨道和汽车通行的要求，并可保证回填土质量。

3）按照《建筑地基基础工程施工质量验收规范》要求做好建筑物的沉降观测。

4）为防止柱子位移，每层都要用经纬仪从标准桩引线。

5）钢筋、构件进场要有专人检查，按型号、类别分别堆放。

6）抹灰前，砌块墙面须清理，并浇水湿润。为防止抹灰起壳开裂，要求砂子必须是中砂，含泥量控制在3‰以下，同时必须严格控制砂浆中的水泥用量。

（3）安全措施：

1）塔吊使用中要严格遵守有关塔式起重机的安全操作规程。

2）第一层主体施工完后，应沿建筑物四周装设安全网。

3）砌体的堆放场地应预先平整夯实，不得有积水，堆放要稳定，以防倒塌伤人，高度不得超过3m。

4）施工人员进入现场要戴安全帽，高空作用要系安全带。

5）非机电人员不准动用机电设备，机电设备防护措施要完善。

6）现场道路保证畅通，消火栓要设明显标记，附近不准堆物，消防工具不得随意挪用。

7）电梯井口要层层封闭，井内每隔二层设一道安全网。

（4）季节性施工措施：

1）雨季施工首先应做准备工作，特别是雨季期间工程材料和防水材料的准备工作。

2）现场要做好排水工作，现场排水通道应随时保证畅通，应设专人负责，定期疏通。

3）对于原材料的存放，水泥应按不同品种、标号、出厂日期分类码放，要遵循先进先用，后收后用的原则。避免久存水泥受潮。砂、石、砖尽量大堆堆放，四周设点排水。

4）现场电器、机械要有防雨措施。

5）下雨时砌筑砂浆应减少稠度，并加新砌体和新浇筑混凝土应加以覆盖，以防雨冲。被雨水冲过的墙体应拆除上面两皮砖，中雨以上应停止砌砖和浇筑混凝土。

6）注意收听次日天气情况及近期天气趋势，做好雨季施工准备。雨前浇筑混凝土要根据结构情况尽可能考虑施工缝位置，以便大雨来时，浇筑到合理位置。

7）由于没到冬季施工期，所以冬季施工措施略。

（七）主要技术经济指标

（1）单位面积建筑造价1320元/m²，总造价440万元，比预算总造价节约3%。

（2）单位建筑面积劳动消耗量：2.42d/m²。

（3）本工程定额工期185d；合同工期190d；计划工期178d，其中基础工程29d，主体工程73d，屋面与装修工程76d。

第四节　课程设计有关要求

一、进度安排与阶段性检查

土木工程施工组织设计课程设计计划在一周内完成。按 5 天安排进度和阶段性检查，如表 2-30 所示。学生应严格按进度安排完成课程设计所规定的任务。

表 2-30　　土木工程施工组织设计课程设计进度安排及阶段性检查表

时间安排	应完成的任务	检查内容
第 1 天	收集施工组织设计资料并编写下列内容： (1) 工程概况及施工特点。 (2) 施工部署及施工方案的选择。 (3) 施工准备，包括技术、生产、施工现场（临时用水、电，办公及生活设施、施工道路等）的准备	(1) 检查施工部署及施工方案的合理性。 (2) 检查施工准备的完整性和合理性
第 2 天	(1) 施工现场管理机构的设置与劳动力组合。 (2) 主要施工机具配备方案。 (3) 主要工程材料、周转材料供应计划、商品混凝土计划表	(1) 检查主要施工机具配备方案的合理性。 (2) 检查主要工程材料、周转材料供应计划、商品混凝土计划表的正确性
第 3 天	重点部位主要施工方法，包括基础工程（桩基工程，土方开挖，工程测量及施工放线，基础工程的模板、钢筋、混凝土工程及砖基础、回填土），主体工程（柱模板、钢筋、混凝土；梁板模板、钢筋、混凝土；框架结构填充墙。其中混凝土工程采用商品混凝土），施工所用脚手架，屋面防水工程，装饰工程（门窗、楼地面、室内外装饰及镶贴、吊顶、油漆及涂料、木制作等），室外工程	检查重点部位主要施工方法的完整性及合理性
第 4 天	(1) 季节性施工措施，包括冬季、夏季。 (2) 确保工程质量技术管理保证措施。 (3) 安全、消防保证措施和施工现场文明施工措施。 (4) 工程施工进度计划和工期保证措施。 (5) 施工现场平面布置。 (6) 降低工程成本和节约材料措施。 (7) 成品保护措施。 (8) 施工方案的评价	(1) 检查工程施工进度计划的正确性。 (2) 检查施工现场平面布置的合理性
第 5 天	(1) 施工现场平面布置图。 (2) 施工机具表及进退场计划表。 (3) 施工管理机构一览表。 (4) 劳动力计划表及动态分布情况表。 (5) 工程材料、周转材料计划表。 (6) 工程沉降观测点布置图。 (7) 施工进度计划表（施工进度横道图，有条件同时绘制双代号网路图）。 (8) 工程材料测试计划表。 (9) 主要工程量汇总表	(1) 检查施工现场平面布置图的正确性。 (2) 检查施工进度计划表的正确性

二、考核和评分办法

土木工程施工组织设计课程设计由指导教师根据学生完成设计质量、施工组织设计文字部分、图表、是否独立完成以及设计期间的表现和工作态度进行综合评价，评分标准如表 2-31 所示（按百分制，最后折算）。

表 2-31   土木工程施工组织设计课程设计成绩评定表

项　目	分值（分）	评　分　标　准	实评分
完成任务	18~20	能熟练的综合运用所学知识，全面出色完成任务	
	16~18	能综合运用所学知识，全面完成任务	
	14~16	能运用所学知识，按期完成任务	
	12~14	能在教师的帮助下运用所学知识，按期完成任务	
	0~12	运用知识能力差，不能按期完成任务	
施工组织设计文字部分	51~60	土木工程施工组织设计的文字部分很好地满足设计任务书的要求，编制程序正确，方法得当，内容详细合理，计算准确无误	
	41~50	土木工程施工组织设计的文字部分满足设计任务书的要求，编制程序正确，方法得当，内容合理，计算准确无误	
	31~40	土木工程施工组织设计的文字部分基本满足设计任务书的要求，编制程序基本正确，方法基本得当，内容比较合理	
	21~39	土木工程施工组织设计的文字部分基本满足设计任务书的要求，编制程序比较正确，方法比较得当，内容基本合理	
	0~20	土木工程施工组织设计的文字部分基本不能满足设计任务书的要求	
图表部分	18~20	正确表达设计意图；图例、符号、习惯做法符合规定。线条、字体很好，图纸无错误	
	15~17	正确表达设计意图；图例、符号、习惯做法符合规定。在理解基础上照样图绘制施工图，图面布置、线条、字体很好，图纸有小错误	
	12~14	尚能表达设计意图；图例、符号、习惯做法符合规定。有抄图现象。图面布置、线条、字体一般，图纸有小错误	
	9~11	能表达设计意图；习惯做法符合规定。有抄图不求甚解现象。图面布置不合理、内容空虚	
	0~8	不能表达设计意图；习惯做法不符合规定。有抄图不求甚解现象。图面布置不合理、内容空虚、图表错误多	
合　计			

课程设计成绩先按百分制评分，然后折算成 5 级制：90~100 分为优，80~89 分为良，70~79 分为中，60~69 分为及格，60 分以下为不及格。凡是没有完成课程设计任务书所规定的任务及严重抄袭者按不及格处理。

三、课程设计中存在的问题

（一）施工方案中存在的问题

（1）施工方案设计中的具体内容掌握得不好，特别是重点部位的施工方法内容不能详细、全面的编制。

（2）在初步确定施工方案后，没有进行方案合理性论证。

（3）在选择施工方案时，有诸多不合理现象。

（二）进度计划中存在的问题

（1）施工进度计划安排的合理性掌握不全面，在计划中关键工程表达不尽详细、完整。

（2）施工进度计划中没有安排合理的组织时间和不确定性因素时间。

（3）施工进度计划中时间上有冲突现象，不能进行有效的搭接。

（三）施工组织设计中存在的其他问题

（1）课程设计安排一周，时间不充足，课程设计的质量得不到保证。

（2）在课程设计中，尽管安排一人一题，还是有抄袭现象。

（3）主要技术组织措施的内容不能全面、详细的编制。

（四）图纸存在的问题

（1）施工现场平面布置图不能按照作图标准进行，内容不完整，施工现场的施工道路、材料半成品堆放位置不正确且堆放面积不合理。

（2）施工现场大型机械布置位置不合理。

（3）施工现场的施工临时设施、水、电管网布置不合理。

思 考 题

2-1 什么是单位工程施工组织设计？

2-2 编制单位工程施工组织设计的依据是什么？

2-3 单位工程施工组织设计的编制程序是什么？

2-4 单位工程施工组织设计包括哪些内容？

2-5 何谓施工方案？施工方案要解决的主要问题是什么？

2-6 确定施工流向应考虑哪些因素？

2-7 何谓单位工程的施工程序？单位工程在各个施工阶段必须遵循什么施工顺序？

2-8 封闭式和敞开式施工各有何优缺点？

2-9 何谓施工顺序？确定施工顺序的原则是什么？

2-10 多层砖混结构的施工有哪些主要施工阶段？有何施工特点？各施工阶段的施工顺序是什么？

2-11 装配式工业厂房的施工有哪些主要施工阶段？有何施工特点？各施工阶段的施工顺序是什么？

2-12 选择施工方法的基本要求是什么？如何选择主要分部分项工程的施工方法？举例说明。

2-13 选择施工机械时应注意哪些问题？

2-14 主要技术组织措施的内容有哪些？单位工程施工的质量和安全措施包括哪些方面的内容？

2-15 何谓定性分析和定量分析？定量分析一般包括哪些内容？

2-16 何谓施工进度计划？编制施工进度计划的意义和作用是什么？

2-17 编制施工进度计划的依据和程序是什么？

2-18 施工进度计划的主要内容有哪些？

2-19 试述编制施工进度计划的步骤？

2-20 怎样计算一个施工项目需要的劳动量？

2-21 各施工过程工作持续时间的计算方法有哪些？如何计算？

2-22 编制施工进度计划的方法有哪些？

2-23 各资源需用量计划主要有哪些方面？

2-24 检查与调整施工进度计划的内容包括哪些？

2-25 调整施工进度计划的基本要求和注意事项有哪些？

2-26 何谓施工平面图？

2-27 施工平面图设计的意义是什么？

2-28 施工平面图设计的依据和基本原则是什么？

2-29 施工平面图设计的主要内容有哪些？

2-30 施工平面图设计的主要步骤是什么？

2-31 在施工平面图设计中，为什么要首先确定起重机械的位置？有哪几种起重机械？如何布置？

2-32 布置搅拌站的要求是什么？

2-33 材料和堆场的布置原则是什么？现场仓库的布置有哪几种形式？

2-34 布置运输道路原则和要求？

2-35 现场临时设施可分为哪两类？各包括哪些内容？

2-36 各临时设施的布置原则是什么？

2-37 供电管网的布置方式和原则是什么？

2-38 生活用水包括哪几方面的内容？

第三章

概预算课程设计

【本章要点】
- 了解土木工程投资构成。
- 了解土木工程及相关费用的构成和确定方法。
- 了解定额及单价确定的原理和计算方法。
- 掌握土木工程造价文件的编制原理。
- 熟练掌握工程量的计算及概预算文件的编制。

　　概预算设计是建筑工程专业重要的设计之一。通过本次设计，使学生全面掌握概预算设计的整个过程，培养学生实际操作和理论联系实际的能力。本章较系统地介绍了概预算设计的内容、方法和步骤，列举了设计参考资料，并给出了实例。

第一节　教　学　要　求

　　（1）在做本设计之前，学生应掌握房屋建筑学、土木工程材料、钢筋混凝土结构、砌体结构、钢结构、土木工程施工、土木工程概预算等相关课程的基本原理。

　　（2）了解土木工程投资构成，了解土木工程及相关费用的构成与确定方法。理解定额基单价确定的原理和计算方法。

　　（3）掌握土木工程造价文件的编制，熟练掌握工程量的计算及概预算文件编制的实际操作。使学生掌握工程造价的基本理论和土木工程概预算编制的基本知识，并具备编制土木工程概预算的初步能力。

第二节　设计方法和步骤

一、施工图预算的内容

　　施工图预算的编制内容，必须能准确反映所编制工程的各分部分项工程的名称、定额编号、工程量，单价及合价，反映单位工程的直接费、间接费、利润、税金及其他费用。

编制施工图预算，应进行充分的调查研究和分析，使预算的内容既能反映实际情况，又能适应施工管理的需要。必须严格遵守国家工程建设的各项方针、政策和法令，做到实事求是，不弄虚作假，不断改进编制方法，提高效率，准确、及时地编制出高质量的预算。

二、施工图预算的编制依据

(1) 施工图纸和设计施工说明，是编制预算的主要工作对象和依据。施工图纸必须要经过建设、设计和施工单位共同会审确定后，才能着手进行预算编制，使预算编制工作既能顺利地开展，又可避免不必要的返工计算。

(2) 现行建筑工程预算定额，是编制预算的基础资料。编制工程预算，从划分分部分项工程到计算分项工程量，都必须以预算定额为标准和依据。

地区单位估价表是根据现行预算定额、地区工人工资标准、施工机械台班使用定额和材料预算价格表等进行编制的，地区单位估价表是预算定额在该地区的具体表现形式，也是该地区编制工程预算直接的基础资料。根据地区单位估价表，可以直接查出工程项目所需的人工、材料、机械台班使用费及其分项工程的单价。

(3) 建筑工程综合预算定额，是在建筑工程单位估价表的基础上，以其主体项目为主，综合有关项目进行编制。该定额既可作为编制施工图预算的依据，亦可作为编制概算的依据，也可作为编制建筑工程标底或编制竣工结算的依据。

(4) 施工组织设计或施工方案，是建筑工程施工中的重要文件，它对工程施工方法、施工机械选择、材料构件的加工和堆放地点都有明确的规定，这些资料直接影响工程量计算和预算单价的选套。

(5) 费用定额及取费标准，各省、市、自治区都有本地区的建筑工程费用定额和各项取费标准，它是计算工程造价的重要依据。

(6) 预算工作手册和建材五金手册，各种预算工作手册和五金手册上载有各种构件工程量及钢材重量等，是工具性资料，可供计算工程量和进行工料分析参考。

(7) 批准的初步设计及设计概算。

(8) 地区人工工资、材料及机械台班预算价格。

三、施工图预算编制步骤

(一) 收集熟悉各种必要的基本资料

国家统一的建筑安装工程预算（基础）定额，各省、直辖市、自治区编制的建筑工程预算定额、单位估价表，工程所在地区编制的补充预算定额、单位估价表、材料预算价格表，以及施工企业取费标准等各种现行的法令和规定，都是编制工程预算必不可少的基本资料，均应收集齐全，认真学习，彻底了解和掌握。工程预算定额或单位估价表均有总说明，每一个分项工程定额或单位估价表又分别列出了工程量计算规则，表头上都注明了它所包括的工作内容、计量单位等，还说明了哪些允许换算调整，哪些不允许换算调整，以及换算的办法等，都应事先学习掌握，才不致发生差错和混乱。表头所列的计量单位，常常是以 $10m^3$、$100m^2$、t 等为单位，而按施工图计算工程量时，所出现的计量单位往往是

m^3、m^2、kg 等，因此，在套用定额或单位估价表时，就应按表头所列的计量单位进行换算，使之一致，如忽略这一点，其结果就会产生十倍、百倍的差错。

材料价差的计算和处理方法。间接费的计算办法和费率各省、直辖市、自治区均不完全相同，必须按照工程所在地建设工程造价管理部门颁发的文件规定执行。

（二）熟悉施工图纸和施工图说明书及施工现场情况

施工图纸和施工图说明书是编制施工图预算的基本依据。在编制施工图预算之前，必须熟悉施工图纸和施工图说明书，了解施工现场的情况，参加施工图纸交底会议，以了解拟建建筑物的类型、结构特点、材料的要求、设计意图和工程总貌。

（三）计算工程量

工程量就是需要施工的各分部分项工程的实物量。工程量计算中所采用的单位，应完全与工程预算定额中的计量单位相同。例如，砌砖墙应按墙的体积计算；木屋架和钢筋混凝土屋架按其所需的木材体积（并计算所需的铁件，以此计算）和所需的混凝土体积（并计算其中的钢筋，以 t 计算），以 m^3 计算；木门窗按框外围形成的面积（宽×高）以 m^2 计算，然后换算成与定额中规定的计量单位一致。当木门窗料的规格与定额表中所列的用料规格不一致，加大或减小超过规定的尺寸时，还要进行换算。

各分部分项工程的工程量实际数量一般都是比较大的，定额表中一般不以 m^2、m^3 及 kg 为基本计算单位，而以 $100m^2$、$10m^3$ 及 t 为基本计量单位，所以在套用预算定额时，应将计算所得的以 m^2、m^3、kg 为单位的工程量，按定额表上所注明的基本计量单位进行换算，使其一致。

计算工程量是确定建筑工程直接费、编制工程预算书的重要环节，也是整个预算工作中最繁重的部分。它直接影响工程预算造价的高低。只有根据施工图纸所标明的尺寸、数量，按照工程预算定额表规定的工程量计算规则和计算方法，详细地算出工程量，并正确地套用相应的预算定额和单价，才能正确无误地计算出工程的直接费。

在建设过程中，各种材料、成品和半成品的采购运输和供应、施工计划的确定等，都将以预算中的工程量为基本依据，故工程量的计算及定额的套用必须认真细致，确保准确无误。

工程量的计算应按一定的顺序进行。就多数建筑物来讲，它们的平面布置有的很简单，有的很复杂；各层平面有时可能不一致，内外墙纵横交错；楼面结构也常常由一些不同类型的构件组合在一起；基础有外墙基础和内墙基础之分；同样是外墙（或内墙），各段的基础宽度及埋深又可能有所不同，诸此等等，在计算工程量时，都必须一一计算清楚。因此，在计算时就应遵循一定的计算顺序进行，否则，就很可能发生漏算或重复计算的情况。再者，按照一定的次序进行计算，还能对校审工作提供方便。一般土建工程的工程量计算，根据部位的不同，通常采用以下三种不同的顺序：

（1）顺时针方向计算。先从平面图的左上角开始，自左向右，然后再由上而下，最后转回到左上角为止，这样按顺时针方向转圈依次计算工程量。例如，计算天棚、地面和外墙等分项工程，都可按此顺序计算。

（2）按纵横轴线号计算。按先纵后横、先上后下、先左后右的顺序计算，例如，基础垫层、砖石基础、砖墙砌筑和墙体抹灰等均可按此顺序计算。

（3）按构件编号计算。此法就是按图纸所注结构构件、配件的编号顺序计算工程量，例如门窗和混凝土构件等，均可按此顺序计算。

（四）工程量计算中应注意的问题

（1）工程量是编制工程预算的原始数据，是一项较繁重的工作，必须耐心细致。有时，一项工程的平面比较复杂，构件种类很多，构造也较复杂，似乎很难着手，尤其是初学者会感到一定的困难。因此，应耐心细致地阅读图纸，遵循一定的计算规则和顺序，循序渐进，就能准确完成工程量的计算。

（2）计算不同项目的工程量时，应注意预算定额每一章的计算规则、说明，如砖基础和砖墙这两个不同项目计算工程量的分界线，外墙和内墙在计算工程量时的分界线等。

（3）注意图纸上各部分的尺寸关系。图纸上尺寸很多，难免存在一些差错，及时发现，既可纠正图纸差错，也可保证工程预算质量。同时，还应注意计算中所用的尺寸单位，避免错用等。

（4）计算工程量时，不论采取上面所述的哪一种计算顺序，每计算完一项，就应在图纸上标出记号，以进一步保证不致漏算或重算。

（5）计算式应力求简单正确，应逐项写在工程量计算表中。在工程量汇总时，其精确度一般以小数点后两位为准，两位以后的数值四舍五入。

（6）计算中应尽可能减少重复劳动，简化计算过程，节省工时。例如，计算砖墙工程量之前先将门窗面积及过梁等按不同型号计算清楚，并分内外墙列表。计算内外墙工程量时，将门窗及过梁所占的面积，一次扣除即可，这样，就可避免许多重复劳动，加快计算进度，并减少差错。

工程量计算完成以后，就可按照预算定额中分部分项工程的顺序，逐项套用工程预算定额单价，列出工程预算表。所谓工程预算定额单价，就是按照预算定额规定的某分部分项工程所需各类材料、人工和机械台班定额，以相应的货币量而算出的该分部分项工程量的单位价格。

套用工程预算定额单价应注意的事项：

（1）套用工程预算定额单价时，应注意工程预算定额或单位估价表中该分部分项工程的名称是否相同，不能错套。例如砖砌内墙、外墙不能错套，即内墙套内墙的单价，外墙套外墙的单价等。

（2）应注意工程预算定额或单位估价表表头上所列的工作内容是否和图纸上所要求的内容一致。当不完全一致时，在工程预算定额允许换算的情况下，可按工程预算定额说明中的规定，将有关预算单价换算成所需的预算单价。当需要套用工程预算定额单价的分部分项工程，在工程预算定额或单位估价表中没有列入，或无有关工程预算单价可以换算时，则应编制补充工程预算定额和补充单位估价表，报请定额管理站批准执行。这一工作，应尽可能在熟悉图纸的阶段中发现并解决，以免预算工作中途停顿，影响工作进度。

预算定额的换算，必须在定额规定的允许换算范围内进行。例如《全国统一建筑工程基础定额》中规定：门窗的用料大小不同时，其材积可按比例增减换算。对换算以后的工程项目的定额编号，应在子目号的右下方加写一个"换"字，以示区别。

（3）工程预算定额或单位估价表中所采用的计算单位，往往是 $10m^3$、$100m^2$、t 等，当工程量计算中的计量单位和工程预算定额或单位估价表所采用的计算单位不一致时，应在填表时进行换算，使之和工程预算定额一致，否则会产生很大的差错。

（五）计算直接费

直接费是直接用于工程上的各种材料费、人工费及施工机械台班费等。

套用工程预算定额单价的工作完成，并经自校无误后，用工程预算定额单价乘以工程数量，即得分项工程的价格，再将各分部工程按各分项工程的预算价格，分别进行小计，就得出各分部工程的直接费。将所有分部工程的预算直接费相加，即得出该工程的直接费（单位工程直接费）。

计算直接费中经常遇到的一些问题及其处理方法：

（1）钢筋混凝土工程的钢筋用量及工程中的铁件用量，按图纸计算所得与工程预算定额用量相比较，其增减数量应按规定调增或调减，调增或调减的价格，应反映在直接费中。

（2）因定额或单位估价表编制时间较长和建材市场的变化及材料预算价适用范围有限等各种原因，所造成的材料价格与工程预算定额单价中所采用的材料预算价格发生差异，即材料价差的计算和处理方法，各地区不尽一致，并无统一的规定。有的列入直接费，同时收取间接费；有的则只收取价差部分，不收取间接费。故在编制预算时，应按照工程所在地区的规定处理。

（3）其他直接费，建筑工程各省规定按不同工程情况，以定额直接费为基数，按规定费率计算。

（六）计算综合费（间接费）

直接费计算出来以后，以直接费乘以国家或省、直辖市、自治区规定的综合费率（或称间接费率），即得出综合费（或间接费）。

（七）计算工程预算成本

将直接费和综合费（间接费）相加，即得出该工程的预算成本（当单独计算的费用发生时，还应将这些费用计算进工程预算成本）。

（八）计划利润、税金和劳保基金的计算

计划利润、税金和劳保基金均按当地建设主管部门和国家政策规定的计算标准执行。

（九）施工图预算方法及步骤

施工图预算方法及步骤如表 3-1 所示。

表 3-1　　　　　　　　　施工图预算方法及步骤

序号	费用项目		计 算 方 法	
			以直接费为计费基础的工程	以人工费为计费基础的工程
1	直接费	定额基价	施工图工程量×预算定额统一基价	施工图工程量×预算定额基价
2		人工费	工日耗用量×规定的人工单价	工日耗用量×规定的人工单价
3		构件增值税	构件定额直接费×税率	

续表

序号	费用项目		计 算 方 法	
			以直接费为计费基础的工程	以人工费为计费基础的工程
4	直接费	其他直接费	[(1)＋(3)]×费率	(2)×费率
5		施工图预算包干费	[(1)＋(3)]×费率	[(1)＋主材用量×主材价格]×费率
6	直接费	施工配合比	外包工程定额基价×费率	
7		主要材料价差	主材用量×（市场价格－预算价格）	
8		辅助材料差价	(1)×费率	
9		人工费调整	按规定计算	
10		机械费调整	按规定计算	
11	间接费	施工管理费	[(1)＋(3)]×费率	(2)×费率
12		临时设施费	[(1)＋(3)]×费率	(2)×费率
13		劳动保险费	[(1)＋(3)]×费率	(2)×费率
14	直接费、间接费之和		(1)＋(2)＋(3)＋(4)＋(5)＋(6)＋(7)＋(8)＋(9)＋(10)＋(11)＋(12)＋(13)	(1)＋(2)＋(3)＋(4)＋(5)＋(6)＋(7)＋(8)＋(9)＋(10)＋(11)＋(12)＋(13)
15	计划利润		(14)×费率	(2)×费率
16	营业税		[(14)＋(15)]×费率	[(14)＋(15)]×费率
17	含税工程造价		(14)＋(15)＋(16)	(14)＋(15)＋(16)

第三节 设 计 例 题

一、设计任务

（1）本工程为全现浇框架结构，设计基准期为 50 年，结构的使用年限为 50 年。耐火等级为二级；建筑结构的安全等级为二级；按 7 度抗震三组设防；场地土类为Ⅲ类。

（2）定位标高：本工程室内外高差为 300mm，室外标高－0.300 为场地整平标高，±0.000 相当于绝对高程 4.80m。

（3）基础：桩基础，详见结构施工图。

（4）砌体部分：

1）材料：

• ±0.000 以下砌体用 240 厚 MU10 实心黏土砖，M10 水泥砂浆砌筑 20 厚 1：2 防水砂浆双面粉刷。

- ±0.000 以上为 MU10 KP1 砖，混合砂浆强度等级 M7.5，±0.000 以上内墙用 190 厚 MU5.0 非承重空心砌块，混合砂浆强度等级为 M5.0。

2）高度大于 4m 的 180 砖墙或大于 3m 的 120 砖墙，需在墙半高处加设钢筋混凝土圈梁一道，梁截面（$b×h$）：墙厚×180，配筋 4ϕ10，箍筋 ϕ6@250，纵筋要锚入与之垂直的墙体或两端混凝土柱内。

3）240 墙高度大于 4m 时，必须在墙中（有门洞时在门顶）加一道钢筋混凝土梁，梁截面（$b×h$）：墙厚×240，配筋 4ϕ12，纵筋锚入钢筋混凝土柱 L_d，箍筋 ϕ6@250。

4）填充墙头及纵横交接处没有钢筋混凝土柱时，必须在墙头及交接处加构造柱，屋面砌体女儿墙构造柱间距不大于 2m。

5）填充墙长度大于 5m（中间没有横墙或柱）时，必须在墙长 5m 左右加构造柱。除注明外，所有构造柱截面尺寸为：墙厚×240，主筋 4 Φ 12，箍筋 ϕ6@250。

6）钢筋混凝土墙、柱与砌体的连接应沿高度不大于 500mm 且符合砌块厚度模数预埋 2ϕ6 钢筋，锚入混凝土墙、柱内 200mm，外伸 1000mm，末端做直钩，若墙垛长不足上述长度时，则伸至墙垛边即可，且末端弯直钩。

7）墙内的门洞、窗洞或设备留孔，其洞顶未设钢筋混凝土梁者，处理如下：

- 洞宽小于 1200mm 时，用钢筋混凝土过梁，梁宽与墙同厚，梁高 240mm，底筋 2 Φ 12，架立筋 2ϕ10，箍筋 ϕ6@250，梁的支座长度 250mm。
- 洞宽大于或等于 1200mm 时，用钢筋混凝土过梁，梁宽与墙同厚，梁高 240mm，底筋 2 Φ 14，架立筋 2 Φ 12，箍筋 ϕ6@250，梁的支座长度 250mm。
- 当洞顶高结构梁（或板）底少于 500mm 时，过梁与结构梁（或板）浇成整体。

8）混凝土保护层：承台，40mm；梁，25mm；楼板，15mm；柱，30mm。

（5）混凝土结构：

1）材料：

- 钢筋：HPB235（ϕ），HRB335（Φ）。
- 混凝土强度等级见下表。

强度等级	使 用 部 位
C25	各楼层梁、板、柱、承台梁，门窗过梁、构造柱、圈梁
C10	垫层

2）楼板：

- 单向板底筋的分布筋及单向板，双向板支座筋的分布筋，除图中注明外，屋面及外露结构用 ϕ6@200，楼面用 ϕ6@200。
- 双向板的底筋，短向筋放在底层，长向筋放在短向筋之上。
- 各楼层的板厚除图中注明外，其他均为 100mm。

- 所有板筋当搭接时其搭接长度为 L_a，并且不少于 250mm，在同一截面有接头钢筋截面面积不得超过钢筋总截面面积的 50%。
- 跨度大于 4m 的板，要求起拱 $L/400$。
- 楼板开洞，当洞边未设梁或没有洞边筋时，处理如下：

——当洞宽 $b<300mm$ 时，板筋绕过洞边，不需切断。

——当洞宽为 300～1000mm 时加筋，①号筋用 $2 \Phi 14$，②号筋用 $2 \Phi 12$。

3）梁：对于跨度为 4m 以上的梁，悬臂跨度大于 2m 的梁，应注意按施工要求起拱。主次梁相交处，每侧附加 4 根箍筋，直径及肢数与梁箍筋相同。

4）柱：柱内钢筋绑扎或焊接，但基础与柱钢筋必须焊接。框架角柱的箍筋沿全高加密，间距为 100mm。

5）地面：彩色水磨石地面，做法详见苏 J 9501—10/2，铜条分隔 800mm×800mm，用于餐厅。防滑地砖地面，做法详见苏 J 9501—15/2，用于操作间、备餐储藏。

（6）屋面：

1）柔性防水保温屋面采用连 J 01—2002—12/15 做法，其中，防水层为 PVC 防水卷材，上做 3 厚 1：3 石灰黄砂隔离层；20 厚 1：2.5 水泥砂浆加 15% 107 胶结合层，保温材料为 30 厚聚苯乙烯挤塑泡沫板，水泥珍珠岩（1：2）材料找坡。

2）防水砂浆屋面，用于雨篷。

（7）粉刷工程：

1）内墙粉刷：内墙面为混合砂浆粉面，面层满刮腻子，外刷白色乳胶漆，做法参考苏 J 9501—15/5。踢脚线高 150，做法同地面。

2）外墙粉刷：外墙粉刷选用高级乳胶漆涂料，做法详见苏 J 9501—22/6，分色做法详见各立面标注。

3）平顶：做法详见苏 J 9508—3/8，材料同墙，用于餐厅、操作间。

（8）室外工程：

1）散水详见苏 J 9508—3/39，宽 800mm。

2）踏步做法详见苏 J 9508—2/40。

二、施工现场情况及施工条件

（1）本住宅楼工程位于某市市区，临城市主干道，交通运输便利，施工中所需的施工机械、建筑材料、建筑构配件等，均可直接运到工地。

（2）施工场地平整，已达到"三通一平"标准。

（3）本工程由某县级集体施工企业施工，包工包料。2002 年 5 月 15 日开工，2002 年 10 月 30 日竣工。

三、设计图纸

（1）门窗表：见表 3-2。

（2）建筑施工图：见图 3-1～图 3-11。

（3）结构施工图：见图 3-12～图 3-31。

四、编制依据

（1）《江苏省建筑工程综合预算定额》（2001）。

（2）《江苏省建筑工程单位估价表》（上、下）（2001）。

（3）《江苏省建筑安装工程费用定额》（2001）。

表 3 - 2　　　　　　　　　　　　门　窗　表

名称编号	洞口尺寸（mm）		数量	采用图集	备注
	宽	高	合计		
C - 1	840	2700	27	详见图 3 - 1	塑钢
C - 2	600	7500	2	详见图 3 - 2，防火窗	塑钢
C - 3	1500	900	1	详见苏 J 002—200—CST—13	塑钢
C - 4	1500	1800	2	详见图 3 - 3	塑钢
M - 1	1800	2700	3	详见苏 J 002—2000—MSPX—36	塑钢
M - 2	1000	2100	2	详见苏 J 002—2000—MSPX—4	塑钢
M - 3	1500	2700	1	详见苏 J 002—2000—MSPX—35	塑钢
M - 4	1200	2700	2	详见苏 J 002—2000—MSPX—32	塑钢

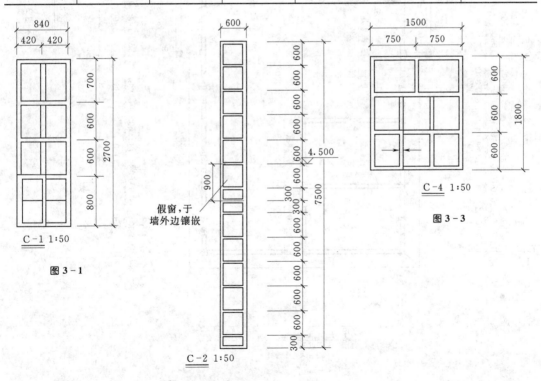

C - 1 1:50

图 3 - 1

C - 2 1:50

假窗，于
墙外边镶嵌

图 3 - 2

C - 4 1:50

图 3 - 3

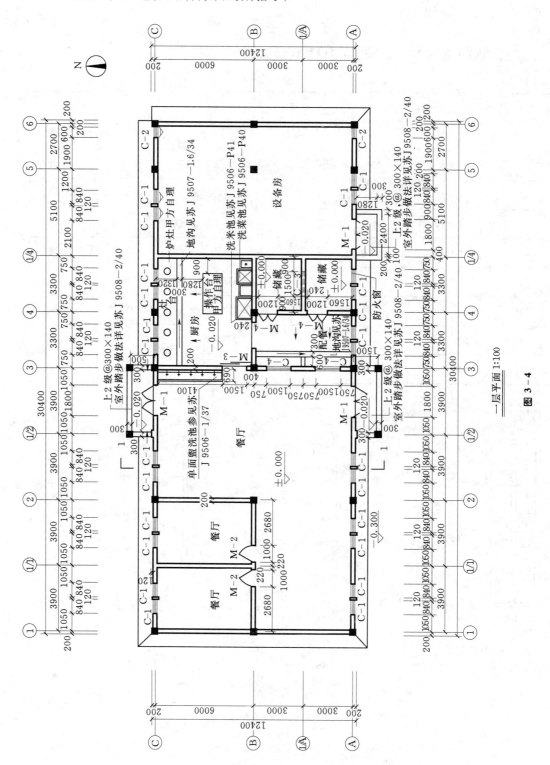

一层平面 1:100

图 3 - 4

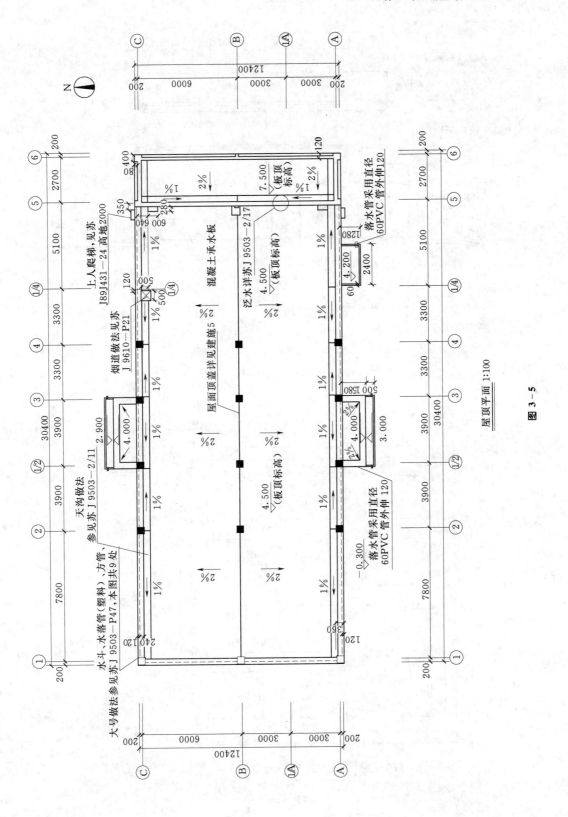

屋顶平面 1:100

图 3-5

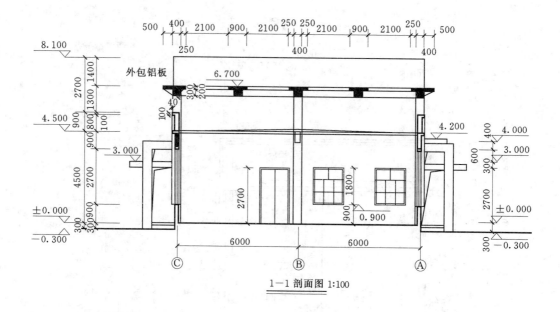

1—1 剖面图 1:100

图 3 – 6

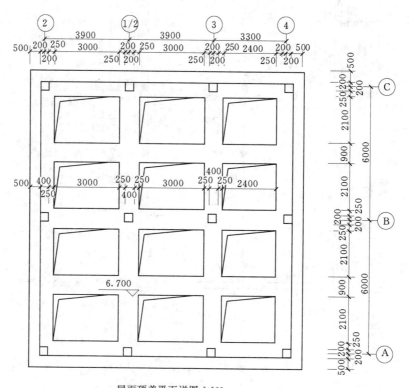

屋面顶盖平面详图 1:100

图 3 – 7

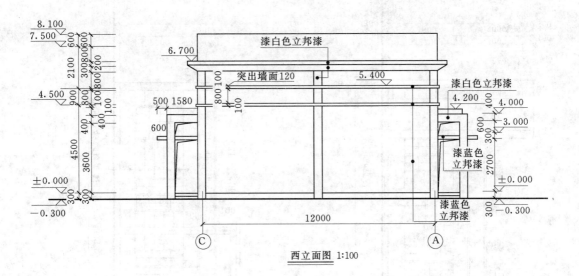

西立面图 1:100

图 3-8

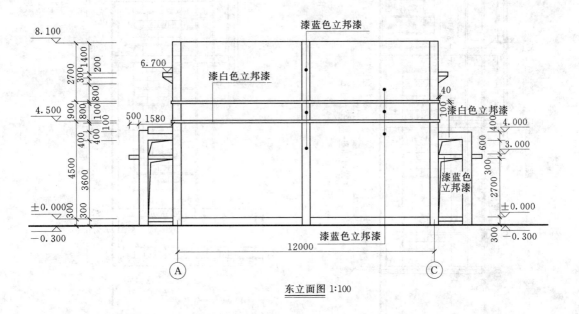

东立面图 1:100

图 3-9

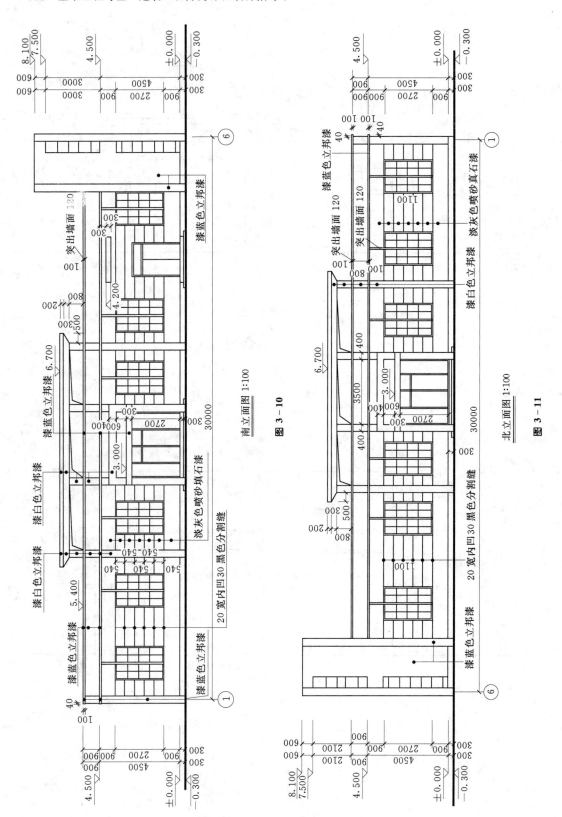

南立面图 1:100

图 3 - 10

北立面图 1:100

图 3 - 11

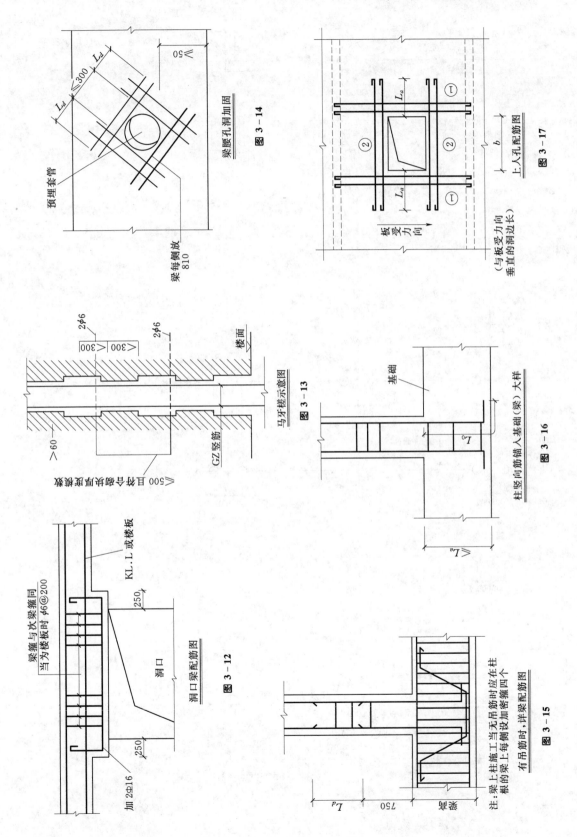

图 3-14 梁腰孔洞加固

图 3-17 上人孔配筋图（与板受力方向垂直的洞边长）

图 3-13 马牙槎示意图

图 3-16 柱竖向筋锚入基础（梁）大样

图 3-12 洞口梁配筋图

图 3-15 有吊筋时·详梁配筋图
注：梁上柱施工当无吊筋时应在柱根的梁上每侧加设加密箍四个

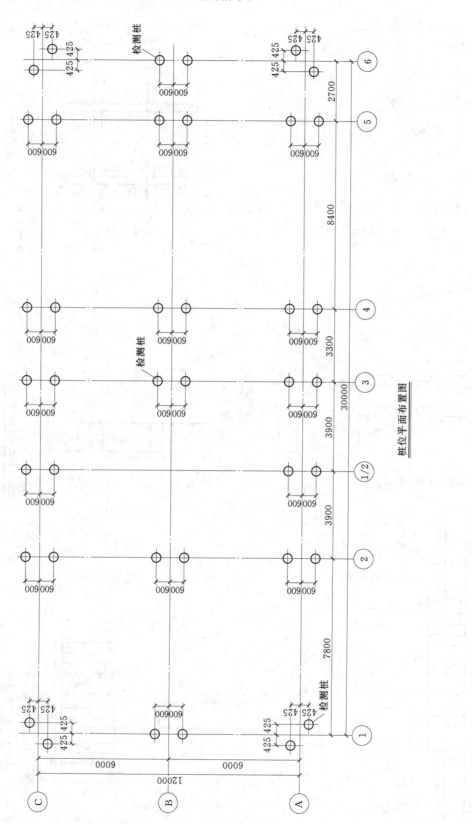

桩位平面布置图

图 3 - 18

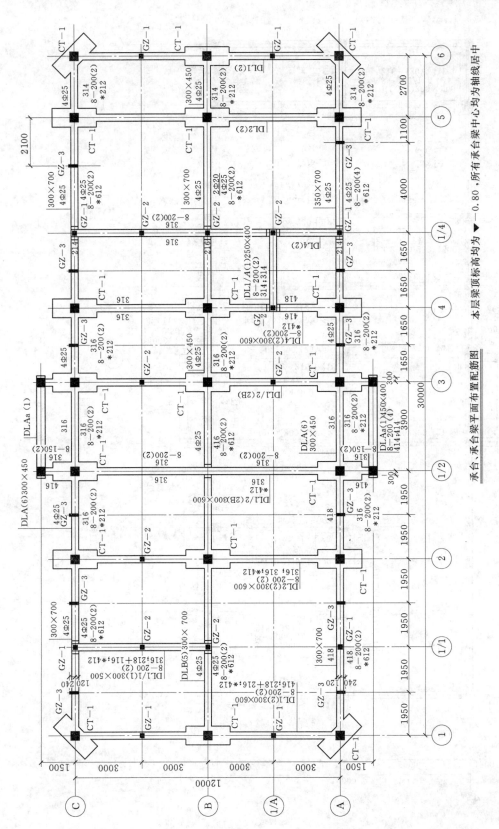

承台、承台梁平面布置配筋图

图 3 - 19

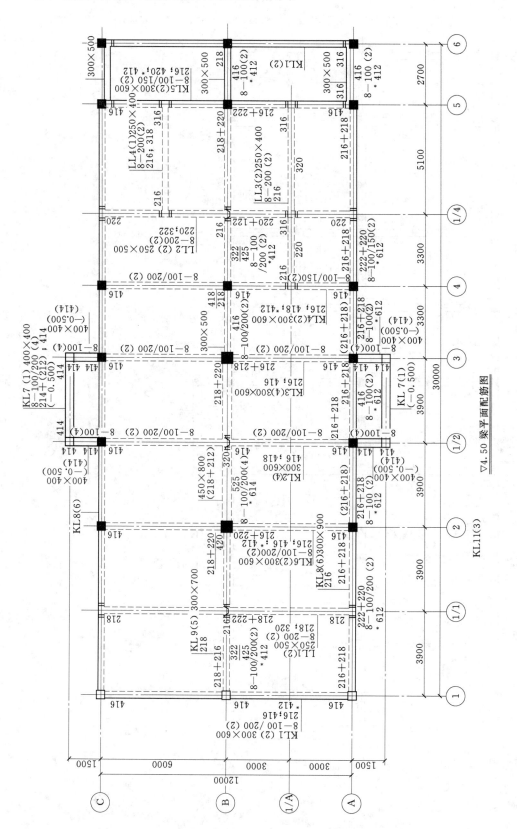

▽4.50 梁平面配筋图

图 3－20

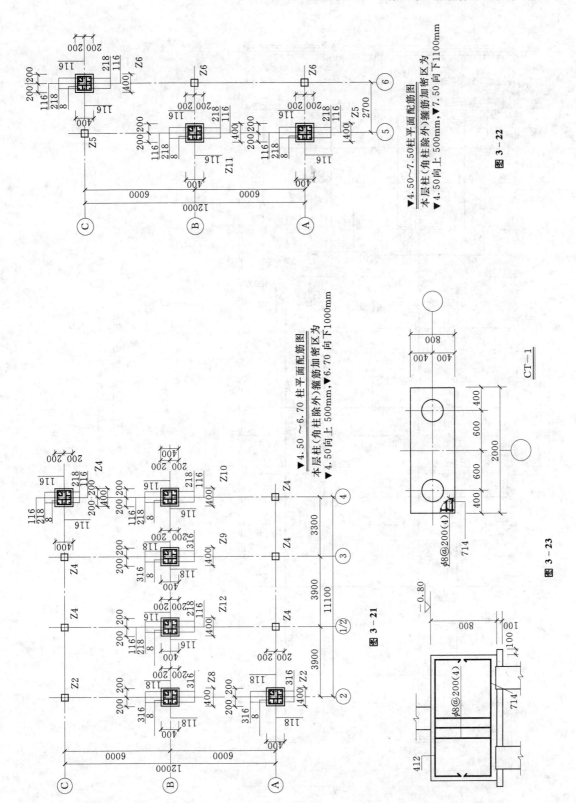

▼4.50～7.50柱平面配筋图
本层柱(角柱除外)箍筋加密区为
▼4.50向上 500mm,▼7.50向下1100mm

图 3－22

▼4.50～6.70 柱平面配筋图
本层柱(角柱除外)箍筋加密区为
▼4.50向上 500mm,▼6.70 向下1000mm

图 3－21

CT－1

图 3－23

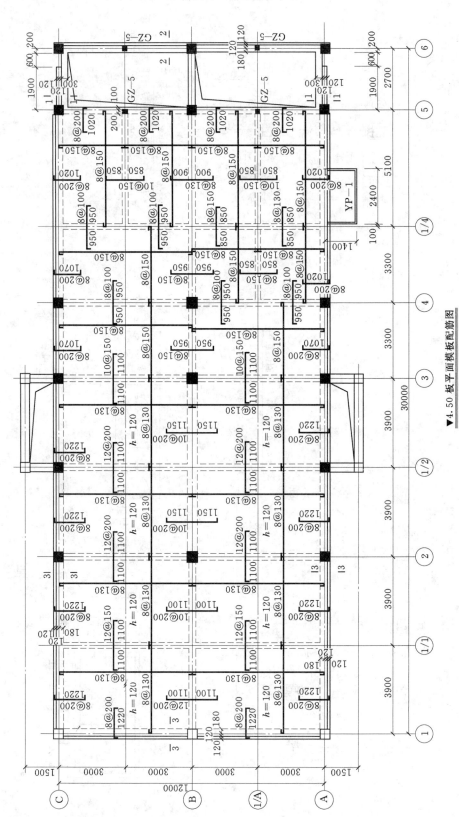

▼4.50 板平面模板配筋图

除注明外，本层板厚均为 100mm；本层板顶标高均为 ▼4.50

图 3－24

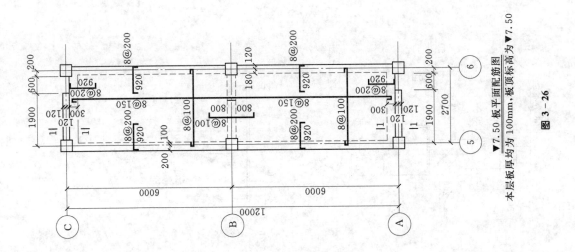

▼7.50 板平面配筋图

本层板厚均为 100mm，板顶标高为 ▼7.50

图 3－26

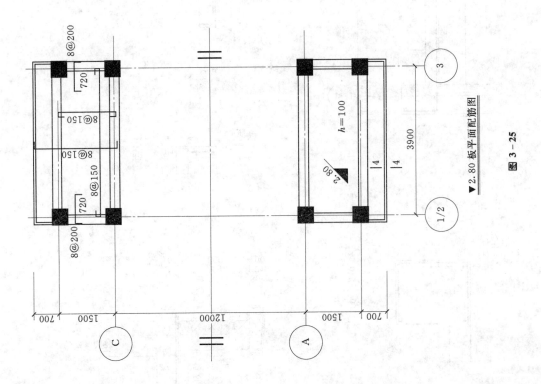

▼2.80 板平面配筋图

图 3－25

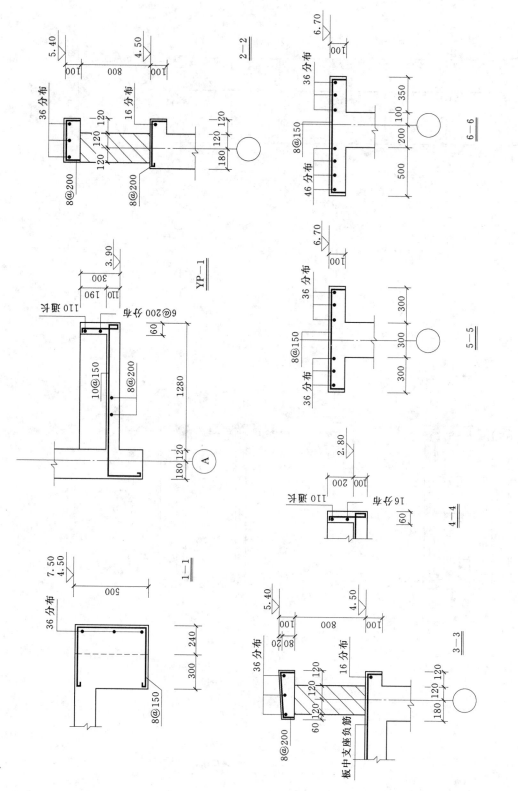

图 3-27

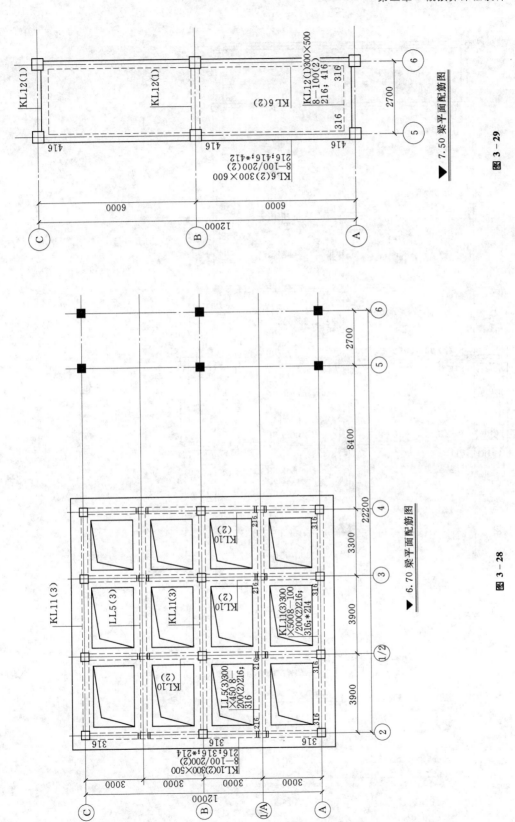

▶ 7.50 梁平面配筋图

图 3－29

▶ 6.70 梁平面配筋图

图 3－28

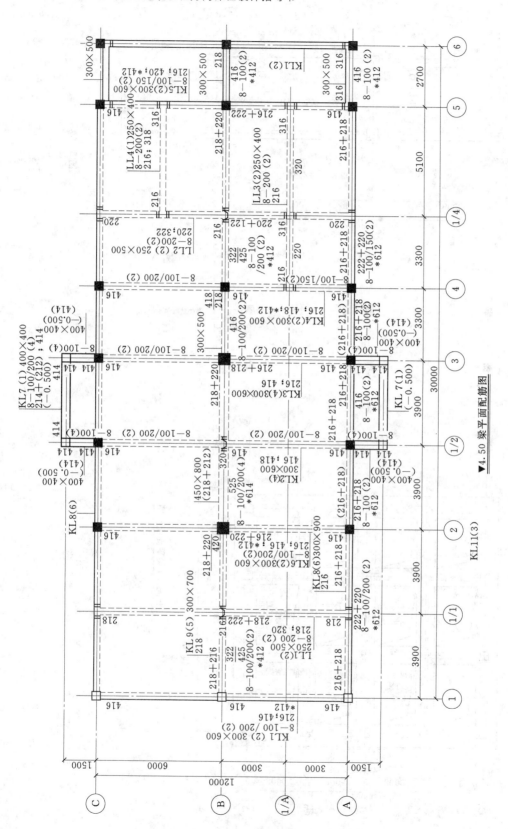

▼4.50 梁平面配筋图

图 3－30

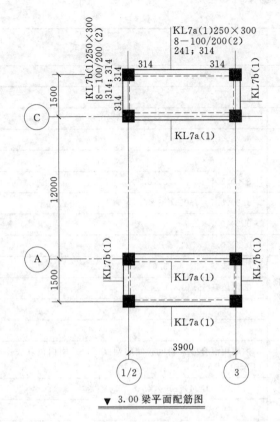

▼ 3.00 梁平面配筋图

图 3 - 31

五、造价计算

造价计算详见表 3 - 3 至表 3 - 6。

表 3 - 3　　　　　　工 程 量 计 算 表

工程名称：某食堂（土建）

定额顺序号	工程名称	计 算 公 式	单位	工程数量
一	基础工程			
1	垫层 C10 混凝土	（2.2×1.0×0.1×20）＋159×0.5×0.1	m³	12.35
2	承台（C25 混凝土）	2.0×0.8×0.8×20	m³	25.60
3	C25 混凝土地梁		m³	
	DLA：A，C	0.3×0.7×7.0×2	m³	2.94
		0.3×0.7×7.6	m³	1.596
		0.35×0.7×7.6	m³	1.862
		0.3×0.45×（3.1×4＋2.5×2＋1.9×2）	m³	2.862
	DLAa	（3.9＋0.6）×0.45×0.4×2	m³	1.62

续表

定额顺序号	工程名称	计 算 公 式	单位	工程数量
	DL1：①，⑥	0.3×0.6×9.2×2	m³	3.312
	DL1/1：1/1	0.3×0.5×5.8	m³	0.87
	DL1/2：1/2, 3	10.55×0.3×0.6+8.55×0.3×0.6	m³	3.438
	DL1/A：1/A	0.25×0.4×3.1	m³	0.31
	DL2：②	0.3×0.6×8	m³	2.88
	DL3：④（1/4）	8×0.3×0.6+11.8×0.3×0.6	m³	3.564
	DLB：B	0.3×0.7×7.0+0.3×0.7×7.3	m³	3.003
		0.3×0.7×6.7	m³	1.407
		0.3×0.45×（2.5+1.9）	m³	0.594
4	M10 水泥砂浆砌基础墙，双面粉防水砂浆	①外墙基（84.4－5.6）×0.3×0.3	m³	4.728
		②内墙基 56.40×0.24×0.2	m³	2.707
二	墙体工程	内墙用混合砂浆粉间，间层刮腻子，外刷白色乳胶漆涂料（J 9501—15/5）		
5	外墙 M7.5 混合砂浆砌 30 厚 KP1 砖墙	（11.20+14.4×2）×4.38	m²	175.20
	③～⑤/A～C	11.3×2×4.4	m²	99.44
		11.2×2.9	m²	32.48
	⑤～⑥/A～C	（11.2+2.3×2）×7.4，扣梁 63.858m²，门窗 76.932m²	m²	116.92
	外墙用乳胶漆涂料			
6	内墙 190 厚 M5 水泥砂浆砌块墙，内抹苏 J 9501—15/5	29.64×4.8	m²	129.823
		26.19×4.4	m²	115.236
		扣梁 21.062m²，门窗 21.48m²	m²	
7	女儿墙 240 砖砌	66.60×0.8	m²	53.28
		29.4×0.5	m²	14.70
8	混凝土压顶 100 厚	66.60+29.4	m	96.0
三	柱、梁工程			
9	C25 混凝土 KI			
		KI1：2×0.4×0.4×5.18	m³	1.658
		KI2：2×0.4×0.4×5.18+2×0.4×0.4×2.1	m³	2.33
		KI3：4×0.4×0.4×4.8	m³	3.072
		KI4：6×0.4×0.4×5.2+6×0.4×0.4×2.1	m³	7.008

定额 顺序号	工程名称	计 算 公 式	单位	工程数量
		KI5：2×0.4×0.4×5.2+2×0.16×2.9	m³	2.592
		KI6：3×0.16 (5.3+2.9)	m³	3.936
		KI7：0.16×5.18	m³	0.829
		KI8：0.5×0.5×5.18+0.16×2.1	m³	1.631
		KI9：0.5×0.5×5.2+0.16×2.1	m³	1.636
		KI10：0.4×0.4 (5.3+2.1)	m³	1.168
		KI11：0.16× (5.2+2.9)	m³	1.296
		KI12：0.16×2.1	m³	0.336
		小计	m³	27.492
10	C25 混凝土构造柱			
		GI1：8×5.2×0.24×0.24	m³	2.396
		GI2：9×5.2×0.24×0.2	m³	2.246
		GI3：12×0.12×0.24×1.7+12×0.12×0.36×3.5	m³	2.402
		GI4：34×0.24×0.24×0.9	m³	1.763
		GI5：4×0.24×0.24×2.9	m³	0.668
		GI1+GI2+GI3+GI4+GI5	m³	9.475
11	C25 混凝土梁			
		KL1：11.2×0.3×0.6	m³	4.032
		KL2：11.15×0.3×0.6+1.1×0.4×0.4×2	m³	1.763
		KL3：11.1×0.3×0.6+0.352	m³	2.35
		KL4：11.2×0.3×0.6	m³	2.016
		KL5：11.2×0.3×0.6	m³	2.016
		KL6：11.2×0.3×0.6×2	m³	4.032
		KL7：2×3.5×0.4×0.4	m³	1.12
		KL8：25.3×0.3×0.9×2	m³	13.662
		KL9：	m³	
		KL10：11.2×0.3×0.5×4	m³	6.72
		KL11：9.9×0.3×0.5×2	m³	2.97
		KL12：(2.42×4+2.3×2) ×0.3×0.5	m³	2.142
		KL7a：3.5×0.25×0.3×4	m³	1.05
		KL7b：1.1×0.25×0.3×4	m³	0.33
		LL1：11.34×0.25×0.25	m³	1.418
		LL2：11.34×0.25×0.25	m³	1.418
		LL3：7.8×0.25×0.4	m³	0.78
		LL4：4.775×0.25×0.4	m³	0.478

定额顺序号	工程名称	计 算 公 式	单位	工程数量
		LL5：10.3×0.3×0.45×2	m³	2.781
		小计	m³	47.74
四	楼地面、天棚工程			
12	地面垫层	详见苏 J 9501—10/2	m³	
13	彩色水磨石地面钢条分格	15.57×11.94	m²	185.91
14	防滑地砖地面	6.6×11.94－12.12×0.3	m²	75.168
15	雨篷防水砂浆面	1.28×2.4 2.0×4.3×2	m³	20.272
16	台阶苏 J 9508—2/40	1.58×30+1.58×4.3×2	m²	18.328
17	散水苏 J 9501—3/39	84.96×0.8+4×0.8×0.8	m²	70.528
18	天棚同内墙面材料	21.92×11.64+11.2×0.48+11.34×0.4+11.3×0.4+11.34×0.38×2+11.2×0.48×2+11.15×0.48×21.1×0.48×2+11.2×0.5×2+7.35×0.58×2+2.975×0.58×2+7.3×0.68×2+2.95×0.4×2	m²	340.507
五	屋面工程			
19	混凝土板 C25 板厚 120	15.57×11.94	m²	185.91
20	板厚 100	14.37×11.94＝171.578+12.5×13.4－3.0×2.1×12＝171.578+167.5－75.6	m²	263.478
21	屋面防水，保温层	185.91+171.578	m²	357.488
六	门窗工程			
22	窗（塑钢）	24×0.84×2.7+2×0.6×7.5－2×0.6×0.9+1.5×0.9+2×1.5×1.8，其中外墙62.352，内墙6.75	m²	69.102
23	塑钢门	3×1.8×2.7+2×1.0×2.1+1.5×2.7+2×1.2×2.7，其中外墙14.58，内墙14.73	m²	29.31
七	构筑物			
24	地沟 苏 J 9507—1.b/34	12.12	m	12.12
八	零星项目			
25	单间盥洗池 苏 J 9506—1/.37	1	只	1
26	洗米池 苏 J 9506—P41	1	只	1
27	洗菜池 苏 J 9506—P40	1	只	1
九	脚手架	384.20	m²	384.20

表 3-4 　　　　　　　　　　　材 料 价 差 分 析 表

工程名称：某公司食堂（土建）

序号	材料编号	材 料 名 称	单位	数量	定额价（元）	市场价（元）	价差合计（元）
1	1001	标准砖 240mm×115mm×53mm	百块	142.52	20.06	19.06	−142.52
2	1025	碎石 5～31.5mm	t	134.72	35.19	36.40	163.01
3	1026	425 号水泥（相当于 32.5 级）	kg	128746.07	0.29	0.29	−514.98
4	1027	525 号水泥（相当于 42.5 级）	kg	2.37	0.34	0.36	0.05
5	1029	白水泥	kg	3016.86	0.60	0.52	−241.35
6	1033	彩色石子	t	4.50	153.06	116.00	−166.66
7	1045	中砂	t	313.65	32.36	34.20	577.12
8	1049	碎石 5～40mm	t	97.67	35.98	35.10	−85.95
9	1050	碎石 5～20mm	t	111.28	34.86	34.30	−62.31
10	1051	碎石 5～16mm	t	3.67	29.01	33.50	16.49
11	1052	道渣 40～80mm	t	7.97	29.52	28.60	−7.33
12	1061	石灰膏	t	4.59	108.14	119.00	49.87
13	1082	瓷砖 125mm×152mm	百块	11.04	46.00	32.00	−154.50
14	1099	地砖 300mm×300mm	百块	8.57	280.00	260.00	171.46
15	1175	金刚石(三角形)75mm×75mm×50mm	块	51.87	10.00	10.00	
16	2001	周转木材	m³	4.64	1349.00	1320.00	−134.44
17	2002	普通成材	m³	0.03	1699.00	1653.00	−1.47
18	2006	复合木模板 18mm	m²	89.97	35.85	27.50	−751.25
19	2037	毛竹	根	2.16	10.00	10.00	
20	2038	竹笆片	m²	5.77	7.00	7.00	
21	3002	钢筋（综合）	t	15.14	2300.00	2986.00	10386.73
22	3011	钢压条	kg	19.33	2.80	2.80	
23	3018	组合钢模板	kg	836.51	3.50	3.80	250.95
24	3020	定型钢模板	kg	0.32	4.90	5.20	0.09
25	3023	脚手钢管	kg	63.65	3.00	3.20	12.73
26	3024	钢支撑（钢管）	kg	802.97	3.50	3.70	160.59
27	3025	底座	个	0.22	8.00	8.60	0.13
28	3026	扣件	个	10.74	4.50	4.40	−1.07
29	3028	零星卡具	kg	440.45	4.00	3.90	−44.05
30	5227	乳胶漆	kg	58.50	15.00	18.00	175.50
31	7057	塑钢门（平开无亮）	m²	29.31	278.30	260.00	−536.37
32	7062	塑钢窗（拉亮有光）	m²	69.10	243.00	220.00	−1589.30

表 3－5 　　　　　　　　　　　　**工 程 取 费 表**

工程名称：某公司食堂（土建）

序号	变量	名　称	计　算　公　式	金额（元）
1	一	定额直接费	按 2001 年《江苏省建筑工程综合预算定额》	277969.28
2		其中：人工费	定额人工费	55990.06
3		材料费	定额材料费	190419.00
4		机械费	定额机械费	23922.34
5	二	综合间接费	（一）×10.84％	30131.87
6	三	劳动保险费	（一）×1.9％	5281.42
7	四	文明施工措施费	（一）×0.5％	1389.85
8	五	独立费	详见独立费用计算表	
9	六	材料差价	详见材料价差计算表	25943.91
10	七	税金	[（一）＋（二）＋（三）＋（四）＋（五）＋（六）]×3.4％	11584.36
11	八	工程造价	（一）＋（二）＋（三）＋（四）＋（五）＋（六）＋（七）	352300.69
	九	总造价（大写）	叁拾伍万贰仟叁佰零壹元整	352301.00

表 3－6 　　　　　　　　　　　　**工 程 预 算 书**

工程名称：某公司食堂（土建）

序号	定额号	定额名称	单位	工程量	单价	合　价　（元）			
						综合费	人工费	材料费	机械费
1	2－12	混凝土垫层40C25－32.5	m³	12.35	244.69	3021.92	926.99	1958.34	136.59
2	2－27换	混凝土独立桩承台 40C25－32.5	m³	25.60	236.73	6060.29	443.65	5172.74	433.90
3	2－31换	现浇混凝土基础梁 31.5C25－32.5	m³	30.26	401.67	12153.73	2523.82	8649.25	980.66
4	2－16	标准砖带形基础 M10	m³	7.44	159.86	1188.56	14.65	1030.57	12.34
5	G10－96	立面防水砂浆	10m²	3.10	94.21	291.86	104.71	168.38	18.77
6	3－30换	KP1 型多孔砖-砖外墙1:1:6底 1:0.3:3 面M7.5－H	10m²	28.33	536.01	15185.16	3534.17	10402.49	1248.50
7	3－45换	三孔砖内墙1:1:6底1:0.3:3面 M7.5－H	10m²	20.25	340.57	6896.54	2119.16	4205.52	571.86
8	3－116	女儿墙内抹水泥砂浆 M5－H	10m²	6.80	720.60	4900.08	1148.93	3400.54	350.61
9	3－118	女儿墙钢筋混凝土压顶20C20－32.5	10m²	9.60	248.44	2385.02	1302.62	890.21	192.19
10	3－155	砖墙面抹水泥砂浆勒脚水泥砂浆	10m²	11.70	132.94	1555.40	733.71	722.83	98.87
11	3－208	外墙抹灰面乳胶漆二遍	10m²	11.70	109.44	1280.45	322.45	958.00	

续表

序号	定额号	定额名称	单位	工程量	单价	合 价 （元）			
						综合费	人工费	材料费	机械费
12	4-5换	矩形柱周长在 1.6m 以内 31.5C25-32.5	m³	27.49	693.30	19059.09	6716.91	10273.84	2068.35
13	4-17换	KP1 砖构造柱 20C25-32.5	m³	9.48	419.09	3970.88	2155.85	1497.43	317.60
14	4-37换	单梁 连续梁 框架梁 31.5C25-32.5	m³	47.74	558.20	26648.47	7926.75	15489.72	3232.00
15	5-11	彩色水磨石地面嵌铜条（2-10注）20C10-32.5	10m²	18.95	1028.92	19128.65	5928.11	12548.00	652.54
16	5-14	地砖地面（2-14）20C10-32.5	10m²	7.52	731.03	5497.35	1477.38	3924.09	95.88
17	5-88	钢筋混凝土雨篷 直形复式 20C20-32.5	10m²	2.02	770.96	1557.34	502.09	843.55	211.70
18	5-96	阳台、雨篷底抹纸筋石灰浆和混合砂浆上表面水泥浆	10m²	2.02	220.96	466.34	247.89	162.39	36.06
19	5-122	混凝土台阶 水泥砂浆面层 20C15-32.5	10m²	1.83	690.87	2472.36	383.53	829.90	52.25
20	5-117	混凝土散水 20C15-32.5	10m²	7.05	350.54	2472.36	719.83	1699.98	52.54
21	G11-333	内墙面乳胶漆在刮糙面上批刷二遍 107 胶白水泥腻子	10m²	34.05	65.55	2231.98	938.42	1699.98	
22	6-78换	现浇有梁板（8-5）20C25-32.5 厚120mm	10m²	18.59	644.79	11986.65	2886.28	7952.80	1147.56
23	6-78换	现浇有梁板（8-5）20C25-32.5 厚120mm	10m²	26.35	644.79	16990.22	4091.10	11272.53	1626.59
24	6-75换	现浇平板 板厚每增减 10mm20C25-32.5	10m²	-52.70	27.10	-1429.75	-178.65	-1115.3	-135.97
25	6-115	PVC 卷材胶泥厚 3mm	10m²	35.75	232.08	8296.86	512.30	7673.02	111.54
26	6-147	聚苯乙烯塑料泡沫板 30mm	10m²	35.75	332.49	11886.52	2156.08	9481.26	249318
27	G10-193	屋面保温隔热现浇水泥珍珠岩找坡	m³	10.16	187.91	1909.17	277.37	1570.84	60.96
28	G10-59	水泥砂浆防水屋面厚 20mm	10m²	35.75	84.99	3038.39	836.55	1988.77	213.07
29	6-166	PVC 塑料落水管 φ100	10m	4.20	177.47	745.37	52.42	692.96	
30	6-168	PVC 塑料落水斗 φ100	10 只	0.90	222.79	200.51	9.36	191.15	
31	7-78	塑钢门安装	10m²	2.93	3137.39	9195.69	361.22	8762.75	71.72
32	7-79	塑钢窗安装	10m²	6.91	2806.92	19395.82	871.35	18355.38	169.09
33	8-1	现浇混凝土构件钢筋 φ12mm 以内（估算）	t	3.60	2804.82	10097.35	1252.37	8586.11	258.88
34	8-3	现浇混凝土构件钢筋 φ25mm 以内（估算）	t	11.20	2622.99	29377.49	1391.94	27005.33	980.22

续表

序号	定额号	定额名称	单位	工程量	单价	合　价　（元）			
						综合费	人工费	材料费	机械费
35	9-91	室内混凝土浅地沟（苏J 9507—①/34）宽250 40C10 -32.5	10m	1.21	696.54	842.81	306.43	483.55	52.83
36	10-68	白瓷砖面单面盥洗槽 M5 -H	10m	0.47	1905.12	895.41	353.88	508.76	32.76
37	10-77	白瓷砖面洗菜池 M5	10只	0.20	6403.71	1280.74	490.69	749.35	40.70
38	10-89	安装烟气道	10m	0.36	430.53	154.99	16.75	138.24	
39	11-2	综合脚手架费 檐高12m内 层高5m内	m²	384.20	19.88	7637.90			
40	11-30	单层装配式结构 跨度18m内	元	1.00	8270.00	8270.00			8270.00
		合计				277969.28			23922.34

第四节　课程设计有关要求

一、进度安排与阶段性检查

按照教学大纲要求，本课程设计时间为一周时间。按5天安排进度和阶段性检查，如表3-7所示。学生应严格按进度安排完成课程设计所规定的任务。

表3-7　　　　概预算课程设计进度安排及阶段性检查表

时间安排	应完成的任务	检查内容
第1天	设计动员及任务布置；研究图纸	每个学生任务清楚、要求明确； 是否熟悉施工图纸和施工图说明书，了解拟建建筑物的类型、结构特点、材料的要求、设计意图和工程总貌
第2～4天	工程量计算；查定额及调整	计算方法是否正确、选用的计算单位是否和定额一致，是否有重算和漏算情况； 查取的项目是否正确、子项是否一致，应该调整的是否进行了调整
第5天	设计成果整理；课程设计答辩，课程设计总结	设计是否符合要求，计算书、图、表等表达是否详细、对应，课程设计成果是否齐全； 详细检查学生对概预算课程设计原理和方法是否清楚，对工程量的计算、费用的计取及定额的选用是否清楚，是否独立完成，给出课程设计成绩，对学生在课程设计中存在的问题进行总结

二、考核和评分办法

概预算课程设计由指导教师根据学生完成设计质量、答辩情况、是否独立完成以及设计期间的表现和工作态度进行综合评价。

设计质量主要从以下几个方面来评定：工程量计算；定额选用；费用计算；计算书质量等。这部分成绩占总成绩的 70%。

答辩成绩主要从以下几个方面来评定：自述问题；理解问题；分析问题；回答问题；知识广度；综合表述等。这部分成绩占总成绩的 30%。

评分标准见表 3-8（按百分制，最后折算）。课程设计成绩先按百分制评分，然后折算成 5 级制：90～100 分为优，80～89 分为良，70～79 分为中，60～69 分为及格，60 分以下为不及格。凡是没有完成课程设计任务书所规定的任务及严重抄袭者按不及格处理。

表 3-8　　　　　　　　　　　概预算课程设计成绩评定表

项目	分值	评　分　标　准	实评分
设计成果成绩	63～70	工程量计算准确，取费合理，定额选用正确，计算书规范，完成全部成果要求	
	56～62	工程量计算准确，取费合理，定额选用基本正确（有少量错误），计算书规范，完成全部成果要求	
	49～55	工程量计算基本正确，取费合理，定额选用基本正确（有少量错误），计算书规范，完成全部成果要求	
	42～48	工程量计算基本正确，取费合理，定额选用有部分错误，计算书基本规范，完成全部成果要求	
	0～41	工程量计算不合理，概念不清，计算书有较多重大错误，不能完成成果要求	
答辩及平时成绩	27～30	计算原理和方法清楚，回答问题正确，知识面广，综合表述能力强	
	24～26	计算原理和方法较清楚，回答问题基本正确，知识面较广，综合表述能力较强	
	21～23	计算原理和方法基本清楚，回答问题基本正确，综合表述能力较强	
	18～20	计算原理和方法基本清楚，回答问题错误较多，综合表述能力一般	
	0～17	计算原理和方法不清楚，回答问题不正确，综合表述能力较差	
合　　计			

三、课程设计中存在的问题

（1）工程的平面、构造比较复杂，构件种类比较多，学生感到有一定的难度。因此，部分学生不能准确完成工程量的计算。

（2）计算不同项目的工程量时，不注意预算定额每一章的计算规则、说明，计算和定额不一致，造成结果错误。

（3）没有掌握哪些允许换算调整，哪些不允许换算调整，以及换算的办法等，发生差错和混乱。

（4）在套用定额或单位估价表时，不按表头所列的计量单位进行换算，其结果产生十倍、百倍的差错。

（5）计算工程量时由于对图纸不熟，部分学生在工程量计算中有漏算或重算现象。

（6）直接费其增减数量不按规定调增或调减，且部分学生调增或调减的价格，不能在直接费中有所反映。

（7）材料价差的计算和处理方法，各地区不尽一致，并无统一的规定。有的列入直接费，同时收取间接费；有的则只收取价差部分，不收取间接费。故在编制预算时，应按照工程所在地区的规定处理。

（8）计算书应符合规范要求，课程设计成果的质量、标准、要求应按照规定的标准执行，防止片面性。

思　考　题

3-1　建筑工程施工定额与预算定额的主要区别是什么？

3-2　建筑工程费用的构成中，其他直接费主要包括哪些内容？

3-3　什么是施工图预算？施工图预算有哪些主要作用？

3-4　审查施工图预算的主要方法有哪些？

3-5　综合预算定额有哪些优点？

3-6　试分析单位估价表与综合预算定额之间的差别与联系。

3-7　试述单价法编制施工图预算的步骤。

3-8　散水工程量包括垫层、基层、模板、混凝土、面层抹灰、板底抹灰，应如何计算？

3-9　在编制预算时，进行工程量计算中的"三线一面"的含义是什么？并试举例说明其应用。

3-10　在计算墙身工程量时，过人洞、空圈、混凝土构造柱、混凝土圈梁应如何计算？

第四章

桩基础课程设计

【本章要点】
- 掌握桩基方案的选择，掌握持力层、桩截面尺寸的选择方法。
- 掌握单桩的承载力确定方法，桩数及其平面布置，拟定承台尺寸。
- 掌握桩基承载力验算方法，桩基沉降验算方法。
- 掌握桩身设计及承台设计及验算方法，并熟悉相关构造要求。
- 掌握桩基平面图、桩详图、承台详图的绘制方法。

第一节　教　学　要　求

本设计为土木工程专业学生必须掌握的重点内容。其作用是通过学习桩基础理论知识，使学生较熟练地掌握桩基础设计的内容、步骤及方法。其任务是结合上部结构特征及工程地质条件，进行桩基设计及施工图的绘制。本设计的教学基本要求包括以下四个方面：

（1）了解桩的类型、熟练掌握持力层、桩截面尺寸的选择方法。

（2）掌握桩的承载力确定及验算方法、桩基沉降量计算方法。

（3）掌握桩身设计及承台设计方法。

（4）根据给定的上部结构特征及工程地质勘察资料，做出相应的桩基设计方案并能绘出相应施工图。

第二节　设计方法和步骤

一、桩基础简介

当高层建筑荷载很大，而地质条件相对较差时，天然地基上的浅基础（包括箱基和筏基等整板式基础）往往不能满足稳定性和差异沉降的要求，而桩基础则以其较大的承载能力和抵御复杂荷载的性能以及对各种地质条件的良好适应性，而成为高层建筑的理想基础形式。事实上，桩基础已经成为松软地基上高层建筑的主要形式。

（一）桩基础的基本结构形式

1. 桩-柱基础

桩-柱基础即柱下独立桩基础，可以是单根桩，也可以由几根桩联合组成。在各个桩-柱之间通常设置拉梁相互连接，或将地下室底板适当加强，以提高基础结构的整体性和抵御水平荷载的能力。此形式是框架结构或含有部分框架结构的高层建筑的一种造价较低的基础形式，但有较严格的使用条件。一般单桩柱基只适用于端承桩，群桩的柱基多用于摩擦桩。

2. 桩-梁基础

桩-梁基础即框架柱荷载通过基础梁或承台梁传递给桩的桩基础。沿柱网轴线布置一排或多排桩，桩顶用刚度很大的基础梁连接，以便将柱网荷载较均匀地分配给每根桩。此形式比仅靠拉梁相连的桩-柱基础具有更高的整体刚度和稳定性，在一定程度上具有调整不均匀沉降的能力。

3. 桩-墙基础

桩-墙基础即剪力墙或实腹筒壁下的单排桩或多排桩基础。剪力墙可看做特殊的深梁，以其巨大的刚度把荷载较均匀地传给各支承桩，无需再设置基础梁。但由于桩径尺寸一般大于剪力墙厚度和筒壁厚度，为了保证桩与墙体或筒体很好地共同工作，通常在桩顶做一条形承台，其尺寸按构造要求确定。

4. 桩-筏基础

当受地质条件或施工条件限制，单桩的承载力不高，而不得不满堂布桩或局部满堂布桩才足以支承建筑荷载时，常通过整块钢筋混凝土板把柱、墙（筒）集中荷载分配给桩。据浅基础的分类习惯常将此板称为筏，而将这一类基础称为桩-筏基础。筏可做成梁板式或平板式。从设计角度看，应注意鉴别某种形似桩-筏基础而实为桩-墙基础的基础形式。例如，有时将柱下或墙下端承桩顶承台之间的拉梁省去，而代之以整块现浇板，这种板实际上并不传递竖向荷载，仅能传递水平荷载，起着增强建筑物基础横向整体稳定性的作用。其设计计算不同于桩-筏基础。

5. 桩-箱基础

桩-箱基础是由顶板、底板和若干纵、横内隔墙构成的空箱结构。由于其刚度很大，具有调整各桩受力和沉降的良好性能，因此在软弱地基上建造高层建筑时较多采用这种基础形式。有些带地下室的基础看似桩-箱基础，实际上却是桩-筏基础。主要区别在于这类基础没有按箱基要求设置纵横贯通的内隔墙，因此其整体刚度比箱基小得多。

（二）基桩的分类

群桩基础中的单桩称为基桩。基桩的分类与桩基技术的发展水平有直接关系，分类方法较多，如按承载性状、使用功能、桩身材料、尺寸等。分类体系如表 4-1 所示。

表 4-1 基 桩 的 分 类

分 类			分 类 标 准
依据	类型	亚类	
按承载性状分类	摩擦型桩	纯摩擦桩	在极限承载力状态下, 桩顶荷载由桩侧摩阻力承受
		端承摩擦桩	在极限承载力状态下, 桩顶荷载主要由桩侧阻力承受
	端承型桩	纯端承桩	在极限承载力状态下, 桩顶荷载由桩端阻力承受
		摩擦端承桩	在极限承载力状态下, 桩顶荷载主要由桩端阻力承受
按使用功能分类	竖向抗压桩		抗压
	竖向抗拔桩		抗拔
	横向受荷桩		主要承受横向荷载
	组合受荷桩		竖向、横向荷载均较大
按桩身材料分类	混凝土桩	预制桩	
		灌注桩	
	钢桩	钢管桩	
		H 型钢桩	
	组合材料桩		
按成桩方法分类	非挤土桩	干作业法	人工挖孔、钻孔灌注等
		泥浆护壁法	正反循环钻、潜水钻孔等
		套管护壁法	短螺旋钻孔、贝诺特灌注等
	部分挤土桩	部分挤土灌注桩	冲击成孔灌注、钻孔压注成型灌注等
		预钻孔打入式预制桩	
		打入式敞口桩	
	挤土桩	挤土灌注桩	振动沉管灌注、锤击沉管灌注等
		挤土预制桩	打入或压入预制钢筋混凝土桩、闭口钢管桩等
按桩径分类	小桩		桩径 $d \leqslant 250mm$
	中等直径桩		$250mm < d < 800mm$（预制方桩一般边长不大于 600mm）
	大直径桩		$d \geqslant 800mm$
按桩长分类	短桩		桩长 $L \leqslant 15m$
	中长桩		$15m < L \leqslant 40m$
	长桩		$40m < L \leqslant 80m$
	超长桩		$L > 80m$

二、桩基础设计原则

(1) 桩基极限状态分为下列两类:

1) 承载能力极限状态: 对应于桩基达到最大承载能力、整体失稳或发生不适于继续承载的变形。

2) 正常使用极限状态: 对应于桩基达到建筑正常使用所规定的变形限值或达到耐久

性要求的某项限值。

（2）建筑桩基采用以概率理论为基础的极限状态设计法，以可靠指标度量桩基的可靠度，采用分项系数表达的极限状态设计表达式进行计算。

（3）根据建筑规模、功能特征、对差异变形的适应性、场地地基和建筑物体型的复杂性以及由于桩基问题可能造成建筑破坏或影响正常使用的程度，应将桩基设计分为表 4-2 所列的三个设计等级。

表 4-2 建 筑 桩 基 设 计 等 级

设 计 等 级	建 筑 物 类 型
甲级	（1）重要的建筑。 （2）30 层以上或高度超过 100m 的高层建筑。 （3）体型复杂且层数相差超过 10 层的高低层（含纯地下室）连体建筑。 （4）20 层以上框架-核心筒结构及其他对差异沉降有特殊要求的建筑。 （5）场地和地基条件复杂的 7 层以上的一般建筑及坡地、岸边建筑。 （6）对相邻既有工程影响较大的建筑
乙级	除甲级、丙级以外的建筑
丙级	场地和地基条件简单、荷载分布均匀的 7 层及 7 层以下的一般建筑

（4）根据承载能力极限状态和正常使用极限状态的要求，桩基需进行以下计算和验算。

1）桩基应根据具体条件分别进行下列承载能力计算和稳定性验算：

• 应根据桩基的使用功能和受力特征分别进行桩基的竖向承载力计算和水平承载力计算。

• 应对桩身和承台结构承载力进行计算；对于桩侧土不排水抗剪强度小于 10kPa 且长径比大于 50 的桩应进行桩身压屈验算；对于混凝土预制桩应按吊装、运输和锤击作用进行桩身承载力验算；对于钢管桩应进行局部压屈验算。

• 当桩端平面以下存在软弱下卧层时，应进行软弱下卧层承载力验算。

• 对位于坡地、岸边的桩基应进行整体稳定性验算。

• 对于抗浮、抗拔桩基，应进行基桩和群桩的抗拔承载力计算。

• 对于抗震设防区的桩基应进行抗震承载力验算。

2）下列建筑桩基应进行沉降计算：

• 设计等级为甲级的非嵌岩桩和非深厚坚硬持力层的建筑桩基。

• 设计等级为乙级的体型复杂、荷载分布显著不均匀或桩端平面以下存在软弱土层的建筑桩基。

• 软土地基多层建筑减沉复合疏桩基础。

3）应根据桩基所处的环境类别和相应的裂缝控制等级，验算桩和承台正截面的抗裂和裂缝宽度。

（5）桩基设计时，所采用的作用效应组合与相应的抗力应符合下列规定：

1）确定桩数和布桩时，应采用传至承台底面的荷载效应标准组合；相应的抗力应采用基桩或复合基桩承载力特征值。

2）计算荷载作用下的桩基沉降和水平位移时，应采用荷载效应准永久组合；计算水平地震作用、风载作用下的桩基水平位移时，应采用水平地震作用、风载效应标准组合。

3）验算坡地、岸边建筑桩基的整体稳定性时，应采用荷载效应标准组合；抗震设防区，应采用地震作用效应和荷载效应的标准组合。

4）在计算桩基结构承载力、确定尺寸和配筋时，应采用传至承台顶面的荷载效应基本组合。当进行承台和桩身裂缝控制验算时，应分别采用荷载效应标准组合和荷载效应准永久组合。

5）桩基结构设计安全等级、结构设计使用年限和结构重要性系数 γ_0 应按现行有关建筑结构规范的规定采用，除临时性建筑外，重要性系数 γ_0 不应小于 1.0。

6）当桩基结构进行抗震验算时，其承载力调整系数 γ_{RE} 应按现行国家标准《建筑抗震设计规范》（GB 50011—2010）的规定采用。

三、设计内容及步骤

（一）确定持力层，初定承台埋深，选择桩型及桩的截面尺寸

1. 持力层选择

根据工程地质勘察资料，结合当地工程经验，选择土质较好、地基承载力较高的土层作为持力层。

2. 初定承台埋深

根据《建筑桩基技术规范》（JGJ 94—1994）规定，承台埋深应不小于 600mm。在季节性冻土及膨胀土地区，其承台埋深及处理措施，应按现行《建筑地基基础设计规范》（GB 50007—2011）和《膨胀土地区建筑技术规范》（GBJ 112—1987）等有关规定执行。但现行《建筑桩基技术规范》（JGJ 94—2008）（以下简称《桩基规范》）未明确规定。考虑施工方便，应尽量使承台底面位于地下水位面以上且土质较好的土层内，同时考虑建筑高度影响。

3. 确定桩型

确定桩型一般应经过三个步骤：首先根据上部结构的荷载水平与场地土层分布列出可用的桩型（可据文献资料和实践经验进行选择）；其次根据设备条件和环境因素决定许用的桩型（必须通过调查和实地考察作出结论）；最后根据经济比较决定采用的桩型（一般应通过计算作出结论，其中工期长短应作为参与经济比较的一项重要因素）。

4. 确定桩截面尺寸

确定桩截面尺寸主要指确定桩长及桩的横截面尺寸。桩长指桩的受力长度与其构造长度之和。

受力长度指承台底面至桩端全断面间的长度。根据《桩基规范》的规定，桩进入液化层以下稳定土层中的长度（不包括桩尖部分）应按计算确定。桩端全断面进入持力层的深度，对于黏性土、粉土不宜小于 $2d$（d 为桩身直径），砂土不宜小于 $1.5d$，碎石类土不宜小于 $1d$。当存在软弱下卧层时，桩端以下硬持力层厚度不宜小于 $3d$。桩端进入冻深线或膨胀土的大气影响急剧层以下的深度应满足抗拔稳定性验算要求，且不得小于 4 倍桩径及 1 倍扩大端直径，最小深度应大于 1.5m。抗震设防区，桩进入液化土层以下稳定土层的长度（不包括桩尖部分）应按计算确定，对于碎石土，砾、粗、中砂，密实粉土，坚硬黏性土尚不应小于 $2d$～$3d$，对其他非岩石土尚不宜小于 $4d$～$5d$。如果各种条件许可，桩端全截面进入持力层的深度宜达到桩端阻力的临界深度，以便使端阻力充分发挥。

桩的构造长度主要指桩顶嵌入承台的长度和桩端全断面至桩尖的长度。根据现行《桩

基规范》的规定，桩顶嵌入承台的长度对于大直径桩不宜小于 100mm，对于中等直径桩不宜小于 50mm。

桩的横截面尺寸对于受力桩通常为中等或大直径桩，即桩身直径或边长不小于 300mm，且应符合 50mm 模数。

（二）确定单桩竖向极限承载力

设计采用的单桩竖向极限承载力标准值应符合下列规定：

（1）设计等级为甲级的建筑桩基，应通过单桩静载试验确定。

（2）设计等级为乙级的建筑桩基，当地质条件简单时，可参照地质条件相同的试桩资料，结合静力触探等原位测试和经验参数综合确定；其余均应通过单桩静载试验确定。

（3）设计等级为丙级的建筑桩基，可根据原位测试和经验参数确定。

以下具体介绍根据双桥探头静力触探资料确定混凝土预制桩单桩竖向极限承载力的方法，其他方法可参见现行《桩基规范》的规定。

当根据双桥探头静力触探资料确定混凝土预制桩单桩竖向极限承载力标准值时，对于黏性土、粉土和砂土，如无当地经验可按下式计算：

$$Q_{uk}=Q_{sk}+Q_{pk}=\mu\sum l_i\beta_i f_{si}+\alpha q_c A_p \qquad (4-1)$$

式中：f_{si} 为第 i 层土的探头平均侧阻力；q_c 为桩端平面上、下探头阻力，取桩端平面以上 $4d$（d 为桩的直径或边长）范围按土层厚度的探头阻力加权平均值，然后再和桩端平面以下 $1d$ 范围内的探头阻力进行平均；α 为桩端阻力修正系数，对于黏性土、粉土取 2/3，饱和砂土取 1/2；β_i 为第 i 层土桩侧阻力综合修正系数，对于黏性土、粉土取 $\beta_i=10.04$ $(f_{si})^{-0.55}$，对于砂土取 $\beta_i=5.05$ $(f_{si})^{-0.45}$。

注意：双桥探头的圆锥底面积为 15cm²，锥角 60°，摩擦套筒高 21.85cm，侧面积 300cm²。

确定单桩竖向承载力时，除了考虑桩周土的支承能力外，还应考虑桩身材料强度对承载力的影响。由于此时尚未进行桩身结构设计，故近似按轴心受压素混凝土桩计算，见下式：

$$R=\varphi\psi_c f_c A_p \qquad (4-2)$$

式中：φ 为稳定系数，对低桩承台取 $\varphi=1.0$；ψ_c 为基桩成桩工艺系数，应按下列规定取值，对于混凝土预制桩、预应力混凝土空心桩取 $\psi_c=0.85$，对于干作业非挤土灌注桩取 $\psi_c=0.90$，对于泥浆护壁和套管护壁非挤土灌注桩、部分挤土灌注桩、挤土灌注桩取 $\psi_c=0.7\sim0.8$，对于软土地区挤土灌注桩取 $\psi_c=0.6$；f_c 为桩身混凝土轴心抗压强度设计值；A_p 为桩身横截面面积。

桩周土的支承能力应与桩的材料强度比较，取较小值。一般情况下，桩周土的支承能力是决定桩承载力的主要因素。

（三）确定单桩竖向承载力特征值 R_a

$$R_a=Q_{uk}/K \qquad (4-3)$$

式中：Q_{uk} 为单桩竖向极限承载力标准值；K 为安全系数，取 $K=2$。

也就是说，单桩竖向承载力特征值 R_a 取其极限承载力标准值 Q_{uk} 的一半。

（四）确定桩数及桩的平面布置

1. 桩数

（1）当轴心受压时，桩数 n 应满足下式要求：

$$n \geqslant (F_k + G_k)/R_a \tag{4-4}$$

式中：F_k 为上部结构传至承台顶面的荷载；G_k 为承台与承台上方填土重量；R_a 为单桩竖向承载力设计值。

由于此时承台平面尺寸尚未确定，也可按下式估算：

$$n \geqslant F_k/R_a \tag{4-5}$$

（2）当偏心受压时，亦可按上式估算，然后将估算数值适当放大，即

$$n \geqslant \alpha(F_k/R_a) \tag{4-6}$$

式中：α 为系数，视偏心荷载大小可取 1.1～1.4。

2. 桩的平面布置

（1）布桩时应注意以下几点：

1）既要布置紧凑，使得承台面积尽可能减小，又要充分发挥各桩的作用。因而，除了合适的桩距外，还应使长期荷载的合力作用点与群桩截面的形心尽可能接近。

2）尽量对结构受力有利，如对墙体落地的结构沿墙下布桩，对带梁桩筏基础在梁下布桩。尽量避免采用板下布桩，一般不在无墙的门洞部位布桩；同一结构单元应避免采用不同类型的桩。

3）尽量使桩基在承受水平力和力矩较大的方向有较大的截面抵抗矩，如承台长边与力矩较大的平面取向一致，以及在横墙外延线上布置探头桩等。

（2）桩的平面布置需满足最小中心距要求，如表 4-3 所示。

表 4-3　　　　　　　　　　　　　桩 的 最 小 中 心 距

土 类 与 成 桩 工 艺		排数不少于 3 排且桩数不少于 9 根的摩擦型桩桩基	其 他 情 况
非挤土灌注桩		3.0d	3.0d
部分挤土桩		3.5d	3.0d
挤土桩	非饱和土	4.0d	3.5d
	饱和黏性土	4.5d	4.0d
钻、挖孔扩底桩		2D 或 D+2.0m（当 D>2m）	1.5D 或 D+1.5m（当 D>2m）
沉管夯扩、钻孔剂扩桩	非饱和土	2.2D 且 4.0d	2.0D 且 3.5d
	饱和黏性土	2.5D 且 4.5d	2.2D 且 4.0d

注　1. d 为圆桩直径或方桩边长，D 为扩大端设计直径。

　　2. 当纵横向桩距不相等时，其最小中心距应满足"其他情况"一栏的规定。

　　3. 当为端承型桩时，非挤土灌注桩的"其他情况"一栏可减小至 2.5d。

（3）确定承台平面尺寸。

独立柱下桩基承台应符合下列要求：承台的最小宽度不应小于 500mm，边桩中心至承台边缘的距离不应小于桩的直径或边长，且桩的外边缘至承台边缘的距离不应小于 150mm。对于墙下条形承台梁，桩的外边缘至承台梁边缘的距离不应小于 75mm。

（4）绘出桩基平面布置图。

（五）计算基桩竖向承载力并进行基桩竖向承载力验算

1. 确定基桩竖向承载力

《桩基规范》规定：对于端承型桩基、桩数少于 4 根的摩擦型柱下独立桩基或由于地层土性、使用条件等因素不宜考虑承台效应时，基桩竖向承载力特征值应取单桩竖向承载力特征值。

对于符合下列条件之一的摩擦型桩基，宜考虑承台效应确定其复合基桩的竖向承载力特征值：

（1）上部结构整体刚度较好、体型简单的建（构）筑物。

（2）对差异沉降适应性较强的排架结构和柔性构筑物。

（3）按变刚度调平原则设计的桩基刚度相对弱化区。

（4）软土地基的减沉复合疏桩基础。

考虑承台效应的复合基桩竖向承载力特征值可按式（4-7）、式（4-8）确定。

不考虑地震作用时，有

$$R = R_a + \eta_c f_{ak} A_c \tag{4-7}$$

考虑地震作用时，有

$$R = R_a + \frac{\zeta_a}{1.25} \eta_c f_{ak} A_c \tag{4-8}$$

其中

$$A_c = \frac{A - n A_{ps}}{n} \tag{4-9}$$

式中：η_c 为承台效应系数，可按表 4-4 取值；f_{ak} 为承台下 1/2 承台宽度且不超过 5m 深度范围内各层土的地基承载力特征值按厚度加权的平均值；A_c 为计算基桩所对应的承台底净面积；A_{ps} 为桩身截面面积；A 为承台计算域面积（对于柱下独立桩基，A 为承台总面积；对于桩筏基础，A 为柱、墙筏板的 1/2 跨距和悬臂边 2.5 倍筏板厚度所围成的面积；桩集中布置于单片墙下的桩筏基础，取墙两边各 1/2 跨距围成的面积，按条基计算）；ζ_a 为地基抗震承载力调整系数，应按现行国家标准《建筑抗震设计规范》（GB 50011—2010）采用。

当承台底为可液化土、湿陷性土、高灵敏度软土、欠固结土、新填土时，沉桩引起超孔隙水压力和土体隆起时，不考虑承台效应，取 $\eta_c = 0$。

表 4-4　　　　　　　　　　　　　承 台 效 应 系 数 η_c

B_c/l ＼ S_a/d	3	4	5	6	＞6
≤0.4	0.06～0.08	0.14～0.17	0.22～0.26	0.32～0.38	
0.4～0.8	0.08～0.10	0.17～0.20	0.26～0.30	0.38～0.44	0.50～0.80
＞0.8	0.10～0.12	0.20～0.22	0.30～0.34	0.44～0.50	
单排桩条形承台	0.15～0.18	0.25～0.30	0.38～0.45	0.50～0.60	

注　1. 表中 S_a/d 为桩中心距与桩径之比；B_c/l 为承台宽度与桩长之比。当计算基桩为非正方形排列时，$S_a = (A/n)1/2$，A 为承台计算域面积，n 为总桩数。

　　2. 对于桩布置于墙下的箱、筏承台，η_c 可按单排桩条基取值。

　　3. 对于单排桩条形承台，当承台宽度小于 $1.5d$ 时，η_c 按非条形承台上。

　　4. 对于采用后注浆灌注桩的承台，η_c 宜取低值。

　　5. 对于饱和黏性土中的挤土桩基、软土地基上的桩基承台，η_c 宜取低值的 0.8 倍。

2. 基桩竖向承载力验算

基桩竖向承载力计算应符合式（4-10）至式（4-13）的要求。

（1）荷载效应标准组合：

轴心竖向力作用下：

$$N_k \leqslant R \qquad (4-10)$$

偏心竖向力作用下，除满足上式外，尚应满足下式的要求：

$$N_{k\max} \leqslant 1.2R \qquad (4-11)$$

（2）地震作用效应和荷载效应标准组合：

轴心竖向力作用下：

$$N_{Ek} \leqslant 1.25R \qquad (4-12)$$

偏心竖向力作用下，除满足上式外，尚应满足下式的要求：

$$N_{Ek\max} \leqslant 1.5R \qquad (4-13)$$

式中：N_k 为荷载效应标准组合轴心竖向力作用下，基桩或复合基桩的平均竖向力；$N_{k\max}$ 为荷载效应标准组合偏心竖向力作用下，基桩或复合基桩桩顶最大竖向力；N_{Ek} 为地震作用效应和荷载效应标准组合下，基桩或复合基桩桩顶的平均竖向力；$N_{Ek\max}$ 为地震作用效应和荷载效应标准组合下，基桩或复合基桩桩顶的最大竖向力；R 为基桩或复合基桩竖向承载力特征值。

对于一般建筑物和受水平力（包括力矩与水平剪力）较小的高层建筑群桩基础，应按式（4-14）、式（4-15）计算柱、墙、核心筒群桩中基桩或复合基桩的桩顶作用效应。

轴心竖向力作用下：

$$N_k = \frac{F_k + G_k}{n} \qquad (4-14)$$

偏心竖向力作用下：

$$N_{k\max} = \frac{F_k + G_k}{n} + \frac{M_{xk} y_{\max}}{\sum y_i^2} + \frac{M_{yk} x_{\max}}{\sum x_i^2} \qquad (4-15)$$

式中：F_k 为荷载效应标准组合下，作用于承台顶面的竖向力；G_k 为桩基承台和承台上土自重标准值，对稳定的地下水位以下部分应扣除水的浮力；N_k 为荷载效应标准组合轴心竖向力作用下，基桩或复合基桩的平均竖向力；N_{ik} 为荷载效应标准组合偏心竖向力作用下，第 i 基桩或复合基桩的竖向力；M_{xk}、M_{yk} 分别为荷载效应标准组合下，作用于承台底面，绕通过桩群形心 x、y 主轴的力矩；$x_{\max}$、$y_{\max}$ 为第 i、j 基桩或复合基桩至 y、x 轴的最大距离；n 为桩基中的桩数。

3. 软弱下卧层的强度验算

对于桩距不超过 $6d$ 的群桩基础，当桩端持力层下存在承载力低于桩端持力层承载力 $1/3$ 的软弱下卧层时，可按式（4-16）、式（4-17）验算软弱下卧层的承载力（见图4-1）。

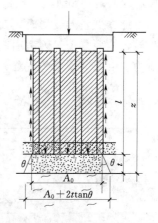

图4-1　桩基软弱下卧层承载力验算（$S_a \leqslant 6d$）

$$\sigma_z + \gamma_m z \leqslant f_{az} \tag{4-16}$$

$$\sigma_z = \frac{(F_k + G_k) - \frac{3}{2}(A_0 + B_0)\sum q_{sik} l_i}{(A_0 + 2t\tan\theta)(B_0 + 2t\tan\theta)} \tag{4-17}$$

式中：σ_z 为作用于软弱下卧层顶面的附加应力；γ_m 为软弱层顶面以上各土层重度按土层厚度计算的加权平均值；z 为地面至软弱层顶面的厚度；f_{az} 为软弱下卧层经深度 z 修正的地基承载力特征值；t 为硬持力层厚度；q_{sik} 为桩周第 i 层土的极限侧阻力标准值，无当地经验时，可根据成桩工艺按《桩基规范》查表取值；A_0、B_0 分别为桩群外缘矩形底面的长、短边边长；θ 为桩端持力层压力扩散角，按表 4-5 取值。

表 4-5   桩端硬持力层压力扩散角 θ

E_{s1}/E_{s2}	$t = 0.25B_0$	$t \geqslant 0.5B_0$
1	4°	12°
3	6°	23°
5	10°	25°
10	20°	30°

注 1. E_{s1}、E_{s2} 分别为硬持力层、软弱下卧层的压缩模量。
　　2. 当 $t < 0.25B_0$ 时，取 $\theta = 0°$，必要时，宜通过试验确定；当 $0.25B_0 < t < 0.5B_0$ 时，可内插取值。

（六）群桩沉降验算

随着建筑物越来越高大，所遇到的地质条件日趋复杂，建筑物与周围环境的关系日益密切，特别是考虑桩间土承担一部分荷载后，沉降已成为一个控制条件，使得桩基沉降计算成为桩基设计的一个重要内容。

1. 变形特征值

桩基变形可用下列指标表示：

（1）沉降量。

（2）沉降差。

（3）倾斜：建筑物桩基础倾斜方向两端点的沉降差与其距离之比值。

（4）局部倾斜：墙下条形承台沿纵向某一长度范围内桩基础两点的沉降差与其距离之比值。

计算桩基础变形时，变形指标可按下述规定选用：由于土层厚度与性质不均匀、荷载差异、体型复杂等因素引起的地基变形，对于砌体承重结构应由局部倾斜控制；对于框架结构应由相邻柱基的沉降差控制；对于多层或高层建筑和高耸结构应由倾斜值控制。

桩基变形允许值按表 4-6 确定。

表 4-6   桩 基 变 形 允 许 值

变 形 特 征		允 许 值
砌体承重结构基础的局部倾斜		0.002
工业与民用建筑相邻柱基的沉降差	框架结构	$0.002l_0$
	砖石墙填充的边排柱	$0.0007l_0$
	当基础不均匀沉降时不产生附加应力的结构	$0.005l_0$
单层排架结构(柱距为 6m)柱基的沉降量(mm)		120
桥式吊车轨面的倾斜（按不调整轨道考虑）	纵向	0.004
	横向	0.003

续表

变　形　特　征		允　许　值
多层和高层建筑基础的倾斜	$H_g \leqslant 24$	0.004
	$24 < H_g \leqslant 60$	0.003
	$60 < H_g \leqslant 100$	0.0025
	$H_g > 100$	0.02
高耸结构基础的倾斜	$H_g \leqslant 20$	0.008
	$20 < H_g \leqslant 50$	0.006
	$50 < H_g \leqslant 100$	0.005
	$100 < H_g \leqslant 150$	0.004
	$150 < H_g \leqslant 200$	0.003
	$200 < H_g \leqslant 250$	0.002
高耸结构基础的沉降量（mm）	$H_g \leqslant 100$	350
	$100 < H_g \leqslant 200$	250
	$200 < H_g \leqslant 250$	150
体型简单的剪力墙结构高层建筑桩基最大沉降量（mm）	—	200

注　l_0 为相邻柱（墙）＝测点间的距离，mm；H_g 为自室外地面起算的建筑物高度，m。

2. 沉降计算公式

群桩沉降受桩间距、桩长、桩径、成桩方式、承台与土的接触情况、持力层土和承台底土的性状等诸多因素影响，目前还提不出一种很完善的方法。《桩基规范》规定，对于桩中心距小于或等于 6 倍桩径的桩基，其最终沉降量计算可采用等效作用分层总和法。等效作用面位于桩端平面，等效作用面积为桩承台投影面积，等效作用附加应力近似取承台底平均附加压力。等效作用面以下的应力分布采用各向同性均匀直线变形体理论。计算模式如图 4-2 所示，桩基内任意点的最终沉降量可用角点法按下式计算：

$$s = \psi \psi_e s' = \psi \psi_e \sum_{j=1}^{m} p_{0j} \sum_{i=1}^{n} \frac{z_{ij}\bar{\alpha}_{ij} - z_{(i-1)j}\bar{\alpha}_{(i-1)j}}{E_{si}} \tag{4-18}$$

式中：s 为桩基最终沉降量；s' 为采用布辛奈斯克解，按实体深基础分层总和法计算出的桩基沉降量，mm；m 为角点法计算点对应的矩形荷载分块数；p_{0j} 为第 j 块矩形底面在荷载效应准永久组合下的附加压力，kPa；n 为桩基沉降计算范围内所划分的土层数；E_{si} 为等效作用底面以下第 i 层土的压缩模量，采用地基土在自重压力至自重压力加附加应力作用时的压缩模量；z_{ij}、$z_{(i-1)j}$ 分别为桩端平面第 j 块荷载至第 i 层土、第 $i-1$ 层底面的距离；$\bar{\alpha}_{ij}$、$\bar{\alpha}_{(i-1)j}$ 分别为桩端平面第 j 块荷载计算点至第 i 层土、第 $i-1$ 层土底面深度范围内平均附加应力系数，可按相应规范确定；ψ_e 为桩基沉降计算经验系数。

ψ_e 可按式（4-19）、式（4-20）简化计算：

$$\psi_e = C_0 + \frac{n_b - 1}{C_1(n_b - 1) + C_2} \tag{4-19}$$

其中

$$n_b = \sqrt{nB_c/L_c} \tag{4-20}$$

式中：n_b 为矩形布桩时的短边布桩数，当布桩不规则时可按式（4-20）近似计算；C_0、C_1、C_2 为根据群桩距径比 S_a/d、长径比 l/d 及基础长宽比 L_c/B_c，按《桩基规范》附录 E 确定；L_c、B_c、n 分别为矩形承台的长、宽及总桩数。ψ 为桩基沉降计算经验系数。

当无当地可靠经验时，桩基沉降计算经验系数 ψ 可按表 4-7 选用。对于采用后注浆施工工艺的灌注桩，桩基沉降计算经验系数应根据桩端持力土层类别，乘以 0.7（砂、砾、卵石）～0.8（黏性土、粉土）折减系数；当饱和土中采用预制桩（不含复打、复压、引孔沉桩）时，应根据桩距、土质、沉桩速率和顺序等因素，乘以 1.3～1.8 挤土效应系数，土的渗透性低、桩距小、桩数多、沉降速率快时取大值。

表 4-7　　　　　　　　　　　桩基沉降计算经验系数 ψ

$\overline{E}_s$（MPa）	$\leqslant 10$	15	20	35	$\geqslant 50$
ψ	1.2	0.9	0.65	0.50	0.40

注　1. E_s 为沉降计算深度范围内压缩模量的当量值，$\overline{E}_s = \sum A_i / \sum \dfrac{A_i}{E_{si}}$，其中 A_i 为第 i 层土附加压力系数沿土层厚度的积分值，可近似按分块面积计算。

　　2. ψ 可根据 E_s 内插取值。

3. 沉降计算深度

地基沉降计算深度 z_n（见图 4-2）可按应力比法确定，即 z_n 处的附加应力 σ_z 与土的自重应力 σ_c 应符合以下关系：

$$\sigma_z = 0.2\sigma_c \qquad (4-21)$$

计算桩基沉降时，应考虑相邻基础的影响，采用叠加原理计算；桩基等效沉降系数可按独立基础计算。

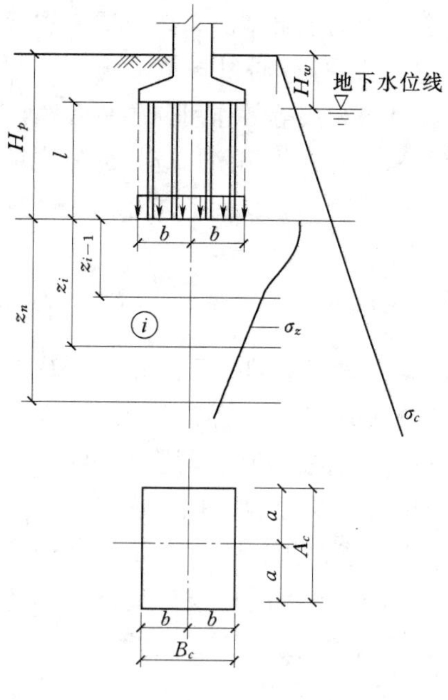

（七）桩身结构设计

1. 预制桩

钢筋混凝土预制桩常见的是预制方桩和管桩。一般预制方桩典型构造如图 4-3 所示（详可参见《预制钢筋混凝土方桩》图集）。

预制桩的混凝土等级不宜低于 C30，预应力混凝土实心桩的混凝土等级不宜低于 C40。纵向钢筋的混凝土保护层厚度不宜小于 30mm。混凝土预制桩的截面边长不宜小于 200mm，预应力混凝土实心桩的截面边长不宜小于 350mm。

预制桩的桩身配筋应按吊运、打桩及桩在使用中的受力等条件计算确定。采用锤击法沉桩时，预制桩的最小配筋率不宜小于 0.8%。静压法沉桩时，最小配筋率不宜小于 0.6%，主筋直径不宜小于

图 4-2　桩基沉降计算示意图

ϕ14，打入桩桩顶以下 4～5 倍桩身直径长度范围内箍筋应加密，并设置钢筋网片。预制桩的桩尖可将主筋合拢焊在桩尖辅助钢筋上，当持力层为密实砂和碎石类土时，宜在桩尖处

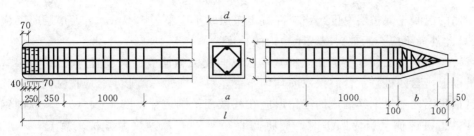

图 4 - 3　预制钢筋混凝土方桩示意图

包以钢钣桩靴，加强桩尖。

2. 灌注桩

桩身混凝土强度等级不得低于 C25，混凝土预制桩尖强度等级不得低于 C30。主筋的混凝土保护层厚度不应小于 35mm，水下灌注桩的主筋混凝土保护层厚度不得小于 50mm。

灌注桩应按以下规定配筋：

(1) 配筋率。当桩身直径为 300～2000mm 时，截面配筋率可取 0.65%～0.20%，小桩径取高值，大桩径取低值；对受荷载特别大的桩、抗拔桩和嵌岩端承桩应根据计算确定配筋率，并不应小于上述规定值。

(2) 配筋长度。

1) 端承型桩和位于坡地岸边的基桩应沿桩身等截面或变截面通长配筋。

2) 桩径大于 600mm 的摩擦型桩配筋长度不应小于 2/3 桩长；当受水平荷载时，配筋长度尚不宜小于 $4.0/a$(a 为桩的水平变形系数)。

3) 对于受地震作用的基桩，桩身配筋长度应穿过可液化土层和软弱土层，进入稳定土层的深度不应小于《桩基规范》规定的深度。

4) 受负摩阻力的桩、因先成桩后开挖基坑而随地基土回弹的桩，其配筋长度应穿过软弱土层并进入稳定土层，进入的深度不应小于 2～3 倍桩身直径。

5) 专用抗拔桩及因地震作用、冻胀或膨胀力作用而受拔力的桩，应等截面或变截面通长配筋。

(八) 承台设计

承台的常用形式有柱下独立承台、墙下或柱下条形承台、十字交叉条形承台、筏形承台、箱形承台和环形承台等。承台设计计算包括受弯计算、受冲切计算、受剪计算和局部受压计算等，并应符合构造要求。

1. 承台构造要求

(1) 承台尺寸和混凝土强度。桩基承台的构造，应满足抗冲切、抗剪切、抗弯承载力和上部结构要求，尚应符合下列要求：

1) 独立柱下桩基承台的最小宽度不应小于 500mm，边桩中心至承台边缘的距离不应小于桩的直径或边长，且桩的外边缘至承台边缘的距离不应小于 150mm。对于墙下条形承台梁，桩的外边缘至承台梁边缘的距离不应小于 75mm。承台的最小厚度不应小于 300mm。

2) 高层建筑平板式和梁板式筏形承台的最小厚度不应小于 400mm，墙下布桩的剪力墙结构筏形承台的最小厚度不应小于 200mm。

3) 承台混凝土材料及其强度等级应符合结构混凝土耐久性的要求和抗渗要求。承台底面钢筋的混凝土保护层厚度，当有混凝土垫层时不应小于 50mm，当无垫层时不应小于 70mm；此外尚不应小于桩头嵌入承台内的长度。

（2）承台构造配筋。柱下独立桩基承台纵向受力钢筋应通长配置［见图 4-4（a）］，对四桩以上（含四桩）承台宜按双向均匀布置，对三桩的三角形承台应按三向板带均匀布置，且最里面的三根钢筋围成的三角形应在柱截面范围内［见图 4-4（b）］。纵向钢筋锚固长度自边桩内侧（当为圆桩时，应将其直径乘以 0.8 等效为方桩）算起，不应小于 $35d_g$（d_g 为钢筋直径）；当不满足时应将纵向钢筋向上弯折，此时水平段的长度不应小于 $25d_g$，弯折段长度不应小于 $10d_g$。承台纵向受力钢筋的直径不应小于 12mm，间距不应大于 200mm。柱下独立桩基承台的最小配筋率不应小于 0.15%。

（3）桩与承台的连接。桩嵌入承台内的长度对中等直径桩不宜小于 50mm；对大直径桩不宜小于 100mm。混凝土桩的桩顶纵向主筋应锚入承台内，其锚入长度不宜小于 35 倍纵向主筋直径。对于抗拔桩，桩顶纵向主筋的锚固长度应按现行国家标准《混凝土结构设计规范》（GB 50010—2010）确定。对于大直径灌注桩，当采用一柱一桩时可设置承台或将桩与柱直接连接。

（4）承台之间的连接。一柱一桩时，应在桩顶两个主轴方向上设置连系梁。当桩与柱的截面直径之比大于 2 时，可不设连系梁。两桩桩基的承台，应在其短向设置连系梁。有抗震设防要求的柱下桩基承台，宜沿两个主轴方向设置连系梁。连系梁顶面宜与承台顶面位于同一标高。连系梁宽度不宜小于 250mm，其高度可取承台中心距的 1/15～1/10，且不宜小于 400mm。连系梁配筋应按计算确定，梁上下部配筋不宜小于 2 根直径 12mm 钢筋；位于同一轴线上的连系梁纵筋宜通长配置。

2. 受冲切计算

桩基承台厚度应满足柱（墙）对承台的冲切和基桩对承台的冲切承载力要求。

冲切破坏锥体应采用自柱（墙）边和承台变阶处至相应桩顶边缘连线所构成的截锥体，锥体斜面和承台底面的夹角不小于 45°（见图 4-5）。

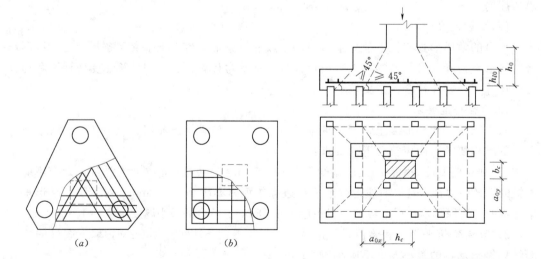

图 4-4 承台配筋
（a）三桩承台；（b）四桩承台

图 4-5 柱下独立桩基柱对承台的冲切计算

（1）柱对承台板冲切验算。对于柱下矩形独立承台受柱冲切的承载力可按式（4-22）、式（4-23）计算：

$$F_l \leqslant 2[\beta_{0x}(b_c+a_{0y})+\beta_{0y}(h_c+a_{0x})]\beta_{hp}f_th_0 \tag{4-22}$$

$$\beta_0=\frac{0.84}{\lambda_0+0.2} \tag{4-23}$$

其中 $\qquad\qquad \lambda_{0x}=a_{0x}/h_0,\lambda_{0y}=a_{0y}/h_0,\lambda_{0x}$

式中：β_{0x}、β_{0y} 可按式（4-23）求得；λ_{0y} 均应满足 0.25～1.0 的要求；h_c、b_c 分别为 x、y 方向的柱截面的边长；a_{0x}、a_{0y} 分别为 x、y 方向柱边离最近桩边的水平距离。

对于柱下矩形独立阶形承台受上阶冲切的承载力可按下式计算：

$$F_l \leqslant 2[\beta_{1x}(b_1+a_{1y})+\beta_{1y}(h_1+a_{1x})]\beta_{hp}f_th_{10} \tag{4-24}$$

式中：β_{1x}、β_{1y} 由式（4-23）求得，其中 $\lambda_{1x}=a_{1x}/h_{10}$，$\lambda_{1y}=a_{1y}/h_{10}$，$\lambda_{1x}$、$\lambda_{1y}$ 均应满足 0.25～1.0 的要求；h_1、b_1 分别为 x、y 方向承台上阶的边长；a_{1x}、a_{1y} 分别为 x、y 方向承台上阶边至最近桩边的水平距离。

对于柱下两桩承台，宜按深受弯构件（$l_0/h<5.0$，$l_0=1.15l_n$，l_n 为两桩净距）计算受弯、受剪承载力，不需要进行受冲切承载力计算。

（2）承台受位于柱（墙）冲切破坏锥体以外的基桩冲切的计算。

1）四桩以上（含四桩）承台受角桩冲切的承载力可按下式计算（见图 4-6）：

$$N_l \leqslant [\beta_{1x}(c_2+a_{1y}/2)+\beta_{1y}(c_1+a_{1x}/2)]\beta_{hp}f_th_0 \tag{4-25}$$

其中 $\qquad\qquad \beta_{1x}=\frac{0.56}{\lambda_{1x}+0.2},\beta_{1y}=\frac{0.56}{\lambda_{1y}+0.2} \tag{4-26}$

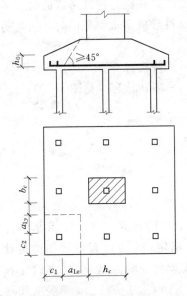

图 4-6 四桩以上矩形承台角桩冲切验算

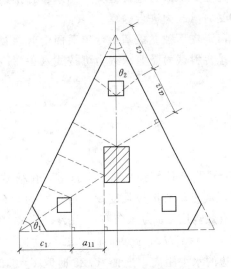

图 4-7 三桩三角形承台角桩冲切验算

式中：N_l 为不计承台及其上土重，在荷载效应基本组合作用下角桩（含复合基桩）反力设计值；β_{1x}、β_{1y} 分别为角桩冲切系数；c_1、c_2 分别为从角桩内边缘至承台外边缘的距离；a_{1x}、a_{1y} 分别为从承台底角桩顶内边缘引 45°冲切线与承台顶面相交点至角桩内边缘的水平距离，当柱（墙）边或承台变阶处位于该 45°线以内时，则取由柱（墙）边或承台变阶处与桩内边缘连线为冲切锥体的锥线；h_0 为承台外边缘的有效高度；λ_{1x}、λ_{1y} 分别为角桩冲跨比，$\lambda_{1x}=a_{1x}/h_0$，$\lambda_{1y}=a_{1y}/h_0$，其值均应满足 $0.25\sim1.0$ 的要求。

2）对于三桩三角形承台可按式（4-27）～式（4-30）计算受角桩冲切的承载力（见图 4-7）。

底部角桩：

$$N_l \leqslant \beta_{11}(2c_1+a_{11})\beta_{hp}\tan\frac{\theta_1}{2}f_t h_0 \tag{4-27}$$

其中

$$\beta_{11}=\frac{0.56}{\lambda_{11}+0.2} \tag{4-28}$$

顶部角桩：

$$N_l \leqslant \beta_{12}(2c_2+a_{12})\beta_{hp}\tan\frac{\theta_2}{2}f_t h_0 \tag{4-29}$$

其中

$$\beta_{12}=\frac{0.56}{\lambda_{12}+0.2} \tag{4-30}$$

式中：λ_{11}、λ_{12} 分别为角桩冲跨比，$\lambda_{11}=a_{11}/h_0$，$\lambda_{12}=a_{12}/h_0$，其值均应满足 $0.25\sim1.0$ 的要求；a_{11}、a_{12} 分别为从承台底角桩顶内边缘引 45°冲切线与承台顶面相交点至角桩内边缘的水平距离，当桩（墙）边或承台变阶处位于该 45°线以内时，则取由柱（墙）边或承台变阶处与桩内边缘连线为冲切锥体的锥线。

3. 受剪切验算

柱（墙）下桩基承台，应分别对柱（墙）边、变阶处和桩边连线形成的贯通承台的斜截面的受剪承载力进行验算。当承台悬挑边有多排基桩形成多个斜截面时，应对每个斜截面的受剪承载力进行验算。

（1）柱下独立桩基承台斜截面受剪承载力应按下列规定计算。

承台斜截面受剪承载力可按式（4-31）至式（4-33）计算（见图 4-8）：

$$V \leqslant \beta_{hs}\alpha f_t b_0 h_0 \tag{4-31}$$

其中

$$\alpha=\frac{1.75}{\lambda+1} \tag{4-32}$$

$$\beta_{hs}=\left(\frac{800}{h_0}\right)^{1/4} \tag{4-33}$$

式中：V 为不计承台及其上土自重，在荷载效应基本组合下，斜截面的最大剪力设计值；f_t 为混凝土轴心抗拉强度设计值；b_0 为承台计算截面处的计算宽度；h_0 为承台计算截面处的有效高度；α 为承台剪切系数，按式（4-32）确定；λ 为计算截面的剪跨比，$\lambda_x=a_x/h_0$，$\lambda_y=a_y/h_0$，此处，a_x、a_y 为柱边（墙边）或承台变阶处至 y、x 方向计算一排桩的桩边的水平距离，当 $\lambda<0.25$ 时取 $\lambda=0.25$，当 $\lambda>3$ 时取 $\lambda=3$；β_{hs} 为受剪切承载力截面高度影响系数，当 $h_0<800\text{mm}$ 时取 $h_0=800\text{mm}$，当 $h_0>2000\text{mm}$ 时取 $h_0=2000\text{mm}$，其间按线性内插法取值。

（2）对于阶梯形承台及锥形承台应分别在变阶处及柱边处进行斜截面受剪承载力计算，可参见现行《桩基规范》。

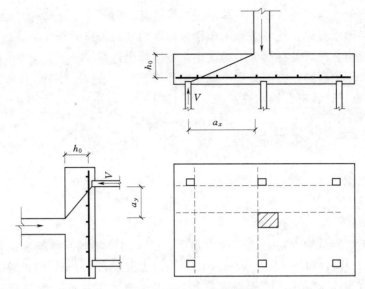

图 4-8　承台斜截面受剪计算

4. 受弯计算

（1）柱下独立桩基承台受弯计算。两桩条形承台和多桩矩形承台弯矩计算截面取在柱边和承台变阶处（见图 4-9），可按式（4-34）、式（4-35）计算：

$$M_x = \sum N_i y_i \qquad\qquad (4-34)$$

$$M_y = \sum N_i x_i \qquad\qquad (4-35)$$

式中：M_x、M_y 分别为绕 x 轴和绕 y 轴方向计算截面处的弯矩设计值；x_i、y_i 分别为垂直 y 轴和 x 轴方向自桩轴线到相应计算截面的距离；N_i 为不计承台及其上土重，在荷载效应基本组合下的第 i 基桩或复合基桩竖向反力设计值。

三桩三角形承台的弯矩计算方法可参见现行《桩基规范》。

（2）箱形承台和筏形承台。箱形承台和筏形承台的弯矩宜考虑地基土层性质、基桩的几何特征、承台和上部结构形式与刚度，按地基—桩—承台—上部结构共同作用的原理分析计算。

对于箱形承台，当桩端持力层为基岩、密实的碎石类土、砂土，且较均匀时，或当上部结构为剪力墙、框架-剪力墙体系且箱形承台的整体刚度较大时，箱形承台顶、底板可仅考虑局部弯曲作用进行计算。

对于筏形承台，当桩端持力层坚硬均匀、上部结构刚度较好，且柱荷载及柱间距变化不超过 20% 时，可仅考虑局部弯曲作用

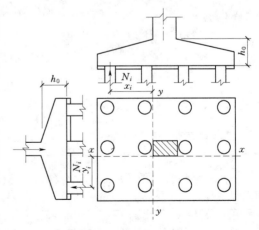

图 4-9　矩形承台弯矩计算

按倒楼盖法计算；当桩端以下有中、高压缩性土、非均匀土层、上部结构刚度较差或柱荷

载及柱间距变化较大时，应按弹性地基梁板进行计算。

（3）柱下条形承台梁。柱下条形承台梁按弹性地基梁进行分析计算，当桩端持力层较硬且桩柱轴线不重合时，可视桩为不动支座，按连续梁计算。

（4）墙下条形承台梁。按倒置弹性地基梁计算。

（九）编写设计计算书及绘制桩基施工图（略）

第三节 设 计 例 题

一、工程名称

××教学楼。

二、结构形式

钢筋混凝土框架结构六层，位于软土地区，拟采用桩基础。框架底层柱网布置如图 4-10 所示。已知柱截面尺寸为 450mm×450mm，底层层高 4.0m。围护墙采用 kp1 多孔砖，自重标准值为 17kN/m，两侧墙面采用 20 厚水泥砂浆抹面。围护墙自重标准值按 10kN/m³ 计算，传至承台顶面的轴向压力标准值为 90kN。由上部结构进行内力组合后传至 KJ-3 基础顶面的不利组合形式如表 4-8 所列。

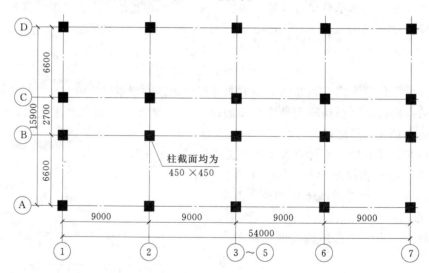

图 4-10 一层柱平面布置图

表 4-8　　　　　　　　　　　桩底荷载不利组合形式

荷载组合方式	中柱最不利内力			边柱最不利内力		
	N(kN)	M(kN·m)	V(kN)	N(kN)	M(kN·m)	V(kN)
基本组合	2800	120	80	2200	200	120
标准组合	2300	80	60	1800	150	90
准永久组合	2000	8	8	1500	20	10

三、工程地质条件

根据《岩土工程勘察规范》（GB 50021—2001）布置勘探点，根据双桥静力触探测得各处各土层的桩侧阻力 f_s 和桩端阻力 q_c。根据取原状土样进行的室内土工试验结果，给出各层土的物理力学性质指标如表 4-9 所示。该地区地震基本烈度按 7 度（远震）设防。室内外高差为 0.45m。地下水位位于地表下 2.0m，地下水对混凝土无侵蚀性。工程地震勘察查明地基土层如下：

①—Ⅰ素填土：褐黄色，湿，稍密，含碎石及建筑垃圾。层厚 1.10～1.30m，平均为 1.23m。

①—Ⅱ黏土：褐黄色，湿，可塑。层厚 0.60～0.90m，平均为 0.78m，锥尖阻力 q_c 为 350～400kPa；侧摩阻力 f_s 为 20～30kPa。

②淤泥：青灰色，饱水，流塑。层厚 9.70～10.20m，平均 9.97m。锥尖阻力 q_c 为 150～250kPa；侧摩阻力 f_s 为 4～8kPa。

③含钙质结核黏土：湿，可塑，含少量钙质结核。层厚 2.9～3.2m，平均为 3.05m，锥尖阻力 q_c 为 160～230kPa；侧摩阻力 f_s 为 50～80kPa。

④黏土：湿，可塑硬塑，层厚 2.0～2.40m，平均为 2.22m，锥尖阻力 q_c 为 300～400kPa；侧摩阻力 f_s 为 70～90kPa。

⑤粉土：湿，中等密实，层厚 0.10～1.00m，平均为 0.83m，锥尖阻力 q_c 为 250～300kPa；侧摩阻力 f_s 为 50～70kPa。

⑥黏土：湿，密实，层厚 7.50～10.0m，平均为 8.8m，锥尖阻力 q_c 为 320～400kPa；侧摩阻力 f_s 为 70～120kPa。

表 4-9　　　　　　　　　　　地 基 土 的 试 验 指 标

编号	土层名称	平均厚度 (m)	ω (%)	γ (kN/m³)	d_s	e	ω_L (%)	ω_P	I_P	I_L	S_r (%)	C (kPa)	φ (°)	压缩系数 α_{1-2} (MPa⁻¹)	压缩模量 E_s(MPa)	q_c (kPa)	f_{si} (kPa)	f_{ak} (kPa)
①-Ⅰ	素填土	1.23		17.5														
①-Ⅱ	黏土	0.78	32	16.8	2.70	0.9	39.8	22.6	17.2	0.55	75	12	18	0.42	2.07	360	23	100
②	淤泥	9.97	46.2	15.6	2.65	1.56	45.6	39.6	6	1.1	98	4	6	3.5	2.05	160	7	80
③	含钙质结核黏土	3.05	30	17.8	2.72	0.82	38.4	21.3	17.1	0.51	96	18	19	0.48	9.57	190	68	230
④	黏土	2.22	24	18.6	2.71	0.78	36.2	17.4	18.8	0.35	95	24	20	0.41	9.17	340	82	220
⑤	粉土	0.83	27	19.2	2.70	0.75	30.8	15.8	15	0.75	96	30	20	0.4	14.93	280	66	210
⑥	黏土	8.8	15	19.8	2.74	0.68	29.4	10.8	18	0.23	94	60	24	0.12	16.98	320	80	290

四、设计过程及步骤

具体设计过程及步骤如下：

（一）桩型选择与桩长确定，初选承台埋深

据当地经验可选择钻孔灌注桩、预应力管桩或预制方桩。本设计采用边长 400mm×400mm 的预制方桩，打入土层⑥黏土层不小于 $2d=2×0.4=0.8$（m），并控制最后贯入度满足要求，如图 4-11 所示。

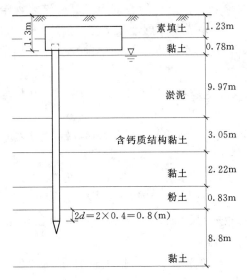

图 4-11 桩长确定示意图

初选承台埋深 $d=1.3\text{m}$（考虑地下水位位于地表下 2.0m，为方便施工，尽量使承台底面位于地下水位面以上且土质较好的土层内）。

包括桩顶嵌入承台 0.05m，锥形桩尖 0.5m，全部桩长为

$$L_0=0.05+(1.23+0.78-1.3)+9.97+3.05$$
$$+2.22+0.83+0.8+0.5$$
$$=18.13(\text{m})$$

考虑施工方便也可从室外地坪取至桩尖，此时有

$$L_0=1.23+0.78+9.97+3.05+2.22$$
$$0.83+0.8+0.5$$
$$=19.38（\text{m}）\approx20.0\text{m}$$

本设计取桩长为 20.0m，分两节预制，每节各 10.0m。

（二）初定单桩竖向承载力

1. 按经验公式确定单桩承载力

据双桥静力触探资料，按《桩基规范》经验公式确定混凝土预制桩单桩竖向承载力标准值：

$$\begin{aligned}Q_{uk}&=\mu\sum l_i\beta_i f_{si}+\alpha q_c A_p\\&=4\times0.4\times(0.71\times1.79\times23+9.97\times3.44\times7+3.05\times0.99\times68+2.22\\&\quad\times0.89\times82+0.83\times1.00\times66+0.8\times0.90\times80)+2/3\times310\times0.4^2\\&=1.6\times(29.23+240.08+205.33+162.02+54.78+57.60)+33.07\\&=1197.87+33.07\\&=1231(\text{kN})\end{aligned}$$

式中：α 为桩端阻力修正系数，对于黏性土、粉土取 2/3，饱和砂土取 1/2；β_i 为第 i 层土桩侧阻力综合修正系数，黏性土、粉土取 $\beta_i=10.04\,(f_{si})^{-0.55}$，砂土取 $\beta_i=5.05\,(f_{si})^{-0.45}$；$q_c$ 为桩端平面上、下探头阻力，取桩端平面以上 $4d$（d 为桩的直径或边长）范围按土层厚度的探头阻力加权平均值，然后再和桩端平面以下 $1d$ 范围内的探头阻力进行平均。

单桩竖向承载力特征值为

$$R_a=\frac{Q_{uk}}{2}=\frac{1231}{2}=615.5\text{kN}$$

2. 按桩身材料强度确定单桩承载力

由于此时尚未进行桩身结构设计，故近似按轴心受压素混凝土桩计算，暂不考虑压屈影响。桩身混凝土强度等级采用 C35，按现行《混凝土结构设计规范》（GB 50010—2010），查表 $f_c=16.7\text{N/mm}^2$ 则有

$$R=\psi_c f_c A_p=0.85\times16.7\times400\times400\times10^{-3}=2271(\text{kN})$$

桩身强度远大于桩周土的承载力，故应按双桥静力触探资料取

$$R_a = 615.5 \text{ (kN)}$$

（三）确定桩数及桩的平面布置

1. 对边柱

（1）由于桩数未知，故承台尺寸不好确定，可先按中心受荷初估，《桩基规范》规定确定桩数时，应采用荷载效应的标准组合，则有

$$n_0 = \frac{F_k + G'_k}{R_a} = \frac{1800 + 90}{615.5} = 3.07（根）$$

考虑偏心荷载作用较大，将 n 放大 1.3 倍，有

$$1.3n_0 = 1.3 \times 3.07 = 3.99 \approx 4（根）$$

故暂取边柱独立承台下桩数为 4 根。

（2）采用平板式承台，桩的中心至承台边缘取 $1d = 400\text{mm}$，由于挤土桩穿越饱和黏性土层，基桩最小中心距应取 $4d = 4 \times 0.4 = 1.6$ (m)。承台平面尺寸初选为：$2.4\text{m} \times 2.4\text{m}$。桩的平面布置如图 4-12 所示。

2. 对中柱

因两柱间距较小，荷载较大，故将两中柱下做联合承台。

（1）由于桩数未知，故承台尺寸不好确定，可先按中心受荷初估：

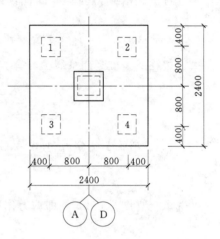

图 4-12　边柱下桩的平面布置图

$$n_0 = \frac{\sum F_k + 2G_k}{R_a} = \frac{2 \times 2300 + 2 \times 90}{615.5} = 7.77（根）$$

考虑中柱下偏心荷载作用不大，将 n_0 放大 1.2 倍，有

$$1.2n_0 = 1.2 \times 7.77 = 9.32 \approx 10（根）$$

故取中柱联合承台下桩数为 10 根。

（2）采用平板式承台，桩的中心至承台边缘取 $1d = 400\text{mm}$，由于 M、T 按同向考虑，承台平面尺寸初选为：$6.7\text{m} \times 2.4\text{m}$。桩的平面布置如图 4-13 所示。

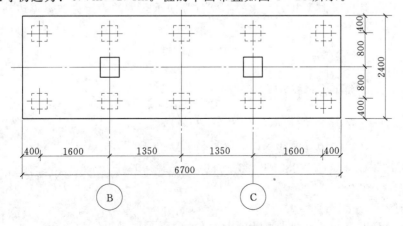

图 4-13　中柱下桩的平面布置图

（四）确定基桩竖向承载力及基桩竖向承载力验算

1. 边柱下桩

（1）边柱下基桩竖向承载力。因为 $n=5>3$，承台底为厚层高灵敏度软土，故不宜考虑承台效应。据《建筑抗震设计规范》（GB 50011—2010）的规定，地基主要受力层范围内不存在软弱黏性土层（软弱黏性土层指 7 度、8 度和 9 度时，地基承载力特征值分别小于 80kPa、100kPa 和 120kPa 的土层），不超过 8 层且高度在 24m 以下的一般民用框架房屋可不进行抗震承载力验算。因此，该复合基桩竖向承载力按不考虑地震作用时采用，则有

$$R=R_a=615.5\text{kN}$$

（2）边柱下基桩竖向承载力验算。取 $\gamma_0=1.0$，承台及其上回填土重标准值为

$$\gamma_G=20\text{kN/m}^3$$

$$G_k=\gamma_G bld=20\times2.4\times2.4\times\frac{1.3+(1.3+0.45)}{2}=175.68\text{（kN）}$$

$$N_k=\frac{F_k+G_k+G'_k}{n}=\frac{1800+175.68+90}{4}=516.42\text{（kN）}<R=615.5\text{（kN）}$$

满足要求。

初选承台高度为 0.9m，即剪力作用面至承台底面垂置距离为 0.9m。

$$N_{k\max \atop k\min}=\frac{F_k+G_k+G'_k}{n}\pm\frac{M_{ky}x_{\max}}{\sum x_i^2}$$

$$=516.24\pm\frac{(150+90\times0.9)}{4\times0.8^2}\times0.8$$

$$=516.24\pm72.19$$

$$=\begin{cases}588.43\text{（kN）}<1.2R=1.2\times615.5=738.6\text{（kN）}\\444.05\text{（kN）}>0\end{cases}$$

满足要求。

经验算，边柱下基桩竖向承载力满足要求。

2. 中柱下桩

（1）中柱下基桩竖向承载力。中柱下基桩竖向承载力的确定方法参见边柱下基桩竖向承载力，可得

$$R=R_a=615.5\text{kN}$$

（2）中柱下基桩竖向承载力验算。

承台及其上回填土重设计值为

$$\gamma_G=20\text{kN/m}^3$$

$$G_k=\gamma_G bld=20\times2.4\times6.7\times(1.3+0.45)=562.8\text{（kN）}$$

$$N_k=\frac{\sum F_k+G_k+2G'_k}{n}=\frac{2300+1800+562.8+2\times90}{10}=484.28\text{（kN）}<R=615.5\text{kN}$$

满足要求。

初选承台高度为 0.9m，即剪力作用面至承台底面垂直距离为 0.9m。

$$N_{\substack{k\max \\ k\min}} = \frac{\sum F_k + G_k + 2G'_k}{n} \pm \frac{\sum M_{ky} x_{\max}}{\sum x_i^2}$$

$$= 484.28 \pm \frac{80 \times 2 + 60 \times 2 \times 0.9}{4 \times 1.35^2 + 4 \times 2.95^2} \times 2.95$$

$$= 484.28 \pm 18.78 = \begin{cases} 503.06(\mathrm{kN}) < 1.2R = 738.6(\mathrm{kN}) \\ 465.50(\mathrm{kN}) > 0 \end{cases}$$

满足要求。

经验算,中柱下基桩竖向承载力满足要求。

(五) 桩基沉降验算

由于本工程桩穿越较深软弱土层,故对桩基沉降进行验算。验算时采用荷载效应准永久组合值,并考虑相邻基础的影响。因本桩基础的桩中心距小于 6 倍桩径,故最终沉降量可采用等效作用分层总和法,弯矩与剪力数值很小,近似按中心受荷计算。

1. 对边柱下桩基

竖向荷载准永久值:

$$F_k = 1500\mathrm{kN}$$

$$G'_k = 90\mathrm{kN}(G'_k \text{ 为围护墙自重传至承台顶面的轴向压力标准值})$$

$$G_k = \gamma_G bld = 20 \times 2.4 \times 2.4 \times \frac{1.3 + (1.3 + 0.45)}{2} = 175.68(\mathrm{kN})$$

承台底压力为

$$p_k = \frac{F_k + G_k + G'_k}{A} = \frac{1500 + 175.68 + 90}{2.4 \times 2.4} = 306.54(\mathrm{kPa})$$

承台底附加压力为

$$p_{0k} = p_k - \gamma_0 d = 306.54 - \frac{17.5 \times 1.23 + 16.8 \times 0.07}{1.3} \times 1.3 = 306.54 - 22.70 = 283.84(\mathrm{kPa})$$

桩端全断面下土的自重应力和附加应力计算结果如表 4-10 和表 4-11 所示。

表 4-10 　　　　　σ_c、σ_z 在四桩桩基中点处的计算结果

z (m)	$\sigma_c = \sum \alpha_i h_i$ (kPa)	l/b	$z/(b/2)$	α'_i	$\sigma_z = 4\alpha'_i p_{0四}$ (kPa)
0	148.7	1.0	0	0.25	283.84
5.0	197.7	1.0	4.17	0.0255	28.95

表 4-11 　　　　考虑十桩基础影响 $\Delta\sigma_z$ 在四桩桩基中点处的计算结果

z (m)	l_1/b_1	l_2/b_2	z/b_1	$\Delta\alpha'_{i1}$	$\Delta\alpha'_{i2}$	$\Delta\sigma_z = 2(\Delta\alpha'_{i1} - \Delta\alpha'_{i2})p_{0+}$ (kPa)
0	9.42	3.83	0	0.25	0.25	0
5.0	9.42	3.83	4.17	0.072	0.063	4.9

注　p_{0+} 为中柱下。

在 $z=5.0\mathrm{m}$ 处,$(\sigma_z + \Delta\sigma_z)/\sigma_c = (28.95 + 4.9)/197.7 \approx 0.17 < 0.2$,计算深度满足 σ_z/σ_c

<0.2 的要求，故本基础取 $z_n=5.0$m。四桩桩基中点处的计算沉降量计算结果如表 4-12 所示。

表 4-12　　　　　　　　　　　　四桩桩基中点处的计算沉降量计算

z (m)	l/b	$z/(b/2)$	$\overline{\alpha}_i$	$\overline{\alpha}_i z_i$ (mm)	$\overline{\alpha}_i z_i - \overline{\alpha}_{i-1} z_{i-1}$ (mm)	E_{si} (kPa)	$\Delta s_i = 4\dfrac{p_{0四}}{E_{si}}(\overline{\alpha}_i z_i - \overline{\alpha}_{i-1} z_{i-1})$ (mm)
0	1.0	0	0.250	0			
5.0	1.0	4.17	0.0255	127.5	127.5	16980	8.53

考虑十桩基础影响四桩桩基中点处的沉降量计算结果如表 4-13 和图 4-14 所示。

表 4-13　　　　　　　　考虑十桩基础影响四桩桩基中点处的计算沉降量计算

z (m)	l_1/b_1	l_2/b_2	z/b_1	$\overline{\alpha}_{i1}$	$\overline{\alpha}_{i2}$	$(\overline{\alpha}_{i1}-\overline{\alpha}_{i2})z_i$ (mm)	E_{si} (kPa)	$\Delta s'_i = 2\dfrac{p_{0+}}{E_{si}}[(\overline{\alpha}_{i1}-\overline{\alpha}_{i2})z_i-(\overline{\alpha}_{i-1,1}-\overline{\alpha}_{i-1,2})z_{i-1}]$ (mm)
0	9.42	3.83	0	0.250	0.25	0		
5.0	9.42	3.83	4.17	0.072	0.063	45	16980	1.44

$$s'_{四}=\Delta s_i+\Delta s'_i=8.53+1.44=9.97(\text{mm})$$

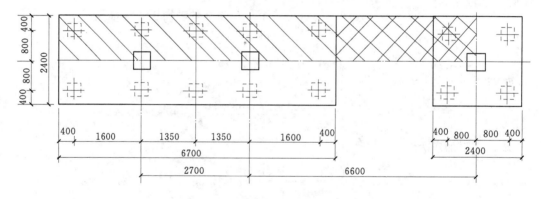

图 4-14　沉降计算考虑十桩基础影响示意图

桩基础持力层土性能良好，考虑挤土效应取沉降经验系数 $\psi=1.3$。$n_b=2$，$s_a/d=4$，$L_c/B_c=2.4/2.4=1.0$，$l/d=17.58/0.4=44$。

查规范表得 $c_0=0.041$，$c_1=1.558$，$c_2=8.816$，故桩基础等效沉降系数为

$$\psi_e=c_0+\frac{n_b-1}{c_1(n_b-1)+c_2}=0.041+\frac{1}{1.558+8.816}=0.137$$

故四桩桩基础最终沉降量为

$$s_{四}=\psi\psi_e s'_{四}=1.3\times0.137\times9.97=1.78(\text{mm})$$

2. 对中柱下桩基

竖向荷载准永久值为

$$F_k=2000+2000=4000(\text{kN})$$

$$G'_k=2\times90=180(\text{kN})\quad(G'_k \text{为围护墙自重传至承台顶面的轴向压力标准值})$$

$$G_k=\gamma_G bld=20\times2.4\times6.7\times(1.3+0.45)=562.8(\text{kN})$$

承台底压力为

$$p_k=\frac{F_k+G_k+G'_k}{A}=\frac{4000+562.8+180}{2.4\times6.7}=294.95(\text{kPa})$$

承台底附加压力为

$$p_{0k}=p_k-\gamma_0 d=294.95-\frac{17.5\times1.23+16.8\times0.07}{1.3}\times1.3=272.25(\text{kPa})$$

桩端全断面下土的自重应力和附加应力计算结果如表 4-14 和表 4-15 所示。

表 4-14　　　　　　　　σ_c、σ_z 在十桩桩基中点处的计算结果

$z(\text{m})$	$\sigma_c(\text{kPa})$	l/b	$z/(b/2)$	α'_i	$\sigma_z=4\alpha'_i p_{0+}$ (kPa)
0	148.7	2.79	0	0.25	272.25
5.0	197.7	2.79	4.17	0.053	57.72
8.0	227.1	2.79	6.67	0.027	29.40

表 4-15　　　　考虑四桩基础影响 $\Delta\sigma_z$ 在十桩桩基中点处的计算结果

$z(\text{m})$	l_1/b_1	l_2/b_2	z/b_1	$\Delta\alpha'_{i1}$	$\Delta\alpha'_{i2}$	$\Delta\sigma_z=2(\Delta\alpha'_{il}-\Delta\alpha'_{i2})p_{0四}(\text{kPa})$
0	7.63	5.63	0	0.25	0.25	0
5.0	7.63	5.63	4.17	0.071	0.069	1.14
8.0	7.63	5.63	6.67	0.042	0.040	0.11

注　$p_{0四}$ 为边柱下。

在 $z=5.0\text{m}$ 处，$(\sigma_z+\Delta\sigma_z)/\sigma_c=(57.72+1.14)/197.7=0.30>0.2$，不计算深度满足 $\sigma_z/\sigma_c<0.2$ 的要求；在 $z=8.0\text{m}$ 处，$(\sigma_z+\Delta\sigma_z)/\sigma_c=(29.40+0.11)/227.1=0.13<0.2$，计算深度满足 $\sigma_z/\sigma_c<0.2$ 的要求。因此，本基础取 $z_n=8.0\text{m}$，即取至持力层底部。十桩桩基中点处的计算沉降量计算结果如表 4-16 所示。

表 4-16　　　　　　　　十桩桩基中点处的计算沉降量计算

z (m)	l/b	$2z/b$	$\bar{\alpha}_i$	$\bar{\alpha}_i z_i$ (mm)	$\bar{\alpha}_i z_i-\bar{\alpha}_{i-1}z_{i-1}$ (mm)	E_{si} (kPa)	$\Delta s_i=4\frac{p_{0+}}{E_{si}}(\bar{\alpha}_i z_i-\bar{\alpha}_{i-1}z_{i-1})$ (mm)
0	2.79	0	0.250	0			
8.0	2.79	6.67	0.027	216	216	16980	13.85

考虑四桩基础影响十桩桩基中点处的沉降量计算结果如表 4-17 和图 4-15 所示。

表 4-17　　　　考虑四桩基础影响十桩桩基中点处的计算沉降量计算

z	l_1/b_1	l_2/b_2	z/b_1	$\bar{\alpha}_{i1}$	$\bar{\alpha}_{i2}$	$(\bar{\alpha}_{i1}-\bar{\alpha}_{i2})z_i$ (mm)	E_{si} (kPa)	$\Delta s'_i=2\frac{p_{0四}}{E_{si}}[(\bar{\alpha}_{i1}-\bar{\alpha}_{i2})z_i-(\bar{\alpha}_{i-1,1}-\bar{\alpha}_{i-1,2})z_{i-1}]$(mm)
0	7.63	5.63	0	0.250	0.25	0		
8.0	7.63	5.63	6.67	0.042	0.040	16	16980	0.53

$$s'_+ = \Delta s_i + 2\Delta s'_i = 13.85 + 2 \times 0.53 = 14.9(\text{mm})。$$

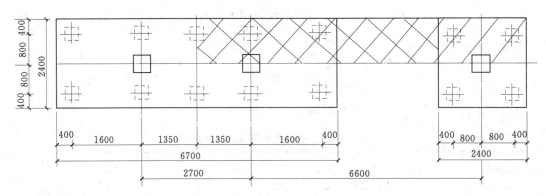

图 4-15　沉降计算考虑四桩基础影响示意图

桩基础持力层土性能良好，考虑挤土效应，取沉降经验系数 $\psi = 1.3$。$n_b = 2$，$s_a/d \approx 4$，$L_c/B_c = 6.7/2.4 = 2.8$，$l/d = 17.58/0.4 = 44$。

查规范表得 $c_0 = 0.101$，$c_1 = 1.759$，$c_2 = 8.174$，故桩基础等效沉降系数为

$$\psi_e = c_0 + \frac{n_b - 1}{c_1(n_b - 1) + c_2} = 0.101 + \frac{1}{1.759 + 8.174} = 0.202$$

故十桩桩基础最终沉降量为

$$s_+ = \psi\psi_e s'_+ = 1.3 \times 0.202 \times 14.91 = 3.92(\text{mm})$$

因框架结构应控制相邻柱基的沉降差，两基础中心点处的沉降差为

$$\Delta = 3.92 - 1.78 = 2.14(\text{mm})$$

两桩基础的中心距离为 $l_0 = 7950\text{mm}$。

变形允许值为

$$[\Delta] = 0.002l_0 = 15.9(\text{mm}) > \Delta = 2.14\text{mm}$$

满足设计要求。

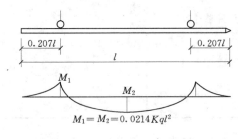

图 4-16　桩身结构设计示意图

$$M_1 = M_2 = 0.0214Kql^2$$

（六）桩身结构设计

按标准图选用，分两节预制，用钢板焊接接桩。两端各长 10m，采用两点吊立的强度进行桩身配筋设计。吊点位置在距桩顶、桩端全截面 $0.207L$（$L = 10\text{m}$）处（见图 4-16），起吊时桩身最大正负弯矩 $M_{\max} = 0.0214Kql^2$，其中，$K = 1.5$，$q = 0.40^2 \times 25 \times 1.2 = 4.8$（kN/m），为每延米桩的自重（1.2 为恒荷载分项系数）。

1. 桩身受力钢筋计算

桩身混凝土强度等级采用 C35，HRB335 级钢筋，故桩身截面有效高度为

$$h_0 = h - c - \frac{\phi}{2} = 0.4 - 0.035 - 0.01 = 0.355(\text{m})$$

又 $\qquad\qquad\qquad\qquad\qquad \alpha = 1.0$

则 $\qquad M_{\max} = 0.0214Kql^2 = 0.0214 \times 1.5 \times 4.8 \times 10^2 = 15.41(\text{kN} \cdot \text{m})$

$$\alpha_s = \frac{M}{\alpha f_c b h_0^2} = \frac{15.41 \times 10^6}{16.7 \times 400 \times 355^2} = 0.018$$

对应 $\gamma_s = 0.991$，则桩身受拉主筋配筋量为

$$A_s = \frac{M}{\gamma_s f_y h_0} = \frac{15.41 \times 10^6}{0.991 \times 300 \times 355} = 146 (\text{mm}^2)$$

取 $2 \phi 10$，因此，整个截面主筋为 $4 \phi 10$（$A_s = 314\text{mm}^2$），其配筋率为

$$\rho = \frac{314}{400 \times 355} = 0.22\%$$

采用捶击法沉桩时，宜取 $\rho_{\min} = 0.8\%$，不满足最小配筋率，故按构造配筋取 $\rho = 1.0\%$，有

$$A_s = 0.01 \times 400 \times 355 = 1420 (\text{mm}^2)$$

取 $4 \phi 22$（$A_s = 1520\text{mm}^2$）。

2. 吊环配筋计算

单个吊环所受拉力为

$$R = Kq\frac{l}{2} = 1.5 \times 4.8 \times \frac{10}{2} = 36.0 (\text{kN})$$

每个吊环有两个截面，任一截面应配受力钢筋为

$$A_s = \frac{R}{2f_y} = \frac{36 \times 10^3}{2 \times 65} = 277 (\text{mm}^2)$$

吊环应采用 HPB300 级钢筋制作，取 $1 \phi 22$（$A_s = 380\text{mm}^2$）。

其他构造钢筋详见施工图。

（七）承台设计

1. 边柱下五桩承台

由上述计算可知：承台平面尺寸初选为 $2.4\text{m} \times 2.4\text{m}$；桩混凝土与承台混凝土均用 C35，故不必进行局压验算；承台底板钢筋采用 HRB335 级（$f_y = 300\text{N/mm}^2$）。

（1）基桩竖向反力设计值计算。因不计承台及其上土重，在荷载效应基本组合下的第 i 基桩竖向反力设计值即净反力设计值，计算结果如表 4-18 所示。

表 4-18　　　　桩顶净反力设计值

桩号	$\frac{F+1.2G'}{n}$	$\frac{M_y x_i}{\sum x_i^2}$	N_i
1	577	−96.25	480.75
2	577	96.25	673.25
3	577	−96.25	480.75
4	577	96.25	673.25

（2）抗冲切计算。依前所述，初选承台高度为 0.9m，则承台有效高度为

$$h_0 = h - c_1 - \frac{\phi}{2} = 0.9 - 0.05 - 0.01 = 0.84 (\text{m})$$

1）柱对承台板冲切验算（见图 4-17）。

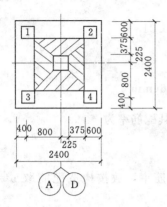

图 4-17 柱对承台板冲切验算

$$F_l = F + 1.2G' = 2200 + 108 = 2308 \text{(kN)}$$

$$f_t = 1570 \text{kPa}, h_0 = 0.84 \text{m}$$

$$a_{0x} = 0.375 \text{m}, a_{0y} = 0.375 \text{m}$$

$$\lambda_{0x} = \lambda_{0y} = \frac{a_{0x}}{h_0} = \frac{0.375}{0.84} = 0.45 \in (0.25 \sim 1.0)$$

可按计算取值，则有

$$\beta_{0x} = \beta_{0y} = \frac{0.84}{\lambda_{0x} + 0.2} = \frac{0.84}{0.45 + 0.2} = 1.29$$

$h = 900 \text{mm}$，按线性内插得 $\beta_{hp} = 0.992$，代入公式得

$$F_l \leqslant 2[\beta_{0x}(b_c + a_{0y}) + \beta_{0y}(h_c + a_{0x})]\beta_{hp}f_t h_0$$
$$= 2 \times 2\beta_{0x}(b_c + a_{0y})\beta_{hp}f_t h_0$$
$$= 4 \times 1.29 \times (0.45 + 0.375) \times 0.992 \times 1.57 \times 10^3 \times 0.84$$
$$= 5569 \text{(kN)}$$

$F_l = 2308 \text{kN} < 5569 \text{kN}$，故不会产生柱对板的冲切破坏。

2）角桩对板角冲切验算。承台为方形，受柱位置限制，故参数 a 及 λ 取值同上，则

$$\beta_{1x} = \beta_{1y} = \frac{0.56}{\lambda_{1x} + 0.2} = \frac{0.56}{0.45 + 0.2} = 0.86$$

$$c_1 = c_2 = 0.6 \text{m}$$

N_l 取受力最大的桩，即 $N_l = 673.25 \text{kN}$，代入公式，得

$$N_l \leqslant [\beta_{1x}(c_2 + a_{1y}/2) + \beta_{1y}(c_1 + a_{1x}/2)]\beta_{hp}f_t h_0$$
$$= 2\beta_{1x}(c_2 + a_{1y}/2)\beta_{hp}f_t h_0$$
$$= 2 \times 0.86 \times (0.6 + 0.375/2) \times 0.992 \times 1.57 \times 10^3 \times 0.84$$
$$= 1772 \text{(kN)}$$

$N_l = 673.25 \text{kN} < 1772 \text{kN}$，故不会产生角桩对板角的冲切破坏。

（3）抗剪切计算。参数 a 及 γ 取值同上，验算公式为

$$V \leqslant \beta_{hs}\alpha f_t b_0 h_0$$

$$\alpha = \frac{1.75}{\lambda + 1} = \frac{1.75}{0.45 + 1} = 1.05$$

$$\beta_{hs} = \left(\frac{800}{h_0}\right)^{1/4} = \left(\frac{800}{840}\right)^{1/4} = 0.988$$

式中 f_t、h_0 为常数，可仅验算平行于 y 轴的截面。

$$V = 2N_{max} = 2 \times 673.25 = 1346.5 \text{(kN)}$$

$$\beta_{hs}\alpha f_t b_0 h_0 = 0.988 \times 1.05 \times 1.57 \times 10^3 \times 2.4 \times 0.84 = 3283.5 \text{(kN)}$$

$V = 1346.5 \text{kN} < \beta_{hs}\alpha f_t b_0 h_0 = 3283.5 \text{kN}$，故不会发生剪切破坏。

（4）抗弯计算。

双向弯矩为

$$M_x = \sum N_i y_i = (N_1 + N_2) \times (0.375 + 0.2) = (480.75 + 673.25) \times 0.575 = 663.5 (\text{kN} \cdot \text{m})$$

$$M_y = \sum N_i x_i = (N_2 + N_4) \times 0.575 = (673.25 + 673.25) \times 0.575 = 774.2 (\text{kN} \cdot \text{m})$$

配筋面积分别如下。

平行 x 向钢筋：

$$A_{sx} = \frac{M_y}{0.9 f_y h_0} = \frac{774.2 \times 10^6}{0.9 \times 300 \times 840} = 3414 (\text{mm}^2)$$

取 $9 \oplus 22$，$A_{sy} = 3421 \text{mm}^2$。

验算钢筋间距：

$$\frac{2.4 \times 10^3 - 30 \times 2 - 22}{9 - 1} = 290 (\text{mm}) \notin [100, 200]$$

故平行 x 向钢筋取 $\oplus 14@100$，$A_{sy} = 3693.6 \text{mm}^2$。

验算配筋率：

$$\rho = \frac{3693.6}{2400 \times 840} \times 100\% = 0.18\% > \rho_{\min} = 0.15\%$$

平行 y 向钢筋：

$$A_{sy} = \frac{M_x}{0.9 f_y h'_0} = \frac{663.5 \times 10^6}{0.9 \times 300 \times (840 - 14)} = 2975 (\text{mm}^2)$$

考虑到施工方便，与 x 向取相同布置，故平行 y 向钢筋实取 $\oplus 14@100$。

2. 中柱下联合承台

由上述计算可知：承台平面尺寸初选为 $6.7\text{m} \times 2.4\text{m}$；桩混凝土与承台混凝土均用 C35，故不必进行局压验算；承台底板钢筋 II 级。

(1) 由于承台底为厚层高灵敏度软土，不计承台效应，桩顶反力用净反力设计值，计算如表 4-19 所示。

表 4-19　桩顶净反力设计值

桩号	$\dfrac{\sum F + 2 \times 1.2 G'}{n}$	$\dfrac{M_y x_i}{\sum x_i^2}$	N_i
1	581.6	−26.9	554.7
2	581.6	−12.3	569.3
3	581.6	0	581.6
4	581.6	12.3	593.9
5	581.6	26.9	608.5
6	581.6	−26.9	554.7
7	581.6	−12.3	569.3
8	581.6	0	581.6
9	581.6	12.3	593.9
10	581.6	26.9	608.5

计算过程可参见图 4-18 及下列公式。

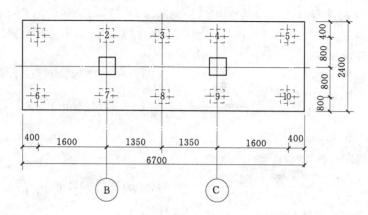

图 4-18 中柱下桩位布置图

$$N_{\substack{5,10 \\ 1,6}} = \frac{\sum F + 2 \times 1.2G'}{n} \pm \frac{\sum M_y x_{\max}}{\sum x_i^2}$$

$$= 581.6 \pm \frac{120 \times 2 + 80 \times 2 \times 0.9}{4 \times 1.35^2 + 4 \times (1.35 + 1.6)^2} \times 2.95$$

$$= 581.6 \pm 26.9 = \begin{cases} 608.5 \text{(kN)} < 1.2R_a = 1.2 \times 615.5 = 738.6 \text{(kN)} \\ 554.7 \text{(kN)} > 0 \end{cases}$$

$$N_{\substack{4,9 \\ 2,7}} = \frac{\sum F + 2 \times 1.2G'}{n} \pm \frac{\sum M_y x_i}{\sum x_i^2}$$

$$= 581.6 \pm \frac{120 \times 2 + 80 \times 2 \times 0.9}{4 \times 1.35^2 + 4 \times (1.35 + 1.6)^2} \times 1.35$$

$$= 581.6 \pm 12.3 = \begin{cases} 593.9 \text{(kN)} < 1.2R_a = 1.2 \times 615.5 = 738.6 \text{(kN)} \\ 569.3 \text{(kN)} > 0 \end{cases}$$

（2）抗冲切计算。按前述，初选承台高度为 0.9m。

1）柱对承台板冲切验算：

• 对每个柱分别进行冲切验算（见图 4-19）。

由于结构对称，故只需验算其中受荷较大一侧，本设计取 C 柱。

$$F_l = F_c + 1.2G' = 2800 + 108 = 2908 \text{(kN)}$$

$$f_t = 1570 \text{kPa}$$

$$h_0 = h - c_1 - \frac{\phi}{2} = 0.9 - 0.05 - 0.01 = 0.84 \text{(m)}$$

$$a_{0x} = 1.35 - \frac{0.4}{2} - \frac{0.45}{2} = 0.925 \text{(m)}$$

$$a_{0y} = 0.8 - \frac{0.4}{2} - \frac{0.45}{2} = 0.375 \text{(m)}$$

$$\lambda_{0x} = \frac{a_{0x}}{h_0} = \frac{0.925}{0.84} = 1.10 \notin [0.25 \sim 1.0], \text{取 } \lambda_{0x} = 1.0$$

$$\lambda_{0y} = \frac{a_{0y}}{h_0} = \frac{0.375}{0.84} = 0.45 \in (0.25 \sim 1.0)$$

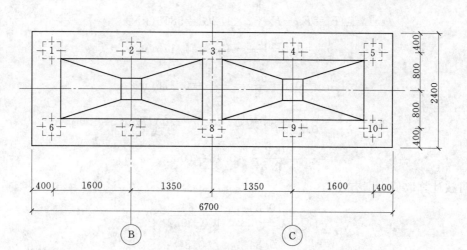

图 4 - 19　单个柱对承台板冲切验算

可按计算取值，则有

$$\beta_{0x}=\frac{0.84}{\lambda_{0x}+0.2}=\frac{0.84}{1.0+0.2}=0.70$$

$$\beta_{0y}=\frac{0.84}{\lambda_{0y}+0.2}=\frac{0.84}{0.45+0.2}=1.29$$

将其代入公式，得

$$F_l\leqslant 2[\beta_{0x}(b_c+a_{0y})+\beta_{0y}(h_c+a_{0x})]\beta_{hp}f_t h_0$$
$$=2\times[0.70\times(0.45+0.375)+1.29\times(0.45+0.925)]\times 0.992\times 1.57\times 10^3\times 0.84$$
$$=6152(\text{kN})$$

$F_l=2908\text{kN}\ll 6152\text{kN}$，故不会产生柱对承台的冲切破坏。

• 对双柱联合的承台，除应考虑在每个柱脚下的冲切破坏外，还应考虑在两个柱脚的公共周边下的冲切破坏情况（见图 4 - 20）。

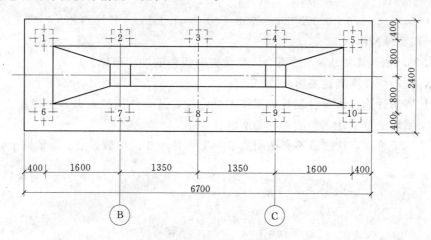

图 4 - 20　双柱对承台板冲切验算

$$F_l = F_B + F_C + 2 \times 1.2G' = 5816 (\text{kN})$$

$$a_{0x} = 1.6 - \frac{0.4}{2} - \frac{0.45}{2} = 1.175 (\text{m})$$

$$a_{0y} = 0.8 - \frac{0.4}{2} - \frac{0.45}{2} = 0.375 (\text{m})$$

$$\lambda_{0x} = \frac{a_{0x}}{h_0} = \frac{1.175}{0.84} = 1.40 \notin (0.25 \sim 1.0), \text{取 } \lambda_{0x} = 1.0$$

$$\lambda_{0y} = \frac{a_{0y}}{h_0} = \frac{0.375}{0.84} = 0.45 \in (0.25 \sim 1.0)$$

可按计算取值,则有

$$\beta_{0x} = \frac{0.84}{\lambda_{0x} + 0.2} = \frac{0.84}{1.0 + 0.2} = 0.70$$

$$\beta_{0y} = \frac{0.84}{\lambda_{0y} + 0.2} = \frac{0.84}{0.45 + 0.2} = 1.29$$

将其代入公式,得

$$F_l \leqslant 2[\beta_{0x}(b_c + a_{0y}) + \beta_{0y}(h_c + a_{0x})]\beta_{hp}f_t h_0$$
$$= 2 \times [0.70 \times (0.45 + 0.375) + 1.29 \times (0.45 + 1.175)] \times 0.992 \times 1.57 \times 10^3 \times 0.84$$
$$= 6995 (\text{kN})$$

$F_l = 5916 \text{kN} < 6995 \text{kN}$,故不会产生柱对承台的冲切破坏,满足要求。

2) 角桩对板角冲切验算。受柱限制,参数 α 及 λ 取值同上,则

$$\beta_{1x} = \frac{0.56}{\lambda_{1x} + 0.2} = \frac{0.56}{1.0 + 0.2} = 0.47$$

$$\beta_{1y} = \frac{0.56}{\lambda_{1y} + 0.2} = \frac{0.56}{0.45 + 0.2} = 0.86$$

$c_1 = c_2 = 0.6\text{m}$,N_l 取受力最大的桩,即 $N_l = 608.5\text{kN}$,代入公式,得

$$N_l \leqslant [\beta_{1x}(c_2 + a_{1y}/2) + \beta_{1y}(c_1 + a_{1x}/2)]\beta_{hp}f_t h_0$$
$$= [0.47 \times (0.6 + 0.375/2) + 0.86 \times (0.6 + 1.175/2)] \times 0.992 \times 1.57 \times 10^3 \times 0.84$$
$$= 1820 (\text{kN})$$

$N_l = 608.5\text{kN} \ll 1820\text{kN}$,故不会产生角桩对板角的冲切破坏。

综上,抗冲切计算满足要求。

(3) 抗剪切计算。将承台延长向视作一静定梁,其上作用柱荷载和桩净反力($2N_i$),承台及其上回填土重不计,如图 4-21 所示。

由图 4-21 可知,柱边最不利截面为 Ⅰ—Ⅰ 和 Ⅱ—Ⅱ。参数 α 及 γ 取值同上,验算公式为

$$V \leqslant \beta_{hs}\alpha f_t b_0 h_0, \alpha = \frac{1.75}{\lambda + 1}, \beta_{hs} = \left(\frac{800}{h_0}\right)^{1/4}$$

$$a_x = 1.6 - \frac{0.4}{2} - \frac{0.45}{2} = 1.175 (\text{m})$$

$$a_y = 0.8 - \frac{0.4}{2} - \frac{0.45}{2} = 0.375 (\text{m})$$

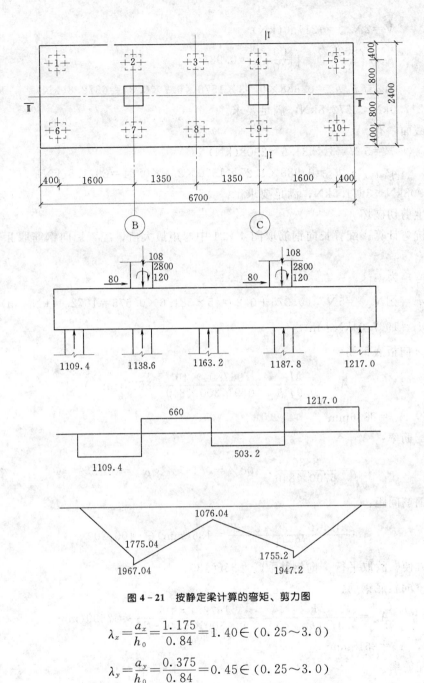

图 4-21 按静定梁计算的弯矩、剪力图

$$\lambda_x = \frac{a_x}{h_0} = \frac{1.175}{0.84} = 1.40 \in (0.25 \sim 3.0)$$

$$\lambda_y = \frac{a_y}{h_0} = \frac{0.375}{0.84} = 0.45 \in (0.25 \sim 3.0)$$

$$\alpha_x = \frac{1.75}{1.4 + 1} = 0.73$$

$$\alpha_y = \frac{1.75}{0.375 + 1} = 1.27$$

对 Ⅰ—Ⅰ 截面，有

$$V = 2N_{max} = 1217.0(kN)$$

$$\beta_{hs} = \left(\frac{800}{h_0}\right)^{1/4} = \left(\frac{800}{840}\right)^{1/4} = 0.988$$

$$\beta_{hs}\alpha_x f_t b_{0x} h_0 = 0.988 \times 0.73 \times 1570 \times 6.7 \times 0.84 = 6372.8(kN)$$

$V = 1217.0kN < 6372.8kN$，满足要求。

对 Ⅱ—Ⅱ 截面，有

$$V = 5\overline{N} = 5 \times 581.6 = 2908(kN)$$

$$\beta_{hs}\alpha_y f_t b_{0y} h_0 = 0.988 \times 1.27 \times 1570 \times 2.4 \times 0.84 = 3971.5(kN)$$

$V = 2908kN < 3971.5kN$，满足要求。

故不会发生剪切破坏。

（4）抗弯计算。配置长向钢筋取图 4-21 中弯矩最大值，配置短向钢筋取 Ⅱ—Ⅱ 截面处弯矩。

双向弯矩为

$$M_x = \sum N_i y_i = 5\overline{N} \times (0.375 + 0.2) = 5 \times 581.6 \times 0.575 = 1672.1(kN \cdot m)$$

$$M_y = 1967.04 kN \cdot m$$

平行 x 向板底钢筋：

$$A_{sx} = \frac{M_y}{0.9 f_y h_0} = \frac{1967.04 \times 10^6}{0.9 \times 300 \times 840} = 8673(mm^2)$$

取 18 ⊈ 25，$A_{sy} = 8836 mm^2$。

验算配筋率：

$$\rho = \frac{8836}{6700 \times 840} \times 100\% = 0.157\% > \rho_{min} = 0.15\%$$

验算钢筋间距：

$$\frac{2.4 \times 10^3 - 30 \times 2 - 25}{18 - 1} = 136(mm) \in [100, 200]$$

考虑施工方便，故取平行 x 向钢筋取③⊈25@130。

平行 y 向板底钢筋：

$$A_{sy} = \frac{M_x}{0.9 f_y (h_0 - \phi)} = \frac{1672.1 \times 10^6}{0.9 \times 300 \times (840 - 25)} = 7599(mm^2)$$

取 56 ⊈ 14，$A_{sy} = 8615 mm^2$。

验算配筋率：

$$\rho = \frac{8615}{6700 \times 840} \times 100\% = 0.153\% > \rho_{min} = 0.15\%$$

验算钢筋间距：

$$\frac{6.7 \times 10^3 - 30 \times 2 - 14}{56 - 1} = 120(mm) \in [100, 200]$$

考虑施工方便，故取平行 y 向钢筋取⊈14@120。

由于板顶没有受负弯矩作用，故可不配钢筋。

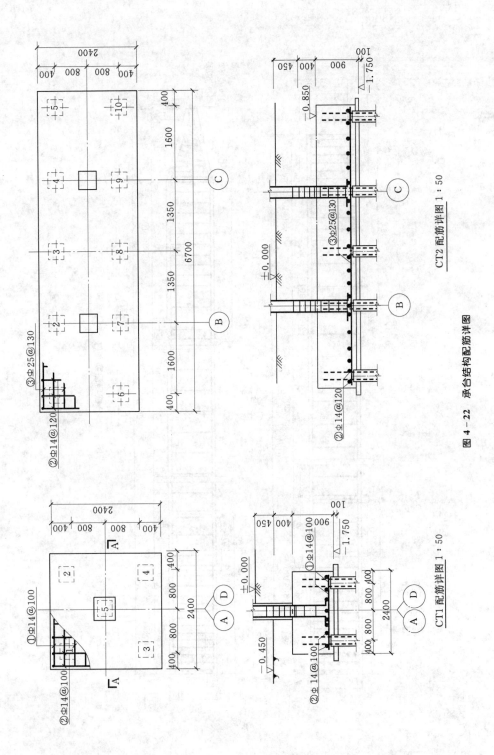

图 4 – 22 承台结构配筋详图

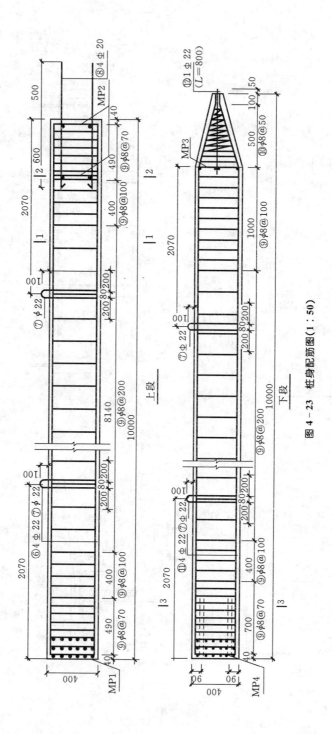

图4-23　桩身配筋图(1∶50)

（八）绘制桩基础结构施工图

施工图内容包括桩基平面布置图、承台及桩身结构详图及构配件详图。如图 4-22 至图 4-26 所示。

注意：以下图件均为示意图，学生绘图时可选用 1 号图纸，同时符合下列要求：

（1）图签（标题栏内容应填写完整）。

（2）图件比例选择适当、布图合理，绘制符合《房屋建筑制图统一标准》（GB/T 50001—2010）要求。

（3）钢筋绘制应满足各部位构造要求，并进行编号。

（4）附必要的施工说明。

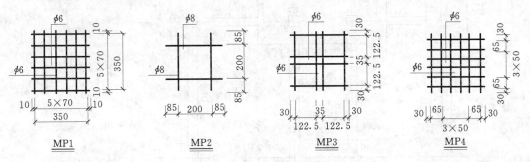

图 4-24　钢筋网片详图（1∶20）

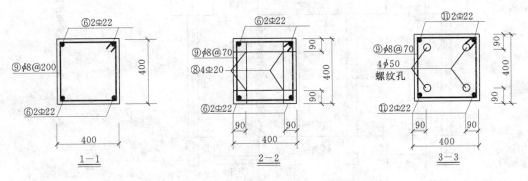

图 4-25　桩身断面面配筋图（1∶20）

施工说明如下：

（1）本工程采用预制钢筋混凝土锤击桩，桩长 20m，施工时先引孔减轻挤土效应，桩尖持力层为第⑥层黏土层，桩端全截面进入持力层深度不小于 0.8m。以标高为主，最后贯入度为辅。

（2）单桩极限承载力标准值为 1231kN。试桩 3 根，试桩位置见桩位平面布置图（见图 4-26）。试桩要求参见《桩基规范》。试桩合格后，方能进行桩基的全面施工。

（3）本工程总桩数为 126 根。

（4）材料：混凝土，桩、承台均采用 C35；钢筋，采用热轧钢筋，HRB335 级用 Φ 表示，HPB300 级用 ϕ 表示。

（5）桩顶嵌入承台 50mm，桩内竖向受力钢筋锚入承台 770mm。

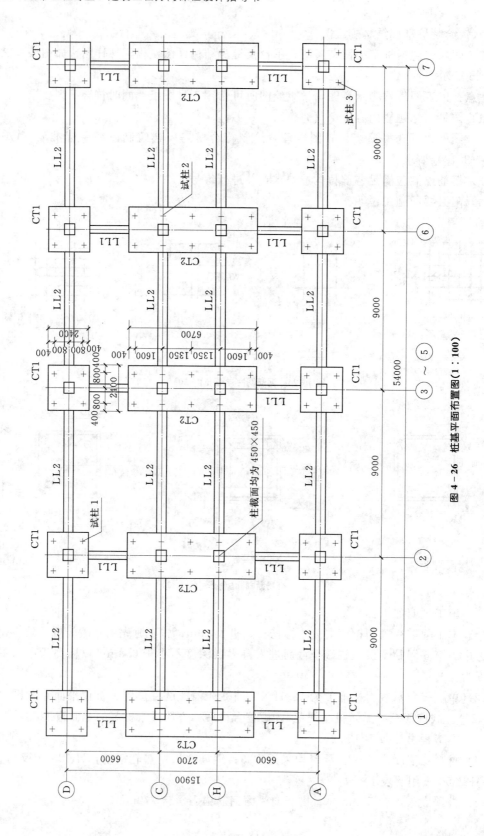

图 4 - 26 桩基平面布置图(1:100)

（6）承台下垫层采用混凝土 C10，厚度 100mm，四周宽出承台边缘 100mm。

（7）连系梁的位置见桩位平面布置图，梁宽 250mm，梁高 450mm（见图 4-26），连系梁顶面与承台顶面位于同一标高。

（8）柱的插筋与柱内受压钢筋直径相同，且插入长度满足锚固长度要求。

第四节　课程设计有关要求

一、进度安排与阶段性检查

桩基础课程设计要在一周内完成。按五天安排进度和阶段性检查，如表 4-20 所示。学生应严格按进度安排完成课程设计所规定的任务。

表 4-20　　　　桩基础课程设计进度安排及阶段性检查表

时间安排	设　计　内　容	检　查　内　容
第1天	了解工程地质情况，确定桩型、桩的规格及材料	桩端位置、桩型确定
第2天	计算单桩竖向承载力，确定桩数及平面布置	单桩竖向承载力计算是否正确，桩数及平面布置是否符合构造要求
第3天	桩的承载力验算及桩身结构计算	桩的承载力验算是否正确、全面（预制桩包括放置及吊立验算）
第4天	桩承台设计	构造是否正确、抗冲切和抗剪面的位置的选择是否正确
第5天	整理设计计算书，绘制桩基施工图	成果质量

二、考核和评分办法

桩基础课程设计由指导教师根据学生完成设计质量、图纸、计算书、是否独立完成以及设计期间的表现和工作态度进行综合评价，评分标准如表 4-21 所示（按百分制，最后折算）。

表 4-21　　　　桩基础课程设计成绩评定表

项目	分值	评　分　标　准	实评分
完成任务	18～20	能熟练地综合运用所学知识，全面出色完成任务	
	16～18	能综合运用所学知识，全面完成任务	
	14～16	能运用所学知识，按期完成任务	
	12～14	能在教师的帮助下运用所学知识，按期完成任务	
	0～12	运用知识能力差，不能按期完成任务	
计算书	54～60	结构计算的基本原理、方法、计算简图完全正确。荷载传递、思路清楚、运算正确。计算书完整、系统性强、书写工整、便于审核	
	48～54	结构计算的基本原理、方法、计算简图正确。荷载传递、思路基本清楚。计算书完整、运算无误、计算书有系统，书写清楚	
	42～48	结构计算的基本原理、方法、计算简图正确。荷载传递、思路清楚、运算正确。计算书完整、系统性强、书写工整、便于审核	
	36～42	结构计算的基本原理、方法、计算简图基本正确。荷载传递、思路不够清楚，运算有错误。计算书无系统性、书写潦草，不便于审核	
	0～42	结构计算的基本原理、方法、计算简图不正确。荷载传递、思路不清楚，运算错误多。计算书书写不认真，无法审核	

续表

项目	分值	评　分　标　准	实评分
图纸	$18\sim20$	正确表达设计意图；图例、符号、习惯做法符合规定。有解决特殊构造做法之处图面布置、线条、字体很好，图纸无错误	
	$16\sim18$	正确表达设计意图；图例、符号、习惯做法符合规定。在理解基础上照样图绘制施工图，图面布置、线条、字体很好，图纸有小错误	
	$14\sim16$	尚能表达设计意图；图例、符号、习惯做法符合规定。有抄图现象。图面布置、线条、字体一般，图纸有小错误	
	$12\sim14$	能表达设计意图；习惯做法符合规定。有抄图不求甚解现象。图面布置不合理、内容空虚	
	$0\sim12$	不能表达设计意图；习惯做法不符合规定。有抄图不求甚解现象。图面布置不合理、内容空虚、图纸错误多	
合　　计			

　　课程设计成绩先按百分制评分，然后折算成 5 级制：90～100 分为优，80～89 分为良，70～79 分为中，60～69 分为及格，60 分以下为不及格。凡是没有完成课程设计任务书所规定的任务及严重抄袭者按不及格处理。

三、设计中存在的问题

　　桩的承载力计算是桩基础设计的关键。由于各类桩的承载形状不同、使用功能不同、桩的数量不同、桩周土与桩端土质不同以及规范不同，使桩的承载力计算公式多种多样；尤其是现行《建筑地基基础设计规范》（GB 50007—2011）和《桩基规范》有关规定不完全一致——现行《建筑地基基础设计规范》（GB 50007—2011）规定：外部荷载考虑荷载效应的标准组合，桩的承载力用特征值；而现行《桩基规范》规定：外部荷载和桩的承载力均用设计值。因此，在公式使用过程中应注意前后一致，不要混用。

第五节　课程设计任务书

一、工程名称

　　××教学楼。

二、结构形式

　　钢筋混凝土框架结构六层。基础采用桩基础。柱网布置如图所示。底层计算高度4.5m。围护墙采用 kp1 多孔砖，自重标准值为 $19kN/m^3$，两侧墙面采用 20 厚水泥砂浆抹面。围护墙自重标准值按 $10kN/m$ 计算，传至承台顶面的轴向压力标准值为 90kN。

三、工程地质条件

　　根据《岩土工程勘察规范》（GB 50021—2001）布置勘探点，根据双桥静力触探测得各土层的探头平均侧阻力 f_{si} 和桩端阻力 q_c。根据取原状土样进行的室内土工试验结果，给出各层土的物理力学性质指标。地下水位在地面以下 5m，地下水对混凝土无侵蚀性。地质勘察资料见表 4-22。室内外高差为 0.6m。

表 4 - 22　　　　　　　　　　　　地 质 勘 察 资 料

学生选择	土层编号	土层名称	土层厚度 (kN/m)	含水率 w (%)	天然重度 γ (kN/m)	天然孔隙比 e	液性指数 I_L	内摩擦角 Φ	内聚力 C (kPa)	压缩模量 E_s (MPa)	侧阻力 f_{si} (kPa)	端阻力 q_c (kPa)	承载力 f_a (kPa)
1	①	填土	1.5		17.0								
	②	黏土	1.5	39.2	18.1	1.12	0.53	6.4	22	3.65	13	160	75
	③	淤泥	5	69.2	16.3	1.87	1.39	5.7	6	1.52	4	60	55
	④	黏土	3	32.3	19.4	0.87	0.14	8.7	66	7.0	40	800	200
	⑤	黏土	>10	25.8	20.2	0.71	0.04	17.6	87	13.0	45	1200	280
2	①	填土	1.5		17.0								
	②	黏土	1.5	40.2	17.4	1.05	0.52	6.4	24	4.61	13	160	80
	③	淤泥	5	65.2	18.5	1.77	1.40	5.8	7	2.15	4	60	60
	④	黏土	3	38.3	19.8	0.77	0.12	8.8	70	7.5	45	750	210
	⑤	黏土	>10	29.8	21.2	0.70	0.05	17.7	85	14.0	50	1300	290
3	①	填土	1.5		17.0								
	②	黏土	1.5	35.2	18.1	1.12	0.53	6.4	22	3.95	13	160	85
	③	淤泥	5	67.2	16.3	1.87	1.39	5.7	6	3.52	4	60	65
	④	黏土	3	36.3	19.4	0.87	0.14	8.7	66	7.0	35	850	220
	⑤	黏土	>10	24.8	20.2	0.71	0.04	17.6	87	12.8	45	1300	280
4	①	填土	1.5		17.0								
	②	黏土	1.5	40.2	17.4	1.05	0.52	6.4	24	4.61	13	160	80
	③	淤泥	5	65.2	18.5	1.77	1.40	5.8	7	2.15	4	60	60
	④	黏土	3	38.3	19.8	0.77	0.12	8.8	70	7.5	40	850	210
	⑤	黏土	>10	29.8	21.2	0.70	0.05	17.7	85	14.0	50	1400	290
5	①	填土	1.5		17.0								
	②	黏土	2.5	39.2	18.1	1.12	0.53	6.4	22	3.65	13	160	75
	③	淤泥	6	69.2	16.3	1.87	1.39	5.7	6	1.52	4	60	55
	④	黏土	4	32.3	19.4	0.87	0.14	8.7	66	7.0	35	800	200
	⑤	黏土	>10	25.8	20.2	0.71	0.04	17.6	87	13.0	45	1250	280
6	①	填土	1.5		17.0								
	②	黏土	2.0	40.2	17.4	1.05	0.52	6.4	24	4.61	13	160	80
	③	淤泥	4	65.2	18.5	1.77	1.40	5.8	7	2.15	4	60	60
	④	黏土	4.5	38.3	19.8	0.77	0.12	8.8	70	7.5	40	800	210
	⑤	黏土	>10	29.8	21.2	0.70	0.05	17.7	85	14.0	50	1260	290
7	①	填土	1.5		17.0								
	②	黏土	1.5	39.2	18.1	1.12	0.53	6.4	22	3.65	13	160	75
	③	淤泥	8	69.2	16.3	1.87	1.39	5.7	6	1.52	4	60	55
	④	黏土	4	32.3	19.4	0.87	0.14	8.7	66	7.0	50	800	200
	⑤	黏土	>10	25.8	20.2	0.71	0.04	17.6	87	13.0	60	1200	280

续表

学生选择	土层编号	土层名称	土层厚度 (kN/m)	含水率 w (%)	天然重度 γ (kN/m)	天然孔隙比 e	液性指数 I_L	内摩擦角 Φ	内聚力 C (kPa)	压缩模量 E_S (MPa)	侧阻力 f_{si} (kPa)	端阻力 q_c (kPa)	承载力 f_a (kPa)
8	①	填土	1.5		17.0								
	②	黏土	1.5	40.2	17.4	1.05	0.52	6.4	24	4.61	13	160	80
	③	淤泥	4	65.2	18.5	1.77	1.40	5.8	7	2.15	4	60	60
	④	黏土	4	38.3	19.8	0.77	0.12	8.8	70	7.5	34	800	210
	⑤	黏土	>10	29.8	21.2	0.70	0.05	17.7	85	14.0	45	1300	290
9	①	填土	1.5		17.0								
	②	黏土	1.5	39.2	18.1	1.12	0.53	6.4	22	3.65	13	160	75
	③	淤泥	5	69.2	16.3	1.87	1.39	5.7	6	1.52	4	60	55
	④	黏土	4	32.3	19.4	0.87	0.14	8.7	66	7.0	55	850	200
	⑤	黏土	>10	25.8	20.2	0.71	0.04	17.6	87	13.0	60	1300	280
10	①	填土	1.5		17.0								
	②	黏土	1.5	40.2	17.4	1.05	0.52	6.4	24	4.61	13	160	80
	③	淤泥	4	65.2	18.5	1.77	1.40	5.8	7	2.15	4	60	60
	④	黏土	4	38.3	19.8	0.77	0.12	8.8	70	8.0	45	850	210
	⑤	黏土	>10	29.8	21.2	0.70	0.05	17.7	85	14.0	50	1250	290

四、地基评价、建议和说明

（1）本场地为Ⅱ类场地，场地属中软场地土。工程条件类型属三级岩土工程。

（2）地质勘察资料见表4-22。该拟建工程的场地编号：①单元土体为素填土土质较差，不能作为该工程的天然地基浅基础的持力层；②单元土体性质一般，但厚度较薄，亦不能作为拟建工程天然地基基础的持力层；③单元土体为淤泥（软土）、性质太差；④⑤单元土体性质较好，土层平缓，可以作为天然地基深基础桩端持力层。

（3）该工程建议采用桩基础。建议采用预制方桩或沉管灌注桩。

设计应根据本场地地层土体特征及工程地质勘察报告等资料，合理选择桩型和计算桩长，以保证该工程及相邻建筑物、基本设施的安全。

（4）桩基施工结束后，应立即进行桩身结构、承载力等检测。

五、桩基础设计资料

（1）本工程一层柱平面布置图如图4-27所示。柱混凝土强度等级为C30，承台、桩混凝土强度等级及钢筋级别由学生自定。

（2）横向每榀框架各个柱底（室外地面以下0.5m）的组合内力组合值见表4-23。弯矩均为沿横向作用。纵向弯矩不考虑。桩基沉降差允许值：$0.002l_0$（l_0为相邻柱基中心点距离）。

（3）每位学生按学号对应的地质勘察资料和柱底内力如表4-24所示。

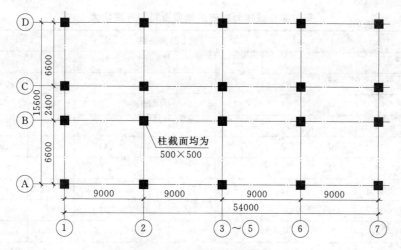

图 4-27 一层柱平面布置图

表 4-23 一层柱底内力组合

序号	荷载组合方式	边柱最不利内力			中柱最不利内力		
		N(kN)	M(kN·m)	V(kN)	N(kN)	M(kN·m)	V(kN)
1	基本组合	1750.4	294.8	82.5	2390.1	315.2	150.2
	标准组合	1540.5	206.8	61.3	1704.9	222.2	111.1
	准永久组合	1122.3	15.7	7.0	1550.6	15.6	4.8
2	基本组合	1700.2	180.4	90.6	2300.6	200.2	100.6
	标准组合	1250.2	132.4	66.7	1704.1	148.1	73.5
	准永久组合	1133.3	18.4.4	9.0	1533.7	11.6	5.8
3	基本组合	2300.4	200.5	100.4	3128.2	220.2	110.5
	标准组合	1704.4	148.6	73.5	2317.3	162.2	81.5
	准永久组合	1500.4	20.2	10.2	2000.1	15.4	7.5
4	基本组合	2800.6	180.3	90.6	3780.5	200.1	100.6
	标准组合	2074.1	132.4	66.7	2800.3	148.6	73.5
	准永久组合	1750.4	20.5	10.2	2362.2	15.5	7.5
5	基本组合	1700.4	230.5	115.3	2300.2	250.3	125.5
	标准组合	1500.6	110.4	85.2	1704.3	185.2	92.6
	准永久组合	1100.3	18.9	9.0	1533.7	14.5	7.0
6	基本组合	1700.4	290.8	80.5	2300.1	300.2	150.2
	标准组合	1500.5	214.8	59.3	1704.9	222.2	111.1
	准永久组合	1133.3	16.7	8.0	1500.6	11.6	5.8
7	基本组合	2800.5	230.6	115.2	3780.8	250.5	120.2
	标准组合	2007.4	170.4	85.2	2800.6	185.1	88.9
	准永久组合	1750.6	18.5	9.0	2362.5	20.2	10.3
8	基本组合	2300.6	220.2	110.5	3128.3	250.9	125.5
	标准组合	1704.6	162.9	81.5	2317.1	185.2	92.6
	准永久组合	1500.7	20.2	10.6	1950.3	15.6	7.5

表 4 - 24　　　　　　　　　　每位学生按学号对应的地质资料和柱底内力

柱底内力序号	地质勘察资料									
	1	2	3	4	5	6	7	8	9	10
1	01	02	03	04	05	01	02	03	04	05
2	06	07	08	09	10	06	07	08	09	10
3	11	12	13	14	15	11	12	13	14	15
4	16	17	18	19	20	16	17	18	19	20
5	21	22	23	24	25	21	22	23	24	25
6	26	27	28	29	30	26	27	28	29	30
7	31	32	33	34	35	31	32	33	34	35
8	36	37	38	39	40	36	37	38	39	40
班级	土木 1，3，5 班					土木 2，4，6 班				

六、设计要求

计算书（A4 纸手写），内容包括：桩长计算；单（基）桩竖向承载力设计（特征）值验算、必要时进行群桩承载力验算；桩基的平面布置；桩的结构设计（预制桩包括吊环设计）；承台设计；桩基础沉降验算（沉降计算中应考虑相邻柱基附加应力的影响）。单（基）桩竖向承载力设计值（特征值）可参照教材公式计算。计算过程中必要图件、公式、说明应完整。

图纸（至少包含 1 号图 1 张）：桩基平面布置图（柱与柱之间设连系梁），桩身结构图，承台详图，详细的施工说明。注意配筋图中的钢筋均需编号。

七、进度计划

进度计划如表 4 - 25 所示。

表 4 - 25　　　　　　　　　　进　度　计　划

序号	设 计 内 容	时间
1	了解工程地质情况，确定桩型、桩的规格及材料	半天
2	计算单桩竖向承载力，确定桩数及平面布置	半天
3	桩的承载力验算及桩基变形验算	一天
4	桩身结构计算及承台设计	一天
5	整理设计计算书，绘制桩基施工图	二天
	合　　计　　　　　　　　　　　　　　　．	五天

思　考　题

4-1　什么情况下可以采用桩基础？

4-2　桩基础设计时应具备哪些资料？

4-3　简述桩基础设计的基本原则和主要内容。

4-4　如何选择桩型、桩长、桩径？

4-5　单桩竖向极限承载力如何确定？

4-6　桩位布置时应符合哪些要求？

4-7　试述单桩、基桩、复合基桩的区别。

4-8　在计算桩的竖向承载力特征值时，什么情况下宜考虑承台效应？

4-9　在验算桩的竖向承载力特征值时，如何考虑桩侧负摩阻力影响？

4-10　桩基础沉降计算与浅基础沉降计算有何不同？

4-11　在哪些情况下应验算桩基础沉降？

4-12　如何进行桩基础软弱下卧层验算？

4-13　当软弱下卧层承载力验算满足要求时是否可以不进行桩基础沉降验算？

4-14　钢筋混凝土顶制桩桩身强度如何确定？

4-15　承台的设计有哪些内容？

4-16　如何进行承台冲切验算？

4-17　承台剪切破坏面如何确定？

4-18　桩与承台连接的构造要求是什么？

第 五 章

普通钢屋架课程设计

【本章要点】

● 熟悉钢屋架形式的选择和主要尺寸的确定。
● 熟悉钢屋架屋盖系统支撑体系的布置原则。
● 掌握屋架荷载计算与荷载组合、屋架内力计算方法。
● 掌握屋架杆件设计、节点设计方法。
● 掌握钢屋架施工图绘制以及材料用量计算。

第一节 教 学 要 求

本课程设计是土木工程专业学生学完《钢结构》课程后所必须进行的重要的实践教学环节。通过设计掌握屋盖系统的结构布置要求和构件编号的方法，能综合运用有关力学分析、杆件截面设计、节点设计，正确绘制钢屋架施工图。

通过课程设计使学生接触和了解从收集资料、方案比较、计算到绘图的全过程。培养学生的计算和绘图的能力。对本设计要求具体体现在以下几方面：

(1) 掌握钢结构屋盖支撑体系的作用并能正确地布置支撑。
(2) 掌握钢屋架的设计内容。
(3) 正确绘制施工图。

第二节 设 计 方 法 和 步 骤

一、概述

普通钢屋架是指所有杆件都采用普通型钢组成的屋架，可用于 18～36m 跨度。钢屋架的设计步骤是：确定屋架的形式和尺寸、计算屋架杆件的内力、选择杆件截面、设计节点和绘制施工图。

在工业与民用建筑中，当跨度比较大时用梁作屋盖的承重结构是不经济的，一般设计成桁架。桁架是由杆件所组成的几何不变体系，桁架中的杆件大部分情况下只承受拉力或压力。应力在截面上均匀分布，因而容易发挥材料的作用。按其在柱上的支撑条件不同可分为简支和刚接两种，其中三角形屋架端部高度小，只能与柱铰接；钢屋架在钢筋混凝土柱顶也只能铰接；梯形屋架和平行弦屋架端部高度较大时，可与钢柱做成刚接连接。

普通钢屋架杆件过去一般采用双角钢拼成的 T 形或十字形截面，当杆件内力较小时也可采用单角钢截面。普通屋架所用的等边角钢不小于∟45×4，不等边角钢不小于∟56×36×4。自 T 型钢在我国生产后很多节点采用 T 型钢来代替双角钢组成的 T 形截面。

屋架钢材一般采用 Q235B.F 钢材，冬季计算温度等于或低于 -30℃ 时的屋架宜采用 Q235B，荷载较大的大跨度屋架可采用 Q345 或 Q390。

二、屋架的形式和尺寸

(一) 屋架形式的选择

常用屋架形式有三角形、梯形、平行弦和人字形、拱形屋架等。

屋架选型是设计的第一步。在确定屋架形式时应综合考虑建筑用途、受力合理、材料经济、便于施工等问题。屋架上弦的坡度应满足屋面材料的排水要求，如当采用短尺压型钢板、波型石棉瓦和瓦楞铁时，应采用三角形屋架；如采用大型屋面板等，因其排水坡度较平缓，可采用梯形或人字形屋架。屋架的外形应符合建筑造型的要求，另外还应考虑建筑净空的需要，以及有无天窗、天棚和悬挂式吊车等方面的要求。从屋架受力的角度出发，屋架的外形应尽量与弯矩图相近，以使弦杆内力均匀，这样能使弦杆受力均匀、腹杆受力较小；屋架腹杆的布置应使杆件内力分布合理，使短杆受压长杆受拉，且杆件的数目和节点数尽量少，同时应尽量使屋架受节点荷载作用，以免加大弦杆的截面。屋架中部应具有足够的高度，以满足刚度要求。当屋架与柱刚接时，屋架端部也应具有足够的高度。从便于施工的角度出发，屋架杆件的数量和采用的型钢规格宜尽量少，一般一榀屋架控制在 5~6 种。节点构造、尺寸应尽量统一，以便于制作。杆件间的夹角不宜过小，一般控制在 30°~60°，否则不便于施工制作。当采用大型屋面板时，为使荷载作用在节点上，上弦杆的节间长度宜等于板的宽度，即 1.5m 或 3.0m。当采用压型钢板屋面时，也应使檩条尽量布置在节点上，以免上弦杆受弯。对于跨度较大的梯形屋架，为了保证荷载作用于节点，并保持腹杆有适宜的角度和便于节点构造处理，可沿屋架全长或只在屋架跨中部分布置再分式腹杆。

1. *三角形屋架*

三角形屋架适用于屋面排水较陡的有檩体系屋盖结构，一般排水坡度为 1:3~1:2。三角形屋架只能与柱铰接，房屋横向刚度较低。对简支屋架来说，荷载作用的弯矩图是抛物线分布，与三角形的外形相差悬殊，致使这种构件支座处内力较大而跨中内力较小，使弦杆截面不能充分利用。三角形屋架在支座节点处，上、下弦接交角较小，内力又大，使支座节点构造复杂，不利于施工制作。三角形屋架一般适用于中小跨度的屋架（L≤24m），其腹杆布置多采用芬克式和人字式。芬克式屋架［见图 5-1 (a)］虽腹杆数目多，但其压杆短拉杆长，受力合理，且可适当控制上弦节间距离。芬克式三角形屋架可分为两根小屋架和一根直拉杆三部分制作，便于运输。人字式［见图 5-1 (b)］的腹杆虽较少，

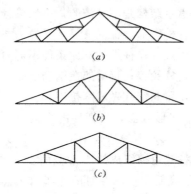

图 5-1 三角形屋架

但其受压腹杆较长，不经济，一般只适用于小跨度（$L \leqslant 18m$）的屋架。但是人字形屋架的抗震性能优于芬克式屋架，所以在强地震烈度地区，常用人字形腹杆的屋架。单斜杆的屋架［见图 5-1（c）］，其节点和腹杆数目均较少，虽长杆受拉，但一般夹角过小，一般情况下很少采用。

尽管从内力分配角度看三角形屋架的外形存在着明显的不合理性，但从建筑物的整体布局和用途出发，在屋面材料为石棉瓦、瓦楞铁皮以及短尺压型钢板等需要上弦坡度较陡的情况下，还是需要用三角形屋架的，三角形屋架的高度，当屋面坡度为（1/3～1/2）时，高度

$H = (1/6 \sim 1/4)l$。

2. 梯形屋架

梯形屋架适用于缓坡的无檩体系屋盖和长尺压型钢板有檩体系屋盖。跨度一般为 18～36m，柱距 6～12m，跨中经济高度为（1/8～1/10）l。和三角形屋架相比，梯形屋架的外形与相应荷载作用下梁弯矩图的外形相近，故其弦杆内力较均匀。

梯形屋架在钢结构厂房中与钢柱的连接常做成刚接，以增强厂房的横向刚度，但其与混凝土或砖柱只能做成铰接。梯形屋架按端斜杆与弦杆组成的支撑点在下弦还是上弦分为下承式［见图 5-2（a）］和上承式［见图 5-2（b）］，一般情况下，与柱刚接的屋架宜采用下承式，与柱铰接时两种均可。由于下承式使排架计算高度减小又便于在下弦设置屋盖

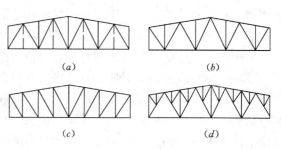

图 5-2 梯形屋架

纵向水平支撑，故以往多采用之。但上承式使屋架重心降低，支座斜杆受拉，且给安装带来很大方便，近年来逐步推广使用。梯形屋架的腹杆的布置形式分为人字式［见图 5-2（a）、（b）］、单斜式［见图 5-2（c）］和再分式［见图 5-2（d）］。再分式腹杆的布置形式，一般在屋架跨度大高度高时采用，此时为保证腹杆与弦杆的适当交角，上弦节点距离往往较大，当上弦节间长度为 3m 而大型屋面板宽度为 1.5m 时，也应使檩条尽量布置在节点上，以免上弦杆受弯。对于跨度较大的梯形屋架，为了保证荷载作用于节点，并保持腹杆有适宜的角度和便于节点构造处理，可沿屋架全长或只在屋架跨中部分布置再分式腹杆。

3. 平行弦屋架

平行弦屋架上下弦平行，一般适用于单坡或双坡屋面，也可用于托架和支撑体系。和其他两种屋架比较，平行弦屋架的弦杆内力相差较大，经济性差，但平行弦屋架腹杆长度和节点构造基本统一，施工制作较方便，符合标准化、工厂化制造的要求。其腹杆的布置形式分为人字式［见图 5-3（a）、（b）］、单斜式和交叉斜杆件式［见图 5-3（c）］。其中

交叉斜杆杆式常用作支撑体系或托架。

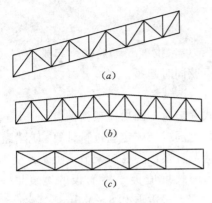

图 5-3　平行弦屋架

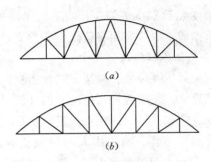

图 5-4　拱形屋架

4. 拱形屋架

拱形屋架适用于有檩体系屋由于外形与弯矩图接近，故弦杆内力较均匀，受力合理。拱形屋架的上弦可以做成圆弧形［见图 5-4（a）］或折线形［见图 5-4（b）］。拱形屋架由于制造较费工，故以往应用较少。近年来新建的一些大型农贸市场，利用其美观的造型，再配合新品种轻型屋面材料，应用也日渐广泛。

（二）屋架的尺寸

屋架的主要尺寸包括以下几点。

1. 屋架的跨度

屋架的跨度由使用和工艺方面的要求决定。屋架的标志跨度是指柱网纵向定位轴线之间的距离。屋架的计算跨度是指屋架支座反力之间的距离。当屋架支撑在钢筋混凝土柱网上采用封闭结合时可取 $L_0=L-(300\sim400mm)$［见图 5-5（a）］，采用非封闭结合时计算跨度等于标志跨度，即 $L_0=L$［见图 5-5（b）］。

2. 屋架的高度

屋架的高度由经济条件、刚度条件（屋面的挠度限值）、运输条件（铁路运输界限高度为 3.85m）及屋面坡度等因素决定。

三角形屋架中部高度 $h=(1/6\sim 1/4)L$，一般取决于屋面的坡度。

梯形屋架中部高度 $h=(1/6\sim 1/10)L$，一般由经济高度确定。

至于梯形屋架端部的高度，它是与中部高度及屋面坡度相关联的，当为多跨屋架时 H_0 应一致，以利屋面构造。

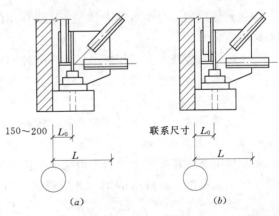

图 5-5　屋架的计算跨度

梯形屋架端部的高度取 $(1/10\sim 1/16)L$（与柱刚接时，H_0 应有足够的大小，以便能较好地传递支座弯矩而不使端部弦杆产生过大的内力）或 $H_0>L/18$（当与柱铰接时），且 H_0

宜取 1.8~2.4m 等较整齐的数值。对多跨厂房屋架的端部高度力求统一，以便连接处构造简单。

3. 屋架的起拱

跨度大于 24m 的屋架，当下弦无曲折时，宜起拱，拱度 $v=l/500$，起拱的方式一般是使下弦成直线弯折而将整个屋架抬高，即上、下弦同时起拱。

4. 屋架各杆的几何尺寸

屋架的主要尺寸、屋架形式和腹杆的布置形式确定后，画出屋架简图并计算屋架各杆的几何尺寸。屋架各杆几何尺寸的计算可利用正弦定理或余弦定理进行计算。屋架上弦节间的划分应根据屋面的板材确定，要尽量使屋面荷载直接作用在屋架节点上，避免产生上弦杆件局部弯矩。当采用大型屋面板时，上弦节间长度应等于屋面板的宽度，一般取 1.5m 或 3m；当采用檩条时，则根据檩条的间距而定，一般取 0.8~3.0m。

三、屋面系统的支撑布置

（一）支撑布置的必要性

屋架是屋盖结构中最主要的承重构件。虽然屋架之间有檩条或屋面板联系，但仍然是一不稳定的空间体系。通过合理设置支撑可以将屋盖变成几何不变体系；支撑还保证了屋盖的刚度和空间的整体性，以减少屋盖在水平力作用下的变形；支撑为屋架提供了侧向支点，以减少屋架杆件的计算长度，使受压弦杆保证侧向的稳定，使受拉弦杆具有足够的刚度；支撑还能够传递水平荷载；并能保证屋架在施工安装时的稳定与方便。

（二）支撑布置的原则

（1）在设置有纵向支撑的平面内必须同时设置横向支撑，并将二者布置为封闭型。

（2）所有的横向支撑、纵向支撑和竖向支撑均应与屋架、托架、天窗架等的杆件或檩条组成几何不变的桁架形式。

（3）房屋中每一温度区段或分期建设的区段中，应分别设置能独立构成空间稳定结构的支撑系统。

（4）传递风力、吊车水平力和水平地震作用的支撑，应能使外力由作用点尽快地传递到结构的支座。

（5）柱距愈大或吊车工作量愈繁重，支撑的刚度应愈大。

（6）在地震区应适当增加支撑，并加强支撑节点的连接强度。

（三）屋盖支撑的布置

屋盖支撑分为：上、下弦横向水平支撑；下弦纵向水平支撑；垂直支撑和系杆。

1. 上弦横向水平支撑

通常情况下，在屋架上弦和天窗架上弦应设置横向水平支撑。上弦横向水平支撑一般布置在房屋或温度区段两端的第一开间或第二开间，沿屋架上弦平面在跨度方向全长布置，且其间距不大于 60m。故当房屋较长（大于 60m）时，尚应在中间柱间增设横向水平支撑。当屋盖无天窗时，为有利于房屋端部风荷载的传递，可将上弦横向水平支撑布置在第一开间。在非地震区当采用山墙承重或抗震设防烈度为 6、7 度有天窗时，为使屋架支撑与天窗架支撑位于同一开间内，也可将支撑布置在第二个柱间，此时在第一开间的支撑节点处须用刚性系杆与端屋架连接传递山墙风荷载。在天窗架上弦也应设置上弦横向水平支撑。

当采用大型屋面板的无檩屋盖时，如果大型屋面板与屋架的连接满足每块板有三个支承处进行焊接等构造要求时，可考虑大型屋面板起到一定的支撑作用。但由于受施工条件的限制，很难保证焊接质量，一般只考虑大型屋面板起系杆作用。而在有檩屋盖中，上弦横向水平支撑的横杆可用檩条代替。因此，无论有檩体系屋盖还是无檩体系屋盖，均应设置上弦横向水平支撑。

当屋架间距大于 12m 时，上弦水平支撑还应予以加强，以保证屋盖的刚度。

2. 下弦横向水平支撑

下弦横向水平支撑一般应位于上弦横向水平支撑同一开间内以形成空间稳定体，且沿屋架下弦在屋架跨度方向全长布置。但当屋架跨度不大（$L \leqslant 18m$）、无悬挂吊车、有桥式吊车但吨位不大（$<30t$）和无太大振动设备时，可不设。

当屋架间距大于或等于 12m 时，由于在屋架下弦设置支撑不便，可不必设置下弦横向水平支撑，但上弦支撑应适当加强，并应用隅撑或系杆对屋架下弦侧向加以支承。

屋架间距大于或等于 18m 时，如果仍采用上述方案则檩条跨度过大，此时宜设置纵向桁架，使主桁架与次桁架组成纵横桁架体系，次桁架间再设置檩条或设置横梁及檩条，同时，次桁架还对屋架下弦平面外提供支撑。

3. 下弦纵向水平支撑

下弦纵向水平支撑设在屋架下弦平面屋架端部的一到两个节间内，沿房屋纵向全长布置（对三角形屋架也可设在上弦平面的端节间）。下弦纵向水平支撑数量大，耗钢量多，故一般在下列情况下才考虑设置：厂房内设有重级工作级别吊车或起重量较大的中、轻级工作级别吊车和壁行吊车或较大振动设备，以及高度较高、跨度较大和空间刚度要求较高的房屋。另外，当厂房内设有托架时，为保证托架的稳定性，应在托架及其两侧各延伸一开间的范围内设下弦纵向水平支撑。

4. 垂直支撑

无论有檩屋盖还是无檩屋盖，通常均应设置垂直支撑。它的作用主要是使相邻屋架和上、下弦横向水平支撑所组成的四面体形成空间几何不变体系，以保证屋架在使用和安装时的整体稳定。故在设有横向支撑的开间内，均应设置竖向支撑。

垂直支撑应设在上、下弦横向水平支撑同一开间内的两榀屋架或天窗架的竖直腹杆或斜腹杆之间，且所有房屋均应设置，以确保屋盖结构体系的空间几何不变性。屋架垂直支撑沿跨度方向设置的位置和数量与屋架形式和跨度有关，且垂直支撑的位置应和上下弦横向水平支撑的节点相对应。对梯形屋架：$L \leqslant 30m$［见图 5-6 (a)］时，可仅在跨中和两端各设置一道，共三道；当 $L > 30m$［见图 5-6 (b)］时，宜在跨中约 $L/3$ 处或天窗架的端部侧柱处各增设一道，共五道。对三角形屋架：$L \leqslant 24m$［见图 5-6 (c)］时，可仅在跨中设置一道；当 $L > 24m$ 时［见图 5-6 (d)］，宜在跨中约 $L/3$ 处或天窗架的端部侧柱处各增设一道，共三道。设有天窗时，天窗架的垂直支撑一般在天窗架端部侧柱处各设一道，当天窗架跨度 $L > 12m$ 时，应在天窗架中央增设一道。

5. 系杆

对于未连支撑的平面屋架和天窗架，为保证他们的稳定和传递水平力，系杆一般应在

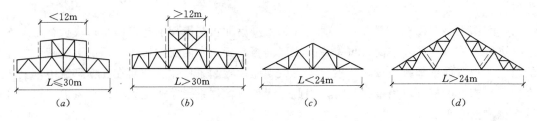

图 5-6　垂直支撑的布局

屋架和天窗架的两端，以及垂直支撑或横向水平支撑节点处，沿房屋通长布置。系杆分刚性系杆和柔性系杆。

（1）上弦系杆。对无檩体系屋架如能保证每块屋面板与屋架三点焊牢时，则屋面板可兼作屋盖支撑，但一般难以保证焊接质量，一般仅考虑其起系杆作用，仍需在屋脊处设刚性系杆，在天窗架两侧设柔性系杆。对有檩体系屋盖，檩条也可兼作系杆。可不另设。

（2）下弦系杆。当屋架间距为 6m 时，应在屋架端部处、下弦杆有弯折处、与柱刚接的屋架下弦端节点间受压但未设纵向水平支撑的节点处、跨度 $L \geqslant 18m$ 的芬克式屋架的主斜杆与下弦相交的节点处等部位均应当设置系杆。一般应在屋架中部设一到两道柔性系杆（具体道数视下弦杆平面外容许长细比要求确定），在支座端部各设一道刚性系杆（当设有屋顶圈梁和有托架处可不设置）。

四、屋架荷载计算与荷载组合

（一）作用在屋架上的荷载

1. 永久荷载

包括屋面构造层的重量、屋架和支撑的重量及天窗等结构自重屋架和支撑的重量及天窗重量，可参考表 5-1，屋架和支撑的量可按经验公式 $q = 0.12 + 0.011l$（kN/m²）估计（l 为屋架的跨度，单位为 m），通常假定屋架自重的一半作用在上弦平面，另一半作用在下弦平面。但当屋架下弦无其他荷载时，为简化可假定全部作用在上弦平面。当屋架下弦作用有均布荷载时（例如吊顶棚）时，按同样的计算方法作用于下弦。

表 5-1　　屋面荷载的标准值　　单位：kN/m²

名　称	跨度 (m)	屋面荷载的标准值			
		$q_k < 1.5$	$1.5 \leqslant q_k < 3.0$	$3.0 \leqslant q_k < 4.0$	$4.0 \leqslant q_k \leqslant 5.0$
屋架 （包括支撑）	12	0.08～0.13	0.14～0.17	0.18～0.21	0.22～0.25
	18	0.10～0.17	0.18～0.22	0.23～0.27	0.28～0.32
	24	0.14～0.22	0.24～0.28	0.29～0.33	0.34～0.38
	30	0.18～0.28	0.29～0.34	0.35～0.40	0.41～0.46
	36	0.20～0.32	0.33～0.38	0.39～0.45	0.46～0.52
天窗架 （包括支撑）	6	0.07～0.10	0.09～0.12	0.11～0.14	0.13～0.16
	12	0.10～0.14	0.13～0.16	0.15～0.18	0.17～0.20
檩条	—	0.05～0.10	0.07～0.12	0.10～0.15	—
托架	—	0.05～0.09	0.09～0.13	0.13～0.16	0.16～0.20

2. 雪荷载或屋面活荷载、积灰荷载

屋面有不均匀积雪的可能，即积雪由一部分屋面吹向另一部分屋面，在屋面凹谷和较低处积雪较厚。设计屋架时应通常考虑全跨、仅左（或右）半跨屋面均匀积雪的情况，对屋架某些杆件半跨积雪的内力更不利（内力更大或受拉变为受压）。

设计屋架时还应考虑屋面活荷载，但不与雪荷载同时考虑，而取其中的较大值。

对于水泥厂、高炉、转炉、冲天炉等有大量排灰的车间及其附近房屋，除考虑雪荷载或屋面活荷载的较大值外，还应同时考虑屋面积灰荷载。其值按荷载规范的规定取，另乘以积灰荷载分布系数：屋面坡度小于或等于 25°时取 1，屋面坡度大于或等于 45°时取 0，中间按直线插值。

3. 风荷载

风荷载垂直作用在房屋屋盖或表面上。屋面坡度小于或等于 30°时通常是屋盖各面都受风吸力，故一般可不考虑。只在坡度大于 30°或有天窗时，个别迎风面受风压力。对屋面永久荷载较大的屋盖结构，风荷载的影响很小，一般可不考虑。对轻屋面屋盖结构需要考虑风吸力有可能使屋架拉杆变为压杆，以及发生支座负反力的屋架锚固问题。设计时永久荷载效应应按对结构构件的承载力有利的情况考虑，取 $\gamma_G = 1.0$，而对风荷载则取 $\gamma_Q = 1.4$。若前者大于后者，则屋架的拉杆变为受压，但一般压力不会太大，因此一般可将其构件长细比按内力很小的屋架受压腹杆的容许长细比 200 进行控制，可不必再计算风荷载产生的内力。

（二）荷载组合

屋架设计时应根据使用和施工过程中可能出现而又为最不利的荷载情况来计算内力。一般情况下，常见的荷载组合如下：

（1）全跨永久荷载＋全跨屋面活荷载或雪荷载（取两者较大值）＋全跨积灰荷载＋悬挂吊车荷载。有纵向天窗时，应分别计算中间天窗处和天窗端壁处的屋架杆件内力。

（2）全跨永久荷载＋半跨屋面活荷载或半跨雪荷载（取两者较大值）＋半跨积灰荷载＋悬挂吊车荷载。

（3）全跨屋架天窗架及支檩自重＋半跨屋面板自重＋半跨可变荷载。本组合为考虑施工时的不利组合，如果施工过程中能保证屋面板两边同步对称布置，也可以不考虑此组合。

（4）对于轻屋面的厂房，当吊车起重量较大（$Q \geqslant 30\text{kN}$）应考虑按框架分析求得的柱顶水平力是否会使下弦内力增加或引起下弦内力变号。

上述（1）、（2）两种组合为使用时可能出现的组合，（3）为施工时（主要是大型屋面板安装的时候）可能出现的组合。在多数情况下，用组合（1）计算的屋架内力即为最不利内力。但在组合（2）、（3）中主要是考虑对于梯形屋架、人字形屋架、平行弦屋架等的少数斜杆（一般为跨中每侧各两根斜腹杆）可能在半跨荷载作用下产生最大内力或引起内力变号。如果对于容易变号的几个杆件在全跨组合中的截面选择时，无论是拉杆还是压杆，均按压杆考虑并控制其长细比不大于 150，按此杆处理后一般可不考虑半跨荷载作用的组合。

五、内力计算与内力组合

（一）计算简图

屋架的计算简图采用如下基本假定：屋架各节点均为理想铰接，屋架所有的杆件轴线

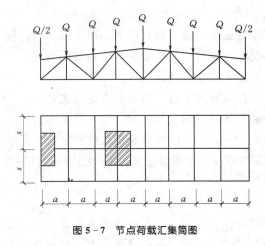

图 5 - 7 节点荷载汇集简图

均在同一平面内且汇交于节点中心，屋架上的荷载作用在屋架平面内且将荷载集中于节点中心（有节间荷载作用时，可先将节点荷载按简支传力原则分配到两相邻节点上与该节点荷载叠加，求得杆件轴力，因节间荷载所产生的局部弯矩另行计算），如图 5 - 7 所示。

按上述理想体系内力求出的应力是桁架的主要应力。由于节点实际具有的刚性会引起次应力以及由于制造偏差等原因产生了附加应力，但他们的值都比较小，设计时一般不考虑。

（二）内力计算

屋架杆件的内力可根据计算简图，采用数解法（节点法和截面法）、图解法或电算法等方法计算内力，对一些常用屋架形式可查《建筑结构静力计算手册》，查得单位节点力作用下的内力系数。杆件的内力即为该杆的内力系数乘以节点荷载的设计值。在计算屋架杆件内力时，也可先计算出半跨单位力作用下的内力系数，则某种全跨荷载作用下杆件的内力，即为半跨荷载作用下的节点荷载设计值乘以半跨单位力作用下的内力系数的值与相应对称杆件的内力系数的值的和。某种半跨荷载作用下杆件的内力为半跨荷载作用下的节点荷载设计值乘以半跨单位力作用下的内力系数的值。屋架在上述第一种荷载组合下，屋架的弦杆、竖杆和靠近两端的斜腹杆，内力均达到最大，在第二种荷载组合或第三种荷载组合下，靠近跨中的斜腹杆的内力可能达到最大或发生变号。

下面具体介绍图解法的计算过程（不考虑起拱）。

应用图解法求得单位荷载作用于全跨及半跨各节点的各杆内力，即内力系数，然后可求出当荷载作用于全跨及半跨各节点时的杆件内力，并求出荷载组合下的杆件内力，取其中不利内力（正、负最大值）作为设计屋架的依据。

图解法求杆力系数的方法及步骤如下：

（1）按一定比例尺画出屋架几何尺寸的单线图（不考虑起拱）。

（2）计算节点力及支座反力，并标在相应节点及支座处。

（3）根据杆件及节点力、支座反力将整个屋架所在平面分区，并编号。

（4）取一定的力比例尺，绘制力多边形。

（5）根据力多边形及屋架几何图判断杆件的拉、压。

（三）节间荷载引起的局部弯矩

在节间荷载作用下的屋架，除了将节

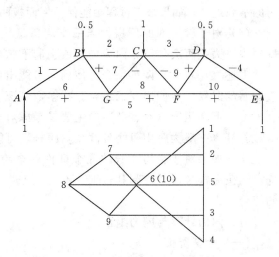

图 5 - 8 图解法求屋架内力示意图

间荷载分配到相邻节点并按节点荷载求解杆件内力外，还应计算节间荷载引起的局部弯矩，与按理想桁架计算的对应杆件的轴力一起形成偏心受压构件。在节间荷载作用下，屋架弦杆理论上应按支撑于节点上的弹性支座连续梁计算，但计算过程烦琐。一般采用简化计算，近似地将其视为简支梁计算弯矩，然后再乘以调整系数得局部弯矩：端节间正弯矩 $M_1 = 0.8 M_0$，其他节间和节点弯矩 $M_2 = \pm 0.6 M_0$（M_0 为相应节间按简支梁算得的最大弯矩），如图 5-9 所示。

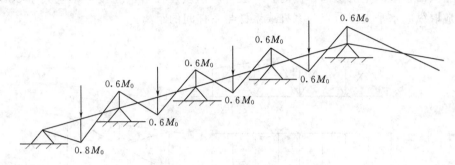

图 5-9　桁架上弦局部弯矩

六、屋架杆件的计算长度和容许长细比

（一）架杆件的计算长度

确定屋架的腹杆的长细比时，其计算长度 l_0 应按表 5-2 的规定采用。

表 5-2　　桁架弦杆和单系腹杆的计算长度 l_0

项　次	弯曲方向	弦　杆	腹　杆	
			支座斜杆支座竖杆	其他腹杆
1	在桁架平面内	l	l	$0.8l$
2	在桁架平面外	l_1	l	l
3	斜平面	—	l	$0.9l$

注　1. l 为构件的几何长度（节点间距离），l_1 为弦杆侧向支承点间的距离。
　　2. 斜平面系指与屋架平面斜交的平面，适用于构件的两主轴均不在屋架平面内的单角钢和十字形截面腹杆。
　　3. 无节点板的腹杆计算长度在任意平面内均取其等于几何长度。

1. 屋架平面内的计算长度

在理想铰接的屋架中，杆件在屋架平面内的计算长度 l_{0x} 应等于节点中心间的距离，但实际屋架是用焊接将杆件端部和节点板相连，故节点本身具有一定刚度，杆件两端为弹性嵌固。当某一压杆因失稳杆端绕节点转动时，节点上汇集的其他杆件将对其起约束作用，且其中以拉杆的作用大。因此，若节点上汇集的拉杆数目多，线刚度大，则产生的约束作用也大，压杆在节点处的嵌固程度也大，其计算长度就小。弦杆、支座斜杆和支座竖杆的自身刚度均较大，而两端节点上的拉杆却很少，嵌固程度很小，与两端铰接的情况比较接近，故其计算长度采用 $l_{0x} = l$。其他中间腹杆，虽上端相连的拉杆少，嵌固程度小，可视为铰接，但其下端相连的拉杆则较多，且下弦的线刚度大，嵌固程度较大，故其计算长度可取 $l_{0x} = 0.8l$。再分式腹杆在中间节点上汇集的均为中间腹杆，且拉杆少，截面一般又较小，嵌固程度很低，故其计算长度取 $l_{0x}=l$。

2. 屋架平面外的计算长度 l_{0y}

弦杆在屋架平面外的计算长度 l_{0y} 应取弦杆侧向支承点之间的距离 l_1，即 $l_{0y}=l_1$。对上弦杆，一般取横向水平支撑的节间长度，如图 5-10 所示。在有檩体系屋盖中，如檩条与横向水平支撑的交叉点用连接板焊牢，则可取檩条之间的距离；在无檩体系屋盖中，当考虑大型屋面板起一定的支撑作用时，一般可取两块屋面板的宽度但不应大于 3m。对下弦杆，应取纵向水平支撑节点与系杆或系杆与系杆间的距离。

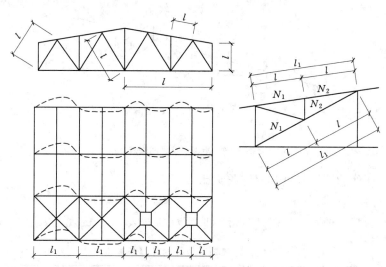

图 5-10 屋架杆件的计算长度

当受压弦杆侧向支承点之间的 l_1 为节间长度的 2 倍，且两节间弦杆的内力 N_1 和 N_2 不等（见图 5-10 右部分）。若 $N_1>N_2$，显然在 N_1 作为弦杆在屋架平面外稳定性的计算内力时，取 l_1 作计算长度偏于保守，因此可按下式将其适当折减：

$$l_{0y} = l_1 \left(0.75 + 0.25 \frac{N_2}{N_1} \right) \tag{5-1}$$

当按上式算得的 $l_{0y}<0.5l_1$ 时，取 $l_{0y}=0.5l_1$。

再分式腹杆的受压主斜杆，在屋架平面外的计算长度也应按式（5-1）计算，受拉主斜杆则仍应取 l_1。

腹杆在屋架平面外失稳时，因为节点板在此方向的刚度很小，对杆件没有什么嵌固作用，相当于铰接。则所有腹杆均应取 $l_{0y}=l$。

3. 斜平面的计算长度

单面连接的单角钢腹杆及双角钢十字形截面腹杆，其截面的两主轴均不在屋架平面内。当杆件绕最小主轴受压失稳时为斜平面失稳，此时杆件两端节点对其均有一定的嵌固作用。其程度约介于屋架平面内和平面外之间，因此取一般腹杆斜平面计算长度 $l_0=0.9l$（支座斜杆、支座竖杆、再分式腹杆仍取 $l_0=l$）。

（二）杆件的容许长细比

钢屋架中有些杆件，按荷载计算常常轴力很小，甚至为零杆。这些杆件设计截面，如果太小，长细比太大，在自重作用下就会产生较大挠度，运输安装时也易弯曲，动荷作用时还可能引起过大振动。这些都对杆件工作不利，因此规范要求桁架各类杆的长细比不得超过容许长细比 $[\lambda]$。

七、屋架杆件的截面

(一) 截面形式

屋架杆件的截面形式应根据用料经济、连接构造简单和具有足够刚度等要求确定。屋架杆件一般是轴心受力杆件，设计时应尽量使其在屋架平面内和平面外的稳定性或长细比相近，这样刚度和稳定性较好，且节省钢材。当有弯矩作用时，则应适当加大弯矩作用方向的截面高度。

普通钢屋架常采用双角钢组合的 T 形截面或双角钢组合十字形截面。受力小的腹杆也可用单角钢截面。自 H 型钢在我国生成后，很多情况可用 H 型钢剖开而成的 T 型钢来代替双角钢组成的 T 形截面。T 型钢是一种性能优越且比双角钢组合 T 形截面省钢的截面形式。T 型钢由于不存在双角钢相并的间隙，耐腐性好；双角钢腹杆可直接焊于 T 型钢的腹板两侧而省去节点板；T 型钢弦杆用料比角钢省，可省去缀板等。T 型钢做弦杆和双角钢组合截面做腹杆的桁架比全角钢桁架用钢量可节省 12%～15%。常用截面如图 5-11 所示。

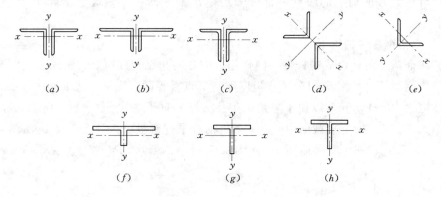

图 5-11　杆件常见截面

以上截面为单壁式屋架杆件的截面形式，但当屋架跨度较大时，弦杆等杆件较长，单榀屋架的横向刚度比较低。为了保证安装时屋架的侧向刚度，对跨度大于或等于 42m 的屋架宜设计成双壁式。其中由双角钢组成的双壁式截面可用于弦杆和腹杆，横放的 H 型钢可用于大跨度重型双壁式的弦杆和腹杆。

(1) 对于屋架上弦杆，因屋架平面外计算长度往往是屋架平面内计算长度的两倍，要满足等稳定要求，即 $\lambda_x \approx \lambda_y$，必须使 $i_x \approx 2i_y$，上弦宜采用两个不等肢角钢短肢相并而成的 T 形截面形式 [见图 5-12 (b)]，采用这种截面可使两个方向的长细比比较接近。当有节间荷载作用时，为提高上弦在屋架平面内的抗弯能力，宜采用不等肢角钢长肢相并的 T 形截面或 TN 形截面 [见图 5-12 (c)]。

(2) 对于受拉下弦杆 $l_{0y} > l_{0x}$，平面外的计算长度比较大。所选截面除满足强度和容许长细比外，应尽可能增大屋架平面外的刚度，以利于运输和吊装，此时可采用两个不等

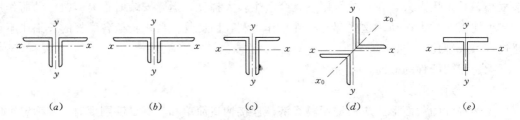

图 5 – 12　杆件的截面形式

肢角钢短肢相连或等肢角钢组成的 T 形截面，也可采用 TW 形截面以满足长细比要求。

（3）对于屋架的支座斜杆及竖杆，由于它在屋架平面内和平面外的计算长度相等，可采用两个不等肢角钢长肢相并而成的 T 形截面，其特点是两个方向的长细比比较接近。连有再分式杆件的斜腹杆因 $l_{0y} > 2l_{0x}$，可采用等肢角钢相并的截面［见图 5 – 12 （a）］。

（4）屋架中其他腹杆，因 $l_{0x} = 0.8l$，$l_{0y} = l$，即 $l_{0y} = 1.25l_{0x}$，所以宜采用两个等肢角钢组成的 T 形截面，这样可使两个方向的长细比比较接近。

（5）与竖向支撑相连的竖腹杆，为使连接不偏心，宜采用两个等肢角钢组成的十字形截面［见图 5 – 12 （d）］。

（6）对于受力特别小的腹杆，也可采用单角钢截面，角钢最小不能小于 ∟45×4 或 ∟56×36×4。

（二）双角钢杆件的填板

为了保证两个角钢组成的杆件共同作用，应在两角钢相并肢之间每隔一定距离设置垫板，并与角钢焊接（见图 5 – 13）。垫板厚度与节点板相同，宽度一般取 40～60mm，长度比角钢肢宽大 10～15mm，以便于与角钢焊接。垫板间距在受压杆件中不大 40i，在受拉杆件中不大于 80i。在 T 形截面中 i 为一个角钢对平行于垫板自身重心轴 1–1 的回转半径［见图 5 – 13 （a）］；在十字形截面中，i 为一个角钢的最小回转半径［见图 5 – 13 （b）］。

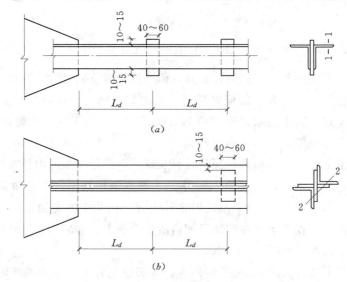

图 5 – 13　双角钢截面垫板

在杆件的计算长度范围内至少设置两块垫板。

（三）杆件的截面选择

1. 截面选择的一般原则

（1）应优先选用肢宽壁薄的角钢，以增加截面的回转半径。角钢规格不宜小于∟45×4 或∟56×36×4。放置屋面板时，上弦角钢水平肢宽不宜小于 80mm。

（2）同一屋架的角钢规格应尽量统一，一般宜调整到不超过 5～6 种，且不应使用肢宽相同而厚度相差不大的规格，以方便配料和避免制造时混料。

（3）跨度大于 24m 的屋架，弦杆可根据内力变化从适当的节点部位处改变截面但半跨内一般只改变一次。

（4）单角钢杆件应考虑偏心影响。

（5）屋架节点板（或 T 形弦杆的腹板）的厚度，对单壁式屋架，可根据腹杆的最大内力（对梯形和人字形屋架）或弦杆端节间内力（对三角形屋架），按表 5-3 选用；对双壁式节点板，则可按上述内力的一半，按表 5-3 采用。

表 5-3　　　　　　　　　单壁式屋架节点板厚度选用表

梯形、人字形屋架腹杆最大内力或三角形屋架弦杆端节间内力（kN）	≤180	181～300	301～500	501～700	701～950	951～1200	1201～1550	1551～2000
中间节点板厚（mm）	6～8	8	10	12	14	16	18	20
支座节点板厚（mm）	10	10	12	14	16	18	20	22

注　节点板钢材为 Q345 或 Q390、Q420 时，节点板厚度可按表中数值适当减小。

2. 截面计算

屋架杆件内力可按结构力学方法求得，然后根据受力性质选择截面和进行验算。

（1）轴心拉杆。按强度条件计算杆件需要的净截面积：

$$A_n = \frac{N}{f} \tag{5-2}$$

式中：N 为轴向拉力；A_n 为杆件的净截面面积；f 为钢材的抗压、抗拉强度设计值，当采用单角钢单面连接时，应乘以折减系数 0.85。

根据 A_n 由角钢规格表中选用回转半径较大而截面面积相对较小且能满足需要的角钢，然后进行强度和刚度验算。

当螺栓孔位于节点板内且离节点板边缘的距离大于或等于 100mm 时，由于焊缝已传递部分内力给节点板，内力减小，且节点板 $\lambda = 80\sim120$，可不考虑螺栓孔的削弱。

（2）轴心压杆。选择截面时，对于压杆，可先假定长细比 λ（弦杆取 $\lambda = 50\sim100$，腹杆取 $\lambda = 80\sim120$），根据压弯构件的稳定公式求出 A、i，参照这些数值然后从角钢规格表中选择合适的角钢，查得实际所用角钢的 A、i，按实际情况进行稳定验算。若不合适，则还需重新选择角钢，重新验算，直到合适为止。

计算稳定时，对于双角钢组成的 T 形截面，计算绕对称轴（设为 y 轴）应考虑扭转的影响，其长细比采用换算长细比 λ_{yz}，对于单角钢截面和双角钢组合 T 形截面绕对称轴的换算长细比可按下列简化公式计算：

1) 等边单角钢截面［见图 5 - 14 (a)］。

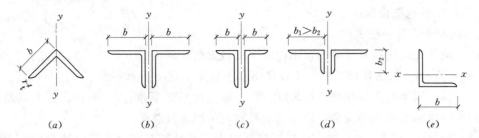

图 5 - 14 单角钢截面和双角钢组合截面

当 $b/t \leq 0.54l_{0y}/b$ 时：

$$\lambda_{yz} = \lambda_y \left(1 + \frac{0.85b^4}{l_{0y}^2t^2}\right) \qquad (5-3)$$

当 $b/t > 0.54l_{0y}/b$ 时：

$$\lambda_{yz} = 4.78\frac{b}{t}\left(1 + \frac{l_{0y}^2t^2}{13.5b^4}\right) \qquad (5-4)$$

式中：b、t 分别为角钢肢宽度、厚度。

2) 等边双角钢截面［见图 5 - 14 (b)］。

当 $b/t \leq 0.58l_{0y}/b$ 时：

$$\lambda_{yz} = \lambda_y \left(1 + \frac{0.475b^4}{l_{0y}^2t^2}\right) \qquad (5-5)$$

当 $b/t > 0.58l_{0y}/b$ 时：

$$\lambda_{yz} = 3.9\frac{b}{t}\left(1 + \frac{l_{0y}^2t^2}{18.6b^4}\right) \qquad (5-6)$$

3) 长肢相并的不等边双角钢截面［见图 5 - 14 (c)］。

当 $b/t \leq 0.48l_{0y}/b_2$ 时：

$$\lambda_{yz} = \lambda_y \left(1 + \frac{1.09b^4}{l_{0y}^2t^2}\right) \qquad (5-7)$$

当 $b/t > 0.48l_{0y}/b_2$ 时：

$$\lambda_{yz} = 5.1\frac{b}{t}\left(1 + \frac{l_{0y}^2t^2}{17.4b^4}\right) \qquad (5-8)$$

4) 短肢相并的不等边角钢截面［见图 5 - 14 (d)］可近似取为

$$\lambda_{yz} = \lambda_y \qquad (5-9)$$

单轴对称的轴心压杆在绕非对称轴以外的［见图 5 - 14 (e)］任一轴失稳时应按弯扭屈曲计算其稳定性。对于单面连接的角钢轴心受压构件，考虑了折减系数以后可以不必考虑扭转效应。

对于屋架中内力很小的腹杆和按构造需要设置的杆件，可按容许长细比来选择截面而无须验算。

(3) 压弯或拉弯杆件。上弦和下弦有节间荷载时，可根据轴心力和局部弯矩按压弯和拉弯杆件进行计算。承受静力荷载或间接承受动力荷载的压弯或拉弯的弦杆，其强度计算公式为

$$\frac{N}{A_n} \pm \frac{M_x}{\gamma_x W_{nx}} \leqslant f \qquad (5-10)$$

式中：γ_x 为截面塑性发展系数；M_x 为考虑节间上、下弦杆的跨中正弯矩或支座负弯矩；W_{nx} 为弯矩作用平面内受压或受拉最大纤维的净截面模量。

当直接承受动力荷载时，不能考虑塑性，按式（5-10）计算时，取 $\gamma_x = 1$。

压弯弦杆稳定计算需考虑弯矩作用平面内和弯矩作用平面外的稳定，其在弯矩作用平面内的稳定计算公式为

$$\frac{N}{\varphi_x A} + \frac{\beta_{mx} M_x}{\gamma_x W_{1x}\left(1 - 0.8\dfrac{N}{N_{Ex}}\right)} \leqslant f \qquad (5-11)$$

其中 $\qquad\qquad\qquad\qquad N_{Ex} = \pi^2 EA/(\gamma_R \lambda_x^2)$

式中：φ_x 为弯矩作用平面内的轴心受压构件稳定系数；N_{Ex} 为考虑抗力分项系数的欧拉临界力；γ_R 为抗力分项系数，对 Q235 钢 $\gamma_R = 1.087$，对 Q345、Q390、Q420 钢 $\gamma_R = 1.111$；W_{1x} 为弯矩作用平面内受压最大纤维的毛截面模量；β_{mx} 为等效弯矩系数，当节间中点有横向集中荷载作用时 $\beta_{mx} = 1 - 0.2N/N_{Ex}$，其他荷载情况时 $\beta_{mx} = 1$。

在弯矩作用平面外的稳定计算公式为

$$\frac{N}{\varphi_y A} + \eta\frac{\beta_{tx} M_x}{\varphi_b W_{1x}} \leqslant f \qquad (5-12)$$

式中：φ_y 为弯矩作用平面外的轴心受压构件稳定系数（按换算长细比求得）；η 为调整系数，箱形截面 $\eta = 0.7$，其他截面 $\eta = 1$；φ_b 为受弯构件整体稳定系数；β_{tx} 为等效弯矩系数，取为 1。

为了设计的方便，规范对压弯构件的整体稳定系数 φ_b 采用了近似计算公式，这些公式已经考虑了构件的弹塑性失稳问题，因此当 $\varphi_b > 0.6$ 时不必换算。

1）工字形截面（含 H 型钢）。

双轴对称时：

$$\varphi_b = 1.07 - \frac{\lambda_y^2}{44000}\frac{f_y}{235} \quad \text{但不大于 1} \qquad (5-13)$$

单轴对称时：

$$\varphi_b = 1.07 - \frac{W_{1x}}{(2\alpha_b + 0.1)Ah}\frac{\lambda_y^2}{44000}\frac{f_y}{235} \quad \text{但不大于 1} \qquad (5-14)$$

其中 $\qquad\qquad\qquad\qquad \alpha_b = I_1/(I_1 + I_2)$

式中：I_1、I_2 分别为受压翼缘、受拉翼缘对 y 轴的惯性矩。

2）T 形截面。

弯矩使翼缘受压时：

双角钢 T 形：

$$\varphi_b = 1 - 0.0017\lambda_y \sqrt{f_y/235} \qquad (5-15)$$

两板组合 T 形（含 T 型钢）：

$$\varphi_b = 1 - 0.0022\lambda_y \sqrt{f_y/235} \qquad (5-16)$$

弯矩使翼缘受拉时：

$$\varphi_b = 1$$

3）箱形截面，φ_b 取为

$$\varphi_b = 1$$

3. 桁架杆件的容许长细比

桁架杆件的最大长细比应不超过规范规定的容许长细比，对一般桁架杆件为：轴心受压或压弯杆件 $[\lambda] = 150$；轴心受拉或拉弯构件 $[\lambda] = 350$，但对直接承受动力荷载的以及有重级工作制吊车厂房中的桁架采用 250，中、重级工作制吊车桁架的下弦杆采用 200。

八、钢屋架节点设计

（一）节点设计的一般要求

屋架节点的作用是使杆件的内力通过各自的杆端焊缝传至节点板取得平衡。节点设计应做到构造合理，强度可靠，以及制造、安装简便。

（1）杆件的形心线理论上应与杆件轴线重合，以免产生偏心受力而引起附加弯矩。但为了方便制造，通常将角钢肢背至形心线的距离取为 5mm 的倍数，以作为角钢的定位尺寸。当弦杆截面有改变时，为方便拼接和安放屋面构件，应使角钢的肢背齐平。此时，应取两形心线的中线作为弦杆的共同轴线，以减少因两个角钢形心线错开而产生的偏心影响（见图 5-15）。当两侧形心线偏移的距离 e 不超过最大弦杆截面高度的 5% 时，可不考虑此偏心的影响。否则应根据交汇处各杆件的线刚度分配由于偏移所引起的附加弯矩。

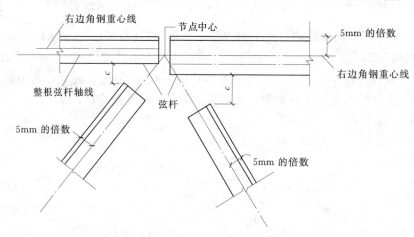

图 5-15 节点处各杆件的轴线

（2）弦杆与腹杆或腹杆与腹杆之间的间隙 c 不宜小于 15～20mm，以便于施焊和避免焊缝过于密集而使钢材过热变脆。

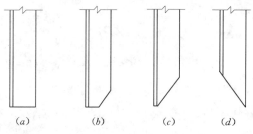

图 5-16 角钢端部切割形式

（3）角钢端部一般应与杆件轴线垂直切割 [见图 5-16（a）]。但有时为了减小节点板尺寸，也可采用图 5-16 所示形式，将其一肢斜切一角 [见图 5-16（b）、（c）]。图 5-16（d）所示形式不宜采用，因为其不能使用机械切割。

（4）节点板的形状应简单而规则，宜

至少有两边平行，一边采用矩形、平行四边形和直角梯形等，以防止有凹角等产生应力集中。节点板边缘与杆件轴线的夹角不应小于15°，腹杆与弦杆的连接应尽量使焊缝中心受力，使之不出现连接的偏心弯矩。节点板的平面尺寸，一般应根据杆件截面尺寸和腹杆端部焊缝长度画出大样来确定，但考虑施工误差，平面尺寸可适当放大。

（5）大型屋面板的上弦杆，当支承处的集中荷载设计值超过表5-4的数值时，弦杆的伸出肢容易弯曲，应对其采用图5-17的做法予以加强。

表 5 - 4　　　　　　　　　　弦杆不加强的最大节点荷载

角钢（或 T 型钢翼缘板）厚度（mm）	Q235 钢	8	10	12	14	16
	Q345 钢、Q390 钢	7	8	10	12	14
支承处总集中荷载设计值（kN）		25	40	55	75	100

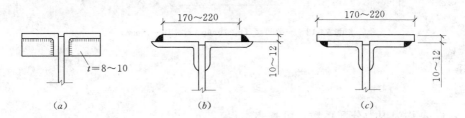

图 5 - 17　上弦杆角钢的加强

（二）角钢屋架的节点设计

节点设计宜结合绘制屋架施工图进行。节点的设计步骤如下：

（1）按正确角度画出交汇于该节点的各杆轴线。

（2）按比例画出与各轴线相应的角钢轮廓线，并依据杆件间距离要求 c 确定杆端位置。

（3）根据已计算出的各杆件与节点板的连接焊缝尺寸，布置焊缝，并绘于图上。

（4）确定节点板的合理形状和尺寸。节点板应框进所有焊缝，并主张沿焊缝长度方向多留约 $2h_f$ 的度以考虑施焊时的焊口，垂直于焊缝长度方向应留出 15～20mm 的焊缝位置。

钢桁架的节点主要有一般节点、有集中荷载的节点、弦杆的拼接节点和支座节点几种类型，下面分别说明其设计方法。

1. 一般节点的设计

一般节点是指无集中荷载和无弦杆拼接的节点，例如无悬挂荷载的屋架下弦的中间节点。其构造形式如图5-18所示，画出节点处几个杆件的轴线和外形后，根据 N_3、N_4、N_5 可求得三根腹杆所需的焊缝长度，按作图比例可确定图中1～6点，节点的形状与尺寸应将1～6点全部框进去。为方便施焊，节点板伸出弦杆肢背10～15mm。由于弦杆角钢一般连续，故弦杆与节点板的连接焊缝只承受弦杆相邻节间内力之差 $\Delta N = N_2 - N_1$。

按下列公式计算其焊脚尺寸：

肢背焊缝：

$$h_{f1} \geqslant \frac{\alpha_1 \Delta N}{2 \times 0.7 l_w f_f^w} \tag{5-17}$$

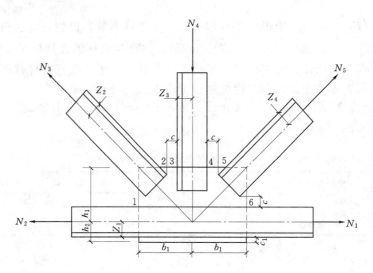

图 5-18 一般节点（$c \geqslant 20\text{mm}$，$c_1 = 10 \sim 15\text{mm}$）

肢尖焊缝：

$$h_{f2} \geqslant \frac{\alpha_2 \Delta N}{2 \times 0.7 l_w f_f^w} \qquad (5-18)$$

式中：α_1、α_2 均为内力分配系数，可查表求得。

通常 ΔN 很小，实际的焊脚尺寸可由构造要求确定，并沿节点板全长满焊。

2. 有集中荷载作用的节点

为便于大型屋面板或檩条连接角钢的放置，常将节点板缩进上弦角钢背〔见图 5-19（a）〕，缩进距离一般为 $2t/3$，t 为节点板厚度。此塞焊缝的质量通常难以保证，故常用近似计算方法，即假定该塞焊缝为两条焊脚尺寸为 $0.5t$ 的角焊缝，并且只承受集中力 P 的作用（忽略屋面坡度的影响）。

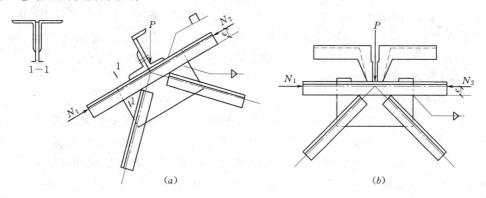

图 5-19 有集中荷载的节点

因此，塞焊缝应当满足：

$$\sigma_f = \frac{P}{2 \times 0.7 h_{f1} l_{w1}} \leqslant \beta_f f_f^w \qquad (5-19)$$

式中：P 为节点集中荷载；h_{f1} 为焊脚尺寸，取 $h_{f1} = 0.5t$；β_f 为正面焊缝强度提高系数，对于直接承受动力荷载的屋架不考虑强度提高。

实际上当 P 不大时，可按构造满焊。

弦杆相邻节间的内力差 $\Delta N = N_2 - N_1$，则由弦杆角钢肢尖与节点板的连接焊缝承受，计算时计入偏心弯矩 $M = \Delta N \times e$（e 为角钢肢尖至弦杆轴线的距离），按下列公式计算：

对 ΔN，有

$$\tau_f = \frac{\Delta N}{2 \times 0.7 h_{f2} l_w} \qquad (5-20)$$

对 M，有

$$\sigma_f = \frac{6M}{2 \times 0.7 h_{f2} l_w} \qquad (5-21)$$

验算公式为

$$\sqrt{\left(\frac{\sigma_f}{\beta_f}\right)^2 + \tau_f^2} \leqslant f_f^w \qquad (5-22)$$

式中：h_{f2} 为肢尖焊缝的焊脚尺寸。

若集中力比较大或节点板向上伸出不妨碍屋面构件的放置，或因相邻弦杆的内力差较大、肢尖焊缝不满足要求时，可将节点板部分向上伸出或全部伸出上弦肢背 $10 \sim 15 \text{mm}$ [见图 $5-19$ (b)]，此时肢背、肢尖焊缝共同承受 ΔN 和集中力 P 的作用，且不计屋架坡度的影响，则焊缝强度应满足下列公式：

肢背焊缝：

$$\sqrt{\left(\frac{P/2}{\beta_f \times 2 \times 0.7 h_{f1} l_{w1}}\right)^2 + \left(\frac{\alpha_1 \Delta N}{2 \times 0.7 h_{f1} l_{w1}}\right)^2} \leqslant f_f^w \qquad (5-23)$$

肢尖焊缝：

$$\sqrt{\left(\frac{P/2}{\beta_f \times 2 \times 0.7 h_{f2} l_{w2}}\right)^2 + \left(\frac{\alpha_2 \Delta N}{2 \times 0.7 h_{f2} l_{w2}}\right)^2} \leqslant f_f^w \qquad (5-24)$$

式中：h_{f1}、l_{w1} 分别为伸出肢背的焊缝焊脚尺寸、计算长度；h_{f2}、l_{w2} 分别为肢尖焊缝的焊脚尺寸、计算长度。

3. 弦杆拼接节点

弦杆的拼接分工厂拼接和工地拼接两种。工厂拼接是因角钢供应长度不足时所做的拼接，通常设在内力较小的节间内。工地拼接是在桁架分段制造和运输时的安装接头，弦杆拼接节点多设在跨度中央。但芬克式三角形屋架也可设在下弦中间杆的两端。为保证拼接处具有足够的强度和在桁架平面外的刚度，弦杆的拼接应采用拼接角钢。拼接角钢截面规格取与弦杆相同截面规格，拼接角钢的直角边棱角应切去 [见图 $5-20$ (b)]，以便与弦杆角钢贴紧。此外，为了施焊还应将角钢竖肢切去 $\Delta = t + h_f + 5 \text{mm}$（$t$ 为角钢厚度；h_f 为焊缝的焊脚尺寸；5mm 为避开弦杆角钢肢尖圆角的余量）。切棱切肢引起的截面削弱，一般不超过原截面的 15%。故节点板可以补偿。

拼接角钢的长度应根据拼接角钢与弦杆之间焊缝的长度确定，一般可按被拼接处弦杆的最大内力或偏于安全地取与弦杆等强（宜用于拉杆）计算，并假定 4 条拼接焊缝均匀受力。按等强计算时，接头一侧需要的焊缝计算长度为

$$l_w = \frac{Af}{4 \times 0.7 h_f f_f^w} \qquad (5-25)$$

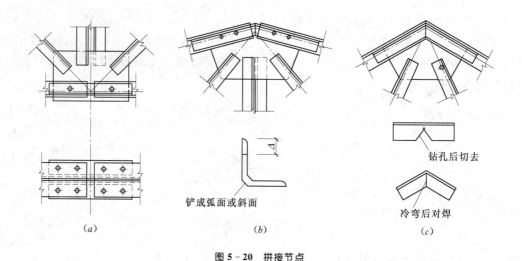

图 5 - 20　拼接节点

式中：A 为弦杆的截面面积。

拼接角钢的总长度为

$$l = 2(l_w + 10) + a \qquad (5 - 26)$$

式中：a 为弦杆端头的距离，下弦取 $a = 10 \sim 20\text{mm}$，上弦取 $a = 30 \sim 50\text{mm}$。

弦杆与节点板的连接焊缝，可按较大一侧弦杆内力 N 的 15％与节点两侧弦杆的内力 ΔN 两者中的较大值计算。当节点处还作用有集中荷载 P 时，则应按两方向力共同作用计算。

为了拼接节点能正确定位和便于工地焊接，应设置安装螺栓。屋架屋脊拼接节点，其构造与下弦中央拼接节点基本相同。拼接角钢的弯折角较小时一般采用热弯成型；当屋面坡度较大使弯折角较大时，可先在角钢竖肢上钻小圆孔再切割，然后冷弯成型并将切口处对焊。也可将上弦切断直接焊于钢板上。两侧上弦杆端部的切割可为直切或斜切。其连接的计算方法同一般的弦杆拼接。

4. 支座节点

屋架与柱的连接分刚接和铰接两种形式。支撑在钢筋混凝土柱上的屋架只能采用铰接，支撑在钢柱上的梯形屋架则多采用刚接支座节点。当与柱铰接时的构造形式如图 5 - 21 所示。下面详细介绍铰接支座的设计。

铰接支座节点由节点板、底板、加劲肋和锚栓组成。加劲肋应设在节点的中心，其轴线与支座反力的作用线应重合，且相交于支座节点处各杆轴线的交点。为便于施焊，下弦杆与底板间净距 d 一般应不小于下弦角钢水平肢的宽度，且不小于 150mm。锚栓常采用 M20～M24，预埋于钢筋混凝土柱顶。为便于屋架安装调整，底板上的锚栓孔直径应比锚栓直径大 1～1.5 倍或做成 U 形缺口。屋架定位后，再用孔径比锚栓直径大 1～2mm、厚度与底板同厚的垫板套住锚栓后与底板焊牢，然后再用螺母紧固。

铰接支座的传力途径：支座节点各杆件的轴力通过焊缝传给节点板，再经节点板和加劲肋把力传给支座底板，最后传给柱子。因而支座节点的计算包括底板计算、加劲肋及其焊缝计算以及底板焊缝计算。

（1）底板面积：

$$A = \frac{R}{f_{cc}} + A_0 \qquad (5-27)$$

式中：R 为屋架支座反力；f_{cc} 为混凝土轴心受压强度设计值；A_0 为锚栓孔或缺口面积。

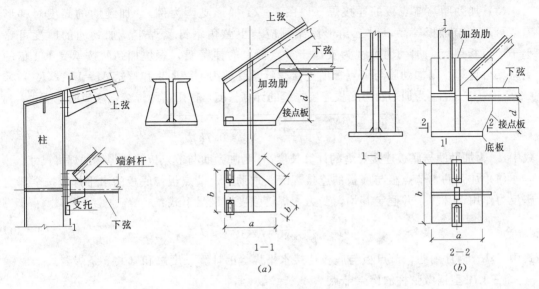

图 5-21 支座节点

矩形底板可先假定一边的长度，即能求得另一边的长度。考虑到开栓孔的构造需要，通常底板的短边尺寸不得小于 200mm。按计算需要的底板面积一般较小，主要是通过构造要求（锚杆直径、位置以及支撑的稳定性等）确定底板的平面尺寸。

（2）底板的厚度。底板可视为支撑于节点板和加劲肋上受均布反力作用的板件，根据被节点板和加劲肋分割的情况，各区格可以为四边支承板、三边简支一边自由板、相邻两边支承板、三边自由伸臂板。为使柱顶反力均布，底板不宜太薄，一般情况下底板厚度应大于 16mm（当屋架标志跨度 $L \leqslant 18m$）或 20mm（当屋架标志跨度 $L > 18m$），以保证底板有足够刚度。底板的厚度还应满足抗弯强度要求，即

$$t \geqslant \sqrt{\frac{6M_{max}}{f}} \qquad (5-28)$$

式中：M_{max} 为底板各个区格中的最大弯矩，四边支承区格 $M = \alpha q a^2$，三边支承区相邻支承区格 $M = \beta q a_1^2$，一边支承区格 $M = q c^2/2$；α 为系数，根据长边 b 与短边 a 之比按表 5-5 采用；β 为系数，根据 b_1/a_1 由表 5-6 查得，对三边支承区格 b_1 为垂直于自由边的宽度，对相邻边支承区格，b_1 为内角顶点到对角线的垂直距离（见图 5-21）；q 为底板下的净反力；f 为钢材抗拉强度设计值。

表 5-5 四边支承板的系数 α

b/a	1.0	1.2	1.4	1.6	1.8	2.0	3.0	$\geqslant 4.0$
α	0.048	0.063	0.075	0.086	0.095	0.101	0.119	0.125

表 5 - 6 三边支承一边自由板或相邻两边支承板的系数 β

b_1/a_1	0.3	0.4	0.5	0.6	0.7	0.8	0.9	1.0	1.1	$\geqslant 1.2$
β	0.026	0.042	0.056	0.072	0.085	0.092	0.104	0.111	0.120	0.125

（3）加劲肋与节点板的连接焊（以图 5 - 21 梯形支座为例）。加劲肋的高度对梯形屋架可取与节点板等高，对三角形屋架则应与上弦角钢钉紧焊牢。加劲肋的厚度可略小于节点板厚度。加劲肋可视为支撑于节点板上的伸臂梁，每块加劲肋按承受 1/4 倍的支座反力计算，则加劲肋与节点板的连接焊缝承受剪力 $V=R/4$ 和弯矩 $M=Ve=(R/4)\times(l_w/2)=Rl/8$（$l_w$ 为加劲肋与底板连接焊缝的计算长度）作用，则焊缝强度应满足下式：

$$\sqrt{\left(\frac{6M}{\beta_f\times 2\times 0.7h_f l_w^2}\right)^2+\left(\frac{V}{2\times 0.7h_f l_w}\right)^2}\leqslant f_f^w \tag{5-29}$$

式中：l_w 为加劲肋与底板连接焊缝的计算长度；h_f 为加劲肋与节点板连接焊缝的焊脚尺寸。

（4）加劲肋、节点板与底板的连接焊缝。加劲肋、节点板与底板的水平焊缝按全部支座反力作用下计算，并假定其均匀受力，焊缝强度应满足下式：

$$\sigma_f=\frac{R}{\beta_f\times 0.7h_f\sum l_w}\leqslant f_f^w \tag{5-30}$$

式中：$\sum l_w$ 为加劲肋、节点板与底板连接水平焊缝的计算长度总和（共 6 条焊缝）。

（三）T 型钢做弦杆的屋架节点

采用 T 型钢做屋架弦杆，当腹杆也用 T 型钢或单角钢时，腹杆与弦杆可以直接焊在弦杆上，可省工省料；当腹板也采用双角钢时，则需设节点板，节点板与弦杆采用对接焊缝，此焊缝承受弦杆相邻节间的内力差 $\Delta N=N_2-N_1$ 以及内力差产生的偏心弯矩 $M=\Delta N\times e$，可按下式计算：

$$\tau=\frac{1.5\Delta N}{l_w t}\leqslant f_v^w \tag{5-31}$$

$$\sigma=\frac{\Delta Ne}{\frac{1}{6}tl_w^2}\leqslant f_t^w \quad \text{或} \quad f_c^w \tag{5-32}$$

式中：l_w 为节点板长度（无引弧板要减去弧坑）；t 为节点板厚度，通常取与 T 型钢腹板等厚或相差不超过 1mm。

由于双角钢腹板与 T 型钢腹板等厚或相差不超过 1mm，所以腹杆可伸入型钢腹板（见图 5 - 22），这样可减小节点板尺寸。

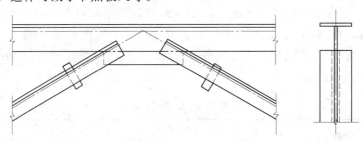

图 5 - 22 T 型钢节点

九、钢屋架施工图绘制

钢结构施工图是制造厂加工制造构件和工地结构安装的主要依据，一般包括结构安装图和构件图两种类型的图纸。必要时还应有关于设计、材料、制造和安装等的总说明。本节主要讲述钢屋架结构施工图。施工图的绘制特点和要求说明如下。

（一）桁架简图

通常在图纸左上角绘一屋架简图，比例视图纸空隙大小而定。图中一半注上几何长度（mm），另一半注上杆件的计算内力（kN）。对于铰接屋架，当梯形跨度大于 24m 或三角形跨度大于 15m 时，挠度较大，影响使用与外观，制作时应考虑起拱，拱度约为 $L/500$，起拱值可标注在简图中，也可以注在说明中。

为了抵偿桁架在荷载作用下的挠度，以免影响使用和外观，起拱时应使桁架在各截面处的高度都保持不变（或局部略有增大），以免降低桁架的刚度和承载力。为此，可采用桁架跨度正中上、下弦节点拱度均为 $f=l/500$。当起拱后下弦杆有水平段（见图 5-23）时，则采用屋脊节点总起拱量为 $f=l/500$，下弦水平段起拱量按比例为 $f_1=f(\overline{AC}/\overline{AE})$，这样两侧 AC 段内桁架高度保持与起拱前相等而 CE 水平段内桁架高度略有增大。桁架杆件内力计算应按拱后尺寸进行，但为简便也可按起拱前尺寸进行。

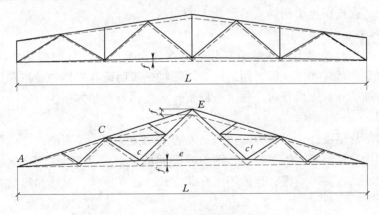

图 5-23 钢屋架起拱

（二）构件详图

构件详图占据构件图的主要图面。对桁架式构件应包括桁架的正面图、上下弦平面图、端部和中央剖面图，以及其他有支撑连接件或特殊零件处的剖面图等。对称桁架可只画左半部分，但需将上、下弦中央拼接节点画完全，以便表示右半部分因工地拼接引起的少量差异，如安装螺栓、某些工地焊缝以及相应的零件不同编号等。

钢桁架的特点是杆件长而细，构件图所需重点表示的节点部分只占整个图面的很小部分。为了用较小图幅画出较大节点细节，通常按两种比例尺画图：先用一种比例尺画桁架轴线图（对普通钢屋架常用 1/20），再在每个节点中心处用放大一倍的比例尺（即 1/10）画节点细部。这种图中每个节点图均为 1/10 比例尺，但相邻节点已经靠近，其间连接杆件的角度方向正确，而长度已被缩减一半，缩短杆件一般仍画成直通而不用折断线隔开，并将其间小填板按大致均匀间距画出。杆件实际长度不能用 1/20 或 1/10 比例尺直接量得，而应取节点中心距离（按 1/20 比例尺或计算控制值）减去两端的端距（节点中心至杆端的距离，按 1/10 比例尺）。

在施工图中应注明各构件的型号和尺寸。只有在两个构件的所有零件的形状、尺寸、数量和装配位置等完全相同时才给予相同编号。不同类型的构件（如屋架、天窗架、支撑等），还应在其编号前冠以不同的字母代号（如屋架用 W、天窗架用 TJ、支撑用 C 等）。此外，连支撑、系杆的屋架和不连支撑、系杆的屋架因在连接孔和连接零件上有所区别，一般给予不同编号 W1、W2、W3 等，但可以只绘制一张施工图，但不同的支撑、连接或螺孔等要分别用各自的编号标明。

构件图中应注明全部零件（角钢、钢板等）的编号、规格和尺寸，包括加工尺寸和拼装定位尺寸、孔洞位置等，以及车间加工和工地安装的所有要求。定位尺寸主要有：弦杆节点间的距离、轴线到角钢背的距离（对不等边角应同时注明图面上的角钢边宽）、节点中心到杆端的距离、节点中心到节点板上、下、左、右边缘的距离等；螺栓孔位置尺寸应从节点中心、轴线或角钢背起注明；钢板和角钢斜切应按坐标尺寸注明；孔洞和螺栓直径、焊缝尺寸及所有要求都应注明，工地螺栓或焊缝也应用符号标明。

（三）零件或节点大样图

某些形状特殊、开孔或连接较复杂的零件或节点，在整体图中不便表达清楚时，可移出另画大样图。大样图可用相同或酌量放大的比例尺。

（四）材料表

材料表按构件（并列出构件数量）分别汇列其全部组成零件的编号、截面规格、长度，数量、重量和特殊加工注明。用以配合详图进一步明确各零件的规格和尺寸，并为材料准备、零件加工和保管以及构件技术指标统计等提供资料和方便。

（五）说明

说明包括不易用图表达以及为简化图面而宜于用文字集中说明的内容。例如钢材（构件、螺栓）的标号和要求、焊条型号、图中未注明的焊缝尺寸和螺栓类型、规格、孔径，以及加工、拼装、连接、油漆、运输等工序的方式、注意事项、操作和质量要求等。

第三节 设 计 例 题

一、设计资料

连云港市某机械加工单跨厂房，跨度 24m，厂房总长 90m，柱距 6m。屋架支承在钢筋混凝土柱上，上柱截面为 400mm×400mm，混凝土强度等级为 C20。厂房设有两台 20/5t 的 A5 工作级别（中级工作制）吊车。计算温度高于 −20℃，地震设防烈度为 7 度。采用 1.5m×6m 预应力混凝土大型屋面板，8cm 厚泡沫混凝土保温层，卷材屋面，屋面坡度 $i=1/10$。屋架铰接在钢筋混凝土柱上。要求设计焊接连接的钢屋架并绘制施工图。

二、钢材和焊条的选择

根据本工程所在地区的冬季温度、屋架所受的荷载特性（静力荷载）和连接方法（焊接构件），钢材选用 Q235-A.F，要求保证抗拉强度、伸长率、屈服强度、冷弯性能等力学性能指标及硫、磷、碳的含量等化学成分的合格。焊条选用 E4303 型，手工焊。C 级螺栓和铆栓也采用 Q235-A.F。

三、屋架形式和几何尺寸

由于采用了大型屋面板的屋架为无檩体系，且建筑要求的屋面坡度较小（$i=1/10$），故选用平坡梯形屋架。

屋架的计算跨度为每端支座中线缩进150mm（屋架支座反力点与厂房纵向轴线的距离），则屋架的计算跨度 $l_0=l-2\times0.15=24-0.3=23.7$（m）（吊车吨位为 20/5t，采用封闭式组合）。

屋架端部、中部高度按屋架端部高度的选择要求，宜在 1.8~2.1m，本例题选屋架端部高度为1990mm，则中部高度为 $1990+（24000/2）\times0.1=3190$（mm），满足刚度以及经济性对跨中高度的要求。

屋架跨度为 24m 的梯形屋架，因为跨中可以起拱 $f=24000/500=48$（mm），取50mm。根据每块屋面板宽度1500mm，为尽量使屋架受节点荷载，将上弦划分为 8 个节间，基本上可以保证节点受力，屋架各杆件的几何尺寸如图 5-24 所示。

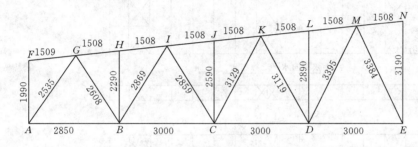

图 5-24　屋架杆件几何尺寸

四、屋盖支撑布置

根据车间长度、跨度和荷载情况设置三道上下弦横向水平支撑（见图 5-25）。考虑到柱网的布置情况，因为第一柱间间距小于 6m，因此厂房两端的横向水平支撑设在第二柱间。在第一柱间的上弦设置刚性系杆保证安装时上弦杆的稳定，下弦设置刚性系杆以传递风荷载。在设置水平支撑的柱间，在屋架跨中及两端，两屋架间共设置三道垂直支撑。屋脊节点以及屋架支座处沿厂房通长设置刚性系杆，屋架下弦跨中通长设置一道柔性系杆。

所有屋架采用同一规格，但因支撑孔和支撑连接板的不同，分为三个编号：中部仅仅与系杆相连的屋架共 8 榀为 GWJ-1（设 6 道系杆的连接板）；与水平支撑相连的屋架共 6 榀为 GWJ-2（需增设横向水平支撑的螺栓连接孔和支撑横杆连接板）；端部屋架除与刚性系杆相连外，还与抗风柱等有关构件连接共 2 榀为 GWJ-3。

五、荷载和内力计算

（一）荷载计算

大型屋面板（包括灌缝）	1.5kN/m²
防水层及找平层（20mm）	0.74kN/m²
泡沫混凝土保温层（80mm）	0.50kN/m²
悬挂管道	0.10kN/m²

屋架及支撑自重　$0.12+0.011L=0.12+0.011\times24=0.39$（kN/m²）（沿水平面分布）

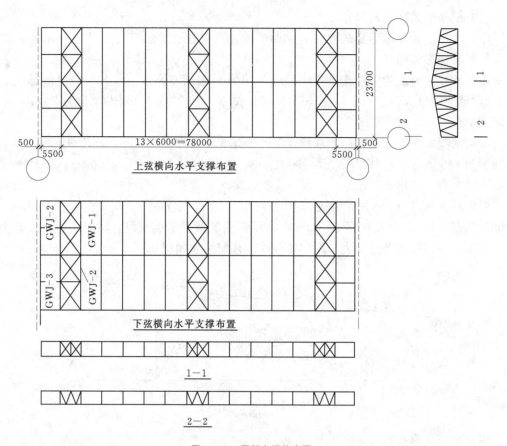

图 5 - 25 屋架支撑的布置

恒荷载总和	3.23kN/m²
活荷载	0.6kN/m²（沿水平面分布）
雪荷载	0.2kN/m²（沿水平面分布）

活荷载与雪荷载两者中取较大值参与组合。

风荷载对屋面为吸力，此屋盖为非轻型屋盖且坡度很小，可以不考虑风荷载的影响。

因为屋面坡度小，所有荷载都可以近似地按沿水平面分布来考虑。

（二）荷载组合

一般考虑全跨荷载，对跨中的部分斜杆可考虑半跨荷载，如果设计时将跨中每侧各 2 根斜杆均按压杆控制其长细比，可以不必考虑半跨荷载作用的情况。本例为了更直观地比较杆件内力的变化，仍然选用了此种组合。

节点荷载设计值：

按可变荷载效应控制的组合（永久荷载：荷载分项系数 $\gamma_G = 1.2$，屋面活荷载或雪荷载分项系数为 $\gamma_Q = 1.4$）。

按永久荷载效应控制的组合（永久荷载：荷载分项系数 $\gamma_G = 1.35$，屋面活荷载或雪

荷载分项系数为 $\gamma_Q = 1.4$），可变荷载的组合系数为 $\psi_{ci} = 0.7$。

（1）使用阶段：

1）全跨永久荷载＋全跨可变荷载组合时的节点荷载设计值：

按由永久荷载效应控制的组合：

$$P = (1.35 \times 3.23 + 1.4 \times 0.6 \times 0.7) \times 1.5 \times 6 = 44.5(\text{kN})$$

按由可变荷载效应控制的组合：

$$P = (1.2 \times 3.23 + 1.4 \times 0.6) \times 1.5 \times 6 = 42.4(\text{kN})$$

2）全跨永久荷载＋半跨可变荷载组合，这种组合的主要目的是验算靠近中部腹杆的变力，永久荷载效应对结构是有利的，所以取 $\gamma_G = 1.0$，并且取按可变荷载控制的组合（不考虑最大可变荷载的组合系数），节点的集中荷载设计值为

$$P_{全恒} = 1.0 \times 3.23 \times 1.5 \times 6 = 28.3(\text{kN})$$

$$P_{半活} = 1.4 \times 0.6 \times 1.5 \times 6 = 6.3(\text{kN})$$

（2）施工阶段（半跨安装屋面板时，永久荷载效应对结构是有利的）：

1）全跨为屋架及支撑重量，节点的集中荷载设计值：

$$P_{屋架} = 1.0 \times 0.39 \times 1.5 \times 6 = 3.51(\text{kN})$$

2）半跨屋面板及施工荷载产生的节点集中荷载设计值：

按由永久荷载控制的组合：

$$P_{半施} = (1.35 \times 1.5 + 1.4 \times 0.6 \times 0.7) \times 1.5 \times 6 = 23.3(\text{kN})$$

按由可变荷载控制的组合：

$$P_{半施} = (1.2 \times 1.5 + 1.4 \times 0.6) \times 1.5 \times 6 = 23.16(\text{kN})$$

（三）桁架的内力计算

本例的桁架在半跨单元承受单位节点力的桁架模型如图5-26所示。各杆件内力系数采用结构力学求解器求得，如图5-27所示。

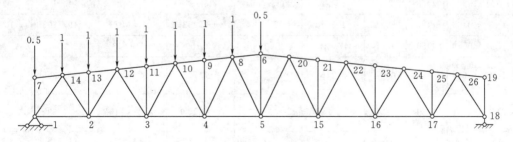

图5-26　屋架计算模型

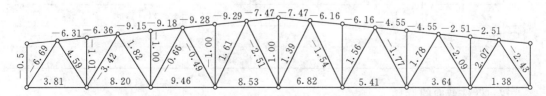

图5-27　半跨单位荷载作用下的杆件内力

（四）杆件的内力组合

杆件的内力组合见表5-7。

表5-7　　　　　　　　　　　　杆件的内力组合表

杆件名称		杆内力系数 P=1			全跨永久荷载+全跨可变荷载 P=44.5kN N=P×③	全跨永久荷载+半跨可变荷载 P全=28.3kN, P半=6.3kN		全跨屋架支撑+半跨屋面板+半跨可变荷载 P全=3.51kN, P半=23.3kN		计算内力(kN)
		在左半跨 ①	在右半跨 ②	全跨 ③		可变荷载在左半跨 P全×③+P半×①	可变荷载在右半跨 P全×③+P半×②	可变荷载在左半跨 P全×③+P半×①	可变荷载在右半跨 P全×③+P半×②	
上弦杆	FG	0	0	0	0	0	0	0	0	0
	GI	−6.36	−2.51	−8.87	−394.715	−291.089	−266.834	−179.3217	−89.6167	−395
	IK	−9.18	−4.55	−13.73	−610.985	−446.393	−417.224	−262.0863	−154.2073	−611
	KM	−9.29	−6.16	−15.45	−687.525	−495.762	−476.043	−270.6865	−197.7575	−688
	MN	−7.47	−7.47	−14.94	−664.83	−469.863	−469.863	−226.4904	−226.4904	−665 (−226)
下弦杆	AB	3.81	1.38	5.19	230.955	170.88	155.571	106.9899	50.3709	231
	BC	8.20	3.64	11.84	526.88	386.732	358.004	232.6184	126.3704	527
	CD	9.46	5.41	14.87	661.715	480.419	454.904	272.6117	178.2467	662
	DE	8.53	6.82	15.35	683.075	488.144	477.371	252.6275	212.7845	683
斜腹杆	AG	−6.69	−2.43	−9.12	−405.84	−300.243	−273.405	−187.8882	−88.6302	−406
	GB	4.59	2.07	6.66	296.37	217.395	201.519	130.3236	71.6076	296
	BI	−3.42	−2.09	−5.51	−245.195	−177.479	−169.1	−99.0261	−68.0371	−245
	IC	1.82	1.78	3.6	160.2	113.346	113.094	55.042	54.11	160
	CK	−0.66	−1.77	−2.43	−108.135	−72.927	−79.92	−23.9073	−49.7703	−108
	KD	−0.49	1.56	1.07	47.615	27.194	40.109	−7.6613	40.1037	48(−8)
	DM	1.61	−1.54	0.07	3.115	12.124	−7.721	37.7587	−35.6363	38 (−36)
	ME	−2.51	1.39	−1.12	−49.84	−47.509	−22.939	−62.4142	28.4558	29 (−63)
竖杆	AF	−0.5	0	−0.5	−22.25	−17.3	−14.15	−13.405	−1.755	−22
	BH	−1.01	0	−1.01	−44.945	−34.946	−28.583	−27.0781	−3.5451	−45
	CJ	−1.0	0	−1	−44.5	−34.6	−28.3	−26.81	−3.51	−45
	DL	−1.0	0	−1	−44.5	−34.6	−28.3	−26.81	−3.51	−45
	EN	1.0	1.0	2.0	89	62.9	62.9	30.32	30.32	89

六、杆件截面的选择

（一）上弦

整个上弦不改变截面。

(1) 按使用阶段的最大杆力设计。$N = 688\text{kN}$，计算长度为 $l_{0x} = 1509\text{mm}$，$l_{0y} = 3018\text{mm}$（按大型屋面板与屋架保证三点可靠焊连考虑，取两屋面板的宽度）。由于腹杆最大杆力为 406kN，取中间节点板厚度 $t = 10\text{mm}$，支座节点板厚度 $t = 12\text{mm}$。

假设 $\lambda = 60$，采用的双角钢截面为 b 类截面，查表得：$\varphi = 0.87$，需要的截面面积为

$$A = \frac{N}{\varphi f} = \frac{688 \times 10^3}{0.807 \times 215} = 3965(\text{mm}^2)$$

需要的回转半径为

$$i_x = \frac{l_{0x}}{\lambda} = \frac{1509}{60} = 25.15\text{mm} = 2.515(\text{cm})$$

$$i_y = \frac{l_{0y}}{\lambda} = \frac{3018}{60} = 50.3\text{mm} = 5.03(\text{cm})$$

根据需要的 i_x、i_y、A 查角钢规格，选用 $2\lfloor 125 \times 80 \times 12$ 的不等边角钢短边相连组成 T 形截面，有

$$A = 46.8\text{cm}^2, i_x = 2.24\text{cm}, i_y = 6.16\text{cm}$$

验算如下：

$$\lambda_x = \frac{150.9}{2.24} = 67.4 < [\lambda] = 150$$

$$\lambda_y = \frac{301.8}{6.16} = 49$$

短肢相并的角钢，可近似地取

$$\lambda_{yz} = \lambda_y = 49 < [\lambda] = 150$$

由 $\lambda_x = 67.4$ 查得 $\varphi = 0.768$（b 类），则

$$\sigma = \frac{N}{\varphi A} = \frac{688 \times 10^3}{0.768 \times 4680} = 191(\text{N/mm}^2) < f = 215\text{N/mm}^2$$

满足使用阶段要求。

(2) 施工阶段上弦稳定验算。当在吊装右半跨吊装屋面板时，$N_1 = 226\text{kN}$（压力），$N_2 = 0$，左半跨屋架的平面外计算长度按下列公式计算：

$$l_{0y} = l_1 \left(0.75 + 0.25 \frac{N_2}{N_1}\right) = 0.75 l_1 = 0.75 \times 12065 = 905(\text{cm})$$

式中：l_1 为半跨上弦的长度。

$$\lambda_{yz} \approx \lambda_y = \frac{l_{0y}}{i_y} = \frac{905}{6.16} = 147 < [\lambda] = 150$$

查表得 $\varphi = 0.318$，则

$$\sigma = \frac{N}{\varphi A} = \frac{226 \times 10^3}{0.318 \times 4680} = 151(\text{N/mm}^2) < f = 215\text{N/mm}^2$$

满足要求，允许半跨吊装。

（二）下弦

整个下弦不改变截面，$N = 683\text{kN}$，$l_{0x} = 300\text{cm}$，$l_{0y} = 1200\text{cm}$，需要的净截面面积为

$$A = \frac{N}{f} = \frac{683 \times 10^3}{215} = 3177(\text{mm}^2)$$

选用 $2 \llcorner 110 \times 70 \times 10$ 的不等边角钢短边相连组成 T 形截面，$A = 34.33 \text{cm}^2$，$i_x = 1.96 \text{cm}$，$i_y = 5.48 \text{cm}$。

验算如下：

$$\lambda_x = \frac{300}{1.96} = 153 < [\lambda] = 350$$

$$\lambda_y = \frac{1200}{5.48} = 219 < [\lambda] = 350$$

$$\sigma = \frac{N}{A} = \frac{683 \times 10^3}{3433} = 199(\text{N/mm}^2) < f = 215\text{N/mm}^2$$

满足要求。

CD 杆内的内力为 662kN，接近于 DE 杆的最大内力，CD 杆内有螺栓孔削弱，应使得螺杆孔的位置至节点板边缘的距离 $a \geqslant 100\text{mm}$。

（三）端斜杆

$$N = -406\text{kN}, l_{0x} = l_{0y} = 253.5\text{cm}$$

选用 $2 \llcorner 100 \times 80 \times 10$ 的不等边角钢长边相连组成 T 形截面，$A = 34.4 \text{cm}^2$，$i_x = 3.12 \text{cm}$，$i_y = 3.53 \text{cm}$。

验算如下：

$$\lambda_x = \frac{253.5}{3.45} = 74 < [\lambda] = 150$$

$$\lambda_y = \frac{253.5}{3.53} = 72$$

对于 y 轴要考虑扭转效应的影响，采用换算长细比。

对于长边相连的不等边双角钢，可以采用以下简化公式：

$$\frac{b_2}{t} = \frac{80}{10} = 8 < \frac{0.48 l_{0y}}{b_2} = \frac{0.48 \times 2535}{80} = 15.21$$

所以有

$$\lambda_{yz} = \lambda_y \left(1 + \frac{1.09 b_2^4}{l_{0y}^2 t^2}\right) = 72 \times \left(1 + \frac{1.09 \times 80^4}{2535^2 \times 10^2}\right) = 77 < [\lambda] = 150$$

查表得 $\varphi = 0.707$（b 类截面），则

$$\sigma = \frac{N}{\varphi A} = \frac{406 \times 10^3}{0.707 \times 3440} = 167(\text{N/mm}^2) < f = 215\text{N/mm}^2$$

可以满足设计要求。

（四）斜腹杆

GB 杆：

$N = 296\text{kN}, l_{0x} = 0.8l = 0.8 \times 260.8 = 209(\text{cm}), l_{0y} = l = 260.8\text{cm}$，需要的净截面面积为

$$A = \frac{N}{f} = \frac{296 \times 10^3}{215} = 1377(\text{mm}^2)$$

选用 $2 \llcorner 63 \times 6$ 的等边角钢相连组成 T 形截面，$A = 14.58 \text{cm}^2$，$i_x = 1.93 \text{cm}$，$i_y = 2.98 \text{cm}$。

验算如下：

$$\lambda_x = \frac{209}{1.93} = 108 < [\lambda] = 350$$

$$\lambda_y = \frac{260.8}{2.98} = 88 < [\lambda] = 350$$

$$\sigma = \frac{N}{A} = \frac{296 \times 10^3}{1458} = 203(\text{N/mm}^2) < f = 215\text{N/mm}^2$$

BI 杆：

$$N = -245\text{kN}, l_{0x} = 0.8l = 0.8 \times 286.9 = 230(\text{cm}), l_{0y} = l = 286.9\text{cm}$$

选用 2∟80×6 的等边角钢相连组成 T 形截面，$A = 18.8\text{cm}^2$，$i_x = 2.47\text{cm}$，$i_y = 3.65\text{cm}$。

验算如下：

$$\lambda_x = \frac{230}{2.47} = 93 < [\lambda] = 150$$

$$\lambda_y = \frac{286.9}{3.65} = 79$$

对于 y 轴要考虑扭转效应的影响，采用换算长细比。

对于两肢相连的等边双角钢，可以采用以下简化公式：

$$b/t = \frac{80}{6} = 13.3 < \frac{0.58l_{0y}}{b} = \frac{0.58 \times 2869}{80} = 20.8$$

所以有

$$\lambda_{yz} = \lambda_y \left(1 + \frac{0.475b^4}{l_{0y}^2 t^2}\right) = 79 \times \left(1 + \frac{0.475 \times 80^4}{2869^2 \times 6^2}\right) = 84 < [\lambda] = 150$$

根据 $\lambda_x = 93$ 查表得 $\varphi = 0.601$（b 类截面），则

$$\sigma = \frac{N}{\varphi A} = \frac{245 \times 10^3}{0.601 \times 1880} = 217(\text{N/mm}^2) > f = 215\text{N/mm}^2$$

稳定承载力控制在 5% 范围以内，基本可以满足设计要求。

IC 杆：

$$N = 160\text{kN}, l_{0x} = 0.8l = 0.8 \times 285.9 = 228.7(\text{cm}), l_{0y} = l = 285.9\text{cm}$$

选用 2∟50×5 的等边角钢相连组成 T 形截面，$A = 9.6\text{cm}^2$，$i_x = 1.53\text{cm}$，$i_y = 2.45\text{cm}$。

验算如下：

$$\lambda_x = \frac{228.7}{1.93} = 119 < [\lambda] = 350$$

$$\lambda_y = \frac{285.9}{2.45} = 117 < [\lambda] = 350$$

$$\sigma = \frac{N}{A} = \frac{160 \times 10^3}{960} = 167(\text{N/mm}^2) < f = 215\text{N/mm}^2$$

CK 杆：

$$N = -108\text{kN}, \quad l_{0x} = 0.8l = 0.8 \times 312.9 = 250(\text{cm}), \quad l_{0y} = l = 312.9\text{cm}$$

选用 2∟63×6 的等边角钢相连组成 T 形截面，$A = 14.58\text{cm}^2$，$i_x = 1.93\text{cm}$，$i_y = 2.98\text{cm}$。

验算如下：

$$\lambda_x = \frac{250}{1.93} = 130 < [\lambda] = 150$$

$$\lambda_y = \frac{312.9}{2.98} = 105$$

对于 y 轴要考虑扭转效应的影响，采用换算长细比。

对于两肢相连的等边双角钢，可以采用以下简化公式：

$$b/t = \frac{63}{6} = 10.5 < \frac{0.58l_{0y}}{b} = \frac{0.58 \times 3129}{63} = 28.8$$

所以有

$$\lambda_{yz} = \lambda_y \left(1 + \frac{0.475b^4}{l_{0y}^2 t^2}\right) = 105 \times \left(1 + \frac{0.475 \times 63^4}{3129^2 \times 6^2}\right) = 107 < [\lambda] = 150$$

根据 $\lambda_x = 130$ 查表得 $\varphi = 0.387$（b 类截面），则

$$\sigma = \frac{N}{\varphi A} = \frac{108 \times 10^3}{0.387 \times 1458} = 191 (\text{N/mm}^2) < f = 215\text{N/mm}^2$$

稳定承载力可以满足设计要求。

KD 杆：

根据不利组合，有拉力（48kN）和压力（8kN），为减少杆件类别同上杆件选用 $2 \llcorner 63 \times 6$ 的等边角钢相连组成 T 形截面。在杆件长度和 CK 杆基本接近的情况下，其内力远小于 CK 杆，所以选用该截面是满足受力要求的。

同理，对于 DM、ME 杆选用 $2 \llcorner 63 \times 6$ 的等边角钢相连组成 T 形截面也是满足设计要求的。

（五）竖杆

BH、CJ、DL 杆：

DL 杆最长，$N = -45$kN，$l_{0x} = 0.8l = 0.8 \times 289 = 231$（cm），$l_{0y} = l = 289$cm

选用 $2 \llcorner 56 \times 5$ 的等边角钢相连组成 T 形截面，$A = 10.84\text{cm}^2$，$i_x = 1.72$cm，$i_y = 2.69$cm。

验算如下：

$$\lambda_x = \frac{231}{1.72} = 134 < [\lambda] = 150$$

$$\lambda_y = \frac{289}{2.69} = 107$$

对于 y 轴要考虑扭转效应的影响，采用换算长细比。

对于两肢相连的等边双角钢，可以采用以下简化公式：

$$b/t = \frac{56}{5} = 11.2 < \frac{0.58l_{0y}}{b} = \frac{0.58 \times 2890}{56} = 30$$

所以有

$$\lambda_{yz} = \lambda_y \left(1 + \frac{0.475b^4}{l_{0y}^2 t^2}\right) = 107 \times \left(1 + \frac{0.475 \times 56^4}{2890^2 \times 5^2}\right) = 109 < [\lambda] = 150$$

根据 $\lambda_x = 134$ 查表得 $\varphi = 0.370$（b 类截面），则

$$\sigma = \frac{N}{\varphi A} = \frac{45 \times 10^3}{0.37 \times 1084} = 112(\mathrm{N/mm^2}) < f = 215\mathrm{N/mm^2}$$

稳定承载力可以满足设计要求。

端竖杆 AF，为了便于连接支撑，选用 $2 \llcorner 63 \times 6$ 组成的 T 形截面。

EN 竖杆：

$A = 14.58\mathrm{cm^2}, i_{\min} = 2.43\mathrm{cm}$，十字形斜平面 $l_0 = 0.9 \times 319 = 287(\mathrm{cm})$

验算如下：

$$\lambda_{\max} = \frac{287}{2.43} = 118 < [\lambda] = 350$$

$$\sigma = \frac{N}{A} = \frac{89 \times 10^3}{458} = 61(\mathrm{N/mm^2}) < f = 215\mathrm{N/mm^2}$$

屋架各杆件的截面汇总如表 5-8 所示。

表 5-8　　　　　　　　　　　　　　屋架杆件截面汇总表

杆件名称		几何长度 (cm)	截面形式	规　格	回转半径 i_1	填板数量
弦杆	上弦	150.8		$2 \llcorner 125 \times 80 \times 12$	3.95	1
	下弦	300		$2 \llcorner 110 \times 70 \times 10$	3.48	1
斜腹杆	AG	253.5		$2 \llcorner 100 \times 80 \times 10$	2.35	2
	GB	260.8		$2 \llcorner 63 \times 6$	1.93	2
	BI	286.9		$2 \llcorner 80 \times 6$	2.47	2
	IC	285.9		$2 \llcorner 50 \times 5$	1.53	2
	CK	312.9		$2 \llcorner 63 \times 6$	1.93	3
	KD	311.9		$2 \llcorner 63 \times 6$	1.93	3
	DM	339.5		$2 \llcorner 63 \times 6$	1.93	3
	ME	338.4		$2 \llcorner 63 \times 6$	1.93	3
竖杆	AF	199		$2 \llcorner 63 \times 6$	1.93	2
	BH	229		$2 \llcorner 56 \times 5$	1.72	2
	CJ	259		$2 \llcorner 56 \times 5$	1.72	3
	DL	289		$2 \llcorner 56 \times 5$	1.72	3
	EN	319		$2 \llcorner 63 \times 6$	1.24	2

七、节点设计

(一) 腹杆杆端所需要连接焊缝计算

AG 杆：$N=-406$kN，按构造要求，取肢背焊缝的焊脚尺寸为 $h_{f1}=8$mm，肢尖焊缝 $h_{f2}=6$mm。

肢背：

$$l_1 = l_{w1} + 10 = \frac{K_1 N}{2 \times 0.7 h_{f1} f_f^w} + 10 = \frac{0.65 \times 406 \times 10^3}{2 \times 0.7 \times 8 \times 160} + 10 = 158 \text{(mm)}，取 160\text{mm}$$

肢尖：

$$l_2 = l_{w2} + 10 = \frac{K_2 N}{2 \times 0.7 h_{f2} f_f^w} + 10 = \frac{0.35 \times 406 \times 10^3}{2 \times 0.7 \times 6 \times 160} + 10 = 116 \text{(mm)}，取 120\text{mm}$$

l_{w1}、l_{w2} 皆大于 $8h_f$、小于 $60h_f$，满足构造要求。

其他腹杆所需焊缝，计算方法相同。计算结果列于表 5 - 9。

表 5 - 9　　　　　　　　　　腹 杆 杆 端 焊 缝 长 度

杆件名称	设计内力 (kN)	肢背焊缝 (mm)		肢尖焊缝 (mm)	
		焊缝长度	焊脚尺寸	焊缝长度	焊脚尺寸
AG	−406	160	8	120	5
GB	296	195	5	90	5
BI	−245	165	5	75	5
IC	160	110	5	55	5
CK	−108	80	5	50	5
EN	89	65	5	50	5
KD	48	50	5	50	5

注　未列入表中的其他腹杆杆力很小，皆按构造取 $h_f=5$mm，$l=8h_f+10=40+10=50$（mm）。

(二) 节点焊缝验算

绘制施工图时，根据腹杆端需要的焊缝长度，确定节点板大小，然后验算节点处弦杆与节点板的连接焊缝，必要时设计拼接连接，以下就本例题的 5 个典型节点的设计，说明其验算方法。

（1）下弦一般节点中的节点 B。根据腹杆 GB、BH、BI 与节点板连接所需要的角焊缝的长度，确定的节点板尺寸及形状，如图 5 - 28 所示。

下弦与节点板的连接焊缝承受下弦杆两节间的杆力差 $\Delta N=527-231=296$（kN），假设焊脚尺寸 $h_f=5$mm$>1.5\sqrt{t}=1.5\sqrt{10}=4.7$（mm），满足构造要求。一个角钢与节点板之间的焊缝长度如下：

肢背：

$$l_1 = \frac{K_1 \Delta N}{2 \times 0.7 h_f f_f^w} + 10 = \frac{0.75 \times 296 \times 10^3}{2 \times 0.7 \times 5 \times 160} + 10 = 210 \text{(mm)} < 60 h_f$$

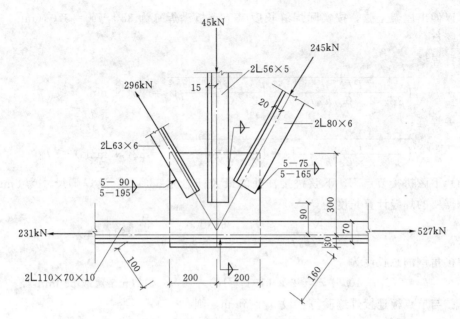

图 5-28 节点 B 详图

肢尖：

$$l_2 = \frac{K_2 \Delta N}{2 \times 0.7 h_f f_f^w} + 10 = \frac{0.25 \times 296 \times 10^3}{2 \times 0.7 \times 5 \times 160} + 10 = 77 (\text{mm}) > 8 h_f$$

下弦杆与节点板满焊，其实际长度 $l = 400\text{mm}$，大于所需要长度，满足要求。

（2）上弦一般节点中的节点 G。根据腹杆杆端与节点板连接所需焊缝长度确定的节点板尺寸及形状，如图 5-29 所示。

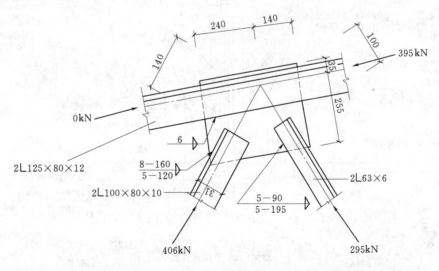

图 5-29 节点 G 详图

上弦与节点板的连接焊缝承受的荷载及杆件内力差为 $P = 44.5\text{kN}$，$\Delta N = 395 - 0 = 395$（kN）。因为上弦杆厚度为 12mm，其焊脚尺寸取 6mm。因采用大型屋面板，因此节点板可以伸出屋架上弦，按实际焊缝长度（节点板满焊）为 $380-10=370$（mm），按下列公式验算。

肢背焊缝：

$$\sqrt{\left(\frac{P/2}{\beta_f \times 2 \times 0.7h_{f1}l_{w1}}\right)^2 + \left(\frac{\alpha_1 \Delta N}{2 \times 0.7h_{f1}l_{w1}}\right)^2} = 95(\text{N/mm}^2) \leqslant f_f^w$$

肢尖焊缝：

$$\sqrt{\left(\frac{P/2}{\beta_f \times 2 \times 0.7h_{f2}l_{w2}}\right)^2 + \left(\frac{\alpha_2 \Delta N}{2 \times 0.7h_{f2}l_{w2}}\right)^2} = 32(\text{N/mm}^2) \leqslant f_f^w$$

（3）下弦拼接节点 E。下弦拼接杆处的最大杆力为 683kN，设焊脚尺寸为 8mm，接头一侧需要的焊缝计算长度为

$$l_w = \frac{N}{4 \times 0.7h_f f_f^w} = \frac{683000}{4 \times 0.7 \times 8 \times 160} = 191(\text{mm})$$

拼接角钢的总长度为

$$l = 2(l_w + 10) + a = 2 \times (191 + 10) + 10 = 412(\text{mm})，取 550\text{mm}$$

下弦与节点板连接焊缝验算：设 $h_f = 5$mm，则

$$0.15N = 0.15 \times 683 = 102.4(\text{kN})$$

$$l_1 = \frac{K_1(0.15N)}{2 \times 0.7h_f f_f^w} + 10 = \frac{0.75 \times 102400}{2 \times 0.7 \times 5 \times 160} + 10 = 79(\text{mm})$$

施工图上表明的实际焊缝尺寸为 200mm，满足设计要求。

节点 E 详图如图 5-30 所示。

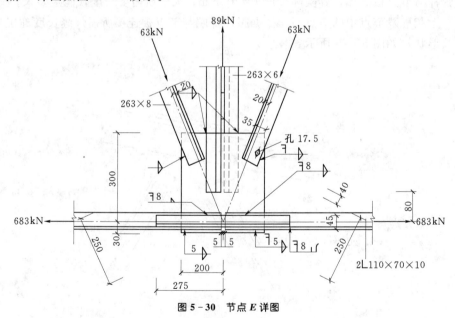

图 5-30 节点 E 详图

（4）上弦拼接节点 N。上弦拼接处最大杆力 $N = 665$kN，上弦一侧所需焊缝长度为 l，假设 $h_f = 8$mm，每一侧拼接角钢与上弦所需的焊缝长度为

$$l_1 = l_{w1} + 10 = \frac{N}{4 \times 0.7h_f f_f^w} + 10 = \frac{665000}{4 \times 0.7 \times 8 \times 160} + 10 = 195(\text{mm})$$

拼接角钢长度为

$$l = 2l_1 + b = 2 \times 195 + 50 = 440 (\text{mm}),\text{取 } 500\text{mm}$$

上弦与节点板的连接焊缝较长，且屋脊节点的杆件内力差较小，此焊缝可按构造满焊。

上弦拼接详图如图 5-31 所示。

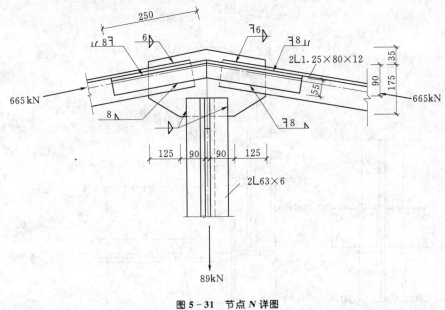

图 5-31　节点 N 详图

（5）支座节点。支座处屋架反力 $N = 8P = 8 \times 44.5 = 356$（kN），C20 混凝土 $f_c = 10\text{N/mm}^2$，支座底板需要的净接面积为

$$A_n = \frac{356 \times 10^3}{10} = 356 (\text{cm}^2)$$

铆杆直径取 $d = 25\text{mm}$，孔径 $\phi 50$，则所需底板的面积为

$$A = A_n + 2 \times 3 \times 5 + \frac{\pi \times 5^2}{4} = 406 (\text{cm}^2)$$

底板尺寸取 $28 \times 28 = 784\text{cm}^2 > 406\text{cm}^2$，铆栓垫板采用 $-100\text{mm} \times 100\text{mm} \times 20\text{mm}$，孔径 26cm。底板实际应力为

$$A_n = 784 - 2 \times 3 \times 5 - \frac{\pi \times 5^2}{4} = 734.4 (\text{cm}^2)$$

$$q = \frac{356 \times 10^3}{734.4 \times 10^2} = 4.85 (\text{N/mm}^2)$$

节点板、加劲肋将底板分成四块相同的相邻两边支承板，因为 $b_1/a_1 = 0.5$，查得 $\beta = 0.056$，底板上的最大弯矩为

$$M = \beta q a_1^2 = 0.056 \times 4.85 \times (\sqrt{2} \times 140)^2 = 10643 (\text{N} \cdot \text{mm})$$

底板厚度为

$$t \geqslant \sqrt{\frac{6M}{f}} = \sqrt{\frac{6 \times 10643}{205}} = 17.6 (\text{mm})$$

按构造取底板厚 $t=20\text{mm}$。

加劲肋与节点板的连接焊缝计算：

加劲肋高度取与节点板相同，为 430mm，厚度也取与节点板相同（12mm），采用两侧面角焊缝与节点板相连，焊脚尺寸 $h_f=6\text{mm}$。

一块加劲肋的连接焊缝所需的内力为

$$V = \frac{N}{4} = \frac{356}{4} = 89(\text{kN})$$

$$M = Ve = 89 \times 75 = 6675(\text{kN} \cdot \text{mm})$$

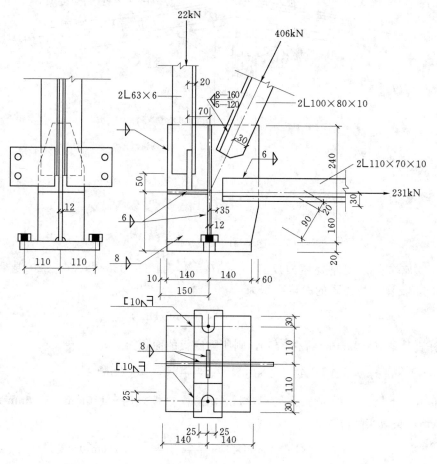

图 5-32 支座节点详图

则加劲肋的焊缝验算如下：

对 V 有

$$\tau_f = \frac{89 \times 10^3}{2 \times 0.7 \times 6 \times (430-10)} = 25.2(\text{N/mm}^2)$$

对 M 有

$$\sigma_f = \frac{6 \times 6675 \times 10^3}{2 \times 0.7 \times 6 \times (430-10)^2} = 27(\text{N/mm}^2)$$

$$\sqrt{\left(\frac{\sigma_f}{1.22}\right)^2 + \tau_f^2} = \sqrt{\left(\frac{27}{1.22}\right)^2 + 25.2^2} = 33.5(\text{N/mm}^2) < f_f^w = 160\text{N/mm}^2$$

加劲肋、节点板与底板的焊缝计算：

因为加劲肋、节点板与地板之间的接触面很难保证平整，一般采用角焊缝传递力。实际焊缝总长度为

$$\sum l_w = (2 \times 280 - 12) + 2(75 + 75) - 8 \times 5 = 808(\text{mm})$$

焊脚尺寸取

$$h_f = 8\text{mm} > 1.5\sqrt{20} = 6.7(\text{mm})$$

则焊缝应力为

$$\sigma_f = \frac{N}{h_e \sum l_w} = \frac{356 \times 10^3}{0.7 \times 8 \times 808} = 78.7(\text{N/mm}^2) < \beta_f f_f^w = 1.22 \times 160 = 195(\text{N/mm}^2)$$

满足要求。

支座节点详图如图 5-32 所示。

钢屋架施工图如图 5-33 所示（见书后插页）。

第四节　课程设计有关要求

一、进度安排与阶段性检查

普通钢屋架课程设计要求在一周内完成。按 6 天安排进度和阶段性检查，如表5-10 所示。学生应严格按进度安排完成课程设计所规定的任务。

表 5-10　　　　　　　　　钢屋架课程设计进度安排及阶段性检查表

时间安排	应完成的任务	检 查 内 容
第 1 天	屋盖布置、屋架几何形状布置	支撑布置的合理性，屋架节点间距离是否与屋顶维护材料的选取对应
第 2 天	在各种荷载作用下，屋架内力分析及组合	内力分析方法是否正确，组合项是否考虑了杆件的最不利组合
第 3 天	杆件截面选择	截面选择是否合理，是否按新规范计算
第 4 天	屋架节点的设计	节点是否按比例绘制，拼接节点是否合理，计算内容是否完整
第 5 天	绘制施工图	图纸的规范性，是否达到施工图的要求，图纸是否与计算书一致
第 6 天	整理图纸和计算书，上交	课程设计成果是否齐全
第 7 天	课程设计答辩，课程设计总结	详细检查学生对排架结构设计的概念是否清楚，是否独立完成。给出课程设计成绩。对学生在课程设计中存在的问题进行总结

二、考核和评分办法

钢屋架课程设计由指导教师根据学生完成设计质量、图纸、计算书、是否独立完成以及设计期间的表现和工作态度进行综合评价,评分标准如表 5 - 11 所示(按百分制,最后折算)。

表 5 - 11　　　　　　　　　钢屋架课程设计成绩评定表

项　目	分　　值	评　分　标　准	实评分
完成任务	18~20	能熟练地综合运用所学知识,全面出色完成任务	
	16~18	能综合运用所学知识,全面完成任务	
	14~16	能运用所学知识,按期完成任务	
	12~14	能在教师的帮助下运用所学知识,按期完成任务	
	0~12	运用知识能力差,不能按期完成任务	
计算书	54~60	结构计算的基本原理、方法、计算简图完全正确。荷载传递思路清楚,运算正确。计算书完整、系统性强、书写工整、便于审核	
	48~54	结构计算的基本原理、方法、计算简图正确。荷载传递思路基本清楚。计算书完整、计算书有系统,书写清楚	
	42~48	结构计算的基本原理、方法、计算简图正确。荷载传递思路清楚,运算正确。计算书完整、系统性强、书写工整,便于审核	
	36~42	结构计算的基本原理、方法、计算简图基本正确。荷载传递思路不够清楚,运算有错误。计算书无系统性、书写潦草,不便于审核	
	0~42	结构计算的基本原理、方法、计算简图不正确。荷载传递思路不清楚,运算错误多。计算书书写不认真,无法审核	
图纸	18~20	正确表达设计意图;图例、符号、习惯做法符合规定。有解决特殊构造做法之处图面布置、线条、字体很好,图纸无错误	
	16~18	正确表达设计意图;图例、符号、习惯做法符合规定。在理解基础上照样图绘制施工图,图面布置、线条、字体很好,图纸有小错误	
	14~16	尚能表达设计意图;图例、符号、习惯做法符合规定。有抄图现象。图面布置、线条、字体一般,图纸有小错误	
	12~14	能表达设计意图;习惯做法符合规定。有抄图不求甚解现象。图面布置不合理,内容空虚	
	0~12	不能表达设计意图;习惯做法不符合规定。有抄图不求甚解现象。图面布置不合理,内容空虚,图纸错误多	
合　　计			

课程设计成绩先按百分制评分,然后折算成 5 级制:90~100 分为优,80~89 分为良,70~79 分为中,60~69 分为及格,60 分以下为不及格。凡是没有完成课程设计任务书所规定的任务及严重抄袭者按不及格处理。

三、课程设计中应注意的问题

(一)屋盖支撑的布置

要结合初步确定的屋架的几何形状,按规范要求合理地布置屋架的上下弦支撑、竖向支撑，在求杆件的平面外计算长度时要和支撑的设置对应。

（二）屋架的几何尺寸的确定

（1）注意厂房的轴线和屋架实际几何跨度的关系。

（2）屋架起拱对杆件几何长度的影响。

（3）杆件的长度要注意拉杆长压杆短，保证受力的合理性。

（4）上弦节点间的距离要和屋面板的宽度或是檩条的距离对应，尽量减少节间荷载。

（三）荷载计算

对于活荷载要考虑半跨布置的情况下对杆件的不利影响，如没有考虑半跨荷载，则需要在施工图中注明施工的具体要求。

（四）结构的内力分析

要考虑半跨荷载组合对杆件内力的变化，特别是跨中部分杆件有可能出现杆件内力由拉变压，要注意分别进行验算。在画内力图时要将内力数值和正负号标注清楚，避免在内力组合中出现错误。

（五）杆件的设计

（1）杆件截面的选取要按受力的性质和平面内外的支撑长度选取截面的组合。

（2）杆件一般有双角钢共同工作，要进行填板的设计，从而使两角钢共同工作。

（3）双角钢组成的 T 形截面要考虑扭转的影响。

（4）杆件的类型不宜太多。

（六）节点设计

（1）各杆件与节点板的焊缝要满足构造要求，特别是肢尖焊缝的焊角尺寸要参照角钢的厚度后再确定。

（2）拼接点的拼接角钢的处理以及和连接的计算要详细。

（3）节点设计要按简图中的各杆件的角度先画出轴线，然后在对应的轴线上按一定的比例大小画出已经选定的角钢，一般是先画弦杆再画腹杆，并保证各杆件之间的距离满足规范要求，找出端点后再按一定比例标出焊缝的长度，最后画节点板：节点板的轮廓一定要在焊缝之外并且尽量规则，然后按比例关系确定节点板大小。

（4）节点设计中要标明所有的杆件、焊缝大小以及节点板的尺寸。

（七）施工图绘制

（1）计算简图要考虑起拱。

（2）屋架的画法：先按小比例画出杆件的轴线，再按大比例画出杆件和节点板，必须与计算书上的节点图保持一致。

（3）杆件的下料长度为杆件的几何长度减去两端点到上下弦杆轴线的距离。

第五节　课程设计任务书

钢屋架课程设计任务：设计 18～30m 跨焊接梯形或三角形钢屋架并布置屋盖支撑。

一、教学要求

课程设计是专业集中实践环节的主要内容之一，是学习专业技术课所需的必要教学环节，学生运用所学的基础理论和专业知识通过课程设计的实践，巩固和掌握专业知识，并为今后的专业设计打下良好的基础。通过课程设计使学生接触和了解从收集资料、方案比较、计算、绘图的全过程。培养学生的计算和绘图的设计能力。

本设计的教学要求具体体现在以下两方面：

（1）了解钢结构屋盖支撑体系的作用并能正确的布置支撑。

（2）掌握钢屋架的设计内容。

二、设计资料

某地一金工车间，长90m，柱距6m，檐口高度9.5m，无天窗。每位学生根据学号按表5-9选取相应的屋架形式和跨度。屋面材料根据不同的屋架形式自行选取，材料容重按《建筑结构荷载规范》（GB 50009—2001）附录选用。屋架简支于钢筋混凝土柱上，上柱截面为400mm×400mm，混凝土强度等级为C20。屋面活荷载标准值取0.3kN/m²，屋面积灰荷载标准值取0.3kN/m²。基本雪压及基本风压如表5-12所示。

表 5-12　　　　　　　　　　　课程设计任务选择表

地区	三角形屋架			梯形屋架			基本雪压（kN/m²）	基本风压（kN/m²）
	18m	21m	24m	24m	27m	30m		
上海	01	02	03	04	05	06	0.2	0.55
太原	07	08	09	10	11	12	0.35	0.4
徐州	13	14	15	16	17	18	0.35	0.35
南京	19	20	21	22	23	24	0.65	0.4
连云港	25	26	27	28	29	30	0.35	0.45
杭州	31	32	33	34	35	36	0.45	0.45
北京	37	38	39	40	41	42	0.40	0.45

三、设计过程及时间安排

设计过程及时间安排如表5-13所示。

表 5-13　　　　　　　　　　　设计过程及时间安排

序别	设 计 过 程 与 设 计 内 容	学时
1	确定屋架各杆件长度，选择钢材及焊条	2学时
2	布置屋盖支撑，并按比例绘出支撑布置图，包括上、下弦横向水平支撑、垂直支撑、系杆，必要时尚应设下弦纵向水平支撑	2学时
3	求半跨单位荷载作用下的杆件内力系数（图解法或用力学求解器求解）	6学时
4	荷载汇总	4学时
5	杆力组合（列表）	4学时
6	选择杆件截面（除写出详细计算书外，须将结果汇总列表）	6学时
7	节点设计：设计四个典型节点，包括上弦一般节点、下弦一般节点、支座节点及屋脊节点	6学时
8	提供完整计算书一份（包括节点详图）	4学时
9	绘制一张1号图，内容包括屋架单线图、屋架正面图、上下弦平面图、侧面图和没有支撑和系杆处的剖面图、正面图中没有表示清楚的零件详图、材料表等	10学时
共　　　计		44学时

学生用一周时间完成课程设计，每天按 8 小时计。

四、设计任务

（1）完成钢屋架内力计算、截面设计、焊缝计算，并写出完整的钢屋架设计计算书（作为设计成果上交，要求手工书写）。

（2）在进行正确计算的基础上，按制图标准要求绘制钢屋架施工图（1 号图纸）。

五、课程设计要求

（1）必须独立完成课程设计，按各自学号指定内容做，课程设计完成后上交，凡有抄袭者，其成绩按 0 分计。

（2）课程设计计算书要求条理清楚、书写工整，应用钢笔书写到规定的设计用纸上，计算书中的插图可用铅笔绘制。

（3）施工图必须按制图标准的要求绘制，保持图面整洁和线条清晰。

（4）课程设计的时间为 1 周。

（5）凡不符合上述要求的课程设计必须重做。

六、课程设计成绩评定办法

（1）计算正确，计算书书写清晰，条理清楚，图面整洁并符合施工图要求，成绩可定为优秀。

（2）计算正确，计算书书写工整，施工图基本符合制图标准，可定为良好。

（3）计算基本正确，施工图基本符合制图标准，可定为及格。

（4）计算基本不正确或不正确，施工图不符合制图标准，应定为不及格，并应补做和重做。

思 考 题

5-1 厂房的支撑有哪几种？其作用是什么？怎样布置？

5-2 钢屋架的类型、外形、腹杆布置有哪些？

5-3 三角形屋架和梯形屋架各自的受力特点是什么？

5-4 全跨活载和半跨活载引起的杆件内力有什么不同？

5-5 施工验算中，当完成半跨大型屋面板施工时，上弦压杆的平面外计算长度如何确定？

5-6 屋架的荷载汇集、杆件的内力计算与组合的特点？

5-7 节点设计的步骤是什么？节点设计有哪些要求和特点？

5-8 施工图绘制中，节点板大小确定的原则是什么？

5-9 梯形及三角形屋架支座的传力途径有哪些？

第六章

钢筋混凝土楼盖课程设计

【本章要点】

● 掌握钢筋混凝土楼盖结构布置，构件尺寸初步确定方法。

● 掌握板、次梁、主梁荷载传递关系及荷载的计算方法。

● 掌握板、次梁按塑性理论内力计算方法，主梁按弹性理论计算及内力包络图的绘制方法。

● 掌握板、次梁、主梁的配筋计算方法。

● 熟悉板、次梁配筋构造。结合最新版《混凝土结构设计规范》（GB 50010—2010）关于构件的相关构造要求，掌握相关规定。

● 掌握主梁材料图的绘制方法，并学会根据材料图确定钢筋弯起、截断的位置。

● 掌握楼盖结构施工图的绘制。

第一节 教 学 要 求

一、课程设计的目的

本课程设计是为了配合《混凝土与砌体结构设计》中第一章梁板结构内容的理论教学，通过独立完成楼盖结构的整个设计过程，培养学生综合运用混凝土结构设计原理和结构设计方法去分析问题和解决问题的能力。结合《混凝土结构设计规范》（GB 50010—2010）的相关规定，使学生掌握所学的结构设计知识和相关的构造要求，学会查阅和使用规范，并且初步具备绘制结构施工图的能力。

二、设计要求

（1）计算书内容包括：结构布置，构件截面尺寸确定，荷载计算，楼板内力及配筋计算，次梁内力及配筋计算，主梁内力计算、包络图绘制及配筋计算。

（2）图纸内容包括：楼盖结构布置图，板、次梁配筋详图，主梁弯矩包络图及配筋详图，钢筋下料表。

（3）图纸要求：1号图1张，内容包括（2）中所有内容。

第二节　设 计 方 法 和 步 骤

一、现浇单向板肋梁楼盖的设计步骤

（1）审题。认真阅读设计任务书中对课程设计的具体要求。一般来说，钢筋混凝土楼盖课程设计主要要求同学们完成楼盖各部分的计算全过程和施工图的绘制两大部分内容。设计前只有先熟悉课程设计的具体要求，掌握需要的相关基本知识，才能够按要求完成设计内容。

（2）结构平面布置，并初步拟定板厚和主、次梁的截面尺寸。根据板、梁跨度适用范围，选择板的结构形式，并完成柱网与梁格的布置。根据常用的经验做法，初步拟定板、次梁、主梁的截面尺寸。

（3）确定梁、板的计算简图。包括构件计算单元的选取、计算模型的确定、计算跨度的确定、荷载的计算等。

（4）梁、板的内力分析。针对不同的构件，选取相应的计算理论。其中次梁、板按塑性理论计算内力，主梁按弹性理论计算内力。最后绘出构件的弯矩图和剪力图。

（5）截面设计及构造措施。根据确定的设计弯矩和剪力，计算构件配筋。同时给出各构件相应的构造措施和细部处理。

（6）绘制施工图。图纸内容包括：楼盖结构布置图，板、次梁配筋详图，主梁弯矩包络图及配筋详图，钢筋下料表等。

二、课程设计中涉及的基本教学内容

（一）结构平面布置

1. 柱网和梁格布置

柱网与梁格布置属于楼盖的方案设计，它对整个楼盖设计的合理性和经济性至关重要，所以应在满足建筑使用功能的前提下，使结构的经济性尽可能好，同时也应考虑到方便施工。

单向板肋梁楼盖结构平面布置方案通常包括以下三种：

（1）主梁横向布置，次梁纵向布置。其优点是主梁和柱可形成横向框架，横向抗侧移刚度大，各榀横向框架间由纵向的次梁相连，房屋的整体性较好。此外，由于外纵墙上设次梁，故窗户高度可开得大些，对采光有利。

（2）主梁纵向布置，次梁横向布置。这种布置适用于横向柱距比纵向柱距大得多的情况。它的优点是减小了主梁的截面高度，增加室内净高。

（3）只布置次梁，不设主梁。其应用较少，仅适用于有中间走道的砌体墙承重的混合结构房屋。

2. 柱网和梁格常用尺寸

板支承在次梁上，次梁支承在主梁上，主梁支承在柱上或者承重墙上。因此，次梁的间距决定了板的跨度，主梁的间距决定了次梁的跨度，柱和柱（墙）的间距决定了主梁的跨度。

工程实践表明，单向板、次梁、主梁的经济跨度如下：

单向板：2～3m，荷载较大时取较小值。

次 梁：4～6m。

主 梁：5～8m。

3. 注意事项

在进行楼盖的结构平面布置时，应注意以下问题：

（1）受力合理。荷载传递要简捷，梁宜拉通，避免凌乱，主梁跨间最好不要只布置 1 根次梁，以减小主梁跨间弯矩的不均匀；在楼、屋面上有机器设备、冷却塔、悬挂装置、隔墙等荷载比较大的地方，宜设次梁；楼板上开有较大尺寸（大于 800mm）的洞口时，应在洞口周边设置加劲的小梁。

（2）满足建筑要求。不封闭的阳台、厨房间和卫生间的板面标高宜低于其他部位 20～50mm（有室内地面装修的，也常做平）；当不做吊顶时，一个房间平面内不宜只放 1 根次梁。

（3）方便施工。梁的截面种类不宜过多，梁的布置尽可能规则，梁截面尺寸应考虑设置模板的方便，特别是采用钢模板时。

（4）经济要求。例如，单向板的跨度增大，可以减少次梁的根数，但跨度增大板厚也必将加大，板厚每增大 1cm，混凝土用量增加很多。再如，主梁根数的减少，会导致次梁跨度的增大，次梁的截面尺寸和配筋都会增加。但是主梁根数的减少会使得相应的柱和基础都减少很多，故总的材料用量可能会有明显的降低，并且更有利于建筑空间的分割。

（二）梁、板的截面尺寸的确定

梁、板的截面尺寸的初步拟定，一般不取决于承载力条件，而主要取决于刚度条件，故截面的高度主要和构件的跨度有关。在实际工程设计中，一般均按经验的"高跨比"来初步确定梁、板的截面高度。常用的高跨比如表 6-1 所示。

表 6-1　　　　　　　　　常用的梁、板截面参考尺寸

构 件 种 类		高跨比 h/l	附 注
单向板	简支	1/30	最小板厚（h） 屋面板：$h \geqslant 60mm$ 民用建筑楼板：$h \geqslant 60mm$ 工业建筑楼板：$h \geqslant 70mm$ 行车道下的楼板：$h \geqslant 80mm$
	两端连续	1/35	
双向板	四边简支	1/40	最小板厚（h）：$h \geqslant 80mm$ 此处 l 为短向计算跨度
	四边连续	1/45	
多跨连续次梁		1/18～1/12	矩形截面高宽比（h/b）：2～3 其中高度以 50mm 为模数，大于 800mm，则以 100mm 为模数
多跨连续主梁		1/12～1/8	
悬臂梁		1/10～1/8	

满足上述刚度条件的梁、板，一般可只进行承载力计算，无须进行构件的挠度验算，这样大大减少了工作量。

（三）梁、板内力计算中的几个问题

1. 计算理论的选取和计算跨度的确定

关于梁、板的内力计算，常用弹性理论和塑性理论两种分析方法。弹性理论相对比较简单直观；塑性理论使超静定结构受力及结构设计趋于合理，减少了钢材用量。为了方便工程设计，两种内力分析方法都提供了计算表格，以简化计算工作。

一般在楼盖设计中，板和次梁的内力计算常用塑性理论的分析方法，以获得较好的经济效果；而对于支承板和次梁的主梁，为了具有更高的可靠度，常采用弹性理论的分析方法计算内力。

楼盖结构中，梁板的计算跨度 l_0 是指内力计算时所采取的跨间长度。从理论上讲，某一跨的计算跨度应取为该跨两端支座处转动点之间的距离。因此计算跨度的选取根据内力计算理论的不同而有所差异：按弹性理论计算时，梁、板的计算跨度为该跨梁两端支反力间的距离，中间各跨取支承中心线之间的距离，边跨由于端支座情况有差别，应具体分析；按塑性理论计算时，梁、板的计算跨度为塑性铰之间的距离，中间各跨取支座间净距，边跨的计算跨度则为边支座支反力合力作用点到另一端塑性铰间的距离。详细的计算方法见下列公式。

（1）按弹性理论：

对多跨连续板和梁，有

中跨：
$$l_0 = l_n + b$$

边跨：
$$l_0 = l_n + \frac{b}{2} + \frac{a}{2}$$

且
$$l_0 \leqslant l_n + \frac{b}{2} + \frac{h}{2}（板）$$

$$l_0 \leqslant 1.025 l_n + \frac{b}{2}（梁）$$

（2）按塑性理论：

中跨：
$$l_0 = l_n$$

边跨：

若梁、板与支承整浇，有

$$l_0 = l_n$$

若两端搁置，l_0 取 $1.05 l_n$ 与 l_c 较小值（梁）。

$$l_0 \leqslant l_n + \frac{h}{2} \quad（板）$$

式中：l_0 为梁、板的计算跨度；l_n 为梁、板的净跨度；l_c 为支座中心线间的距离；h 为板厚；a 为梁、板端支承长度；b 为中间支座宽度。

2. 跨度不等引起的误差问题

教材中提供的内力计算图表，是按等跨连续梁给出的。实际工程设计中，往往由于使用功能或者生产工艺的需要，跨度是不相等的。即使在柱网和梁格布置时，使梁板间的跨度相等，但由于边跨的计算跨度公式和中跨不同，所以计算跨度也是不相等的，这样就使得按查表得出的计算结果和实际情况有些出入，但只要各跨计算跨度相差不超过10%，仍可近似按等跨内力系数表进行计算。为了使计算结果更精确些，在求支座负弯矩时，计算跨度取相邻两跨计算跨度的平均值；而求跨中弯矩时，则取该跨的计算跨度。

如果相邻各跨计算跨度相差超过10%，则需要按结构力学方法来计算。

3. 荷载的简化计算

在确定板传递给次梁的荷载和次梁传递给主梁的荷载时，可忽略板、次梁的连续性，按简支构件计算支座反力。为了考虑支座对被支承构件的转动约束，采取增大恒荷载、相应减小活荷载，保持总荷载不变的处理方法计算内力。教材中板和次梁的考虑塑性内力重分布的计算系数，已考虑这项因素。

计算主梁荷载时，由于主梁主要承受次梁传来的集中荷载和主梁的自重。一般主梁自重较次梁传来的荷载小得多，为简化计算，通常将其折算成集中荷载一并计算，并且这样处理也偏于安全。

4. 主梁与柱节点的简化

实际工程中主梁与柱整浇在一起，这样梁、柱节点刚接成框架结构，应该按框架模型来计算梁的内力。当仅考虑竖向荷载时，内力分析表明，柱对主梁弯曲转动的约束能力取决于主梁线刚度与柱线刚度之比，当比值较大时，认为柱足够柔，约束能力较弱，可以忽略不计。一般认为梁柱线刚度比值大于3，均可忽略柱对主梁弯曲转动的约束，简化成铰支座，主梁按连续梁模型计算内力。否则应按刚接框架结构来进行内力分析。

(四) 板配筋计算中的几个问题

1. 钢筋的混凝土保护层厚度

钢筋的混凝土保护层厚度的规定是为了满足结构构件的耐久性要求和对受力钢筋有效锚固的要求。《混凝土结构设计规范》（GB 50010—2010）（以下简称《混凝土规范》）对混凝土保护层厚度的规定有如下调整：

混凝土保护层厚度不小于受力钢筋直径，为了保证握裹层混凝土对受力钢筋的锚固，从混凝土碳化、脱钝和钢筋锈蚀的耐久性角度考虑，不再以纵筋的外缘，而以最外层钢筋（包括箍筋、构造筋、分布筋等）的外缘计算混凝土保护层厚度。

因此室内环境下，板配筋计算中，有效高度常取

$$h_0 = h - a_s = h - 20\text{mm}$$

取值和原规范相同。

2. 板中钢筋的种类选择

考虑到规范对钢筋等级的调整，用300MPa级光圆筋取代235MPa级光圆筋。钢筋强度有了较大提高。

3. 合适的配筋率

由于板、次梁是按塑性理论的方法计算内力的，故其支座截面配筋计算时，相对压区高度ξ应满足$0.1 \leqslant \xi \leqslant 0.35$，以保证支座截面在形成塑性铰后仍具有足够的转动能力，实现充分的内力重分布。

板中各截面实际受力筋的配筋率还必须要满足纵向钢筋最小配筋率的要求，以防止形

成少筋构件。

4. 板中受力钢筋的选配

板中受力钢筋选配时，应保证经济、节约钢材，但也要考虑施工方便，尽量不要选取太多不同直径、不同间距的钢筋，否则会给施工带来不便。此外，在实际工程中，分离式配筋方式因其施工方便而广受施工单位的欢迎。因而在设计中使用较多。

板中受力钢筋的间距要求为：当板厚 $h \leqslant 150\text{mm}$ 时，间距不宜大于 200mm；当板厚 $h > 150\text{mm}$ 时，间距不宜大于 $1.5h$，且不宜大于 250mm。

简支板或者连续板下部纵向受力钢筋伸入支座的锚固长度不应小于 $5d$，d 为下部纵向受力钢筋的直径。板的负弯矩构造详见本章例题。

5. 分布钢筋和构造钢筋的选配

考虑到现浇板中存在温度、收缩应力，造成开裂现象严重，《混凝土规范》中分布钢筋数量与原规范相比有所提高，分布钢筋与受力钢筋截面面积之比不小于 15％，同时满足分布钢筋截面面积不小于板截面面积 0.15％的规定，且不少于 $\phi 6@250$。

关于构造钢筋的规定，可参考有关规范或者教材的规定，此处不详细列出，也可参考本章例题。

（五）次梁配筋计算中的几个问题

1. 钢筋的保护层厚度和梁截面的有效高度的确定

关于梁中受力钢筋的混凝土保护层厚度，《混凝土规范》规定：以最外层钢筋（包括箍筋、构造筋、分布筋等）的外缘计算混凝土保护层厚度。一类环境中，混凝土强度等级为 C20 及以下时，混凝土保护层厚度为 25mm，混凝土强度等级为 C25 及以上时，混凝土保护层厚度为 20mm。考虑到箍筋的直径影响，在室内环境下，梁配筋计算中，有效高度常按下式取值：

$$h_0 = h - a_s = h - 40\text{mm（单排）}$$
$$h_0 = h - a_s = h - 70\text{mm（双排）}$$

钢筋的实际保护层厚度和原规范相比略有增大，有效高度取值和原规范相比略有减小。

2. 梁中钢筋的种类选择

考虑到规范对钢筋等级的调整，梁中受力钢筋推荐采用 400MPa 级钢筋，箍筋用 300MPa 级光圆筋取代 235MPa 级光圆筋。整体考虑钢筋强度有了较大提高。

3. 配筋率的验算问题

由于次梁也是按塑性理论的方法计算内力的，考虑到次梁所受荷载较大，为保证支座截面在形成塑性铰后仍具有足够的转动能力，其支座截面配筋计算应满足 $0.1 \leqslant \xi \leqslant 0.35$，实现充分的内力重分布。不能满足要求的话，常通过修改梁的截面尺寸来调整或采用双筋截面。

为防止形成少筋构件，次梁需验算纵筋最小配筋率。同时跨内截面为了避免超筋破坏，也应保证 $\xi \leqslant \xi_b$。

4. 正截面受弯承载力计算时截面的形式

对于现浇整体式楼盖，板和次梁、主梁均整体浇筑在一起，所以次梁和主梁在进行承载力计算时都属于 T 形截面梁。在各跨跨中截面，梁受正弯矩作用，板位于截面受压区，故应按 T 形截面计算承载力；对于各支座截面，因都承受负弯矩作用，板位于截面受拉区，受拉开裂退出工作，应该按矩形截面计算。

5. 斜截面受剪承载力的计算

由于次梁所受的荷载相对较小，一般先按构造配置箍筋，然后进行斜截面受剪承载力验算。但从教学的角度，为使学生得到更多的锻炼，多在课程设计中要求梁中同时采用弯筋和箍筋，箍筋按构造配置，弯筋通过计算确定。这点可由指导教师根据不同的情况自己把握。

本次规范改动较大的是梁受剪承载力计算公式，将集中荷载下独立梁和一般受弯构件计算公式合二为一，计算公式略有改动，对独立梁来说，箍筋用量有一定程度的增大。

6. 梁中钢筋的锚固问题

钢筋混凝土简支梁和连续梁简支端下部纵向受力钢筋，其伸入支座的锚固长度应符合下列规定：

当 $V \leqslant 0.7 f_t b h_0$ 时，有

$$l_{as} \geqslant 5d$$

当 $V > 0.7 f_t b h_0$ 时，有

带肋钢筋：　　　　　　　　　　　　　　$l_{as} \geqslant 12d$

光面钢筋：　　　　　　　　　　　　　　$l_{as} \geqslant 15d$

式中：d 为受力筋的直径。

简支端上部构造钢筋的锚固长度一般需要满足不小于基本锚固长度 l_a。

位于次梁下部的纵向钢筋除弯起的部分外，应全部伸入支座，不得在跨间截断。上部纵向钢筋允许部分截断，但应满足相应的构造要求。

（六）主梁配筋计算中的几个问题

（1）梁截面的有效高度的确定。在主梁配筋计算中，支座截面的 h_0 的确定要注意次梁钢筋的存在。因为在主梁支座处，主梁与次梁截面的上部纵向钢筋相互交叉重叠，次梁钢筋在上部，导致主梁承受负弯矩的纵筋位置下移，梁的有效高度减少。所以在计算主梁支座截面负钢筋时，截面有效高度 h_0 应取：一排钢筋时，$h_0 = h - (50 \sim 60)$ mm；两排钢筋时，$h_0 = h - (70 \sim 80)$ mm。

（2）主梁一般采用弹性理论方法设计，不考虑出现塑性铰，故各截面混凝土相对受压区高度无须满足 $\xi \leqslant 0.35$ 的限制条件，但为防止超筋，应满足 $\xi \leqslant \xi_b$ 的要求。

（3）主梁内力包络图的画法请参考本章例题，此处不详细介绍。

（4）配置弯筋时注意以下几点：

1）按抗剪承载力计算弯筋。第一排弯筋的上弯点设在距支座边缘小于箍筋的最大间距处，但当梁高较大时，这一条件显然不满足斜截面抗弯要求的"钢筋弯起点应在钢筋充分利用截面以外，大于或者等于 $0.5h_0$"。故该弯筋在该支座截面弯起一侧则不能考虑其抗弯承载力。在计算抗弯承载力和配筋时应注意到这点。

2）按抗弯承载力计算弯筋。此时梁所受到的剪力仅由混凝土和箍筋承担，弯筋的配置只按各截面的抗弯承载力的需要设计。

以上两种配置弯筋的方式各有利弊，需视具体情况而定。

3）弯筋排数的确定。由于主梁受到次梁传来的集中力作用，这样使得最大剪力作用的区段是次梁的间距。在这样一个较长的等剪力区段内，要设几排弯筋才能保证无论斜裂缝出现在什么位置，都可保证至少能与一排弯筋相交呢？一般是保证弯筋的弯终点到支座边或者到前一排弯起钢筋弯起点之间的距离，都不大于箍筋的最大间距。箍筋的最大间距可由构造要求得出。

第三节　设　计　例　题

一、基本情况

某二层仓库楼盖平面如图 6-1 所示，楼梯设置在旁边的附属房屋内。楼盖拟采用现浇钢筋混凝土单向板肋梁楼盖。试进行设计，其中板、次梁按考虑塑性内力重分布设计，主梁按弹性理论设计。

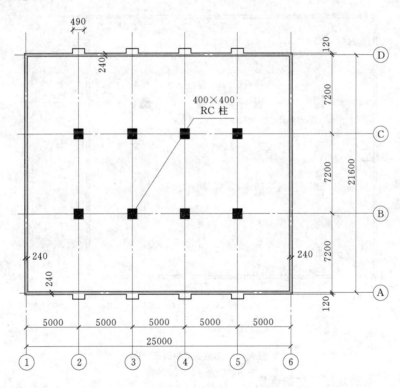

图 6-1　楼盖平面

二、设计资料

（1）楼面构造层做法：20mm 厚水泥砂浆面层，钢筋混凝土现浇板，20mm 厚混合砂浆顶棚抹灰。

（2）四边普通砖砌墙，墙厚均为 240mm，直接承载主梁位置设有扶壁柱，尺寸如图 6-1 所示。钢筋混凝土柱为 400mm×400mm。

（3）楼面荷载：均布活荷载标准值为 $6kN/m^2$。

（4）恒载分项系数为 1.2，活荷载分项系数为 1.3（楼面活荷载标准值大于 $4kN/m^2$）。

（5）材料选用：

1）混凝土：强度等级 C25（$f_c=11.9N/mm^2$，$f_t=1.27N/mm^2$）。

2）钢筋：梁内受力纵筋采用 HRB400 级（$f_y=360N/mm^2$），其余采用 HPB300 级（$f_y=270N/mm^2$）。

三、解答

（一）楼盖的结构平面布置

采用横向承重方案，即主梁横向布置，次梁纵向布置。如图 6-1 所示，主梁的跨度为 7.2m，次梁的跨度为 5.0m，主梁每跨内布置两根次梁，板的跨度为 2.4m。此时板的长短跨之比为 5.0/2.4＞2，可按单向板设计，但按《混凝土规范》的规定，应沿长边方向布置足够的构造钢筋。楼盖结构平面布置图如图 6-2 所示。

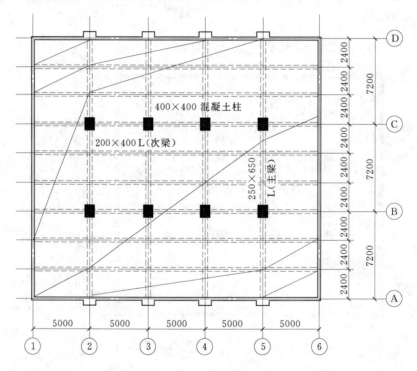

图 6-2 楼盖结构平面布置图

（二）板、梁的截面尺寸的确定

考虑刚度要求，单向连续板的板厚不小于跨度的 1/40，$h \geqslant 2400/35=68$（mm）；考虑工业建筑的楼盖板，《混凝土规范》规定最小板厚为 70mm，故取 $h=70mm$。

次梁的截面高度根据一般要求：

$$h = (1/18 \sim 1/12)l = (1/18 \sim 1/12) \times 5000 = (278 \sim 417)mm$$

考虑到本例活荷载较大，取次梁的截面为 $b \times h = 200mm \times 400mm$。

主梁的截面高度根据一般要求：

$$h = (1/12 \sim 1/8)l = (1/12 \sim 1/8) \times 7200 = (600 \sim 900)\text{mm}$$

取主梁的截面为 $b \times h = 250\text{mm} \times 650\text{mm}$。

(三) 板的设计

1. 荷载计算

板的恒荷载标准值：

20mm 水泥砂浆面层	$0.02 \times 20 = 0.40$ （kN/m²）
70mm 钢筋混凝土板	$0.07 \times 25 = 1.75$ （kN/m²）
20mm 板底混合砂浆抹灰	$0.02 \times 17 = 0.34$ （kN/m²）

小计　　　　　　　　　　　　　　　　　　　　　　　　　　2.49kN/m²

板的活荷载标准值：　　　　　　　　　　　　　　　　　　　6kN/m²

恒荷载分项系数取 1.2；因为是工业建筑楼盖且楼面活荷载标准值大于 4.0kN/m²，所以活荷载分项系数取 1.3。板的荷载设计值计算如下：

恒荷载设计值　　　　　　　　　　　$g = 2.49 \times 1.2 = 2.988$ （kN/m²）

活荷载设计值　　　　　　　　　　　$q = 6 \times 1.3 = 7.8$ （kN/m²）

荷载总设计值　　　　　　　　　　　$g + q = 10.788$ （kN/m²）

即每米板宽　　　　　　　　　　　　$g + q = 10.788$ （kN/m）

2. 计算简图

次梁截面为 200mm×400mm，现浇板在墙上的支承长度不小于 120mm，取板在墙上的支承长度为 120mm。考虑板的内力重分布，按塑性理论设计，板的计算跨度如下：

(1) 边跨。因为板厚 h 小于板在墙上的搁置长度 a，所以边跨计算长度为

$$l_{01} = l_n + h/2 = 2400 - 100 - 120 + 70/2 = 2215 (\text{mm})$$

(2) 中间跨。现浇连续板中间各跨的计算长度取净跨长：

$$l_{02} = l_n = 2400 - 200 = 2200 (\text{mm})$$

(3) 跨度差为

$$(l_{01} - l_{02})/l_{02} = (2215 - 2200)/2200 = 0.68\% < 10\%$$

故可按等跨连续板计算。取 1m 宽板带作为计算单元，5 跨连续板的计算简图如图 6-3 所示。此处支座用 A_1、B_1、C_1 来表示，以区分平面图中的轴线符号。

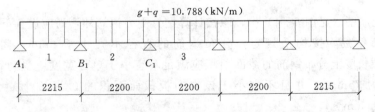

图 6-3　板的计算简图

3. 弯矩设计值

连续板各控制截面的弯矩可查表计算，计算结果如表 6-2 所示。

表 6-2 连续板各截面弯矩的计算

截面	边跨跨中	支座 B_1	中间跨中	中间支座 C_1
弯矩系数 α	1/11	$-1/11$	1/16	$-1/14$
$M = \alpha(g+q)l_0^2$ (kN·m)	4.81	-4.81	3.26	-3.73

4. 正截面受弯承载力计算

板厚 70mm，$h_0 = 70 - 20 = 50$ （mm）。C25 混凝土，$\alpha_1 = 1$，$f_c = 11.9\text{N/mm}^2$；HPB300 级钢筋，$f_y = 270\text{N/mm}^2$。板配筋计算的过程如表 6-3 所示。

表 6-3 板 的 配 筋 计 算

截面		1	B_1	2	C_1
弯矩设计值 （kN·m）		4.81	-4.81	3.26	-3.73
$\alpha_s = M/\alpha_1 f_c bh_0^2$		0.162	0.162	0.110	0.125
$\xi = 1 - \sqrt{1-2\alpha_s}$		0.178	0.178	0.116	0.134
轴线 ①~② ⑤~⑥	计算配筋 （mm²）	392.3	392.3	256.4	256.4
	实际配筋 （mm²）	$\phi10@200$ $A_s=393$	$\phi10@200$ $A_s=393$	$\phi8@200$ $A_s=251$	$\phi8@200$ $A_s=251$
轴线 ②~④	计算配筋 （mm²）	392.3	392.3	0.8×256.4 205.1	0.8×256.4 205.1
	实际配筋 （mm²）	$\phi10@200$ $A_s=393$	$\phi10@200$ $A_s=393$	$\phi8@200$ $A_s=251$	$\phi8@200$ $A_s=251$

对轴线②~⑤间的板带，其跨内截面 2、3 和支座截面的弯矩设计值考虑到板的起拱作用，可折减 20%。为了方便起见，近似对钢筋面积折减 20%，误差很小。

5. 板的配筋图

连续板中受力钢筋的配筋方式，为便于施工，采用分离式。其中下部受力钢筋全部伸入支座。伸入支座的锚固长度不应小于 5d，d 为受力筋的直径。支座负弯矩筋向跨内的延伸长度原则应满足覆盖负弯矩图并满足钢筋锚固的要求。按规范规定：延伸长度取从支座边 $a = l_n/4 = 550$ （mm）。

在板的配筋图（见图 6-4）中，除按计算配置受力钢筋外，尚应设置下列构造钢筋：

（1）分布钢筋。按构造规定，分布钢筋的直径不宜小于 6mm，间距不宜大于 250mm。单位长度上分布钢筋的截面面积应满足不宜小于单位宽度上受力钢筋截面面积的 15%，约为 75mm²，并且不宜小于该方向板截面面积的 0.15% ［$A = 1000 \times 70 \times 0.15\% = 105$ （mm²）］。

选用 $\phi6@250$，$A_s = 113\text{mm}^2$。

（2）板边构造钢筋。因为现浇混凝土板周边嵌固在砌体墙中，其上部与板边垂直的构造钢筋伸入板内的长度，从墙边算起不小于板短边计算跨度的 1/7，即 $l_{01}/7 = 2215/7 = $

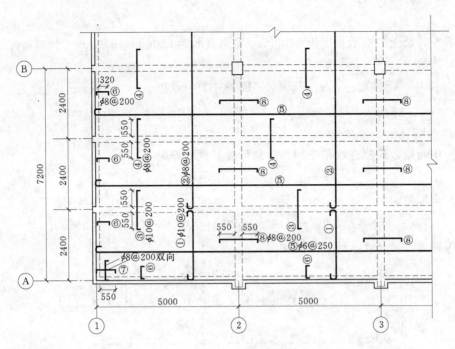

图 6-4　板的配筋图

316（mm）。直径不宜小于 8mm，间距不宜大于 200mm。同时单位长度上构造钢筋的截面积不小于受力方向受力筋面积的 1/3，约 150mm²，所以取 $\phi8@200$，$A_s=251mm^2$，延伸长度取 320mm。

（3）板角构造钢筋。在两边嵌固于墙内的板角部分，应配置双向上部构造钢筋，该钢筋伸入板内的长度，从墙边算起不小于板短边计算跨度的 1/4，即 $l_{01}/4=2215/4=554$（mm），取 550mm，$\phi8@200$。

（4）垂直于主梁的上部构造钢筋。直径不宜小于 8mm，间距不大于 200mm。单位长度内的总截面面积不宜小于板中单位宽度上受力钢筋截面面积的 1/3，约 150mm²。该钢筋伸入板内的长度，从梁边算起不小于板短边计算跨度的 1/4，即 $l_0/4=2200/4=550$（mm），取 $\phi8@200$，$A_s=251mm^2$。

（四）次梁的计算

次梁按考虑塑性内力重分布方法计算，次梁有关尺寸及支承情况如图 6-1 所示。

1. 荷载计算

恒荷载设计值：

板传来恒荷载	$2.988×2.4=7.17(kN/m)$
次梁自重	$0.2×(0.4-0.07)×25×1.2=1.98(kN/m)$
次梁粉刷	$0.02×2×(0.4-0.07)×17×1.2=0.27(kN/m)$

小计	$g=9.42(kN/m)$
活荷载设计值：	$q=7.8×2.4=18.72(kN/m)$
荷载总设计值：	$g+q=28.14(kN/m)$

2. 计算简图

次梁在砖墙上的支承长度为 240mm。主梁截面为 250mm×650mm。计算跨度如下：

（1）边跨：

$$l_{01} = l_n + a/2 = 5000 - 120 - 125 + 240/2 = 4875(\text{mm})$$

且

$$l_{01} \leqslant 1.025 l_n = 1.025 \times (5000 - 120 - 125) = 4874(\text{mm})$$

近似取 $l_{01} = 4875$mm。

（2）中间跨。现浇连续梁中间各跨的计算长度取净跨长：

$$l_{02} = l_n = 5000 - 250 = 4750(\text{mm})$$

（3）跨度差为

$$(l_{01} - l_{02})/l_{02} = (4875 - 4750)/4750 = 2.6\% < 10\%$$

故可按等跨连续梁计算。计算简图如图 6-5 所示。

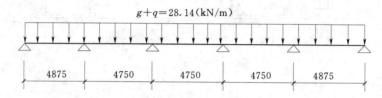

$g + q = 28.14(\text{kN/m})$

| 4875 | 4750 | 4750 | 4750 | 4875 |

图 6-5　次梁的计算简图

3. 内力计算

连续梁各控制截面的弯矩可查表计算，计算结果如表 6-4 所示。

表 6-4　　　　　　　　　　　　连续梁各截面弯矩的计算

截　　面	边跨跨中	支座②	中间跨中	中间支座③
弯矩系数 α	1/11	−1/11	1/16	−1/14
$M = \alpha(g+q)l_0^2$ (kN·m)	60.80	−60.80	39.68	−45.35

4. 正截面受弯承载力计算

次梁正截面承载力计算时，支座处截面设计按矩形截面计算，跨内按 T 形截面计算，翼缘宽度取 $b'_f = l_0/3 = 4875/3 = 1625$（mm），且 $h'_f/h_0 = 70/365 \geqslant 0.1$，又 $b'_f = b + s_n = 200 + 2200 = 2400$（mm），所以取 $b'_f = 1625$mm。

$h = 400$mm，次梁按单排配筋，则 $h_0 = 400 - 40 = 360$（mm）。

C25 混凝土，$\alpha_1 = 1$，$f_c = 11.9\text{N/mm}^2$，$f_t = 1.27\text{N/mm}^2$。纵向受力钢筋采用 HRB400 级，$f_y = 360\text{N/mm}^2$，箍筋采用 HPB300 级，$f_y = 270\text{N/mm}^2$。正截面承载力计算过程如表 6-5 所示。经判断跨内截面均为第一类 T 形截面。

最小配筋率的验算：

次梁中配筋最小的截面在中间跨跨内，由于是第一类 T 形截面，所以仍按宽度为 b 的矩形截面验算。

$$\rho = \frac{A_s}{bh_0} = \frac{308}{200 \times 360} = 0.43\%$$

表 6-5 次梁正截面受弯承载力计算

截 面	边跨跨内	支座②	中间跨跨内	中间支座③
弯矩设计值（kN·m）	60.80	−60.80	39.68	−45.35
$\alpha_s = M/\alpha_1 f_c bh_0^2$	0.0243	0.197	0.0158	0.147
$\xi = 1 - \sqrt{1 - 2\alpha_s}$	0.0246	0.222<0.35	0.0160	0.160<0.35
计算配筋（mm²）	475.7	528.4	308.3	380.1
实际配筋（mm²）	2⏀14+1⏀16 $A_s = 509$	2⏀14+1⏀16 $A_s = 509$	2⏀14 $A_s = 308$	2⏀14+1⏀12 $A_s = 421$

$$\xi = \frac{\rho f_y}{\alpha_1 f_c} = 0.128$$

$$\rho_{min} = 45 \frac{f_t}{f_y} = 0.16\% < 0.2\%, 故取 \rho_{min} = 0.2\%$$

经验算，均能满足要求。

5. 次梁剪力设计值的计算

$$V_1 = 0.45(g+q)l_{n1} = 0.45 \times 28.14 \times 4.755 = 60.21(kN)$$
$$V_2^l = 0.6(g+q)l_{n1} = 0.6 \times 28.14 \times 4.755 = 80.28(kN)$$
$$V_2^r = 0.55(g+q)l_{n2} = 0.55 \times 28.14 \times 4.75 = 73.52(kN)$$
$$V_3 = 0.55(g+q)l_{n2} = 0.55 \times 28.14 \times 4.75 = 73.52(kN)$$

6. 斜截面受剪承载力的计算

斜截面受剪承载力计算包括：截面尺寸的复核、腹筋计算、最小配箍率的验算。

（1）验算截面尺寸：

$$h_w = h_0 - h'_f = 360 - 70 = 290(mm)$$
$$h_w/b = 290/200 = 1.45 < 4$$

截面尺寸按下式验算：

$$0.25\beta_c f_c bh_0 = 0.25 \times 1 \times 11.9 \times 200 \times 360 = 214.2(kN) > V_{max} = 80.28kN$$

截面尺寸满足要求。

（2）腹筋计算：

$$0.7f_t bh_0 = 0.7 \times 1.27 \times 200 \times 360 = 64.008(kN)$$
$$f_t bh_0 = 1.27 \times 200 \times 360 = 91.44(kN)$$

显然只有支座②左截面需要按计算配箍筋。

梁高 $h = 400mm$，由构造要求，取 $\phi 6$ 双肢箍筋，间距 $s = 200mm$。

$$V_{cs} = 0.7f_t bh_0 + 1.0f_{yv} \frac{A_{sv}}{s} h_0 = 91.71(kN) > V_{max} = 80.28kN$$

调幅后受剪承载力应加强，梁局部范围内将计算的箍筋面积增加 20%，现只调整箍筋间距：$s = 0.8 \times 200 = 160$（mm），为便于施工，沿梁长不变。

（3）验算配箍率下限值：

弯矩调幅时要求的配箍率下限为

$$0.3 \frac{f_t}{f_{yv}} = 0.3 \times 1.27/270 = 0.14\%$$

实际配箍率为

$$\rho_{sv} = \frac{A_{sv}}{bs} = \frac{56.6}{200 \times 160} = 0.18\%$$

满足要求。

次梁配筋图如图 6-6 所示。

（五）主梁配筋方案一

主梁按弹性理论设计。

1. 荷载设计值

为简化计算，将主梁自重等效为集中荷载：

次梁传来恒荷载 $9.42 \times 5 = 47.1$ (kN)

主梁自重（含粉刷） $[0.25 \times (0.65 - 0.07) \times 25 \times 2.4$

$+ 0.02 \times 2 \times (0.65 - 0.07) \times 17 \times 2.4] \times 1.2$

$= 11.576 (kN)$

恒荷载设计值： $G = 47.1 + 11.576 = 58.676$ (kN)

活荷载设计值： $Q = 18.72 \times 5 = 93.6$ (kN)

2. 计算简图

主梁端部支承在带壁柱砖墙上，支承长度为 370mm。中间支承在 400mm×400mm 的混凝土柱上。主梁按连续梁计算。其计算跨度如下：

（1）边跨：

$$l_{n1} = 7200 - 120 - 400/2 = 6880 (mm)$$

$$l_{01} = l_{n1} + a/2 + b/2 = 6880 + 370/2 + 400/2 = 7265 (mm)$$

且 $l_{01} \leqslant 1.025 l_{n1} + b/2 = 1.025 \times 6880 + 400/2 = 7252 (mm)$

近似取 $l_{01} = 7255$mm。

（2）中间跨。按弹性理论，现浇连续梁中间各跨的计算长度取支座间距离：

$$l_{02} = 7200mm$$

（3）跨度差为

$$(l_{01} - l_{02})/l_{02} = (7255 - 7200)/7200 = 0.76\% < 10\%$$

故可按等跨连续梁计算。计算简图如图 6-7 所示。

3. 内力设计值及包络图

（1）弯矩设计值为

$$M = k_1 Gl + k_2 Ql$$

式中：k_1、k_2 为系数，可查表得出，不同荷载组合下各截面的弯矩计算结果如表 6-6 所示。

（2）弯矩包络图。考虑对称性，弯矩包络图只画出一半。

1）荷载组合 1+2 时，出现第一跨跨内最大弯矩和第二跨跨内最小弯矩。此时 $M_A = 0$，$M_B = -113.83 - 90.32 = -204.15$ (kN·m)，以这两个支座弯矩值的连线为基线，叠加边

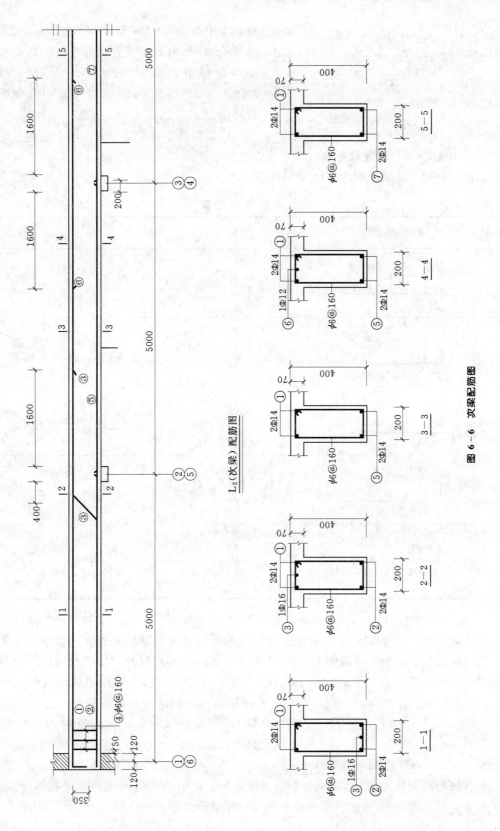

L_2（次梁）配筋图

图 6 - 6　次梁配筋图

图 6-7 主梁的计算简图

跨在集中荷载 $G+Q=58.676+93.6=152.276$（kN·m）作用下的简支梁弯矩图，则第一个集中荷载下的弯矩值为 300.204kN·m ≈ $M_{1max}=300.12$kN·m；第二个集中荷载下的弯矩值为 232.154kN·m。

中间跨跨中弯矩最小时，两个支座弯矩值均为 204.15kN·m，以此弯矩连线为基线叠加集中荷载 $G=58.676$kN·m 作用下的简支梁弯矩图，则集中荷载处的弯矩值为 -63.328kN·m。

表 6-6   **主 梁 的 弯 矩 计 算**   单位：kN·m

项次	荷载简图	$\dfrac{k}{M_1}$	$\dfrac{k}{M_B}$	$\dfrac{k}{M_2}$	$\dfrac{k}{M_C}$
1	$G\ G\ G\ G\ G$	$\dfrac{0.244}{103.87}$	$\dfrac{-0.2674}{-113.83}$	$\dfrac{0.067}{28.31}$	$\dfrac{-0.2674}{-113.83}$
2	$Q\ Q\ \ \ Q\ Q$	$\dfrac{0.289}{196.25}$	$\dfrac{-0.133}{-90.32}$	$\dfrac{-0.133}{-89.63}$	$\dfrac{-0.133}{-90.32}$
3	$Q\ Q$	$\dfrac{-0.045}{-30.56}$	$\dfrac{-0.133}{-90.32}$	$\dfrac{0.2}{134.78}$	$\dfrac{-0.133}{-90.32}$
4	$Q\ Q\ Q\ Q$	$\dfrac{0.229}{155.51}$	$\dfrac{-0.311}{-211.19}$	$\dfrac{0.17}{114.57}$	$\dfrac{-0.089}{-60.44}$
组合项次 M_{min}		1+3 73.31	1+4 -325.02	1+2 -61.32	由对称性 -325.02
组合项次 M_{max}		1+2 300.12		1+3 163.09	

2）荷载组合 1+4 时，支座最大负弯矩 $M_B=-325.02$kN·m，其他两个支座的弯矩 $M_A=0$，$M_C=-174.27$kN·m，在这三个支座弯矩间连直线，以此连线为基线，于第一跨、第二跨分别叠加集中荷载为 $G+Q=152.276$（kN·m）时的简支梁弯矩图，则集中荷载处的弯矩值顺次为 259.91kN·m、151.57kN·m、90.69kN·m、140.94kN·m。

3）荷载组合 1+3 时，出现边跨跨内弯矩最小与中间跨跨中弯矩最大。此时，$M_B=M_C=-204.15$kN·m，第一跨在集中荷载 $G=58.676$kN·m 作用下的弯矩分别为 73.85kN·m、5.80kN·m。第二跨在集中荷载 $G+Q=152.276$（kN·m）作用下的弯矩值分别为 262.14kN·m、161.31kN·m ≈ M_{2max}。

所计算的跨内最大弯矩与表 6-6 有少量差异，是因为计算跨度并非严格等跨所致。主梁的弯矩图如图 6-8 所示。其中最外围加粗线描绘的即为包络图。

（3）剪力设计值为

$$V = k_3 G + k_4 Q$$

式中：k_3、k_4 为系数，可查表得出，不同荷载组合下各截面的剪力计算结果如表 6 - 7 所示。

（4）剪力包络图。根据表 6 - 7 中的数据，可以画出剪力包络图。

1）荷载组合 1+2 时，$V_{Amax} = 124.07 \text{kN}$，至第一集中荷载处剪力值降为 -28.206kN，至第二集中荷载处剪力降为 -180.482kN。

2）荷载组合 1+4 时，V_B 最大，其 $V_{Bl} = -197.05 \text{kN}$，则第一跨集中荷载处剪力顺次为 107.5kN，-44.776kN。

其余各跨的剪力可照此计算。主梁的剪力包络图如图 6 - 9 所示。其中最外围用加粗线描绘的即为包络图。

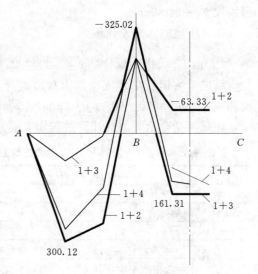

图 6 - 8 主梁的弯矩包络图

表 6 - 7	主 梁 的 剪 力 计 算			单位：kN
项次	荷 载 简 图	$\dfrac{k}{V_A}$	$\dfrac{k}{V_{Bl}}$	$\dfrac{k}{V_{Br}}$
1	$G\ G\ G\ G\ G\ G$	$\dfrac{0.733}{43.01}$	$\dfrac{-1.267}{-74.34}$	$\dfrac{1.00}{58.676}$
2	$Q\ Q\quad\quad Q\ Q$	$\dfrac{0.866}{81.06}$	$\dfrac{-1.134}{-106.14}$	$\dfrac{0}{0}$
4	$Q\ Q\ Q\ Q$	$\dfrac{0.689}{64.49}$	$\dfrac{-1.311}{-122.71}$	$\dfrac{1.222}{114.38}$
	组合项次	1+2	1+4	1+4
	$\pm V_{max}$	124.07	-197.05	173.056

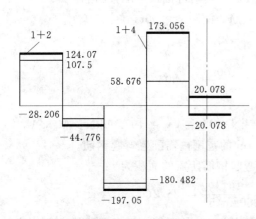

图 6 - 9 主梁的剪力包络图

4. 承载力计算

C25 混凝土，$\alpha_1 = 1$，$f_c = 11.9 \text{N/mm}^2$，$f_t = 1.27 \text{N/mm}^2$。纵向受力钢筋采用 HRB400 级，$f_y = 360 \text{N/mm}^2$，箍筋采用 HP300 级，$f_y = 270 \text{N/mm}^2$。

（1）正截面受弯承载力。支座 B 截面按矩形计算，跨内按 T 形截面计算。跨内翼缘宽度的确定：

因 $h_f'/h_0 = 70/610 \geqslant 0.1$，翼缘宽度取 $b_f' = l/3$ 和 $b_f' = b + s_n$ 两者的较小值。

由 $b_f' = l/3 = 2400 (\text{mm})$，$b_f' = b + s_n = 5000 (\text{mm})$

所以取 $b'_f = 2400$mm。

B 支座边的弯矩设计值为

$$M_B = M_{B\max} - V_0 \frac{b}{2} = -325.02 + 152.276 \times 0.2 = -294.56(\text{kN} \cdot \text{m})$$

纵向受力钢筋在 B 支座截面和边跨跨内为两排，$h_0 = 650 - 70 = 580$（mm）；中跨截面为一排，$h_0 = 650 - 40 = 610$（mm）。跨内截面经判断都属于第一类 T 形截面。

正截面受弯承载力的计算过程如表 6 - 8 所示。

表 6 - 8　　　　　　　　　　主梁正截面受弯承载力计算

截　　面	边跨跨内	支座 B	中间跨跨内	
弯矩设计值（kN·m）	300.12	-294.56	163.09	-61.32
$\alpha_s = M/\alpha_1 f_c b h_0^2$	0.0312	0.2943	0.0153	0.0058
$\xi = 1 - \sqrt{1 - 2\alpha_s}$	0.0317	0.3586	0.0155	0.0058
计算配筋（mm²）	1460.5	1719.0	748.3	280.0
实际配筋（mm²）	2 Φ 25（弯）+ 2 Φ 18 $A_s = 1491$	2 Φ 25（弯）+2 Φ 18+ 1 Φ 18（弯） $A_s = 1745$	3 Φ 18（弯1） $A_s = 763$	2 Φ 18 $A_s = 509$
抵抗弯矩	325.06	298.03	167.07	107.05

（2）斜截面受剪承载力。

1）验算截面尺寸：

$$h_w = h_0 - h'_f = 580 - 70 = 510(\text{mm})$$
$$h_w/b = 510/250 = 2.04 < 4$$

截面尺寸按下式验算：

$$0.25\beta_c f_c b h_0 = 0.25 \times 1 \times 11.9 \times 250 \times 580 = 431.375(\text{kN}) > V_{\max} = 197.05\text{kN}$$

截面尺寸满足要求。

2）箍筋计算：

$$0.7 f_t b h_0 = 0.7 \times 1.27 \times 250 \times 580 = 128.905(\text{kN})$$

显然只有支座 B 左、右截面需要按计算配腹筋。其余可按构造配置箍筋。

梁高 $h = 650$mm，由构造要求，取 $\phi 8$ 双肢箍筋，间距 $s = 250$mm。

$$V_{cs} = 0.7 f_t b h_0 + 1.0 f_{yv} \frac{A_{sv}}{s} h_0$$

$$= 128.905 + 1.0 \times 270 \times \frac{100.6}{250} \times 580 \times 10^{-3}$$

$$= 191.92(\text{kN})$$

3）弯筋的计算。由上可知，$V_A = 124.07$kN $< V_{cs}$，$V_{Bl} = 197.05$kN $> V_{cs}$，$V_{Br} = 173.056$kN $< V_{cs}$，所以对于支座 B 的左截面 2.4m 的范围内需配置弯起钢筋。

弯筋采用 HRB400，弯起角取 $\alpha_s = 45°$，则弯起钢筋所需的面积为

$$A_{sb} = \frac{V_{Bl} - V_{cs}}{0.8 f_y \sin\alpha_s} = \frac{197.05 - 191.92}{0.8 \times 360 \sin 45°} = 25.2(\text{mm}^2)$$

主梁剪力图呈矩形，根据估算，在 B 截面左边 2.4m 的范围内需布置三排弯筋才能覆盖此最大剪力区段，先后弯起第一跨跨内的 Φ 25 钢筋，$A_{sb} = 490.9$mm² > 25.2mm²，并

在支座处配置 2 ⚎ 18 鸭筋抗剪。

4）最小配箍率的验算：

$$\rho_{sv} = \frac{A_{sv}}{bs} = \frac{100.6}{250 \times 250} = 0.16\% > 24 f_t / f_{yv} \% = 0.11\%$$

满足要求。

5. 次梁两侧附加钢筋的计算

次梁传来的集中力为 $F_l = 47.1 + 93.6 = 140.7$（kN），$h_1 = 650 - 400 = 250$（mm），附加箍筋布置范围 $s = 2h_1 + 3b = 2 \times 250 + 3 \times 200 = 1100$（mm）。此处仅用附加箍筋。

取双肢 $\phi 8$，则在长度 s 内可布置附加箍筋的排数为

$$m \times 2 f_{yv} A_{sv1} \geqslant F_l$$

$$m \geqslant \frac{F_l}{2 f_{yv} A_{sv1}} = \frac{140.7 \times 10^3}{2 \times 270 \times 50.3} = 5.18$$

取 $m = 8$，次梁两侧各布置 4 排，间距 120mm，布置范围次梁左右各 410mm。

6. 腰筋的设置

主梁的腹板高度：$h_w = 510\text{mm} \geqslant 450\text{mm}$，需要在梁侧设置纵向构造钢筋（也称腰筋），每侧腰筋的截面面积 $A_s \geqslant bh_w \times 0.1\% = 250 \times 510 \times 0.1\% = 127.5$（mm²），可取 $2\phi 12$，$A_s = 226\text{mm}^2$。间距 200mm。

主梁的配筋如图 6-10 所示。

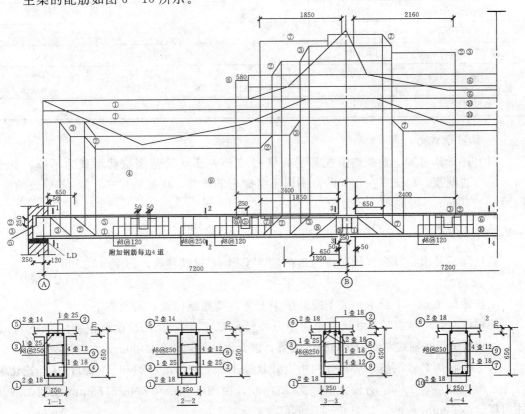

图 6-10　主梁的配筋图

关于配筋图中上部钢筋截断位置，说明如下。

Ⓑ轴线左侧 7 号钢筋，从充分利用点外延伸 $1.2l_a+1.7h_0=1843$mm，从理论切断点外延伸 $20d$ 或者 $1.3h_0$ 的较大值，为 754mm，由图 6-10 可知 7 号钢筋由 1843mm 控制，本图取从柱边算起 1850mm 处截断，如图 6-10 所示。

Ⓑ轴线左侧 6 号钢筋，由从理论切断点外延伸 $20d$ 或者 h_0 的较大值控制，为 580mm，理论切断点位于Ⓑ轴线左侧约 2000mm 位置，因此取从柱边算起 2400mm 位置截断。

Ⓑ轴线右侧 2、3 号钢筋，从充分利用点外延伸 $1.2l_a+1.7h_0=2160$（mm），从理论切断点外延伸 $20d$ 或者 $1.3h_0$ 的较大值，为 754mm，由图 6-10 可知由 2160mm 控制，本图取从柱边算起 2400mm 截断，如图 6-10 所示。

（六）主梁配筋方案二

主梁配筋不考虑弯筋抗剪。

1. 抗弯承载力计算

正截面抗弯承载力配筋形式如表 6-9 所示。

表 6-9 正截面抗弯承载力配筋设计二

截面	边跨跨内	支座 B	中间跨跨内	
弯矩设计值（kN·m）	300.12	−294.56	163.09	−61.32
$\alpha_s=M/\alpha_1 f_c bh_0^2$	0.0312	0.262	0.0153	0.0058
$\xi=1-\sqrt{1-2\alpha_s}$	0.0317	0.310	0.0155	0.0058
计算配筋（mm²）	1460.5	1574.3	748.3	280.0
实际配筋（mm²）	2⚯25（弯）+2⚯18 $A_s=1491$	2⚯25+2⚯20 $A_s=1610$	3⚯18 $A_s=763$	2⚯20 $A_s=628$
抵抗弯矩	325.06	299.99	167.07	130.45

2. 抗剪承载力计算

由上述计算可知，如按构造配箍筋，仅 B 支座左 1/3 跨范围抗剪承载力不够，其余可采用构造配箍。B 支座左 1/3 跨范围因不考虑弯筋抗剪，将箍筋加密，取 $\phi8$ 双肢箍筋，间距 $s=200$mm，则抗剪承载力为

$$V_{cs}=0.7f_t bh_0+1.0f_{yv}\frac{A_{sv}}{s}h_0=128.905+1.0\times270\times\frac{100.6}{200}\times580\times10^{-3}=207.67(\text{kN})$$

显然满足要求。其余区段，按构造配箍，采用 $\phi8$ 双肢箍筋，间距 $s=250$mm。

3. 配筋图

配筋图如图 6-11 所示。关于配筋图中上部钢筋截断位置，说明如下。

Ⓑ轴线左侧 4 号钢筋，由从理论切断点外延伸 $20d$ 或者 h_0 的较大值控制，为 580mm，理论切断点位于Ⓑ轴线左侧约 2000mm 位置，因此取从柱边算起 2400mm 位置截断。

Ⓑ轴线右侧 2 号钢筋，从充分利用点外延伸 $1.2l_a+1.7h_0=2176$（mm），从理论切断点外延伸 $20d$ 或者 $1.3h_0$ 的较大值，为 754mm，由图 6-11 可知由 2176mm 控制，取从柱边算起 2400mm 截断，如图 6-11 所示。

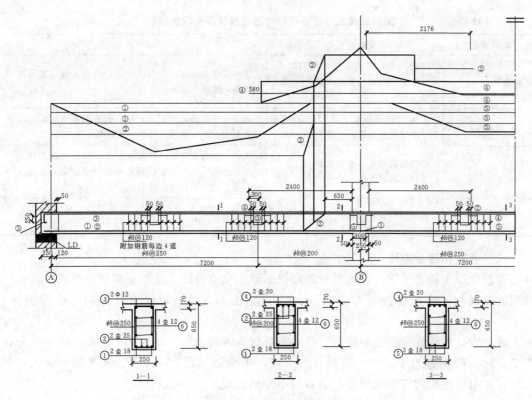

图 6-11 主梁配筋图方案二

4. 次梁两侧附加钢筋的计算

次梁传来的集中力为 $F_l = 47.1 + 93.6 = 140.7$（kN），$h_1 = 650 - 400 = 250$（mm），附加箍筋布置范围 $s = 2h_1 + 3b = 2 \times 250 + 3 \times 200 = 1100$（mm）。此处仅用附加箍筋。

取双肢 $\phi 8$，则在长度 s 内可布置附加箍筋的排数为

$$m2f_{yv}A_{sv1} \geqslant F_l$$

$$m \geqslant \frac{F_l}{2f_{yv}A_{sv1}} = \frac{140.7 \times 10^3}{2 \times 270 \times 50.3} = 5.18$$

取 $m = 8$，次梁两侧各布置 4 排，间距 120mm，布置范围次梁左右各 410mm。

5. 腰筋的设置

主梁的腹板高度 $h_w = 510$mm $\geqslant 450$mm，需要在梁侧设置纵向构造钢筋（又称为腰筋），每侧腰筋的截面面积 $A_s \geqslant bh_w \times 0.1\% = 250 \times 510 \times 0.1\% = 127.5$（mm²），可取 $2\phi 12$，$A_s = 226$mm²，间距 200mm。

第四节 课程设计有关要求

一、进度安排与阶段性检查

钢筋混凝土楼盖课程设计计划安排时间为 1 周，具体时间安排如表 6-10 所示。学生应严格按进度安排完成课程设计所规定任务。

表 6 - 10   钢筋混凝土楼盖课程设计进度安排及阶段性检查

时间安排	应完成的任务	检查内容
第 1~2 天	结构布置、截面选择，荷载计算，板、次梁的内力和配筋计算，钢筋的选择	结构布置合理性，截面选择的合理性，板、次梁的内力计算，钢筋选择的合理性
第 3 天	主梁的内力计算，绘制内力包络图，主梁配筋计算，钢筋布置方案	内力分析方法是否正确，内力包络图是否正确，配筋计算是否正确，钢筋选择和布置方案是否合理
第 4~5 天	绘制结构布置，板、次梁、主梁的配筋图，钢筋表	图面表达是否细致、规范，主梁材料图是否正确，主梁根据抵抗弯矩图确定的钢筋弯起和截断是否正确、合理。重点检查图纸和计算书的一致性
第 6 天	整理图纸和计算书。上交、答辩	课程设计成果是否齐全，数据来源、结构概念是否清楚

二、考核和评分办法

钢筋混凝土楼盖课程设计由指导教师根据学生完成设计质量、是否独立完成以及设计期间的表现和工作态度进行综合评价，评分标准如表 6 - 11（按百分制，最后折算）所示。

课程设计成绩先按百分制评分，然后折算成 5 级制：90~100 分评为优，80~89 分评为良，70~79 分评为中，60~69 分评为及格，60 分以下评为不及格。凡是没有完成课程设计任务书所规定的任务及严重抄袭者按不及格处理。

表 6 - 11   钢筋混凝土楼盖课程设计成绩评定表

项　目	分　值	评　分　标　准	实评分
计算书	90~100	结构计算的基本原理、方法、计算简图完全正确。思路清楚、运算正确。计算书完整、系统性强、书写工整、便于审核	
	80~89	结构计算的基本原理、方法、计算简图正确。思路基本清楚。计算书完整、运算无误、计算书有系统，书写清楚	
	70~79	结构计算的基本原理、方法、计算简图正确。思路清楚、运算正确。计算书完整、系统性强、书写工整、便于审核	
	60~69	结构计算的基本原理、方法、计算简图基本正确。思路不够清楚、运算有错误、计算书无系统性、书写潦草，不便于审核	
	59 以下	结构计算的基本原理、方法、计算简图不正确。思路不清楚。运算错误多，计算书书写不认真，无法审核	
图纸	90~100	正确表达设计意图；图例、符号、习惯做法符合规定。有解决特殊构造做法之处图面布置、线条、字体很好，图纸无错误	
	80~89	正确表达设计意图；图例、符号、习惯做法符合规定。在理解基础上照样图绘制施工图，图面布置、线条、字体很好，图纸有小错误	
	70~79	尚能表达设计意图；图例、符号、习惯做法符合规定。有抄图现象。图面布置、线条、字体一般，图纸有小错误	
	60~69	能表达设计意图；习惯做法符合规定。有抄图不求甚解现象。图面布置不合理、内容空虚	
	59 以下	不能表达设计意图；习惯做法不符合规定。有抄图不求甚解现象。图面布置不合理、内容空虚、图纸错误多	

项　目	分　值	评　分　标　准	实评分
答辩	90～100	回答问题正确，概念清楚，综合表述能力强	
	80～89	回答问题正确，概念基本清楚，综合表述能力较强	
	70～79	回答问题基本正确，概念基本清楚，综合表述能力一般	
	60～69	回答问题错误较多，概念基本清楚，综合表述能力较差	
	59 以下	回答问题完全错误，概念不清楚	
完成任务	90～100	能熟练的综合运用所学知识，全面出色完成任务	
	80～89	能综合运用所学知识，全面完成任务	
	70～79	能运用所学知识，按期完成任务	
	60～69	能在教师的帮助下运用所学知识，按期成任务	
	59 以下	不能按期完成任务	

三、在楼盖结构设计过程中学生应注意的问题

（1）审题。认真阅读设计任务书中对课程设计的具体要求，一般来说，钢筋混凝土楼盖课程设计主要要求同学们完成楼盖各部分的计算全过程和施工图的绘制两大部分内容。设计前只有先熟悉课程设计的具体要求，掌握需要的相关基本知识，才能够按要求完成设计内容。

（2）结构平面布置，并初步拟定板厚和主、次梁的截面尺寸。根据板、梁跨度适用范围，选择板的结构形式，并完成柱网与梁格的布置。根据常用的经验做法，初步拟定板、次梁、主梁的截面尺寸。

（3）确定梁、板的计算简图。其中包括构件计算模型的确定、荷载的计算、计算跨度的确定等。

（4）梁、板的内力分析。针对不同的构件，选取相应的计算理论。其中次梁、板按塑性理论计算内力，主梁按弹性理论计算内力。

（5）等跨连续板、次梁的配筋方案可参考教材中给出的构造方案。主梁须绘制内力包络图和材料图确定钢筋的弯起和截断方案。主梁的设计中若只考虑箍筋抗剪时，箍筋的间距应结合剪力包络图计算确定，并符合构造要求，在图纸上可分段标注箍筋间距。

（6）绘制施工图。图纸内容包括：楼盖结构布置图；板、次梁配筋详图；主梁弯矩包络图及配筋详图；钢筋下料表。

第五节　课程设计任务书

一、设计题目

多层厂房标准层楼盖结构设计。

二、设计内容

(1) 做标准层楼面结构布置，估算板、梁的截面尺寸。

(2) 按考虑塑性内力重分布设计板、次梁。

(3) 按弹性理论设计主梁。

(4) 绘制楼面结构布置图，板、次梁配筋图，主梁内力包络图及配筋图。

(5) 作一根次梁或一根主梁的钢筋明细表。

三、设计资料

四层工业建筑的标准层平面如图 6-12 所示，楼梯设置在旁边的附属房屋内。楼盖拟采用现浇钢筋混凝土肋梁楼盖，墙体采用多孔砖砌体材料承重，层高为 3.9m，窗高 2.1m，窗下檐距室内地面 0.9m，室内外高差 0.3m。基础埋深为 1.5m。地面粗糙度为 B 类，不考虑抗震设防。

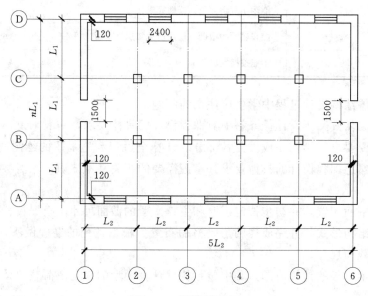

图 6-12 标准层平面图

(1) 建筑做法。

1) 楼面做法：20mm 水泥砂浆面层，钢筋混凝土现浇板，20mm 石灰砂浆抹底。

2) 屋面做法：新型 PVC 卷材防水，自重为 $0.45kN/m^2$，不上人屋面，当地基本雪压为 $0.3kN/m^2$。

3) 墙厚均为 370mm，钢筋混凝土柱截面为 400mm×400mm。

4) 楼面荷载：均布活荷载标准值见表 6-12。

5) 材料：混凝土强度等级、钢筋级别由学生自定。

(2) 活荷载标准值和平面定位尺寸（见表 6-12）。每位学生根据学号按表 6-12 确定荷载和平面尺寸，不得与本班其他同学雷同，在计算书中注明所选的数据。

四、课程设计成果

(1) 计算书一份，内容包括：结构布置，构件尺寸的确定，楼盖的荷载计算，板、次梁的内力计算和配筋，主梁的内力计算和配筋；计算书统一用 A4 复印纸书写。

表 6-12　　　　　　　　　　　按学号分配的活荷载标准值、跨度和跨数

nL_1(m) ＼ q_k(kN/m²)	7.5	7.0	6.5	6.0	5.5	5.0	4.5	L_2(m)	班级
4×6.0	1	2	3	4	5	6	7	6.6	
4×6.3	8	9	10	11	12	13	14	6.0	
3×6.6	15	16	17	18	19	20	21	6.6	1班
3×6.6	22	23	24	25	26	27	28	6.9	
4×6.3	29	30	31	32	33	34	35	6.9	
4×6.0	36	37	38	39	40	41	42	7.2	
3×6.0	1	2	3	4	5	6	7	6.6	
3×6.3	8	9	10	11	12	13	14	6.0	
4×6.6	15	16	17	18	19	20	21	6.6	2班
4×6.6	22	23	24	25	26	27	28	6.9	
4×6.3	29	30	31	32	33	34	35	6.9	
3×6.9	36	37	38	39	40	41	42	7.2	

（2）图纸：结构布置图，板、次梁配筋图；主梁弯矩包络图及配筋图；次梁和主梁钢筋表。图纸用1张1号图。

思　考　题

6-1　钢筋混凝土整浇楼盖结构构件布置应考虑哪些问题？

6-2　什么条件下主梁能按连续梁进行内力分析？

6-3　连续次梁在什么条件下可以将主梁作为其不动铰支座？如果条件不满足则怎样处理？

6-4　怎样进行梁、板结构构件的截面尺寸估算？

6-5　什么是结构构件的计算简图？它有什么意义？

6-6　结构荷载汇集时为什么要区分永久荷载与可变荷载？对下一步计算有哪些影响？

6-7　按弹性理论计算梁、板，为什么要采用折算荷载？对板及次梁各有哪些影响？

6-8　如何考虑活荷载最不利分布对构件内力分析的影响？有哪些基本规律？

6-9　什么是塑性铰？它有什么特点？它的转动程度主要和什么因素有关？如何控制？

6-10　板和次梁按塑性理论计算采用的弯矩系数和剪力系数是根据什么原理推导而得？

6-11　次梁与主梁相交处为什么主梁应设吊筋或附加箍筋？如果不设将会产生怎样的破坏形式？

6-12　什么是浮筋？为什么梁中不应设浮筋？

6-13　什么是弯矩包络图？什么是钢筋材料图？如何正确处理梁中钢筋的弯起和截断？

第七章

砌体房屋结构课程设计

【本章要点】

- 掌握结构布置方案的选择和房屋静力计算方案的确定方法。
- 掌握荷载传递规律及墙体内力计算方法。
- 掌握墙体稳定、承载力验算方法，基础设计计算方法。
- 掌握楼面结构布置图、梁的配筋图、基础结构施工图绘制方法。

第一节　教　学　要　求

砌体结构主要是指由竖向砌体墙和水平钢筋混凝土构件组成的承重骨架，一般由竖向砌块墙体和水平钢筋混凝土梁板构件组成。在我国低层、多层房屋中，砌体结构是一种主要的结构形式，所以要求全面掌握它的设计方法。

本设计要求完成以下内容：

（1）计算书内容：结构布置，梁尺寸确定，荷载计算，梁的内力计算，墙体稳定性与承载力计算，基础计算。

（2）图纸内容：楼面结构布置图，梁的配筋图，基础结构施工图。

第二节　设计方法和步骤

楼盖和屋盖大都可以采用现浇钢筋混凝土梁、板或选用标准的构件（省标或国标）。因此砌体结构计算主要任务是进行墙体和基础的设计计算。主要内容包括结构的选型和布置（并满足抗震的构造要求）、房屋的静力计算方案的确定、墙柱高厚比验算、内力分析与承载力计算、梁下砌体局部受压的承载力验算和墙、柱下的基础计算。此外，对于一些现浇的结构构件，如楼梯、阳台、天沟、雨篷也需要进行设计计算。

本章首先对这些方面的问题进行叙述，然后给出具体设计实例。

一、结构布置方案的选择和房屋静力计算方案的确定

(一) 结构布置方案

在砌体结构房屋设计中,承重墙体的布置不仅影响房屋平面的划分和空间的大小,而且还关系到荷载传递路线及房屋的空间刚度。在承重墙体的布置中,有四种方案可供选择,即纵墙承重体系、横墙承重体系、纵横墙承重体系和内框架承重体系。

1. 纵墙承重体系

这类房屋(楼)面荷载的主要传递路线为

$$屋(楼)面荷载 \rightarrow 纵墙 \rightarrow 基础 \rightarrow 地基$$

其特点是:空间布置灵活、纵墙上开窗洞口尺寸受到限制、墙体用量相对较少、房屋横向刚度一般较差。纵墙承重体系适用于有较大空间的房屋,如教学楼、实验楼、办公室、中小型工业厂房和仓库等。

2. 横墙承重体系

这类房屋荷载的主要传递路线为

$$屋(楼)面荷载 \rightarrow 横墙 \rightarrow 基础 \rightarrow 地基$$

其特点是:在纵墙上开设门窗洞口较灵活,房屋横向间距较密,横向刚度大,整体性好,屋(楼)盖结构形式单一,施工方便。横墙承重体系由于横向间距较密,房间大小固定,适用于宿舍、住宅、旅馆、招待所等居住建筑。

3. 纵横墙承重体系

这类房屋的荷载传递路线为

$$屋面荷载 \begin{cases} \rightarrow 纵墙 \rightarrow 纵墙基础 \rightarrow 地基 \\ \rightarrow 横墙 \rightarrow 横墙基础 \rightarrow 地基 \end{cases}$$

该类房屋特点介于前两者之间,其房屋开间大于横墙承重体系但灵活性不如纵墙承重体系,砌体应力分布均匀。房屋的刚度、墙体用料等都介于前两者之间。

4. 内框架承重体系

这类房屋的特点是:房屋开间大,平面布置较为灵活,但横墙较少,空间刚度较差,与全框架结构比,可节省钢材、水泥的用量。由于其抵抗地基不均匀沉降和地震的能力较弱,目前极少采用。

(二) 房屋静力计算方案的确定

混合结构房屋由屋盖、楼盖、墙、柱、基础等主要承重构件组成空间受力体系,共同承担作用在房屋上的各种竖向荷载、水平风荷载、地震作用。根据房屋空间刚度的大小决定墙、柱设计时的计算简图,即房屋静力计算方案。

影响房屋空间性能的因素很多,《砌体结构设计规范》(GB 50003—2011)(以下简称《砌体结构设计规范》)仅根据屋盖刚度和横墙间距两个重要因素,将房屋静力计算方案分为三种,如表7-1所示。

二、墙、柱高厚比验算

《砌体结构设计规范》中规定用验算墙、柱高厚比的方法进行墙、柱的稳定性验算。这是保证砌体结构在施工阶段和使用阶段稳定性的一项重要构造措施。包括两方面内容:允许高厚比的限值;实际高厚比的确定。

表 7 - 1　　　　　　　　　　　　房屋的静力计算方案

屋 盖 或 楼 盖 类 别		刚性方案	刚弹性方案	弹性方案
1	整体式、装配整体式和装配式无檩体系钢筋混凝土屋盖或钢筋混凝土楼盖	$s<32$	$32 \leqslant s \leqslant 72$	$s>72$
2	装配式有檩体系钢筋混凝土屋盖、轻钢屋盖和有密铺望板的木楼盖或木楼盖	$s<20$	$20 \leqslant s \leqslant 48$	$s>48$
3	瓦材屋面的木楼盖和轻钢屋盖	$s<16$	$16 \leqslant s \leqslant 36$	$s>36$

注　1. 表中 s 为横墙间距，单位为 m。
　　2. 对无山墙或伸缩缝处无横墙的房屋，应按弹性方案考虑。

（一）允许高厚比的确定

允许高厚比主要取决于一定时期内材料的质量和施工水平，其值根据实践经验确定。砌体规范给出了不同砂浆强度等级墙、柱的允许高厚比，如表 7 - 2 所示。

（二）高厚比验算

1. 矩形截面墙、柱的高厚比验算

矩形截面墙、柱应按下式验算：

$$\beta = \frac{H_0}{h} \leqslant \mu_1 \mu_2 [\beta] \qquad (7-1)$$

$$\mu_2 = 1 - 0.4 \frac{b_s}{s} \qquad (7-2)$$

表 7 - 2　墙、柱的允许高厚比的 $[\beta]$ 值

砂浆强度等级	墙	柱
M2.5	22	15
M5.0	24	16
≥M7.5	26	17

注　1. 毛石墙、柱高厚比应按表中数值降低 20%。
　　2. 组合砖砌体构件的允许高厚比，可按表中数值提高 20%，但不得大于 28。
　　3. 验算施工阶段尚未硬化的新砌砌体高厚比时，允许高厚比对墙取 14，对柱取 11。

式中：H_0 为墙、柱的计算高度，见《砌体结构设计规范》5.1.3 条计算高度的取值；h 为墙厚或矩形柱与 H_0 相对应的边长；$[\beta]$ 为墙、柱的允许高厚比，查表 7 - 2 确定；μ_1 为自承重墙（$h \leqslant 240mm$）允许高厚比的修正系数，当 $h=240mm$ 时 $\mu_1=1.2$，当 $h=90mm$ 时 $\mu_1=1.5$，当 $240mm>h>90mm$ 时 μ_1 可按插入法取值；μ_2 为有门窗洞口的墙体允许高厚比的修正系数，按式（7 - 2）取用；b_s 为在宽度 s 范围内的门窗洞口总宽度；s 为相邻窗间墙或壁柱之间的距离。

当按式（7 - 2）计算的 μ_2 值小于 0.7 时，应取 0.7。当洞口高度小于或等于墙高的 1/5 时，可取 1.0。

2. 带壁柱墙高厚比验算

（1）整片墙的高厚比验算：

$$\beta = H_0 / h_T \leqslant \mu_1 \mu_2 [\beta] \qquad (7-3)$$

$$h_T = 3.5i$$

$$i = \sqrt{I/A}$$

式中：h_T 为带壁柱截面的折算厚度；i 为带壁柱墙截面的回转半径；I、A 分别为带壁柱墙截面的惯性矩、面积。

确定带壁柱墙的计算高度时，墙长取相邻横墙间的距离。

（2）壁柱间墙的高厚比验算。壁柱间墙的高厚比验算可按矩形截面，根据式（7-1）进行，此时壁柱视为墙的侧向不动铰支座。确定墙的计算高度时，墙长取相邻壁柱的距离。

3. 带构造柱墙的高厚比验算

（1）整片墙的高厚比验算。为了考虑设置构造柱后的有利作用，可将墙的允许高厚比乘以 $[\mu_c]$，按式（7-4）验算。

$$\beta = H_0/h \leqslant \mu_1\mu_2\mu_c[\beta] \tag{7-4}$$

其中

$$\mu_c = 1 + \gamma\frac{b_c}{l} \tag{7-5}$$

式中：μ_c 为设构造柱墙体允许高厚比的修正系数，按式（7-5）计算；γ 为系数，对细料石、半细料石砌体，$\gamma=0$，对混凝土砌块、粗料石、毛料石及毛石砌体，$\gamma=1.0$，其他砌体，$\gamma=1.5$；b_c 为构造柱沿墙长方向的宽度；l 为构造柱的间距。

当 $b_c/l > 0.25$ 时，取 $b_c/l=0.25$；当 $b_c/l < 0.05$ 时，取 $b_c/l=0$。

确定带构造柱墙的计算高度时，s 取相邻横墙间的距离。

（2）构造柱间墙高厚比验算。构造柱间墙高厚比验算可用式（7-1）验算，此时构造柱视为墙的不动铰支座。确定墙的计算高度时，s 取相邻构造柱间的距离。

另需注意，考虑构造柱有利作用的高厚比验算不适用于施工阶段。

三、承重墙体的计算

承重墙体的计算包括：选取计算单元，确定计算简图并进行内力分析，最后验算墙体的受压承载力。墙上设有梁时，还应该验算梁端局部受压承载力；若局部受压不满足要求时，还应设计垫块或垫梁。

（一）承重纵墙

1. 计算单元

计算房屋的纵墙时，通常选择建筑中有代表性或荷载较大及截面较弱的部位作为计算单元，受荷面积的宽度取相邻开间的平均值，长度取进深的一半。

2. 计算简图和内力分析

（1）竖向荷载作用下。对于多层民用房屋，在竖向荷载下，由于梁或板伸入墙内搁置，使墙体在楼盖处的连续性受到削弱。为了简化计算，假定墙体在各层楼盖处均为铰接。另外，基础顶面处对墙体承载力起控制作用的是轴向力，弯矩的影响很小，因此，墙与基础的连接也视为铰接。

（2）水平风荷载作用下。

1）可不考虑风荷载影响的条件。根据设计经验，在一定条件下，风荷载在墙截面引起的弯矩很小，对截面承载力没有显著影响，所以可以不计风荷载引起的弯矩。多层刚性方案房屋的外墙符合下列要求时，可不考虑风荷载的影响。

- 洞口水平截面面积不超过全截面面积的 2/3。
- 层高和总高不超过表 7-3 的规定。
- 屋面自重不小于 0.8kN/m^2。

表7-3　　　　　　　**刚性方案房屋外墙不考虑风荷载影响时的最大高度**

基本风压值 (kN/m²)	层高 (m)	总高 (m)	基本风压值 (kN/m²)	层高 (m)	总高 (m)
0.4	4.0	28	0.6	4.0	18
0.5	4.0	24	0.7	3.5	18

注　对于多层砌体房屋190mm厚的外墙，当层高不大于2.8m、总高不大于19.6m、基本风压不大于0.7kN/m²时，可不考虑风荷载的影响。

2) 风荷载作用下的内力计算。在水平风荷载作用下，纵墙可按竖向连续梁分析内力，屋盖、楼盖为连续梁的支承，并假定沿墙高承受均布线荷载，其引起的弯矩可近似按下式计算：

$$M = \frac{1}{12}qH_i^2 \qquad (7-6)$$

式中：q 为计算单元范围内，沿每米墙高的风荷载设计值（风压力或风吸力）；H_i 为第 i 层墙高。

（3）控制截面。多层房屋外墙每一层墙体各截面的轴力和弯矩都是变化的，轴力是上小下大，弯矩是上大下小。对每层墙体，一般危险截面取为：本层楼盖底面，需进行偏心受压承载力和梁下局部受压承载力验算；下层楼盖顶面，按轴压验算；若考虑风荷载时，需按偏心受压进行承载力计算。

若 n 层墙体的截面及墙体材料相同，则只需验算最下一层即可。

当楼面梁支承于墙体时，梁端上下的砌体对梁端转动有一定的约束弯矩。当梁的跨度较大时，约束弯矩不可忽略，约束弯矩将在梁端上下墙体内产生弯矩，使墙体偏心矩增大。《砌体结构设计规范》规定：对于梁跨度大于9m的墙承重的房屋，除按上述方法计算墙体承载力外，宜再按梁两端固结计算梁端弯矩，再将其乘以修正系数，按墙体线刚度分到上层墙底部和下层墙顶部，修正系数按下式计算：

$$\gamma = 0.2\sqrt{a/h} \qquad (7-7)$$

式中：a 为梁端实际支承长度；h 为支承墙体的厚度，当上下墙厚不等时取下部墙厚，当有壁柱时取 h_T。

（二）承重横墙

对于承重横墙，常沿墙轴线取宽度为1m的墙作为计算单元，其受荷面积的宽度为1m，长度取相邻开间的平均值。

计算简图为每层横墙视作两端不动铰接的竖向构件，构件的高度为层高。当顶层为坡屋顶时，则取层高加山尖高度的一半。

（三）计算要点

（1）如果横墙两侧开间相同或悬殊较小，或活荷载较小时，横墙承受轴心压力，控制截面取该层墙体的底部截面。

（2）如果横墙两侧开间尺寸悬殊较大，或活荷载较大且仅一侧有活荷载时，会使横墙受到较大的偏心弯矩。此时，应按偏心受压验算横墙的上部截面。

（3）当横墙上开有洞口时，可取洞间墙作为控制截面。

（4）对直接承受风荷载的山墙，计算方法同纵墙。

四、承重墙受压承载力验算

承重墙受压承载力按下式验算：

$$N \leqslant \varphi A f \tag{7-8}$$

式中：N 为轴向压力设计值；φ 为高厚比和轴向压力偏心矩对受压构件承载力的影响系数，由《砌体结构设计规范》查得；f 为砌体抗压强度设计值，由《砌体结构设计规范》查得；A 为截面面积，对各类砌体，均按毛面积计算。

轴向力的偏心距过大时，会使构件的承载力明显下降，并会出现过大的水平裂缝，因此，按式（7-8）计算时，偏心距尚应满足下式要求：

$$e \leqslant 0.6y \tag{7-9}$$

式中：y 为截面重心到轴向力所在偏心方向截面边缘的距离。

第三节　设　计　例　题

一、设计资料

某三层办公楼平面、剖面如图 7-1 所示，试进行结构布置、墙体验算和基础设计。

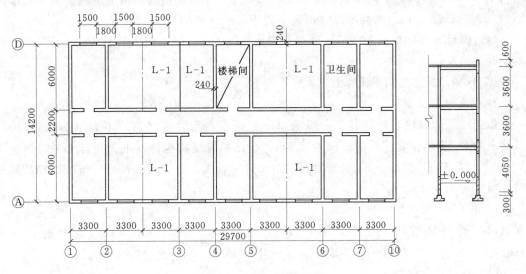

图 7-1　平面、剖面示意图

（1）楼面做法：20mm 厚 1∶3 水泥砂浆面层，钢筋混凝土预制板，15mm 厚混合砂浆顶棚。

屋面做法：改性沥青防水层，20mm 厚 1∶3 水泥砂浆，100mm 保温层，钢筋混凝土预制板，15mm 厚混合砂浆顶棚。

（2）墙面做法：内外墙面作 20mm 厚的混合砂浆粉刷后，再饰以乳胶漆。

（3）门窗：采用塑钢门窗。

（4）地质资料土壤冻结深度为 -0.5m，地下水位在 -5m 以下。土层分布均匀，各层土的物理力学性能如表 7-4 所示。

表 7 - 4 土 层 分 布 情 况 表

编号	土体名称	平均厚度 (m)	ω (%)	γ (kN/m³)	e	压缩系数	压缩横量	f_{ak} (kPa)
Ⅰ	素填土	0.80						
Ⅱ	黏土	0.78	32	16.8	0.9	0.42	2.07	160
Ⅲ	黏土	5.05	30	17.8	0.82	0.48	9.57	200
Ⅳ	黏土	>10	24	18.6	0.78	0.41	9.17	220

注 表中土层从室外地坪算起。

二、设计过程

(一) 结构承重方案的选择

(1) 该建筑物共三层，总高为 11.25m<21m，层高为 3.6m；房屋的高宽比为 11.25/14.44＝0.78<2.5；横墙较多，可以采用砌体结构。

(2) 变形缝的设置。该建筑物的总长度为 29.94m<60m，可不设伸缩缝；根据所给的地质资料，场地土均匀，荷载差异不大，可不设沉降缝。

(3) 墙体布置。初步拟定采用 240 厚多孔黏土砖。大部分采用横墙承重方案，对于开间大于 3.3m 的房间，中间加设横梁，为纵墙承重。所以本例为纵横墙承重。最大横墙间距为 9.9m<15m，房屋的局部尺寸都满足要求。

(4) 基础方案。根据上部结构形式和当地地质条件，选用墙下条形基础，基础底面做素混凝土垫层。

(二) 楼、屋盖结构平面布置

1. 预制板的选择

根据楼面的做法，计算其恒荷载为（不包括板自重及灌缝重）不大于 1.35kN/m²，活荷载为 2.0kN/m²，房间的开间为 3.3m，查江苏省结构构件标准图集苏 G9201，选用 YKB33—52 或 YKB33—62。对于屋面，由于自重较大，宜选用 YKB33—53 或 YKB33—63。板厚为 120mm。

2. 梁 L-1 的计算

(1) 材料选用。混凝土采用 C25，$\alpha_1 = 1.0$，$f_c = 14.3$N/mm²；受力钢筋采用 HRB335 级，$f_y = 300$N/mm²，其余钢筋采用 HPB300 级，$f_y = 270$N/mm²。

(2) 截面尺寸估算：

$$h = \left(\frac{1}{8} \sim \frac{1}{12}\right)l = \left(\frac{1}{8} \sim \frac{1}{12}\right) \times 6000 = (750 \sim 500)\text{mm}$$

取 h 为 500mm，则

$$b = \left(\frac{1}{2} \sim \frac{1}{3}\right)h = (250 \sim 167)\text{mm}$$

取 b 为 250mm。由于梁的两侧需搁置预制板，为了增加房屋净高，可以采用花篮梁。但搁置在梁上的板长应相应减少。本例因房屋层高较大，所以直接采用矩形截面。

(3) 计算单元计算跨度的确定。计算单元取 L-1 两侧开间中到中的距离。计算跨度 l_0 的确定：对于两端支承在砖墙上的梁，取 $1.05l_n$ 和 l_{n+b} 中的小值。对于本例，有

$$1.05 l_n = 1.05 \times (6000 - 240) = 6048 (\text{mm})$$

$$l_n + b = (6000 - 240) + 240 = 6000 (\text{mm})$$

取小值，即 $l_0 = 6000 \text{mm}$。

（4）荷载计算（以楼面荷载为例）。板面恒荷载标准值：

20mm 水泥砂浆面层	$0.02 \times 20 = 0.4$（kN/m^2）
15mm 水泥砂浆面层	$0.015 \times 20 = 0.3$（kN/m^2）
120mm 预制板（含灌缝）	1.8（kN/m^2）
20mm 板底石灰砂浆	$0.02 \times 17 = 0.34$（kN/m^2）

小计	2.84kN/m^2
板面活荷载标准值：	2.00kN/m^2
梁的自重标准值（含粉刷）：	$0.25 \times 0.5 \times 25 + 0.02 \times 0.5 \times 2 \times 17 = 3.47$（$\text{kN/m}$）
板传来的恒载设计值：	$1.2 \times 2.84 \times 3.3 = 11.25$（$\text{kN/m}$）
板传来的活载设计值：	$1.4 \times 2.0 \times 3.3 = 9.24$（$\text{kN/m}$）
梁自重设计值：	$1.2 \times 3.47 = 4.16$（kN/m）
荷载总设计值：	24.65（kN/m）

（5）内力计算与截面设计。根据计算简图，算出跨中最大弯矩、支座处最大剪力为

$$M_{\max} = \frac{1}{8}(p + q) l_0^2 = \frac{1}{8} \times 24.65 \times 6^2 = 110.93 (\text{kN} \cdot \text{m})$$

$$V_{\max} = \frac{1}{2}(p + q) l_n = \frac{1}{2} \times 24.65 \times 5.76 = 70.99 (\text{kN} \cdot \text{m})$$

1）正截面配筋计算。由《混凝土结构设计规范》（GB 50010—2010）可知，环境类别为一类，C30 混凝土梁的纵筋保护层厚度取 30mm，故

$$h_0 = 500 - 40 = 460 (\text{mm})$$

求计算系数：

$$\alpha_s = \frac{M}{\alpha_1 f_c b h_0^2} = \frac{110.93 \times 10^6}{1.0 \times 14.3 \times 250 \times 460^2} = 0.147$$

$$\xi = 1 - \sqrt{1 - 2\alpha_s} = 1 - \sqrt{1 - 2 \times 0.147} = 0.160 < \xi_b = 0.55$$

满足要求，所以

$$\gamma_s = 0.5(1 + \sqrt{1 - 2\alpha_s}) = 0.920$$

$$A_s = \frac{M}{\gamma_s f_y h_0} = \frac{110.93 \times 10^6}{0.920 \times 300 \times 460} = 873.74 (\text{mm}^2)$$

选用 3 Φ 20，面积为 941mm^2。

验算是否满足最小配筋率的要求：

$$\rho = \frac{941}{250 \times 500} = 0.75\% > \rho_{\min} = 45 \frac{f_t}{f_y} = 45 \times \frac{1.27}{300} = 0.186\%$$

同时大于 0.2%，故满足要求。

2）斜截面承载力计算：

· 验算截面尺寸：

$$h_w = h_0 = 460\text{mm}, h_w/b = 460/250 = 1.84 < 4$$

$$0.25\beta_c f_c bh_0 = 0.25 \times 1 \times 14.3 \times 250 \times 460 = 411125(\text{N}) > 70990\text{N}$$

截面符合要求。

- 验算是否需要计算配置箍筋:

$$0.7 f_t bh_0 = 0.7 \times 1.43 \times 250 \times 460 = 115115(\text{N}) = 115.115(\text{kN}) > 70.99\text{kN}$$

故只需按构造要求选用箍筋。

- 选用 $\phi 8@150$ 的双肢箍,则

$$\rho_{sv} = \frac{2 \times 50.3}{250 \times 150} = 0.268\% > \rho_{sv\min} = 0.24 \frac{f_t}{f_{yv}} = 0.24 \times \frac{1.43}{270} = 0.127\%$$

且箍筋的直径与间距满足要求。

(三) 墙体验算

墙体验算包括墙体高厚比验算和墙体承载力验算两个方面的内容。

1. 高厚比验算

《砌体结构设计规范》中规定用验算墙、柱高厚比的方法进行墙、柱的稳定性验算。这是保证砌体结构在施工阶段和使用阶段稳定性的一项重要构造措施。

高厚比验算包括两方面内容:根据砂浆强度等级由表查出墙、柱的允许高厚比;墙、柱实际高厚比的计算。

(1) 确定静力计算方案。楼(屋)盖为装配式钢筋混凝土楼(屋)盖,最大横墙间距:$s = 3.3 \times 3 = 9.9$ (m) < 32m,由表 7-1 可知属刚性方案。

查表 7-2,允许高厚比 M7.5 时为 26,M5.0 时为 24。

(2) 纵墙高厚比验算。

1) 二层:

$$s = 9.9\text{m} > 2H = 7.2\text{m}, H_0 = 1.0H = 3.6(\text{m})$$

有窗户墙的允许高厚比修正系数:

$$\mu_2 = 1 - 0.4 \frac{b_s}{s} = 1 - 0.4 \times \frac{1.5}{3.3} = 0.82 > 0.7$$

$$\beta = \frac{H_0}{h} = \frac{3.6}{0.24} = 15 < \mu_2[\beta] = 0.82 \times 24 = 19.7$$

满足要求。

2) 底层:

$$H = 3.6 + 0.45 + 0.35 = 4.4(\text{m})$$

$$s = 9.9\text{m} > 2H = 8.8(\text{m}), H_0 = 1.1H = 4.4(\text{m})$$

$$\beta = \frac{H_0}{h} = \frac{4.4}{0.24} = 18.3 < \mu_2\beta = 0.82 \times 26 = 21.3$$

满足要求。

(3) 内纵墙高厚比验算。

H_0 的计算同外纵墙。

$$\mu_2 = 1 - 0.4 \frac{b_s}{s} = 1 - 0.4 \times \frac{1.0}{3.3} = 0.88 > 0.7$$

1）二层：　　　　　　$\beta = 15 < \mu_2 [\beta] = 0.88 \times 24 = 21.12$

2）底层：　　　　　　$\beta = 18.3 < \mu_2 [\beta] = 0.88 \times 26 = 22.88$

满足要求。

（4）承重横墙高厚比验算。

$$s = 6.0\text{m}$$

1）二层：

$$H < s < 2H, \ H_0 = 0.4s + 0.2H = 3.12(\text{m})$$

$$\beta = \frac{H_0}{h} = \frac{3.12}{0.24} = 13 < \mu_2 [\beta] = 1.0 \times 24 = 24$$

2）底层：

$$H < s < 2H, \ H_0 = 0.4s + 0.2H = 3.12(\text{m})$$

$$\beta = \frac{H_0}{h} = \frac{3.28}{0.24} = 13.67 < \mu_2 [\beta] = 1.0 \times 26 = 26$$

满足要求。

2. 墙体承载力计算

该建筑物的静力计算方案为刚性方案，风荷载较小，根据《砌体结构设计规范》的要求，可以不考虑风荷载的影响，仅考虑竖向荷载。墙体在每层高度范围内均可简化成两端铰接的竖向构件计算。

（1）纵墙的内力计算：

1）选取计算单元。房屋的纵墙较长，可选取有代表性的一个开间作为计算单元。本例中，最危险（受荷最大）纵墙位于 D 轴线梁 L-1 下。取图 7-1 中斜线部分为纵墙计算单元的受荷面积，窗间墙为计算截面。内纵墙由于开洞面积较小，因此不必计算。

2）控制截面。每层墙取两个控制截面，上截面取墙体顶部位于大梁（或板）底的砌体截面Ⅰ-Ⅰ，该截面承受弯矩 M_{I} 和轴力 N_{I}，因此需要进行偏心受压承载力和梁下局部受压承载力验算。下截面可取墙体下部位于大梁（或板）底稍上的砌体截面Ⅱ-Ⅱ，底层则取基础顶面，该截面轴力较大，按轴心受压验算。

对于本例，二、三层材料相同，所以仅需验算底层及二层墙体承载力。二、三层墙体强度为 $f = 1.50\text{MPa}$，底层墙体为 $f = 1.69\text{MPa}$。墙体的计算面积为 $A_1 = A_2 = 240 \times 1800 = 432000$（$\text{mm}^2$）。

3）各层墙体内力标准值计算。

• 墙体自重：墙体为 240 厚多孔砖，孔洞率为 20%，两侧各考虑，10mm 的粉刷层，则

$$0.24 \times 19 \times 0.80 + 0.02 \times 20 = 4.05 \ (\text{kN/m}^2)$$

为计算简便，近似取墙体自重为 4.0kN/m^2。

女儿墙和顶层梁高范围墙重：$G_k = (0.62 + 0.6) \times 3.3 \times 4.0 = 16.10(\text{kN})$

2～3 层墙重：$G_{2k} = G_{3k} = (3.3 \times 3.6 - 1.5 \times 1.5) \times 4.0 + 1.5 \times 1.5 \times 0.4 = 39.42(\text{kN})$

底层墙重（算至大梁底）：$G_{1k} = (3.3 \times 3.68 - 1.5 \times 1.5) \times 4.0 + 1.5 \times 1.5 \times 4.0$

$$= 40.48(\text{kN})$$

• 梁端传来的支座反力：

屋面梁支座反力：

由恒载传来 $N_{l3gk} = \frac{1}{2} \times 4.54 \times 3.3 \times 6 + 3.47 \times \frac{1}{2} \times 6.0 = 55.36(\text{kN})$

由活载传来 $N_{l3qk} = \frac{1}{2} \times 0.7 \times 3.3 \times 6 = 6.93(\text{kN})$

楼面梁支座反力：

由恒载传来 $N_{l2gk} = N_{l1gk} = \frac{1}{2} \times 2.84 \times 3.3 \times 6.0 + 3.47 \times \frac{1}{2} \times 6.0 = 38.53(\text{kN})$

由活载传来 $N_{l2qk} = N_{l1qk} = \frac{1}{2} \times 2.0 \times 3.3 \times 6.0 = 19.8(\text{kN})$

• 梁端有效支承长度计算：

二、三层楼面梁有效支承长度 $a_{02} = a_{03} = 10\sqrt{\dfrac{h}{f}} = 10\sqrt{\dfrac{500}{1.50}} = 182.6$ （mm） $<240\text{mm}$

底层楼面梁有效支承长度 $a_{01} = 10\sqrt{\dfrac{h}{f}} = 10 \times \sqrt{\dfrac{500}{1.69}} = 172.0$ （mm） $<240\text{mm}$

4）内力组合。各层墙体承受轴向力及计算截面如图 7-2 所示。

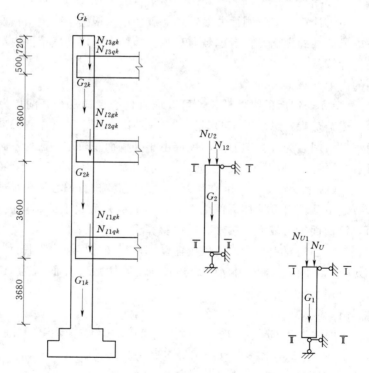

图 7-2 纵墙剖面图及计算简图

内力组合有两种，取其中最不利的进行验算。

• 二层墙 I-I 截面。

第一种组合（$\gamma_G = 1.2$，$\gamma_Q = 1.4$）。I-I 截面累计轴向力设计值为

$$N_{2I} = 1.2(G_k + G_{3k} + N_{l3gk} + N_{l2gk}) + 1.4(N_{l3qk} + N_{l2qk})$$
$$= 1.2 \times (16.10 + 39.42 + 55.36 + 38.53) + 1.4 \times (6.93 + 19.8)$$
$$= 216.71(\text{kN})$$

梁端传来的支反力设计值为

$$N_{l2} = 1.2N_{l2gk} + 1.4N_{l2qk} = 1.2 \times 38.53 + 1.4 \times 19.8 = 73.96(\text{kN})$$

$$e_{l2} = \frac{h}{2} - 0.4a_{02} = \frac{240}{2} - 0.4 \times 182.6 = 46.96(\text{mm})$$

$$e = \frac{N_{l2}e_{l2}}{N_{2I}} = \frac{73.96 \times 46.96}{216.71} = 16.03(\text{mm})$$

第二种组合（以承受自重为主的内力组合，$\gamma_G = 1.35$，$\gamma_G = 1.4$，$\psi_c = 0.7$）：

$$N_{2I} = 1.35(G_k + G_{3k} + N_{l3gk} + N_{l2gk}) + 1.4 \times 0.7(N_{l3qk} + N_{l2qk})$$
$$= 1.35 \times (16.10 + 39.42 + 55.36 + 38.53) + 1.4 \times 0.7 \times (6.93 + 19.8)$$
$$= 227.90(\text{kN})$$

梁端传来的支反力设计值为

$$N_{l2} = 1.35N_{l2gk} + 1.4 \times 0.7 \times N_{l2qk} = 1.35 \times 38.53 + 1.4 \times 0.7 \times 19.8 = 71.42(\text{kN})$$

$$e = \frac{N_{l2}e_{l2}}{N_{2I}} = \frac{71.42 \times 46.96}{227.90} = 14.72(\text{mm})$$

• 二层墙 Ⅱ-Ⅱ 截面。

第一种组合：

$$N_{2II} = 1.2G_{2k} + N_{2I} = 1.2 \times 39.42 + 216.71 = 264.0(\text{kN})$$

第二种组合：

$$N_{2II} = 1.35G_{2k} + N_{2I} = 1.35 \times 39.42 + 227.90 = 281.11(\text{kN})$$

可直接取轴力为 281.11kN。

• 底层墙 Ⅰ-Ⅰ 截面（考虑 2～3 层楼面活荷载折减系数 0.85）。

第一种组合（$\gamma_G = 1.2$，$\gamma_Q = 1.4$）：

Ⅰ-Ⅰ 截面累计轴向力设计值为

$$N_{2I} = 1.2(G_k + G_{3k} + G_{2k} + N_{l3gk} + N_{l2gk} + N_{l1gk}) + 1.4[N_{l3qk} + 0.85(N_{l2qk} + N_{l1qk})]$$
$$= 1.2 \times (16.10 + 39.42 \times 2 + 55.36 + 38.53 \times 2) + 1.4 \times (6.93 + 0.85 \times 19.8 \times 2)$$
$$= 329.66(\text{kN})$$

梁端传来的支反力设计值为

$$N_{l1} = N_{l2} = 73.96\text{kN}$$

$$e_{l1} = \frac{h}{2} - 0.4a_{01} = \frac{240}{2} - 0.4 \times 172.0 = 51.2(\text{mm})$$

$$e = \frac{N_{l2}e_{l2}}{N_{2I}} = \frac{73.96 \times 51.2}{329.66} = 11.49(\text{mm})$$

第二种组合（以承受自重为主的内力组合，$\gamma_G = 1.35$，$\gamma_Q = 1.4$，$\psi_c = 0.7$）：

$$N_{1I} = 1.35(G_k + G_{3k} + G_{2k} + N_{l3gk} + N_{l2gk} + N_{l1gk}) + 1.4 \times 0.7[N_{l3qk} + 0.85(N_{l2qk} + N_{l1qk})]$$

$$= 1.35 \times (16.10 + 39.42 \times 2 + 55.36 + 38.53 \times 2) + 1.4 \times 0.7 \times (6.93 + 0.85 \times 19.8 \times 2)$$

$$= 344.44(kN)$$

$$N_{l1} = N_{l2} = 71.42kN$$

$$e_{l1} = 51.2mm$$

$$e = \frac{N_{l1}e_{l1}}{N_{1I}} = \frac{71.42 \times 51.2}{344.44} = 10.62(mm)$$

• 底层墙Ⅱ-Ⅱ截面。

第一种组合:

$$N_{1Ⅱ} = 1.2G_{1k} + N_{1I} = 1.2 \times 40.48 + 329.66 = 378.24(kN)$$

第二种组合:

$$N_{1Ⅱ} = 1.35G_{2k} + N_{2I} = 1.35 \times 40.48 + 344.44 = 399.09(kN)$$

可直接取轴力为399.09kN。

5) 截面承载力验算(见表7-5)。

表7-5   纵墙截面承载力计算表

控制截面		N (kN)	E (mm)	e/h	H_0 (m)	β ($\gamma_\beta H_0/h$)	φ	f (MPa)	$\varphi A f$ (kN)	结 论
二层	Ⅰ-Ⅰ	216.71	16.03	0.067	3.6	15	0.601	1.50	389.45	满足要求
		227.90	14.72	0.061			0.613		397.22	满足要求
	Ⅱ-Ⅱ	281.11	0	0			0.745		482.76	满足要求
底层	Ⅰ-Ⅰ	329.66	11.49	0.048	4.4	18.3	0.536	1.69	389.0	满足要求
		344.44	10.62	0.044			0.542		395.70	满足要求
	Ⅱ-Ⅱ	399.09	0	0			0.663		435.64	满足要求

注 1. 本例为砖砌体,故 $\gamma_\beta = 1.0$。

2. 轴向力的偏心距 e 不应超过 $0.6y$,本例都满足要求。

3. 底层Ⅱ-Ⅱ截面要考虑采用水泥砂浆的抗压强度调整系数。

(2) 横墙的内力计算和承载力验算:

1) 计算单元的选取。横墙承受屋盖、楼盖传来的均布线荷载,且很少开设洞口,取1m宽墙体作为计算单元,沿纵向取一个开间3.3m为受荷宽度,计算简图为每层横墙视为两端不动铰接的竖向构件,构件的高度为层高。

由于楼面活荷载较小,横墙的计算一般不考虑一侧无活荷载时的偏心受力情况,由于房屋的开间相同,因此近似按轴压验算。

2) 控制截面的选取。横墙的控制截面取轴力最大处,即每层墙体的底部Ⅱ-Ⅱ截面。由于二、三层材料强度相同,所以只需验算二层和底层的Ⅱ-Ⅱ截面。

3) 内力计算:

• 第二层墙体的Ⅱ-Ⅱ截面:

第一种组合:

$$N_{2\text{II}} = 1.2 \times (1 \times 3.6 \times 4.0 \times 2 + 1 \times 3.3 \times 4.54 + 1 \times 3.3 \times 2.84)$$
$$+ 1.4 \times (1 \times 3.3 \times 0.7 + 1 \times 3.3 \times 2.0)$$
$$= 75.26(\text{kN})$$

第二种组合:

$$N_{2\text{II}} = 80.49\text{kN}$$

所以取 $N = 80.49\text{kN}$。

承载力验算:

$$e = 0, \beta = \gamma_\beta \frac{H_0}{h} = 1.0 \times \frac{3.12}{0.24} = 13$$

M5 混合砂浆,查表得 $\varphi = 0.795$,则

$$\varphi A f = 0.795 \times 0.24 \times 1.50 \times 10^3 = 286.20(\text{kN}) > N = 80.49\text{kN}$$

满足要求。

• 第一层墙体的 II-II 截面:

第一种组合:

$$N_{1\text{II}} = 1.2 \times (1 \times 3.6 \times 4.0 \times 2 + 1 \times 4.28 \times 4.0$$
$$+ 1 \times 3.3 \times 4.54 + 1 \times 3.3 \times 2.84 \times 2)$$
$$+ 1.4 \times (1 \times 3.3 \times 0.7 + 1 \times 3.3 \times 2.0 \times 2 \times 0.85)$$
$$= 114.52(\text{kN})$$

第二种组合:

$$N_{2\text{II}} = 120.78\text{kN}$$

所以取 $N = 120.78\text{kN}$。

承载力验算:

$$e = 0, \beta = \gamma_\beta \frac{H_0}{h} = 1.0 \times \frac{3.28}{0.24} = 13.67$$

M7.5,查表得 $\varphi = 0.778$,则

$$\varphi A \gamma_a f = 0.778 \times 0.24 \times 0.9 \times 1.69 \times 10^3 = 284.0(\text{kN}) > N = 120.78\text{kN}$$

满足要求。

根据以上计算结果,该办公楼底层采用 MU10 多孔砖,M7.5 混合砂浆(室内地坪以下采用 M7.5 水泥砂浆),二层采用 MU10 多孔砖,M5 混合砂浆,满足要求。

(四) 大梁下局部受压承载力验算

根据《砌体结构设计规范》第 6.2.4 条的规定,砖砌体中跨度大于 4.8m 的梁,应在支承处设置混凝土或钢筋混凝土垫块。本例中梁跨为 6m,故应按构造要求设置混凝土垫块。根据刚性垫块的构造要求,垫块的尺寸为 $t_b a_b b_b = 180\text{mm} \times 240\text{mm} \times 600\text{mm}$。现验算垫块下砌体的局部受压承载力。

1. 二层局部受压承载力验算

验算公式为

$$N_0 + N_l \leqslant \varphi \gamma_1 f A_b$$

其中梁端传来的荷载为 73.96kN，梁底处上部荷载设计值为 216.7kN。

$$A_l = a_b b_b = 240 \times 600 = 144000 \, (\text{mm}^2)$$

因为 $600 + 2 \times 240 = 1080$ （mm） < 1800mm，则

$$A_0 = 240 \times (600 + 2 \times 240) = 359200 \, (\text{mm}^2)$$

$$A_0 / A_l = 1.8$$

$$\gamma = 1 + 0.35 \sqrt{\frac{A_0}{A_l} - 1} = 1.313 < 2.0$$

$$\gamma_1 = 0.8\gamma = 1.05 > 1$$

上部荷载传来的平均压应力为

$$\sigma_0 = \frac{216.7 \times 10^3}{1800 \times 240} = 0.50 \, (\text{N/mm}^2)$$

$$\frac{\sigma_0}{f} = 0.50 / 1.50 = 0.33$$

查《砌体结构设计规范》表 5.2.5 得 $\delta_1 = 5.90$，则

$$a_0 = \delta_1 \sqrt{\frac{h}{f}} = 5.90 \times \sqrt{\frac{500}{1.5}} = 107.7 \, (\text{mm})$$

N_l 合力点至墙边的距离为

$$0.4a_0 = 0.4 \times 107.7 = 43.1 \, (\text{mm})$$

N_l 对垫块重心的偏心距为

$$e_l = 120 - 43.1 = 76.9 \, (\text{mm})$$

垫块承受的上部荷载为

$$N_0 = \sigma_0 A_b = 0.50 \times 144000 = 72000 \, (\text{N}) = 72 \text{kN}$$

作用在垫块上的竖向力为

$$N = N_0 + N_l = 72 + 73.96 = 145.96 \, (\text{kN})$$

轴向力对垫块重心的偏心距为

$$e = \frac{N_l e_l}{N} = \frac{73.96 \times 10^3 \times 76.9}{145.96} = 39.97 \, (\text{mm})$$

$$\frac{e}{a_b} = \frac{39.97}{240} = 0.16$$

查《砌体结构设计规范》附表 D.0.1-1 （$\beta \leqslant 3$）得 $\varphi = 0.766$，则

$\varphi \gamma_1 f A_b = 0.766 \times 1.05 \times 1.5 \times 144000 = 173730 \, (\text{N}) \approx 173.7 \text{kN} > N = 145.96 \text{kN}$

满足要求。

2. 底层局部受压承载力验算

其中梁端传来的荷载为 73.96kN，梁底处上部荷载设计值为 329.66kN，验算过程同

二层局部受压承载力验算，满足要求。

（五）墙下基础设计

根据地质资料，基础应埋在第Ⅱ层黏土中，地基承载力为160kPa。根据上部结构形式，拟采用刚性条形基础形式。

本例房屋中的所有横墙均为承重墙体，而纵墙只有②～④、⑤～⑥轴线间的纵墙为承重墙体。为了施工方便起见，所有横墙采用一种基础形式，纵墙采用一种基础形式。

1. 横墙基础设计

拟采用毛石基础。MU50毛石、M5水泥砂浆砌筑。

（1）计算单元的选取。取中间任一开间横墙的1m长度的基础为计算单元。

（2）基础埋深的确定。基础的埋深的确定主要与持力层的位置、水文地质条件、地基冻融条件有关，初步确定埋深为1.45m（从室内地坪算起）。修正后的地基承载力设计值为

$$f_a = f_{ak} + \eta_b \gamma (b-3) + \eta_d \gamma_0 (d-0.5)$$

$$= 160 + 1.1 \times 20 \times (1.45 - 0.5)$$

$$= 140.9 (\text{kPa})$$

（3）基础尺寸的确定。基础顶面以上墙体传下来的荷载（采用标准组合）为

$$N = 87.10 \text{kN}$$

则素混凝土垫层的宽度为

$$b = \frac{N}{f - \gamma_G \gamma_0 d} = \frac{87.10}{140.9 - 1.2 \times 20 \times 1.45} = 0.82 (\text{m})$$

取基础底面宽度为0.9m。

（4）确定台阶高宽比允许值。

基底反力

$$p_k = \frac{N_k + G}{A} = \frac{87.10 + 20 \times 1.45}{0.9 \times 1.0} = 129 \ (\text{kPa})$$

根据《地基规范》表7.1.2得毛石基础台阶高宽比允许值为1∶1.5。

确定基础的剖面尺寸并绘出图形，如图7-3所示。

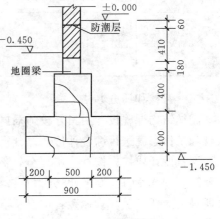

图7-3　基础详图

验算台阶高宽比：

$$500/800 = 1/1.6 < 1/1.5；200/400 = 1/2 < 1/1.5$$

满足要求。

（5）毛石基础的抗压强度 $\gamma_a f = 0.9 \times 0.8 = 0.72$（N/mm²），小于上部砌体的抗压强度，所以需对其进行局部受压承载力计算。

$$\gamma_a f A = 0.72 \times 240 \times 1000 = 172800 \ (\text{N}) = 172.8 \text{kN} > 120.78 \text{kN}$$

满足要求。

2. 纵墙基础设计

纵墙基础可参照横墙基础进行，在此不再赘述。

3. 变形验算

根据《建筑地基基础设计规范》该建筑物的地基可不作变形验算。

第四节 课程设计有关要求

一、进度安排与阶段性检查

本课程设计，计划时间为1周，具体时间安排如表7-6所示。

表7-6 设 计 进 度 安 排 表

时间安排	应 完 成 的 任 务	检 查 内 容
第1~2天	结构方案的选定，预制板的选型，初步确定梁的截面尺寸，并进行梁的截面设计	结构布置方案，梁的设计
第3天	墙体高厚比验算；纵墙承载力验算	公式运用是否正确
第4天	横墙承载力验算；梁下砌体局部受压承载力验算	墙体计算是否正确
第5天	基础设计。整理计算书	课程设计成果是否齐全
第6天	课程设计答辩。课程设计总结	详细检查学生对砌体结构设计过程是否清楚，是否独立完成。给出课程设计成绩。对学生在课程设计中存在的问题进行总结

二、考核和评分办法

砌体结构课程设计由指导教师根据学生完成设计质量、是否独立完成以及设计期间的表现和工作态度进行综合评价，评分标准见表7-7（按百分制，最后折算）。

课程设计成绩先按百分制评分，然后折算成5级制：90~100分为优，80~89分为良，70~79分为中，60~69分为及格，60分以下为不及格。凡是没有完成课程设计任务书所规定的任务及严重抄袭者按不及格处理。

表7-7 砌体结构课程设计成绩评定表

项 目	分 值	评 分 标 准	实评分
完成任务	18~20	能熟练地综合运用所学知识，全面出色完成任务	
	16~18	能综合运用所学知识，全面完成任务	
	14~16	能运用所学知识，按期完成任务	
	12~14	能在教师的帮助下运用所学知识，按期完成任务	
	0~12	运用知识能力差，不能按期完成任务	

续表

项　目	分　值	评　分　标　准	实评分
计算书	70～80	结构计算的基本原理、方法、计算简图完全正确。荷载传递思路清楚、运算正确。计算书完整、系统性强、书写工整、便于审核	
	60～70	结构计算的基本原理、方法、计算简图正确。荷载传递思路基本清楚，计算书完整、运算无误、计算书有系统，书写清楚	
	50～60	结构计算的基本原理、方法、计算简图正确。荷载传递思路清楚、运算正确。计算书完整、系统性强、书写工整、便于审核	
合　计			

三、课程设计中应注意的问题

（1）墙体材料的选择，必须满足规范要求。块材既要满足强度的要求，又要满足保温、隔热、防火性能的要求。在潮湿的环境下，宜选用水泥砂浆；干燥条件下，宜选用混合砂浆。

（2）墙体厚度的选择。墙体的厚度，不仅有强度、稳定性、耐久性的要求；还有热工、隔声、防火性能的要求，且要符合砌体模数的要求。

（3）根据当地抗震设防等级和房屋的结构形式，按照《砌体结构设计规范》设置圈梁和构造柱。结构计算中，不计圈梁、构造柱的有利影响。

（4）墙体高厚比验算时，计算高度与墙体高度是不同概念。对于底层墙体，应计算至基础顶面。

砌体结构一般采用刚性条形基础，计算时可选取荷载较大的代表性部位进行计算。

（5）确定房屋静力计算方案时，作为刚性和刚弹性方案的横墙，应具有足够的刚度。

（6）有些情况下，需考虑砌体抗压强度的调整，这一点往往容易遗漏。

（7）在确定影响系数 φ 时，应对构件的高厚比 β 乘以修正系数，以反映不同砌体受力性能上的差异。

（8）若偏心距超过式（7-9）的限制要求，否则应采用适当措施以减小偏心距，如修改截面尺寸或改变结构布置方案。

（9）当屋面或楼面梁跨度较大时，其支承处宜加设壁柱。且必须验算梁端下砌体的局部受压承载力。若需设置垫梁或垫块时，其承载力计算公式不同，应加以注意。

第五节　课程设计任务书

一、设计题目
多层混合结构厂房设计。
二、设计内容
（1）进行楼面的结构布置，估算板、梁的截面尺寸。

（2）选择墙体材料、厚度，确定房屋的静力计算方案。

（3）进行墙体高厚比验算。

（4）分析墙体的内力，进行墙柱承载力计算。

（5）验算梁下砌体局部受压的承载力。

（6）进行地基基础设计，并绘出相应的施工图。

三、设计资料

某四层工业建筑标准层平面如图7-4所示，楼梯设置在旁边的附属房屋内。楼盖拟采用现浇钢筋混凝土肋梁楼盖，四周采用砌体材料承重，层高为3.9m，窗高2.1m，窗下檐距室内地面0.9m，室内外高差0.3m。地面粗糙度为B类，不考虑抗震设防。基本雪压为0.3kN/m^2。

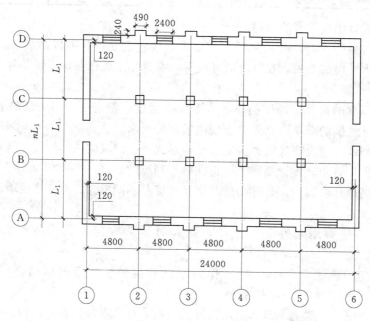

图7-4 标准层平面

1. 建筑做法

（1）楼面做法：20mm水泥砂浆面层，钢筋混凝土现浇板，20mm石灰砂浆粉底。

（2）屋面做法：新型PVC卷材防水，自重为0.45kN/m^2，为不上人屋面。

（2）墙厚均为370mm，钢筋混凝土柱截面为400mm×400mm。

（3）楼面活荷载：均布活荷载标准值见表7-8。

（4）材料：墙体采用多孔砖，强度等级自定。砂浆种类及强度等级自定。

2. 地质资料

自然地坪下0.8m为回填土。回填土的下层8m为均匀黏性土，地基承载力特征值f_a=250kPa，土的天然重度为17.5kN/m^3，土质分布均匀。下层为粗砂土，地基承载力特征值f_a=350kPa。地下水位−5.5m。

3. 活荷载标准值和标志跨度

每位同学根据学号顺序，按表7-8对应的跨度和荷载进行计算，不得与其他同学雷同（需在计算书中注明所选的编号）。

表 7-8 按学号分配的活荷载标准值和跨度

$n \times L_1$ (m) ＼ q_k	5.0	4.8	4.5	4.0	3.5	3.0	基本风压 (kN/m²)
3×6.0	1	2	3	4	5	6	0.30
3×6.3	7	8	9	10	11	12	0.35
3×6.6	13	14	15	16	17	18	0.4
3×6.9	19	20	21	22	23	24	0.45
3×7.2	25	26	27	28	29	30	0.50
4×6.0	31	32	33	34	35	36	0.30
4×6.3	37	38	39	40	41	42	0.35
4×6.6	43	44	45	46	47	48	0.4
4×6.9	49	50	51	52	53	54	0.45
4×7.2	55	56	57	58	59	60	0.50

4. 基础形式

柱下选用钢筋混凝土或混凝土独立基础，墙下基础选用混凝土、毛石混凝土、毛石条形基础。

四、提交成果

（1）计算书一份，内容包括：结构布置，构件尺寸确定，楼盖的荷载计算，确定房屋的静力计算方案，墙柱高厚比验算，进行墙柱承载力计算，验算梁下砌体局部受压的承载力，进行墙下、柱下浅基础设计。

（2）图纸：绘制标准层结构布置图。基础平面布置图和基础详图。图纸用 1 张 1 号图。

思 考 题

7-1 砌体房屋的构造方案对墙体设计计算有何意义？为什么砌体结构房屋宜设计成刚性构造方案？

7-2 外纵墙的计算单元应如何选取？计算简图应如何确定？在水平荷载和竖向荷载作用下其计算简图有何区别？

7-3 为什么砌体构件不分轴压、偏压而按统一公式计算？

7-4 什么是梁端有效支承长度？

7-5 梁端砌体局部受压验算应考虑哪些问题？采取哪些有效的措施给以解决？

7-6 地基允许承载力是如何确定的？为什么还要进行修正？

7-7 基础底面尺寸是根据什么确定的？

7-8　什么情况下还必须验算下卧层地基承载力?

7-9　什么是刚性角? 毛石基础的刚性角与哪些因素有关? 不满足刚性角要求的基础在什么部位可能发生怎样的破坏?

7-10　试总结贯穿本课程设计的基本思路。

第八章

单层厂房排架结构课程设计

【本章要点】
- 熟悉结构布置原则，掌握排架柱截面选择方法。
- 掌握钢筋混凝土排架结构计算简图的确定、各类荷载的计算方法。
- 掌握排架在各类荷载作用下的内力计算方法。
- 掌握排架柱控制截面的选择，控制截面内力组合。
- 掌握排架柱、牛腿的配筋计算及构造。
- 掌握柱下独立基础设计与构造。
- 掌握结构施工图的绘制和要求。

第一节 教 学 要 求

(1) 了解单层工业厂房的结构形式，熟悉各类受力构件的选型及其所处位置和作用。
(2) 掌握钢筋混凝土排架结构计算简图的确定、各类荷载的计算方法。
(3) 掌握排架在各类荷载作用下的内力计算方法。
(4) 掌握排架柱控制截面的选择，控制截面内力组合。
(5) 掌握排架柱、牛腿的配筋计算及构造。
(6) 掌握柱下独立基础设计与构造。
(7) 掌握结构施工图的绘制和要求。

第二节 设 计 方 法 和 步 骤

单层厂房的排架结构设计包括结构选型与结构布置、确定结构计算简图、结构荷载计算、结构内力分析、排架柱控制截面内力组合、柱的配筋计算（包括施工吊装验算）、柱下基础的设计、绘制结构施工图。本章首先对这些方面的问题进行叙述，然后给出具体设计示例。

一、结构选型

单层厂房（见图 8-1）与多层厂房或民用建筑相比，能较好地适应各种类型的工业生产，其应用范围广。一般冶金、矿山、机械制造、纺织、交通运输和建筑材料等工业部门车间均适宜采用单层厂房。单层厂房结构种类较多，按承重结构的材料可分为混合结构、混凝土结构和钢结构，按结构类型分类主要有排架结构和刚架结构两种。本章主要分析钢筋混凝土排架结构的设计问题。排架结构由屋架（或屋面梁）、柱和基础组成。柱与屋架（或屋面梁）铰接，柱与基础刚接，分析时不考虑屋架（或屋面梁）的变形。排架结构有单跨和多跨、等高和不等高之分。

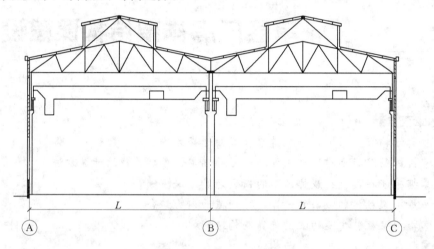

图 8-1　某单层厂房剖面图

二、结构布置

单层厂房的钢筋混凝土排架结构布置包括基础平面布置图、柱（包括柱间支撑）结构布置图以及屋面结构布置图。

（一）基础结构平面布置图

排架结构基础平面布置图的内容如下：纵横向定位轴线按单层厂房建筑设计要求设置，详见《房屋建筑学》教材的相关内容。伸缩缝处可设双杯口的联合基础。需设抗风柱时应设有抗风柱的基础。所有柱下基础按基础的不同形式进行编号。厂房维护墙处在基础顶面需布置基础梁。在单层厂房中，钢筋混凝土基础梁通常采用预制构件，可根据全国通用标准图集 G320 选用，或按墙体荷载和基础梁的跨度进行设计。当基础梁的尺寸或配筋不同时，应分别进行编号。

（二）梁、柱结构平面布置图

单层厂房排架结构的梁、柱结构布置图通常表排架柱（包括柱间支撑）、抗风柱、吊车梁、连系梁、过梁（包括雨篷）的布置。现将它们的选用和布置说明如下。

1. 柱及柱间支撑

单层厂房排架结构中的柱及抗风柱按单根柱进行编号。根据柱所处位置、受荷性质和大小以及预埋件的不同，分为边列柱和中列柱，端部柱、变形缝处柱与非端部、非变形缝处柱，抗风柱与排架柱，有柱间支撑的柱与无柱间支撑的柱等，均应分别编号。尺寸、配筋相同，仅预埋件不同的柱，可用下标予以区别。如无柱间支撑的柱编号为 Z-1（无柱间支撑的预埋件），有柱间支撑的柱编号为 Z-1a（右侧有柱间支撑的预埋件）和 Z-1b（左侧有柱间支撑的预埋件）。

2. 吊车梁

吊车梁有普通钢筋混凝土的和预应力混凝土的两种。当起重量较大（$Q \geqslant 20t$），跨度较大（$L \geqslant 6m$）时，宜优先采用预应力混凝土吊车梁。按吊车工作的频繁程度有重级、中级和轻级工作制，用代号"DLZ"、"DL"和"DLQ"分别表示重级、中级和轻级工作制吊车梁。

(1) 钢筋混凝土吊车梁：当厂房柱距为 6m，跨度 $L \leqslant 30m$，采用 2 台和 2 台以上的电动桥式或单梁吊车时，钢筋混凝土吊车梁可按全国标准图通用图集 G323（一）、（二）选用。从而可绘出吊车梁的结构布置图。

(2) 预应力混凝土吊车梁：预应力混凝土吊车梁有先张法、后张法。前者的代号为"YXDLL"，后者的代号为"YMDL"（用螺帽锚固）。

(3) 连系梁：钢筋混凝土连系梁根据墙厚、墙高、有无窗洞、风荷载、跨度及钢筋强度等级的不同，按全国标准图通用图集 G321 选用。

(4) 钢筋混凝土过梁：钢筋混凝土过梁根据墙厚、净跨以及荷载等级的不同按全国标准图通用图集 G322 选用。

(三) 屋面结构布置图

单层厂房屋面结构布置图包括屋面板、天沟板、屋面梁或屋架及其支撑、天窗架及其支撑、天窗端壁等构件的选型（确定构件编号）和布置。

1. 屋面板

屋面板（包括檐口板及开洞板）分为卷材防水与非卷材防水屋面板。用于卷材防水的 $1.5m \times 6.0m$ 预应力混凝土屋面板（代号 YWB）及檐口板（代号 YWBT）。可按全国通用图集以 G410（一）选用。

2. 天沟板

天沟板也分为卷材防水与非卷材防水的天沟板。用于卷材防水的钢筋混凝土天沟板（代号 TGBk）可按全国通用图集 G410（三）选用。

3. 钢筋混凝土嵌板和檐口板

钢筋混凝土嵌板和檐口板（用于卷材防水）可按全国通用图集 G410（二）选用。钢筋混凝土嵌板及檐口板的肋高均为 240mm，嵌板的平面尺寸为 $0.9m \times 6.0m$，檐口板的平面尺寸为 $1.1m \times 6.0m$。

4. 屋面梁

单层厂房的屋面梁，根据屋面荷载的大小、有无悬挂吊车及吊车类型、有无天窗及天窗的类别、檐口的类型等进行选用和布置，按全国通用图集 G414 选用。

5. 屋架

单层厂房的屋架，根据屋面荷载的大小、有无天窗及天窗类别、檐口的类型等进行选用和布置，选用的方法与屋面梁类似，详见全国通用图集 G316。

吊车梁、屋面结构构件也可自行设计和编号。

三、单层厂房的支撑布置

在单层厂房中，支撑是联系屋架、柱等的主要构件，是保证厂房整体刚性的重要组成部分，单层工业厂房的支撑，包括屋盖支撑和柱间支撑两大部分。支撑布置原则如下。

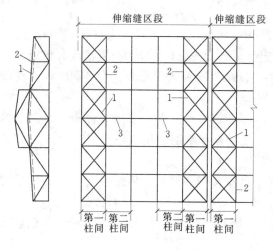

图 8-2　屋架上弦横向水平支撑
1—上弦横向支撑；2—屋架上弦；3—刚性系杆

（一）屋盖支撑

屋盖支撑包括上弦横向水平支撑、下弦横向水平支撑、纵向水平支撑、垂直支撑及系杆等。

1. 横向水平支撑

横向水平支撑是由交叉角钢和屋架上弦或下弦组成的水平桁架，布置在温度区段的两端，其作用是加强屋盖结构纵向水平面内的刚性，还可将山墙抗风柱所承受的纵向水平力传到纵向柱列上去。

具有以下情况之一时，应设上弦横向水平支撑（见图 8-2）：

（1）跨度较大的无檩体系屋盖，当屋面板与屋架连接点的焊接质量不能保证，且山墙抗风柱与屋架上弦连接时。

（2）厂房设有天窗，当天窗遇到厂房端部的第二柱间或通过伸缩缝时，由于天窗区段内没有屋面板，屋盖纵向水平刚度不足，屋架上弦侧向稳定性较差，应在第一或第二柱间的天窗范围内设置上弦水平支撑，并在天窗范围内沿纵向设置一至三道受压的纵向水平系杆。

（3）在钢屋架屋盖系统中，上弦横向水平支撑的间距以不超过 60m 为宜。

具有以下情况之一时，应设下弦横向水平支撑（见图 8-3）：

（1）当抗风柱与屋架下弦连接，纵向水平力通过屋架下弦传递时。

（2）厂房内有较大的振动源，如设有硬构桥式吊车或 5t 及以上的锻锤时。

（3）有纵向运行的悬挂吊车（或电葫芦），且吊点设置在屋架下弦时，这时可在悬挂吊车的轨道尽端柱间设置下弦横向水平支撑。

（4）钢结构屋盖在一般情况下都应设置下弦横向水平支撑；只是当厂房跨度较小（如小于或等于 18m），且没有悬挂吊车，厂房无较大振动源时，可以不设。

2. 纵向水平支撑

纵向水平支撑（见图 8-3）一般是由交叉角钢等钢杆件和屋架下弦第一节间组成的水平桁架，其作用是加强屋盖结构在横向水平面内的刚性。在屋盖设有托架时，还可以保证托架上弦的侧向稳定，并将托架区域内的横向水平风力有效地传到相邻柱子上去。

当具有以下情况之一时，应设置纵向水平支撑：

（1）厂房内设有托架时：该支撑布置在托架所在的柱间，并向两端各延伸一个柱间。

（2）厂房内设有软钩桥式吊车，但厂房高大，吊车吨位较重时（如单跨厂房柱高 15~18m

以上，中级工作制吊车 30t 以上时）。这时，等高多跨厂房一般可沿边列柱的屋架下弦端部各布置一道通长的纵向支撑；跨度较小的单跨厂房可沿下弦中部布置一道通长的纵向支撑。

（3）厂房内设有硬钩桥式吊车或 5t 及以上的锻锤时。这时可沿边柱列设置纵向水平支撑。当吊车吨位较大或对厂房刚度有特殊要求时，可沿中间柱列适当增设纵向水平支撑。

（4）当厂房已设有下弦横向水平支撑时，则纵向水平支撑应尽可能与横向水平支撑连接，以形成封闭的水平支撑系统。

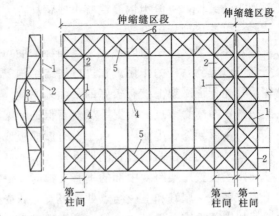

图 8-3　下弦横向与纵向水平支撑
1—下弦横向水平支撑；2—屋架下弦；3—垂直支撑；
4—水平系杆；5—下弦纵向水平支撑；6—托架

3. 垂直支撑

屋架的垂直支撑（见图 8-4），按下列要求设置：

（1）当屋架端部高度（外包尺寸）大于 1.2m 时，为了使屋面传来的纵向水平力能可靠地传到柱顶以及施工时保证平面外的稳定，应在屋架两端各设一道垂直支撑。

（2）屋架跨中的垂直支撑，可按表 8-1 的规定设置。

表 8-1　　　　　　　　　屋架垂直支撑布置

厂房跨度 L（m）	$L=12\sim18$	$18<L\leqslant24$	$24<L\leqslant30$		$30<L\leqslant36$	
			不设端部垂直支撑	设端部垂直支撑	不设端部垂直支撑	设端部垂直支撑
屋架跨中垂直支撑设置要求	不设	一道	两道	一道	三道	两道

注　布置两道时，宜在跨度 1/3 附近或天窗架侧柱处设置；布置三道时，宜在跨度 1/4 附近和跨度中间处设置。

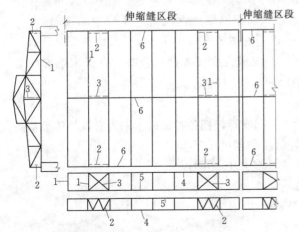

图 8-4　屋架垂直支撑和水平系杆布置
1—屋架；2—端部垂直支撑；3—跨中垂直支撑；
4—刚性系杆；5—柔性系杆；6—系杆

（3）天窗架的垂直支撑一般在两侧柱处设置，当天窗宽度大于 12m 时，还应在中央设置一道，沿房屋的纵向，屋架的垂直支撑与上、下弦横向水平支撑宜布置在同一柱间。

4. 系杆

系杆（见图 8-4 和图 8-5）的作用是充当屋架上下弦的侧向支承点。系杆一般通长设置，一端最终连接于垂直支撑或上下弦横向水平支撑的节点上。只能承受拉力的系杆称为柔性系杆，一般为钢杆件，截面较小；既能承受拉力也能承受压力的系杆称为刚性系杆，一般为钢筋混凝土或钢杆件，截面比柔性系杆要大得多。

系杆可按下列规定设置：

（1）在屋架上弦平面内，大型屋面板的肋可以起到刚性系杆的作用；当采用檩条时，檩条也可以起到系杆的作用。在进行屋盖结构安装，屋面板就位以前，在屋脊及屋架两端设置系杆能保证屋架上弦有较好的平面外刚度。在有天窗时，由于在天窗范围内没有屋面板或檩条，在屋脊节点处设置系杆对于保证屋架的稳定有重要作用。

（2）在屋架下弦平面内，由于没有屋面板或檩条，一般应在跨中或跨中附近设置柔性系杆，此外，还要在两端设置刚性系杆。

（3）当设置屋架跨度中部的垂直支撑时，一般沿每一垂直支撑的垂直平面内设置通长的上下弦系杆，屋脊和上弦结点处需设置上弦受压系杆，下弦节点处可设置受拉系杆；当设置屋架端部垂直支撑时，一般在该支撑沿垂直面内设置通长的刚性系杆。

（4）当设置下弦横向水平支撑或纵向水平支撑时，均应设置相应的下弦受压系杆，以形成水平桁架。

（5）天窗侧柱处应设置柔性系杆。

（6）当屋架横向水平支撑设置在端部第二柱间时，第一柱间所有系杆均应该是刚性系杆。

（二）天窗架及其垂直支撑

钢筋混凝土天窗架及端壁（见图 8-5）主要用于卷材屋面，与 1.5m×6m 的预应力混凝土屋面板配合使用。钢筋混凝土天窗架、天窗端壁、天窗垂直支撑可按全国通用图集 G316 选用。

当屋盖为有檩体系，或虽为无檩体系但大型屋面板与屋架的连接不能起整体作用时，应将天窗架的上弦水平支撑布置在天窗端壁的第一柱距内。

天窗架的垂直支撑应与屋架上弦水平支撑布置在同一柱距内，一般在天窗的两侧设置。

天窗架的垂直支撑布置原则为：天窗架的垂直支撑应与屋架上弦水平支撑布置在同一柱距内，或在天窗端部第一柱距内，一般在天窗架两侧设置，如图 8-5（a）所示。当天窗架宽度大于 12m 时，还应在中央设置一道 ［见图 8-5（b）］。为了不妨碍天窗开启，也可设置在天窗斜杆平面内 ［见图 8-5（c）］。通风天窗设置挡风板时，在天窗端部的第一柱距内应设置挡风板柱的垂直支撑 ［见图 8-5（c）］。

（三）柱间支撑的布置

当单层厂房属下列情况之一时，应设置柱间支撑，把各种纵向水平力有效地传给基础：

（1）设有重级工作制吊车，或中、轻级工作制吊车起重量在 10t 及 10t 上时。

（2）厂房跨度在 18m 及 18m 以上，或柱高大于 8m 时。

（3）纵向柱的总数每排在 7 根以下时。

（4）设有 3t 及 3t 以上的悬挂吊车时。

（5）露天吊车栈桥的柱列。

柱间支撑分为上柱支撑和下柱支撑，设置方式如图 8-6 所示。

关于抗风柱、圈梁、过梁、连系梁、基础梁的布置原则详见《混凝土结构设计》教材

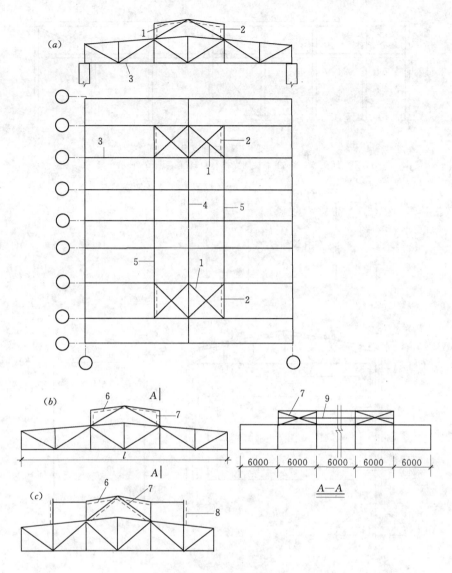

图 8-5 天窗架支撑

（a）天窗支撑布置；（b）、（c）天窗架垂直支撑

1—天窗上弦水平支撑；2—天窗端部垂直支撑；3—屋架；4—刚性系杆；5—柔性系杆；
6—天窗架上弦水平支撑；7—天窗架端部垂直支撑；8—挡风板立柱垂直支撑；9—系杆

相关内容。

四、确定排架计算简图及柱的截面尺寸

（一）确定排架计算简图

整个厂房实际上是一个复杂的空间结构，若按空间结构计算，则非常复杂。在实际工程中，为了简化计算，将复杂的空间受力结构简化为平面结构来分析，而不考虑相邻排架的影响。厂房的柱距一般沿纵向是相等的，可通过相邻柱距的中线截出一个典型区段，作为排架结构的计算单元及确定计算模型。如图 8-7（a）～（c）所示。

柱的高度确定：

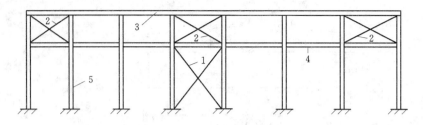

图 8-6 柱间支撑

1—下部柱间支撑；2—上部柱间支撑；3—柱顶系杆；4—吊车梁；5—柱

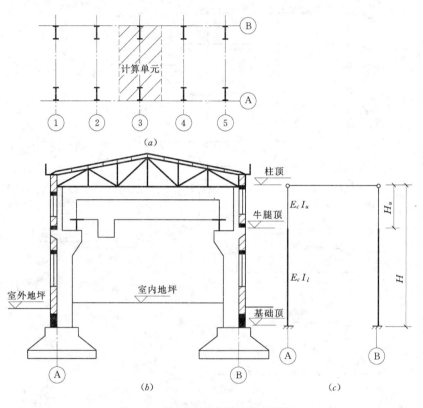

图 8-7 排架结构计算单元和计算简图

柱的全高：$H=$屋架下弦（柱顶）标高－基础顶面标高的绝对值

上柱高：$H_u=$柱顶标高－吊车轨顶标高＋吊车梁高＋轨道高及垫板厚±200mm

下柱高：$H_l=H-H_u$

为使支撑吊车梁的牛腿顶面标高能符合 300mm 的倍数，吊车轨顶的构造高度与标志高度之间允许有±200mm 的差值。

轨顶标高由工艺要求提供，吊车梁高度、轨道构造高度可由相应的标准图集查得。基础顶面标高：基础顶面标高一般为－0.5m。当持力层较深时，基础顶面标高等于持力层标高加基础高度减 0.3m，上述持力层标高由地质勘察资料提供，其值为负；基础高度由杯口基础的构造要求初估，约为柱截面高度加 250mm。"减 0.3m"是要求基础底面位于持力层表面以下 0.3m 处。

柱顶、牛腿顶、基础顶标高确定之后，即不难求得排架柱的全高 H 以及上柱高 H_l。

（二）柱的截面形式和尺寸

柱的截面形式和尺寸取决于柱高和吊车起重量，首先初步估计柱的截面尺寸，并根据表 8 - 2 柱截面尺寸的限值进行验算。

工字形柱的翼缘厚度不宜小于 120mm；腹板厚度不宜小于 100mm。

柱的截面形式和尺寸确定后，即可按矩形或工字形截面，求得柱截面沿排架平面内及垂直于排架方向的几何特征和构件自重。排架柱几何特征包括上下柱截面面积 A、惯性矩 I 和回转半径 i。

按上述原则和方法也可确定等高和不等高多跨排架的计算简图。

表 8 - 2　　　　　　　　6m 柱距单层厂房矩形、工字形截面柱截面尺寸限值

项目	简　图	分　项		截面高度 h	截面宽度 b
无吊车厂房		单　跨		$\geqslant H/18$	$\geqslant H/30$，并 $\geqslant 300$；管柱 $r \geqslant H/105$ $D \geqslant 300\text{mm}$
		多　跨		$\geqslant H/20$	
有吊车厂房		$Q \leqslant 10\text{t}$		$\geqslant H_k/14$	$\geqslant H_l/20$，并 $\geqslant 400$；管柱 $r \geqslant H_l/85$ $D \geqslant 400\text{mm}$
		$Q = (15 \sim 20)\text{t}$	$H_k \leqslant 10\text{m}$	$\geqslant H_k/11$	
			$10\text{m} < H_k \leqslant 12\text{m}$	$\geqslant H_k/12$	
		$Q = 30\text{t}$	$H_k \leqslant 10\text{m}$	$\geqslant H_k/9$	
			$H_k > 12\text{m}$	$\geqslant H_k/10$	
		$Q = 50\text{t}$	$H_k \leqslant 11\text{m}$	$\geqslant H_k/9$	
			$H_k > 13\text{m}$	$\geqslant H_k/11$	
		$Q = (75 \sim 100)\text{t}$	$H_k \leqslant 12\text{m}$	$\geqslant H_k/9$	
			$H_k > 14\text{m}$	$\geqslant H_k/8$	
露天栈桥		$Q \leqslant 10\text{t}$		$\geqslant H_k/10$	$\geqslant H_l/20$，并 $\geqslant 400$；管柱 $r \geqslant H_l/85$ $D \geqslant 400\text{mm}$
		$Q = (15 \sim 30)\text{t}$	$H_k \leqslant 12\text{m}$	$\geqslant H_k/9$	
		$Q = 50\text{t}$	$H_k \leqslant 12\text{m}$	$\geqslant H_k/8$	

注　1. 表中的 Q 为吊车起重量，H 为基础顶至柱顶的总高度，H_l 为基础顶至吊车梁底的高度，r 为管柱的单管回转半径，D 为管柱的单管外径。

2. 当采用平腹杆双肢柱时，h 应乘以 1.1，采用斜腹杆双肢柱时 h 应乘以 1.05。

3. 表中有吊车厂房的柱截面高度系按重级和特重级荷载状态考虑的，如为中、轻级荷载状态，应乘以系数 0.95。

4. 当厂房柱距为 12m 时，柱的截面尺寸宜乘以系数 1.1。

柱的截面形式和尺寸确定后，即可按矩形或工字形截面求得截面沿弯矩作用方向（排架平面内）的惯性矩 I_u（上柱）、I_l（下柱）。

按上述原则和方法也可确定等高和不等高多跨排架的计算简图。

五、排架上各种荷载计算

根据排架的计算单元，绘出排架受荷总图并算出作用在排架上的各种荷载，是结构设

计中非常重要的一个内容。图 8-8（a）为实际结构荷载分布图，图 8-8（b）为荷载在排架计算简图中的位置。

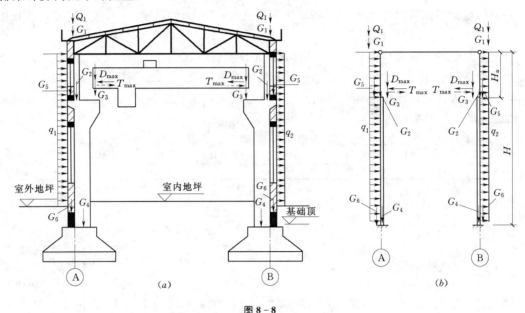

图 8-8

（a）实际结构荷载分布图；（b）荷载在排架计算简图中的位置

（一）屋面恒荷载 G_1

屋面恒荷载包括各构造层（如保温屋、隔热层、防水层、隔离层、找平层等）、屋面板、天沟板（或檐口板）、屋架、天窗架及其支撑等自重，可按屋面构造详图、屋面构件标准图以及荷载规范等进行计算。当屋面坡度较陡时，其负荷范围应按倾斜面面积计算。

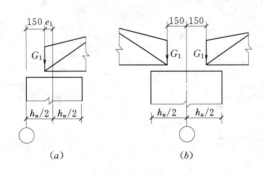

图 8-9 各柱 G_1 作用位置

屋面恒荷载的作用点，视不同情况而定。当采用屋架时，对于边柱 G_1 通过屋架端部杆件形心线的交点作用于柱顶 [见图 8-9（a）]。通常屋架端部杆件形心线的交点到柱外边缘的距离为 150mm，若上柱截面高度为 h_u，则 G_1 对上柱中心线的偏心距为：$e_1 = h_u/2 - 150$。对于中柱见图 8-9（b）。当为屋面梁时，G_1 通过梁端支承垫板的中心线作用于柱顶。

需注意，当两侧跨度不同或屋面构造不同，则两侧屋架（或屋面梁）传来的荷载不同，合力偏心距不为零。

（二）上柱自重 G_2

对于边柱上柱自重 G_2 按上柱截面尺寸和上柱高计算，作用在上柱底中心线处（见图 8-10）。上柱自重 G_2 对下柱中心线的偏心距：$e_2 = (h_l - h_u)/2$。式中 h_l、h_u 分别为下柱和上柱的高度。对于中柱一般可取 $e_2 = 0$。

（三）吊车梁及轨道等自重 G_3

吊车梁及轨道等自重 G_3 可按吊车梁及轨道连接构造的标准图采用。G_3 沿吊车梁中心线作用于牛腿顶面标高处。一般情况下，吊车梁中心线到柱外边缘（边柱）或柱中心线（中柱）的距离为 750mm，故 G_3 对下柱中心线的偏心距（见图 8-10）：边柱，$e_3 = 750 - h_l/2$；中柱，$e_3 = 750$。

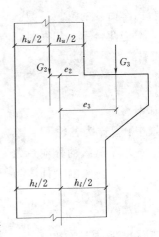

图 8-10 G_2、G_3 作用位置

（四）下柱自重 G_4

下柱自重按下柱截面尺寸和下柱高计算，对于工字形截面柱，考虑到沿截面柱高方向部分为矩形截面（如柱的下端及牛腿部分），可乘以 1.1～1.2 的增大系数。G_4 沿下柱中心线作用于基础顶面标高处（见图 8-8）。

（五）连系梁、基础梁及其上墙体自重 G_5、G_6

连系梁、基础梁自重可根据构件编号由连系梁的选用表查得，也可按连系梁、基础梁的几何尺寸计算。墙体自重按墙体构造、尺寸（包括窗户）等进行计算，G_5 沿墙体中心线作用于支承连系梁的柱牛腿顶面标高处，G_6 作用于支承基础梁的基础顶面（见图 8-8）。

（六）屋面活荷载 Q_1

屋面活荷载包括屋面均布活荷载、积雪荷载和积灰荷载三种。它们均按屋面水平投影面积计算。屋面均布活荷载不与积雪荷载同时考虑，取两者中的较大值。积灰荷载应与屋面活荷载或雪荷载二者的较大值同时考虑。屋面活荷载的组合值系数、频遇值系数及准永久值系数按《建筑结构荷载规范》（GB 50009—2012）的有关规定采用（见表 8-10）。

屋面活荷载标准值确定后，即可按计算单元中的负荷面积计算 Q_1 及 Q_{1K}。它们的作用位置与 G_1 相同。

（七）吊车对排架产生的竖向荷载 D_{max}、D_{min}

吊车对排架产生的竖向荷载可根据吊车每个轮子的轮压（最大轮压或最小轮压）、吊车宽度和轮距，利用反力影响线计算（见图 8-11）。吊车对排架产生的竖向荷载作用在吊车梁顶面，在吊车梁的中线处。

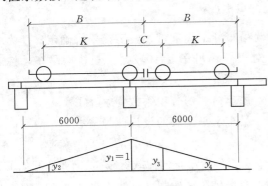

图 8-11 吊车梁支座反力影响线

吊车每个轮子最大轮压 p_{max}、最小轮压 p_{min} 的标准值以及吊车宽度 B、轮距 K 根据吊车型号、规格（起重量和跨度）由电动单钩、双钩桥式吊车数据表查得。

当两台吊车不同时，有

$$\left. \begin{array}{l} D_{maxk} = \beta[p_{1max}(y_1 + y_2) + p_{2max}(y_3 + y_4)] \\ D_{mink} = \beta[p_{1min}(y_1 + y_2) + p_{2min}(y_3 + y_4)] \end{array} \right\} \qquad (8-1)$$

式中：p_{1max}、p_{2max} 分别为吊车 1 和吊车 2 最大轮压标准值，且 $p_{1max} > p_{2max}$；p_{1min}、p_{2min} 分别为吊车 1 和吊车 2 最小轮压标准值，且 $p_{1min} > p_{2min}$；y_1、y_2 和 y_3、y_4 分别为与吊车 1 和吊车 2 的轮子相应的支座反力影响线上的竖标，可按图 8-11 的几何关系求得；β 为多

台吊车荷载的折减系数。

当两台吊车相同时，有

$$D_{\mathrm{max}k} = \beta p_{\mathrm{max}} \sum y_i \ \Bigg\} \qquad (8-2)$$
$$D_{\mathrm{min}k} = \frac{p_{\mathrm{min}}}{p_{\mathrm{max}}} D_{\mathrm{max}k}$$

其中
$$\sum y_i = y_1 + y_2 + y_3 + y_4$$

式中：$\sum y_i$ 为各轮子下影响线竖标之和。

吊车荷载的分项系数为 $\gamma_Q = 1.4$。

吊车荷载的设计值为

$$D_{\mathrm{max}} = \gamma_Q D_{\mathrm{max}k}, \quad D_{\mathrm{min}} = \gamma_Q D_{\mathrm{min}k}$$

（八）吊车水平荷载

1. 吊车横向水平荷载 T_{max}

吊车横向水平荷载作用于吊车梁顶面标高处，吊车横向水平荷载由桥式吊车的小车制动时引起。

当两台吊车不同时，其小车横向刹车的水平制动力为

$$T_{\mathrm{max}k} = \beta[T_1(y_1 + y_2) + T_2(y_3 + y_4)] \qquad (8-3)$$

当两台吊车相同时，有

$$T_{\mathrm{max}k} = \frac{T}{p_{\mathrm{max}}} D_{\mathrm{max}k} \qquad (8-4)$$

其中
$$T = \frac{\alpha}{4}(Q + G) \qquad (8-5)$$

式中：T 为每个轮子水平制动力标准值；Q 为吊车额定起重量，按工艺要求确定；G 为小车自重标准值；α 为小车横向制动力系数，对于硬钩吊车 $\alpha = 0.2$，对于软钩吊车，按表8-3确定。

表8-3　软钩吊车横向制动力系数

$Q(t)$	≤10	15～50	≥75
α	0.12	0.10	0.08

吊车荷载的分项系数为 $\gamma_Q = 1.4$。

吊车水平荷载的设计值为

$$T_{\mathrm{max}} = \gamma_Q T_{\mathrm{max}k}$$

关于多台吊车的荷载折减 β，简要介绍如下。

根据吊车荷载达到其额定起重量的频繁程度将吊车工作制度分为轻级、中级、重级和特重级四种荷载状态，按吊车在使用期内要求的总工作循环次数分为 10 个利用等级。现行的《建筑结构荷载规范》（GB 50009—2012），根据吊车要求的利用等级和荷载状态，来确定吊车的工作级别，共分为 8 个工作级别，以此来确定吊车荷载的计算参数，现行的《建筑结构荷载规范》（GB 50009—2012）所采用的吊车工作级别是与过去的工作制等级相对应的，如表8-4所示。

多台吊车的竖向荷载，对于多跨厂房一个排架一般不多于 4 台吊车，多台吊车的水平

表8-4　　　　　　　　　吊车的工作制等级与工作级别的对应关系

工作制等级	轻级	中级	重级	超重级
工作级别	A1～A3	A4～A5	A6～A7	A8

表 8-5　多台吊车的荷载折减系数

参与组合的吊车台数	吊车工作制	
	A1～A5	A6～A8
2	0.9	0.95
3	0.85	0.8
4	0.8	0.85

荷载，对单跨或多跨房最多只考虑两台，多台吊车的荷载折减系数按表 8-5 采用。对于多层吊车的单跨或多跨厂房，计算排架时，参与组合的吊车台数及荷载折减系数应按实际情况考虑。

2. 吊车纵向水平荷载 T

吊车的纵向水平荷载是由大车的运行机构在刹车时引起的纵向水平制动力。吊车的纵向水平荷载标准值应按作用在一侧轨道上的所有刹车轮的最大轮压的标准值 p_{max} 之和乘以刹车轮与轨道间的滑动摩擦系数 α'。按现行《建筑结构荷载规范》（GB 50009—2012）取 $\alpha' = 0.1$，即按下式计算：

$$T_k = mn\alpha' p_{max} \tag{8-6}$$

式中：m 为起重量相同的吊车台数；n 为吊车每侧制动轮树，对于一般的四轮吊车，$n=1$；p_{max} 为吊车最大轮压标准值。

吊车纵向水平荷载作用于刹车轮与轨道的接触点，方向与轨道一致，由纵向平面排架承受。

计算吊车水平荷载时，无论是横向制动力还是纵向制动力，最多只考虑两台吊车同时制动。当纵向柱列少于 7 根时，应计算纵向水平制动力。悬挂吊车、手动吊车、电动葫芦可不考虑水平制动力。

吊车荷载的组合值系数、准永久值系数按《建筑结构荷载规范》的有关规定采用（见表 8-10）。

（九）风荷载 q_1、q_2、F_w

图 8-12 为双单跨有天窗厂房风荷载的分布情况。图 8-13 为简化的计算简图。

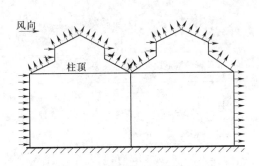

图 8-12　双单跨有天窗厂房风荷载的分布情况

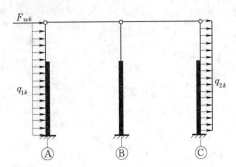

图 8-13　风荷载作用下双跨排架的计算简图

柱顶以上的风压力（包括天窗）和风吸力以水平集中力的形式作用与柱顶，柱顶标高以下的风压力和风吸力以均布荷载的形式作用于迎风面和背风面的柱上。

迎风面和背风面风荷载的标准值为

$$\left.\begin{array}{l} q_{1k} = \mu_{s1}\mu_z w_0 B \\ q_{2k} = \mu_{21}\mu_z w_0 B \end{array}\right\} \tag{8-7}$$

迎风面和背风面风荷载的设计值为

$$\left.\begin{array}{l} q_1 = \gamma_Q q_{1k} \\ q_2 = \gamma_Q q_{2k} \end{array}\right\} \qquad (8-8)$$

柱顶以上的风荷载可转化为一个水平集中力计算标准值为

$$F_{wk} = \sum \mu_s \mu_z w_0 h_i B \qquad (8-9)$$

设计值为

$$F_w = \gamma_Q F_{wk} \qquad (8-10)$$

式中：μ_s 为风荷载的体型系数，可根据单层厂房的体型、屋面与水平面之间的夹角、屋面形式确定，对于常见的屋面形式其风荷载体型系数按表 8-6 确定，对于其他屋面形式的风荷载体型系数按《建筑结构荷载规范》（GB 50009—2012）表 7.3.1 确定；μ_z 为风压高度变化系数，根据地面粗糙度类别按表 8-7 确定；w_0 为基本风压，根据设计单层厂房所在地区，按《建筑结构荷载规范》（GB 50009—2012）附表 D.4，50 年一遇的风压取值；B 为计算单元的宽度，一般厂房 $B=6$m；h_i 为屋面倾斜部分垂直面投影的高度；γ_Q 为风荷载的分项系数，取 1.4。

表 8-6　　　　　　　　　　　　　　　一般单层厂房体型系数表

项次	类　别	体　型　及　体　型　系　数
1	封闭式双坡屋面	
2	封闭式带天窗双坡屋面	
3	封闭式双跨屋面	
4	封闭式带天窗的双跨坡屋面	

验算围护构件及其连接的承载力时，风载体形系数对于正压区按《建筑结构荷载规范》（GB 50009—2012）中表 7.3.1 的规定采用。在此不详细介绍。

关于风压高度变化系数。建筑物处于近地风的风流场中，近地风的风速随高度而增加的规律与地面粗糙度有关。通常认为在离地面 300～500m 时，风速才不再受地面粗糙度的影响。根据《建筑结构荷载规范》（GB 50009—2012），对于平坦或稍有起伏的地形，地面粗糙度可分为 A、B、C、D 四类：

A 类指近海海面和海岛、海岸、湖岸及沙漠地区。

B 类指田野、乡村、丛林、丘陵以及房屋比较稀疏的乡城镇和城市郊区。

C 类指有密集建筑群的城市市区。

D 类指有密集建筑群且房屋较高的城市市区。

风压高度变化系数应根据地面粗糙度类别按《建筑结构荷载规范》（GB 50009—2012）采用。表 8-7 给出了风压高度变化系数 μ_z 的取值。

表 8-7　　　　　　　　　　　　风压高度变化系数 μ_z

离地面或海平面高度（m）	地面粗糙度类别				离地面或海平面高度（m）	地面粗糙度类别			
	A	B	C	D		A	B	C	D
5	1.17	1.00	0.74	0.62	90	2.34	2.02	1.62	1.19
10	1.38	1.00	0.74	0.62	100	2.40	2.09	1.70	1.27
15	1.52	1.14	0.74	0.62	150	2.64	2.38	2.03	1.61
20	1.63	1.25	0.84	0.62	200	2.83	2.61	2.30	1.92
30	1.80	1.42	1.0	0.62	250	2.99	2.80	2.54	2.19
40	1.92	1.56	1.13	0.73	300	3.12	2.97	2.75	2.45
50	2.03	1.67	1.25	0.84	350	3.12	3.12	2.94	2.68
60	2.12	1.77	1.35	0.93	400	3.12	3.12	3.12	2.91
70	2.20	1.86	1.45	1.02	≥450	3.12	3.12	3.12	3.12
80	2.27	1.95	1.54	1.11					

排架计算时，作用在柱顶以下墙面上的风荷载按均布考虑，其风压高度变化系数可按柱顶标高取值，这是偏于安全的。当基础顶面至室外地坪的距离不大时，为简化计算，风荷载可按柱全高计算，不再减去基础顶面至室外地坪那一小段多算的风荷载。若基础埋置较深时，则按实际情况计算，否则误差较大。

柱顶至屋脊间屋盖部分（包括天窗）的风荷载，仍取为均布的，其对排架的作用则按作用在柱顶的水平集中风荷载标准值 F_{wk} 考虑。这时的风压高度变化系数可按下述情况确定：有矩形天窗时，按天窗檐口取值；无矩形天窗时，按厂房檐口标高取值。

风荷载对结构产生的影响应考虑左风和右风两种情况。

风荷载的组合值系数、准永久值系数按《建筑结构荷载规范》（GB 50009—2012）的有关规定采用（见表 8-10）。

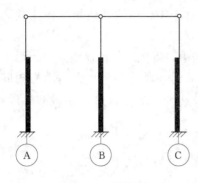

图 8-14　双跨排架

（十）地震作用

考虑地震作用时，尚应计算集中于柱顶及吊车梁顶面处的水平地震作用。详见《建筑抗震设计规范》（GB 50011—2010）。

以上是单层厂房排架结构所受到的荷载作用，在排架内力分析之前，要确定排架上有哪几种荷载需要单独进行内力计算，以便进行排架柱的荷载组合。以两跨排架（每跨内有两台相同的桥式吊车）为例（见图 8-14），若不考虑地震作用，有如下 13 种荷载情况，需要单独计算内力。

情况 1：恒荷载（$G_1 \sim G_5$）的作用。

情况 2：屋面活荷载（Q_1）作用在 AB 跨。

情况 3：屋面活荷载（Q_1）作用在 BC 跨。

情况 4：吊车垂直荷载 D_{max} 作用在 A 柱，D_{min} 作用在 B 柱。

情况 5：吊车垂直荷载 D_{max} 作用在 B 柱，D_{min} 作用在 A 柱。

情况 6：吊车垂直荷载 D_{max} 作用在 B 柱，D_{min} 作用在 C 柱。

情况 7：吊车垂直荷载 D_{max} 作用在 C 柱，D_{min} 作用在 B 柱。

情况 8：吊车水平荷载 T_{max} 从左向右作用在 A、B 柱。

情况 9：吊车水平荷载 T_{max} 从右向左作用在 A、B 柱。

情况 10：吊车水平荷载 T_{max} 从左向右作用在 B、C 柱。

情况 11：吊车水平荷载 T_{max} 从右向左作用在 B、C 柱。

情况 12：风荷载（q_1、q_2、F_w）从左向右作用。

情况 13：风荷载（q_1、q_2、F_w）从右向左作用。

单跨排架（跨内有两台的桥式吊车），若不考虑地震作用，有如下 8 种荷载情况，需要单独计算内力：

情况 1：恒荷载（$G_1 \sim G_5$）的作用。

情况 2：屋面活荷载（Q_1）的作用。

情况 3：吊车垂直荷载 D_{max} 作用在 A 柱，D_{min} 作用在 B 柱。

情况 4：吊车垂直荷载 D_{max} 作用在 B 柱，D_{min} 作用在 A 柱。

情况 5：吊车水平荷载 T_{max} 从左向右作用在 A、B 柱。

情况 6：吊车水平荷载 T_{max} 从右向左作用在 A、B 柱。

情况 7：风荷载（q_1、q_2、F_w）从左向右作用。

情况 8：风荷载（q_1、q_2、F_w）从右向左作用。

六、排架的内力计算

排架上的荷载有水平力和竖向力两类，在水平荷载作用下可直接对排架进行内力分析。在竖向荷载作用下（包括恒荷载、活荷载、吊车的竖向荷载），首先计算出竖向荷载对排架柱的偏心弯矩。当竖向荷载作用于上柱顶时，考虑到变截面柱的特点，需要计算出该竖向荷载对上柱顶和下柱顶的偏心力矩，仅需在偏心力矩作用下需要对排架进行分析，竖向力计算轴力，可不进行排架分析。如图 8-15（b）为恒荷载作用下 ［见图 8-8（b）］排架的计算简图，其中 G_6 产生的偏心力矩作用在基础顶面，设计基础时考虑，排架分析时可不考虑。

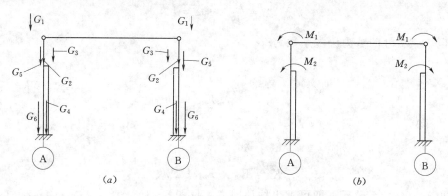

图 8-15　永久荷载作用下排架计算简图

当为单跨和等高多跨时可采用剪力分配法计算结构内力。当为不等高时，通常采用力法求横梁内力（详见有关结构计算手册），然后可按悬臂柱绘结构内力图。下面介绍剪力分配法计算排架内力的方法。

（一）当柱顶有水平集中力作用时等高排架的内力分析

如图 8-16（a）所示，三根柱的柱顶剪力之和等于外荷载 F。由于横梁的刚度为无穷大柱顶的位移均相同。因此，每根柱的柱顶剪力可按单阶悬臂柱的侧移刚度占总侧移刚度的比例进行分配。

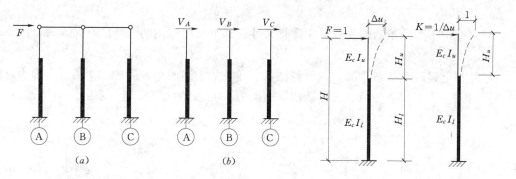

图 8-16　柱顶水平荷载作用下柱顶剪力　　**图 8-17　单阶悬臂柱的侧移刚度**

柱的侧移刚度：单阶悬臂柱的柱顶产生单位位移时在柱顶所施加的力称为单阶悬臂柱侧移刚度 K，图 8-17 中，有

$$K = \frac{1}{\Delta u}$$

式中：Δu 为柱顶有水平单位力时柱顶产生的位移。

由结构力学，有

$$\Delta u = \frac{H^3}{C_0 E_c I_l} \tag{8-11}$$

$$C_0 = \frac{3}{1 + \lambda^3 \left(\dfrac{1}{n} - 1 \right)} \tag{8-12}$$

其中
$$\lambda = \frac{H_u}{H}; \quad n = \frac{I_u}{I_l}$$

所以，三根柱的剪力分配系数为

$$\left. \begin{aligned} \eta_A &= \frac{K_A}{K} \\ \eta_B &= \frac{K_B}{K} \\ \eta_C &= \frac{K_C}{K} \end{aligned} \right\} \tag{8-13}$$

$$K = K_A + K_B + K_C \tag{8-14}$$

求出剪力分配系数后，即可求出柱顶剪力〔见图 8-16（b）〕：

$$\left. \begin{aligned} V_A &= \eta_A F \\ V_B &= \eta_B F \\ V_C &= \eta_C F \end{aligned} \right\} \tag{8-15}$$

求出柱顶剪力后，即可按悬臂柱绘出柱的内力图。

（二）任意荷载作用下等高排架的内力分析

当排架上有任意荷载作用时（如吊车的水平荷载），如图 8-18 所示，为了能利用上述剪力分配系数进行计算，可以将计算过程分为三个步骤：

（1）先在排架柱顶附加不动铰支座以阻止柱顶水平位移，并求出不动铰支座的水平反力 R，如图 8-18（b）所示。

（2）撤销附加的不动铰支座，在此排架柱顶加上反向作用的 $R = R_A + R_B$，如图 8-18（c）所示。

（3）将上述两个状态叠加，以恢复原状，即叠加上述两个步骤中求出的内力即为排架的实际内力。各种荷载作用下的不动铰支座反力 R 可按第（三）部分采用。

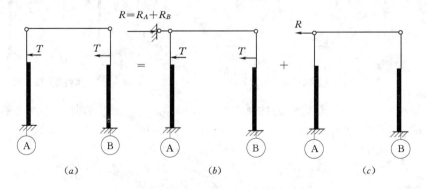

图 8-18　任意荷载作用下等高排架的计算

（三）柱顶有不动铰支座的反力 R

这里规定柱顶不动铰支座反力、柱顶剪力和水平荷载自左向右为正。

令 $\qquad \lambda = \dfrac{H_u}{H}, n = \dfrac{I_n}{I_l}$

当顶有偏心力矩时（见图 8-19）：

$$R = \dfrac{M}{H} C_1 \qquad (8-16)$$

$$C_1 = 1.5 \times \dfrac{1 - \lambda^2 \left(1 - \dfrac{1}{n}\right)}{1 + \lambda^3 \left(\dfrac{1}{n} - 1\right)} \qquad (8-17)$$

其他荷载作用下柱顶反力计算方法见表 8-8。

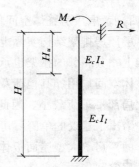

图 8-19　柱顶力矩作用下铰支座反力

表 8-8　　　　　　　　　**单阶变截面柱的柱顶位移系数 C_0 和反力系数（$C_1 \sim C_9$）**

序号	简图	R	$C_0 \sim C_4$	序号	简图	R	$C_5 \sim C_9$
0			$\Delta u = \dfrac{H^3}{C_0 E_c I_l}$ $C_0 = \dfrac{3}{1 + \lambda^3 \left(\dfrac{1}{n} - 1\right)}$	5		TC_5	$C_5 = \dfrac{2 - 3a\lambda + \lambda^3 \left[\dfrac{(2+a)(1-a)^2}{n} - (2-3a)\right]}{2\left[1 + \lambda^3 \left(\dfrac{1}{n} - 1\right)\right]}$
1		$\dfrac{M}{H} C_1$	$C_1 = 1.5 \times \dfrac{1 - \lambda^2 \left(1 - \dfrac{1}{n}\right)}{1 + \lambda^3 \left(\dfrac{1}{n} - 1\right)}$	6		TC_6	$C_6 = \dfrac{b^2(1-\lambda)^2 \left[3 - b(1-\lambda)\right]}{2\left[1 + \lambda^3 \left(\dfrac{1}{n} - 1\right)\right]}$
2		$\dfrac{M}{H} C_2$	$C_2 = 1.5 \times \dfrac{1 + \lambda^2 \left(\dfrac{1 - a^2}{n} - 1\right)}{1 + \lambda^3 \left(\dfrac{1}{n} - 1\right)}$	7		qHC_7	$C_7 = \left\{\dfrac{a^4}{n}\lambda^4 - \left(\dfrac{1}{n} - 1\right) \times (6a-8)a\lambda^4 - a\lambda(6a\lambda - 8)\right\} \div c8\left[1 + \lambda^3 \left(\dfrac{1}{n} - 1\right)\right]$
3		$\dfrac{M}{H} C_3$	$C_3 = 1.5 \times \dfrac{1 - \lambda^2}{1 + \lambda^3 \left(\dfrac{1}{n} - 1\right)}$	8		qHC_8	$C_8 = \left\{3 - b^3(1-\lambda)^3 \times \left[4 - b(1-\lambda)\right] + 3\lambda^4 \left(\dfrac{1}{n} - 1\right)\right\} \div c8\left[1 + \lambda^3 \left(\dfrac{1}{n} - 1\right)\right]$
4		$\dfrac{M}{H} C_4$	$C_4 = 1.5 \times \dfrac{2b(1-\lambda) - b^2(1-\lambda)^2}{1 + \lambda^3 \left(\dfrac{1}{n} - 1\right)}$	9		qHC_9	$C_9 = \dfrac{3\left[1 + \lambda^4 \left(\dfrac{1}{n} - 1\right)\right]}{8\left[1 + \lambda^3 \left(\dfrac{1}{n} - 1\right)\right]}$

注　表中 $\lambda = H_u/H$，$n = I_u/I_l$，$1 - \lambda = H_l/H$。

（四）考虑厂房整体空间作用的排架分析

单层厂房排架结构实际上是一个空间结构，特别是当一个局部荷载如吊车荷载作用在某排架上，其相邻的排架也承担一部分局部荷载，使得直接受荷的排架受力减少，这就是厂房整体空间作用。其他荷载作用下厂房整体空间作用是存在的，但厂房整体空间作用的效果比局部吊车荷载小。因此，在实际应用中只对吊车荷载考虑厂房整体空间作用。表8-9中给出了建议的单跨厂房整体空间作用分配系数 m 用值。为了慎重起见，对于大吨位吊车的厂房（大型屋面板体系在75t以上，轻型有檩屋盖体系在30t以上），建议暂不考虑厂房空间作用。

表 8 - 9   单跨厂房整体空间作用分配系数 m

厂 房 情 况		吊车吨位（t）	厂房长度（m）	
			≤60	>60
有檩屋盖	两端无山墙及一端有山墙	≤30	0.95	0.85
	两端有山墙	≤30	0.85	

			跨度（m）			
			12~27	>27	12~27	>27
无檩屋盖	两端无山墙及一端有山墙	≤75	0.90	0.85	0.85	0.80
	两端有山墙	≤75	0.80			

注 1. 厂房砖墙应为实心砖墙，如有开洞，洞口对山墙水平截面面积的削弱应不超过50%，否则应视为无山墙情况。

    2. 当厂房设有伸缩缝时，厂房长度应按一个伸缩缝区段的长度计，且伸缩缝处应视为无山墙。

属于下列情况之一者，不考虑厂房的空间作用：

情况1：当厂房一端有山墙或两端均无山墙，且厂房的长度小于36m时。

情况2：天窗跨度大于厂房跨度的1/2，或天窗布置使厂房屋盖沿纵向不连续时。

情况3：厂房柱距大于12m（包括一般柱距小于12m，但个别柱距不等，且最大柱距超过12m的情况）。

情况4：当屋架下弦为柔性拉杆时。

考虑厂房空间作用的排架内力计算，其柱顶为弹性支承的铰接排架［见图8-20(a)］。考虑厂房空间作用的排架内力分析可按图8-20的三个步骤。考虑整体空间工作后。上柱弯矩将增大，因而相应的配筋增多，但下柱弯矩减小，总的钢筋用量有所降低。

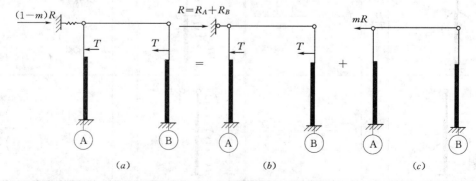

图 8 - 20   考虑厂房空间作用排架的计算

以上所述均针对单跨厂房，对于多跨厂房，其空间刚度一般比单跨的大，但目前还缺少充分的实测资料和理论分析。根据实践经验，对于两端有山墙的两跨或两跨以上的等高厂房、且为无檩屋盖体系、吊车吨位≤30t 时，吊车荷载对排架产生的内力，上柱顶可按水平不动铰支座计算。

七、排架控制截面与内力组合

求得排架在各种荷载作用下的内力、绘出内力图后，即可确定排架的控制截面和控制截面上的最不利内力组合。

(一) 控制截面的确定

在图 8-21 所示的一般单阶排架柱中，通常上柱各截面配筋是相同的。而在上柱中，牛腿顶面（即上柱底截面）Ⅰ-Ⅰ的内力最大，因此截面Ⅰ-Ⅰ为上柱的控制截面。在下柱中，通常各截面配筋一般也是相同的，而牛腿顶截面Ⅱ-Ⅱ和柱底截面Ⅲ-Ⅲ的内力较大，因此取截面Ⅱ-Ⅱ和Ⅲ-Ⅲ截面为下柱的控制截面。另外，截面Ⅲ-Ⅲ的内力值也是设计柱下基础的依据。截面Ⅰ-Ⅰ与Ⅱ-Ⅱ虽在一处，但内力值却不同，分别代表上、下柱截面，在设计截面Ⅱ-Ⅱ时，不计牛腿对其截面承载力的影响。

如果截面Ⅱ-Ⅱ的内力较小，需要的配筋较少，或者当下柱高度较大，下柱的配筋也可以是沿高度变化的。这时应在下部柱的中部再取一个控制截面，以便控制下部柱中纵向钢筋的变化。

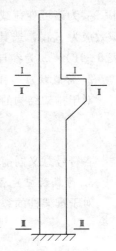

图 8-21　单阶柱的控制截面

(二) 荷载效应组合

设计排架结构时，应根据使用过程中可能同时产生的荷载效应，对承载力和正常使用两种极限状态分别进行荷载效应（内力）组合，并分别取其最不利的情况进行设计。排架结构所考虑的荷载有：恒荷载、屋面活荷载〔积灰荷载＋（雪荷载与屋面活荷载中较大值）〕、吊车荷载（吊车竖向荷载、吊车水平荷载）、风荷载（左风和右风）。

根据《混凝土结构设计规范》、《建筑地基基础设计规范》的要求，在结构设计时采用不同的荷载组合项目。

1. 荷载效应的基本组合

对于排架柱的配筋计算、基础高度和基础配筋计算，应采用荷载效应的基本组合，进行承载力极限状态设计。根据《建筑结构荷载规范》，分别按可变荷载效应控制和永久荷载效应控制的组合，取最不利的情况进行设计。

(1) 按可变荷载效应控制的组合：

$$S_d = \sum_{j=1}^{m} \gamma_{Gj} S_{GjK} + \gamma_{Q1} \gamma_{L1} S_{Q1K} + \sum_{i=2}^{n} \gamma_{Qi} \gamma_{Li} \psi_{ci} S_{QiK} \qquad (8-18)$$

(2) 按永久荷载效应控制的组合：

$$S_d = \sum_{j=1}^{m} \gamma_{Gj} S_{GjK} + \sum_{i=1}^{n} \gamma_{Qi} \gamma_{Li} \psi_{ci} S_{QiK} \qquad (8-19)$$

式中：γ_{Gj} 为第 j 个永久荷载分项系数（当其效应对结构不利时，对由可变荷载效应控制的组合应取 1.2，对由永久荷载效应控制的组合应取 1.35；当其效应对结构有利时的组合应取 1.0）；γ_{Qi} 为第 i 个可变荷载的分项系数，一般情况应取 1.4，对标准值大于 $4\text{kN}/\text{m}^2$ 的工业房屋楼面结构的活荷载应取 1.3；γ_{Li} 为第 i 个可变荷载考虑设计使用年限的调整系数。当结构设计使用年限为 5 年、50 年、100 年，分别取 0.9、1.0、1.1；S_{GjK} 为按永久荷载标准值 G_{jK} 计算的荷载效应值；S_{QiK} 为按可变荷载标准值 Q_{iK} 计算的荷载效应值（其中 S_{Q1K} 为诸可变荷载效应中起控制作用者；当对 S_{Q1K} 无法明显判断时，轮次以各可变荷载效应为 S_{Q1K}，选其中最不利的荷载效应组合）；ψ_{ci} 为可变荷载 Q_i 的组合值系数（见表 8-10）；m 为参与组合的永久荷载数；n 为参与组合的可变荷载数。

2. 荷载效应的标准组合

对于排架结构的地基承载力验算，应采用荷载效应的标准组合：

$$S_d = \sum_{j=1}^{m} S_{GjK} + S_{Q1K} + \sum_{i=2}^{n} \psi_{ci} S_{QiK} \qquad (8-20)$$

各符号意义同前。

3. 荷载效应的准永久组合

对于排架柱的裂缝宽度验算、地基的变形验算时，应取荷载作用效应的准永久组合：

$$s = S_{GK} + \sum_{i=1}^{n} \psi_{qi} S_{QiK} \qquad (8-21)$$

式中：ψ_{qi} 为可变荷载 Q_i 的准永久值系数（见表 8-10）；其余符号意义同前。

由表 8-10 可见，排架设计时准永久组合中可变荷载作用效应考虑雪荷载、上人屋面的活荷载、雪荷载及积灰荷载，不考虑风荷载和吊车荷载。

关于各可变荷载的组合值系数 ψ_c、准永久值系数 ψ_q 根据《建筑结构荷载规范》确定，按表 8-10 采用。

表 8-10　　　　　单层厂房活荷载的组合值系数 ψ_c、准永久值系数 ψ_q 表

序号	活荷载种类	组合值系数 ψ_c	准永久值系数 ψ_q
1	屋面活荷载	$\psi_c = 0.7$	不上人屋面 $\psi_q = 0.0$，上人屋面取 $\psi_q = 0.4$
2	屋面雪荷载	$\psi_c = 0.7$	按雪荷载分区 Ⅰ、Ⅱ、Ⅲ 的不同 ψ_q 分别取 0.5、0.2、0
3	屋面积灰荷载	一般取 $\psi_c = 0.9$，在高炉附近的单层厂房屋面，取 $\psi_c = 1.0$	一般取 $\psi_q = 0.8$；在高炉附近的单层厂房屋面，取 $\psi_q = 1.0$
4	风荷载	$\psi_c = 0.6$	$\psi_q = 0$
5	吊车荷载	软钩吊车，$\psi_c = 0.7$；硬钩吊车及 A8 级工作制吊车，$\psi_c = 0.95$	排架设计时取 $\psi_q = 0.0$。吊车梁设计时：软钩吊车：A1～A3 级工作制吊车 $\psi_q = 0.5$，A4、A5 级工作制吊车 $\psi_q = 0.6$，A6、A7 级工作制吊车 $\psi_q = 0.7$；硬钩吊车及 A8 级工作制吊车：$\psi_q = 0.95$

（三）控制截面的内力组合

控制截面的内力种类有轴向力 N、弯矩 M 和水平剪力 V。对同一个控制截面，这三种内力应该怎样搭配，其截面的承载力才是最不利的？这就需要对内力组合作出判断。

排架柱是偏心受压构件，其纵向受力钢筋的计算主要取决于轴向力 N 和弯矩 M，由于轴向力 N 和弯矩 M 的相关性，一般可考虑以下四种最不利内力组合：

(1) $+M_{max}$ 及相应的 N 和 V；

(2) $-M_{max}$ 及相应的 N 和 V；

(3) N_{max} 及相应的 M 和 V；

(4) N_{min} 及相应的 M 和 V。

当柱的截面采用对称配筋及采用对称基础时，第（1）、（2）两种内力组合合并为一种，即 $|M_{max}|$ 及相应的 N 和 V。

通常，按上述四种内力组合已能满足设计要求．但在某些情况下，它们可能都不是最不利的。例如，对大偏心受压的柱截面，偏心距 $e_0 = M/N$ 越大（即 M 越大，N 越小）时，配筋往往越多。因此，有时 M 虽然不是最大值而比最大值略小，而它所对应的 N 减小很多，则这组内力所要求的配筋量反而会更大些。

（四）荷载组合应注意的问题

（1）每次组合都必须包括恒荷载项。

（2）每次组合以一种内力为目标来决定荷载项的取舍，例如，当考虑第（1）种内力组合时，必须以得到 $+M_{max}$ 为目标，然后得到与它对应的 N、V 值。

（3）当取 N_{max} 或 N_{min} 为组合目标时，应使相应的 M 绝对值尽可能的大，因此，对于不产生轴向力而产生弯矩的荷载项（风荷载及吊车水平荷载）中的弯矩值也应组合进去。以 N_{min} 为组合目标时，对可变荷载效应控制的组合项目中，永久荷载作用效应的分项系数取 1.0。

（4）风荷载项中有左风和右风两种，每次组合只能取其中的一种。

（5）对于吊车荷载项要注意两点：

1）注意 D_{max}（或 D_{min}）与 T_{max} 之间的关系。由于吊车横向水平荷载不可能脱离其竖向荷载而单独存在，因此当取用 T_{max} 所产生的内力时，就应把同跨内 D_{max}（或 D_{min}）产生的内力组合进去，即"有 T 必有 D"。另一方面，吊车竖向荷载却是可以脱离吊车横向水平荷载而单独存在的，即"有 D 不一定有 T"。不过考虑到 T_{max} 既可向左又可向右作用的特性．如果取用了 D_{max}（或 D_{min}）产生的内力，总是要同时取用 T_{max} 才能得最不利的内力。因此在吊车荷载的内力组合时，要遵守"有 T_{max} 必有 D_{max}（或 D_{min}），有 D_{max}（或 D_{min}）也要有 T_{max}"的规则。

2）注意取用的吊车荷载项目数。在一般情况下，内力组合表中每一个吊车荷载项都是表示一个跨度内两台吊车的内力（已乘两台吊车时的吊车荷载载折减系数 β，对轻级和中级 $\beta = 0.9$，对重级和特重级 $\beta = 0.95$）。因此，对于 T_{max} 不论单跨还是多跨排架，都只能取用表中的一项，对于吊车竖向荷载，单跨时在 D_{max} 或 D_{min} 中两者取一，多跨时或者取一项或者取两项（在不同跨内各取一项），当取两项时，吊车荷载折减系数 β 改为四台吊车的值，故对其内力值应乘以转换系数，轻级和中级时为 0.8/0.9，重级和超重级时为 0.85/0.95。

（6）由于柱底水平剪力对基础底面将产生弯矩，其影响不能忽视，故在组合截面Ⅲ-Ⅲ的内力时，要把相应的水平剪力值求出。

（7）对于 $e_0 > 0.55h_0$ 的截面应验算柱裂缝宽度 $\omega_{max} = \omega_{lim}$。需要验算地基的变形时，要进行荷载效应的准永久组合，且不考虑风荷载及吊车荷载。

（8）对于排架柱的承载力设计、基础高度验算和基础配筋计算，应采用荷载效应的基本组合；地基的承载力验算对于Ⅲ-Ⅲ截面还应做荷载作用效应的标准组合。

（五）内力组合表的参考格式

排架柱的内力组合可以列表进行。对于非抗震设计可参考表8-11或表8-20。

八、排架柱截面配筋计算

（一）选择最不利内力组合

完成单层厂房排架柱的内力组合后，即可进行柱截面的配筋计算。以单阶柱为例，上柱按Ⅰ-Ⅰ截面的最不利内力组配筋，下柱按Ⅱ-Ⅱ、Ⅲ-Ⅲ截面的最不利内力组合配筋，在对称配筋情况下，上柱的内力有3种不利组合，下柱内力有6种不利组合。到底选择哪种内力组合进行配筋计算是很难一下就判别出来。在实际设计中可选择 N_{max} （或 M_{max}）所对应的内力组合进行配筋计算，然后，对其他内力组合进行承载力校核，也可几种组合均进行配筋计算，最后选择最大的钢筋面积。下面所给出的最不利内力组合的判别方法仅供参考：

（1）轴向力相等或相近，弯矩大者为最不利。

（2）弯矩相等或接近，当为小偏心受压时，轴向力大者为最不利；当为大偏心受压时，轴向力小者为最不利。

（二）确定排架柱的计算长度

采用刚性屋盖的单层工业厂房柱和露天吊车栈桥柱的计算长度 l_0 可按表8-12采用。

（三）柱的纵向钢筋计算

一般情况下排架方向按偏心受压构件计算，计算出的纵向钢筋对称配置于弯矩作用方向的两边。垂直于排架方向按轴心受压构件验算截面承载力，这时所考虑的钢筋面积应遵循周边对称的原则。轴心受压构件的稳定系数 ϕ，可根据垂直于排架方向的长细比 l_0/i（下柱工字形截面）或 l_0/b（上柱矩形截面）之比，查《混凝土结构设计规范》（GB 50010—2010）中表6.2.15或参照混凝土结构教材。

考虑二阶效应的弯矩设计值

$$M = \eta_s M_0 \tag{8-22}$$

$$\eta_s = 1 + \frac{1}{1500 \dfrac{e_i}{h_0}} \left(\frac{l_0}{h}\right)^2 \zeta_c \tag{8-23}$$

$$\zeta_c = \frac{0.5 f_c A}{N} \tag{8-24}$$

其中
$$e_i = e_0 + e_a$$

$$e_0 = \frac{M_0}{N}$$

式中：M_0 为一阶弹性分析柱端弯矩设计值；e_i 为初始偏心距；ζ_c 为截面曲率修正系数，当 $\zeta_c > 1.0$ 时，取 $\zeta_c = 1.0$；e_0 为轴向压力对截面重心偏心距；e_a 为附加偏心距，取 20mm 和偏心方向截面最大尺寸的 1/30 两者中的较大值；l_0 为排架柱计算长度（见表8-12）；h、h_0 为分别为说考虑弯矩方向柱的截面高度、截面有效高度；A 为柱截面面积，对工字形截面取 $A = bh + 2(b_f - b) h'_f$。

表 8－11

两跨排架 A 柱内力组合表

柱号	截面	内力(kN 或 kN·m)	恒载	AB 跨屋面活载	BC 跨屋面活载	吊车在 AB 跨 D_{max} 在 A 柱	吊车在 AB 跨 D_{min} 在 A 柱	吊车在 AB 跨 T_{max} 向左或向右	吊车在 AB 跨 D_{max} 在 B 柱	吊车在 AB 跨 D_{min} 在 B 柱	吊车在 AB 跨 T_{max} 向左或向右	风荷载 左风	风荷载 右风	内力组合 $|M_{max}|$ 相应的 N 组合项目	内力组合 $|M_{max}|$ 相应的 N 组合值	内力组合 N_{max} 相应的 M 组合项目	内力组合 N_{max} 相应的 M 组合值	内力组合 N_{min} 相应的 M 组合项目	内力组合 N_{min} 相应的 M 组合值
			1	2	3	4	5	6	7	8	9	10	11						
A 柱	Ⅰ－Ⅰ	M																	
		N																	
		M_K																	
		N_K																	
	Ⅱ－Ⅱ	M																	
		N																	
		M_K																	
		N_K																	
	Ⅲ－Ⅲ	M																	
		N																	
		M_K																	
		N_K																	
		M_q																	
		N_q																	

表 8-12　　　采用刚性屋盖的单层工业厂房柱和露天吊车栈桥柱的计算长度 l_0

柱 的 类 型		排架方向	垂 直 排 架 方 向	
			有柱间支撑	无柱间支撑
无吊车厂房柱	单跨	$1.5H$	$1.0H$	$1.2H$
	两跨及多跨	$1.25H$	$1.0H$	$1.2H$
有吊车厂房柱	上柱	$2.0H_u$	$1.25H_u$	$1.5H_u$
	下柱	$1.0H_l$	$0.8H_l$	$1.0H_l$
露天吊车柱和栈桥柱		$2.0H_l$	$1.0H_l$	—

注　1. 表中 H 为从基础顶面算起的柱子全高；H_l 为从基础顶面至装配式吊车梁底面或现浇式吊车梁顶面的柱子下部高度；H_u 为从装配式吊车梁底面或现浇式吊车梁顶面的柱子上部高度。

　　2. 表中有吊车厂房排架柱的计算长度，当计算中不考虑吊车荷载时，可按无吊车厂房采用，但上柱的计算长度仍按有吊车厂房采用。

　　3. 表中有吊车排架柱的上柱在排架方向的计算长度，仅适用于 $H_u/H_l \geqslant 0.3$ 的情况；当 $H_u/H_l < 0.3$ 时，宜采用 $2.5H_u$。

排架柱纵向受力钢筋（$A_s = A_s'$）也可列表进行计算，表格形式可参考表 8-13 和表 8-14。

表 8-13　　　　　　　　偏心距增大系数 η 及稳定系数 ϕ

柱号	截面	$B \times h$ (mm²)	l_0 (m)	M (kN·m)	N (kN)	e_0 (mm)	e_a (mm)	e_i (mm)	e_i/h_0	ζ_1	l_0/h	η	l_0/b 或 l_0/i	ϕ
A 柱	I-I													
	II-II													
	⋮													

表 8-14　　　　　　　　排 架 柱 的 配 筋 计 算

柱号	截面	$B \times h$ (mm²)	M (kN·m)	N (kN)	e_i (mm)	η	e (mm)	e' (mm)	ξ	$A_s = A_s'$	ϕ	$\sum A_s$
A 柱	I-I											
	II-II											
	⋮											

对称配筋矩形、工字形截面配筋计算方法按《混凝土结构设计规范》（GB 50010—2010）计算或查找相关的教材和计算手册。

当在荷载效应准永久组合下，$e_0 > 0.55h_0$ 时应验算柱裂缝宽度，即 $\omega_{max} \leqslant \omega_{lin}$。

（四）排架柱的构造要求

工字形柱的翼缘厚度不宜小于 120mm，腹板厚度不宜小于 100mm。当有高温或侵蚀性介质时，则翼缘和腹板尺寸均应适当增大。工字形柱的腹板开孔洞时，宜在孔洞周边设置 2～3 根直径不小于 8mm 的补强钢筋，每个方向的补强钢筋的截面面积，不宜小于该方向被截断钢筋的截面面积。当孔的横向尺寸小于柱截面高度的一半、孔的竖向尺寸小于相邻两孔之间的净距时，柱的刚度可按实腹工字形柱计算，但在计算承载力时应扣除孔洞的削弱部分。当开孔尺寸超过上述规定时，柱的刚度和承载力应按双肢柱计算。工字形柱的外形构造尺寸如图 8-22 所示。

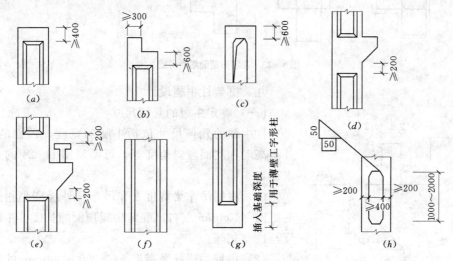

图 8-22 工字形柱外形尺寸与构造

全部纵向钢筋截面面积：对于 C60 及以下强度等级混凝土、钢筋强度等级 300MPa、335MPa，全部纵向钢筋截面面积不小于截面面积的 0.6%，其他情况详见《混凝土结构设计原理》教材或《混凝土结构设计规范》（GB 50010—2012）的规定。全部纵向钢筋的配筋率不宜大于 5%。

一侧纵向钢筋的配筋率不小于 0.002。

矩形和工字形柱的混凝土强度等级常用 C20～C30，当轴向力大时宜用较高等级。纵向受力钢筋一般采用 HRB400 和 HRB335 级钢筋，构造钢筋可用 HPB300 或 HRB335 级钢筋，直径 $d \geqslant 6$mm 的箍筋用 HPB300 级钢筋。排架柱纵向受力钢筋直径不宜小于 12mm，排架柱纵向构造钢筋直径不宜小于 10mm。当柱的截面高度 $h > 600$mm 时，在侧面应设置直径为（12～16）mm 的纵向构造钢筋，并相应地设置复合箍筋或拉结筋。柱内纵向钢筋的净距不应小于 50mm，且不宜大于 300mm；对水平浇筑的预制柱，其最小净距不应小于 25mm 和纵向钢筋的直径。垂直于弯矩作用平面的纵向钢筋的中距不大于 300mm。工字形柱截面的箍筋构造形式如图 8-23 所示，不得采用具有内折角的箍筋。关于受压构件箍筋的详细构造详见《混凝土结构设计原理》教材。

纵向受力钢筋混凝土保护层厚度的选取，应根据构件工作的环境类别确定，详见《混凝土结构设计原理》教材或《混凝土结构设计规范》（GB 50010—2010）。

钢筋混凝土工字形柱的施工图参照图 8-70。

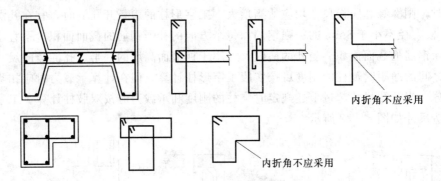

图 8 - 23   工字形截面箍筋构造

九、排架柱牛腿设计

(一) 确定牛腿的几何尺寸

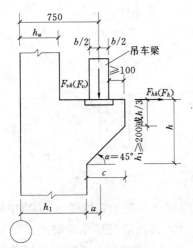

图 8 - 24   牛腿几何尺寸

柱牛腿的几何尺寸包括牛腿的宽度、顶面的长度、外缘高度和底面倾斜角度等，可参照图 8 - 24 的构造要求确定。

(1) 根据吊车梁宽度 b 和吊车梁外缘到牛腿外边缘的距离 (100mm 左右) 确定牛腿顶面的长度，牛腿的宽度与柱宽相等。

(2) 根据牛腿外缘高度 $h_1 \geqslant 200 \sim 300$mm 的构造要求，并取 $\alpha = 45°$，即可确定牛腿的总高 h，若 $h_1 \geqslant h/3$，牛腿尺寸符合构造要求。

(3) 按下式验算牛腿截面总高 h 是否满足抗裂要求：

$$F_{vk} \leqslant \beta \left(1 - 0.5 \frac{F_{hk}}{F_{vk}}\right) \frac{f_{tk}bh_0}{0.5 + \frac{a}{h_0}} \qquad (8-25)$$

式中：F_{vk} 为作用于牛腿顶部按荷载效应标准组合计算的竖向力值，对于吊车梁下的牛腿，$F_{vk} = D_{maxt} + G_{3k}$；$F_{hk}$ 为作用于牛腿顶部按荷载效应标准组合计算的水平拉力值，对于吊车梁下的牛腿，当吊车梁顶面有预埋件和上柱连接时 $F_{hk} = 0$；β 为裂缝控制系数，对于支承吊车梁牛腿，取 0.65，对其他牛腿取 0.8；b 为牛腿宽度，取柱宽；h_0 为牛腿与下柱交接处垂直截面的有效高度；$h_0 = h_1 - a_s + c\tan\alpha$，当 $\alpha > 45°$取 $\alpha = 45°$，c 为下柱边缘到牛腿外边缘的水平长度；a 为竖向力作用点至下柱边缘的水平距离，此时应考虑安装偏差 20mm，当考虑 20mm 安装偏差后的竖向力作用点，仍在下柱截面以内时，取 $a = 0$。

(二) 按计算和构造配置纵向受力钢筋

由承受竖向力的受拉钢筋和承受水平拉力的锚筋组成的纵向受拉钢筋的总截面面积按下式计算：

$$A_s \geqslant \frac{F_v a}{0.85 f_y h_0} + 1.2 \frac{F_h}{f_y} \qquad (8-26)$$

式中：F_v 为作用在牛腿顶部的竖向力设计值；F_h 为作用在牛腿顶部的水平拉力设计值；a 应考虑安装偏差 20mm，当 $a < 0.3 h_0$ 时，取 $a = 0.3 h_0$。

沿牛腿顶部配置的纵向受力钢筋，宜采用 HRB400 级或 HRB500 级热轧钢筋。全部纵向钢筋及弯起钢筋宜沿牛腿外边缘向下伸入下柱内 150mm 后截断（见图 8-25）。纵向受力钢筋及弯起钢筋深入上柱内的锚固长度：当采用直线锚固时不应小于 l_a；当上柱尺寸不足时，可向下弯折，其包含弯弧段在内的水平段不少于 $0.4l_a$，包含弯弧段在内竖直段不少于 $15d$，总长度不少于 l_a。

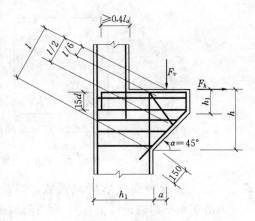

图 8-25 牛腿配筋构造

按式（8-26）计算的承受竖向力牛腿纵向受拉钢筋，其配筋率按牛腿有效截面计算不应小于 0.2% 及 $0.45f_t/f_y$，也不宜大于 0.6%，且根数不宜少于 4 根，直径不宜小于 12mm。承受水平拉力的水平锚筋应焊在项埋件上，且不少于 2 根。

当牛腿设于上柱柱顶时，宜将牛腿对边的柱外侧纵向受力钢筋沿柱顶水平弯入牛腿，作为牛腿纵向受拉钢筋使用。当牛腿顶面纵向受拉钢筋与牛腿对边的柱外侧纵向钢筋分开配置时，牛腿顶面纵向受拉钢筋应弯入柱外侧，并符合钢筋搭接的规定。

（三）按构造要求配置水平箍筋和弯起钢筋

按构造要求，牛腿的水平箍筋直径取 6～12mm，间距为 100～150mm，且在上部 $2h_0/3$ 范围内的水平箍筋的总截面面积不宜小于承受竖向力的纵向受拉钢筋截面面积的 1/2。当牛腿的剪跨比 $a/h_0 \geqslant 0.3$ 时，宜设置弯起钢筋。弯起钢筋宜采用 HRB400 级或 HRB500 级热轧钢筋。配置在牛腿上部 $l/6$ 至 $l/2$ 之间的范围内（见图 8-25）。其截面面积不宜小于承受竖向力纵向受拉钢筋截面面积的 1/2，根数不宜少于 2 根，直径不宜小于 12mm。纵向受拉钢筋不得兼做弯起钢筋。

（四）垫板下局部受压承载力验算

垫板下局部受压承载力满足下式要求：

$$\sigma = \frac{F_{vk}}{A} \leqslant 0.75 f_c \tag{8-27}$$

其中

$$A = ab$$

式中：A 为局部承压面积；a、b 分别为局部承压的长、宽；f_c 为混凝土抗压强度设计值。

当局部承压不满足要求时，应采取必要措施，如加大局部承压面积，提高混凝土强度等级。

（五）吊车梁上翼缘与上柱内侧的连接设计

吊车梁上翼缘需要与上柱内侧连接，以传递吊车的水平荷载。因此需要在上柱内侧设置如图 8-26 所示的预埋件。预埋件的锚筋与端部的钢板焊接，锚筋的根数和直径应按《混凝土结构设计规范》（GB 50010—2010）的要求设计。即满足式（8-28）要求：

$$0.8\alpha_b f_y A_s \geqslant T_{\max} \tag{8-28}$$

$$\alpha_b = 0.6 + 0.25 t/d$$

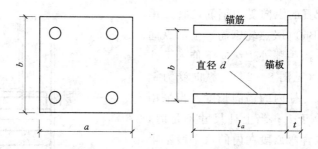

图 8 - 26　吊车梁上翼缘与上柱内侧的连接预埋件

式中：α_b 为锚板弯曲变形折减系数，当采取措施防止锚板弯曲变形的措施时 $\alpha_b = 1.0$；T_{max} 为吊车水平荷载设计值；f_y 为锚筋的抗拉强度设计值；A_s 为锚筋的面积。

锚板宜采用 Q235、Q345 级钢，锚板厚度应根据受力情况计算确定，且不小于锚筋直径的 60%，受拉和受弯预埋件的锚板厚度尚宜大于 $b/8$，b 为锚筋间距。

受力预埋件应采用 HRB400 或 HPB300 级钢筋，不应采用冷加工钢筋。锚筋预埋的长度应满足受拉钢筋锚固长度 $l_a = \alpha \dfrac{f_y}{f_t} d$ 的要求。当锚筋采用 HPB235 级钢筋时，其端部应做弯钩。当无法满足锚固长度要求时，应采取其他有效的锚固措施。预埋件受力，直锚筋直径不宜小于 8mm，且不宜大于 25mm。直锚筋数量不宜少于 4 根，且不宜多于 4 排。锚筋的间距和锚筋至构件边缘距离，均不应小于 $3d$ 和 45mm。

锚筋与锚板应采用 T 形焊接。焊缝高度应根据计算确定。当锚筋直径不大于 20mm 时，宜采用压力埋弧焊；当锚筋直径大于 20mm 时，宜采用穿孔塞焊。当采用手工焊时，焊缝高度不宜小于 6mm，且对 300MPa 级钢筋不宜小于 $0.5d$，对其他钢筋不宜小于 $0.6d$，d 为锚筋直径。

预埋件锚筋中心至锚板边缘距离不应小于 $2d$ 和 20mm。预埋件的位置应使锚筋位于构件的外层主筋内侧。

十、排架柱吊装、运输阶段的承载力和裂缝宽度验算

单层厂房排架柱一般采用预制钢筋混凝土柱，预制柱应根据运输、吊装时混凝土的实际强度进行吊装验算。一般考虑翻身起吊［见图 8 - 27（a）］或平吊［见图 8 - 27（b）］，其最不利位置及相应的计算简图如图 8 - 27（c）所示。图中 g_1 为上柱自重，g_2 为牛腿自重，g_3 为下柱工字形截面自重。按图中的 1 - 1、2 - 2 和 3 - 3 截面分别进行承载力和裂缝宽度验算。验算时应注意下列问题：

（1）柱身自重应乘以动力系数 1.5（根据吊装时的受力情况可适当增减）。在内力计算时可考虑永久荷载效应控制的组合，荷载分项系数 γ_G 取 1.35。

（2）因吊装验算系临时性的，故构件安全等级可较其使用阶段的安全等级降低一级，结构重要性系数 γ_0 可取 0.9。

（3）柱的混凝土强度一般按设计强度的 70% 考虑。当吊装验算要求高于设计强度的 70% 方可吊装时，应在施工图上注明。

（4）一般宜采用单点绑扎起吊，吊点设在变阶处。当需用多点起吊时，吊装方法应与施工单位共同商定并进行相应的验算。

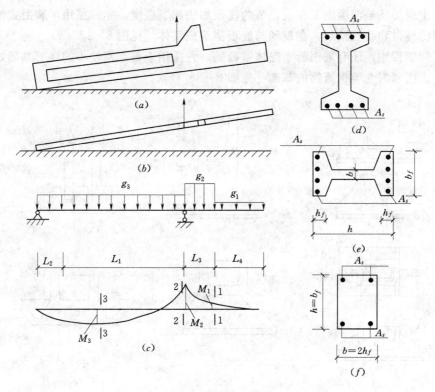

图 8－27　柱吊装验算简图

（5）当柱变阶处截面吊装验算配筋不足时，可在该局部区段加配短钢筋。

（6）当采用翻身起吊时，下柱截面按工字形截面验算［见图 8－27（d）］。当采用平吊时，下柱截面按矩形截面验算［见图 8－27（f）］，此时，矩形截面的宽度为 $2h_f$，受力钢筋只考虑上下边缘处的钢筋［见图 8－27（e）、（f）］。

十一、地基与基础设计

地基与基础设计内容包括：基础形式的选择、基础埋深的确定、确定基底尺寸的确定（必要时进行地基的变形验算）、确定基础高度、基础底板配筋计算和考虑基础的构造要求。

（一）基础形式的选择

柱下基础是单层厂房中的重要受力构件，上部结构传来的荷载都是通过基础传至地基的。按受力性能，柱下独立基础分为轴心受压和偏心受压两种，在以恒荷载为主要荷载的多层框架房屋，其中间柱下的独立基础通常可按轴心受压考虑。在单层厂房中，其柱下独立基础则是偏心受压的。按施工方法，可分为预制柱基础和现浇基础两种。

单层厂房柱下独立基础的常用形式是扩展基础。这种基础有阶梯形和锥形两类。因与预制柱连接的部分做成杯口，故又称为杯形基础［见图 8－28（a）］。当由于地质条件限制或附近有较深的设备基础或有地坑必须把基础埋得较深时，为了不使预制柱过长，可做成带短柱的扩展基础。它由杯口、短柱和底板组成，因为杯口位置较高，故亦称高杯口基础［见图 8－28（b）］。当短柱很高时，为节约材料也可做成空腹的，即用四根预制柱代替，而在其上浇筑杯底和杯口［见图 8－28（c）］。

为减少现场浇筑混凝土工程量，节约模板加快施工进度，亦可采用半装配式的板肋式基础，即将杯口和肋板预制，在现场与底板浇筑成整体［见图 8-28（d）］。

在实际工程中，还有采用所示壳体基础的。它适用于偏心距较小的柱下基础，也常用于烟囱、水塔和料仓等构筑物的基础［见图 8-28（e）、（f）］。

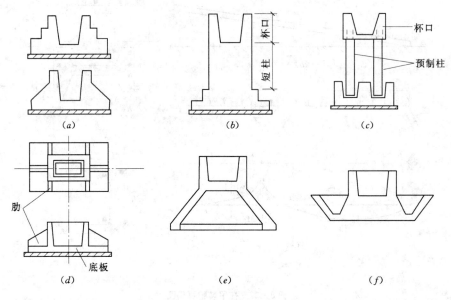

图 8-28 基础的形式

当上部结构荷载大，地基条件差，对不均匀沉降要求严格的厂房，一般采用桩基础。下面仅对预制柱带杯口的柱下独立基础设计作介绍，现浇柱的柱下独立基础设计计算方法与此相同，只是在构造上有所差别。

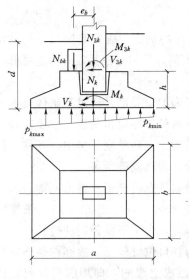

图 8-29 基底外形尺寸计算图示

（二）基础埋深的确定

基础埋置深度 d 是指基础底面至天然地面的距离（见图 8-29）。

选择基础埋置深度也即选择合适的地基持力层。基础埋置深度的大小对于建筑物的安全和正常使用、基础施工技术措施、加工工期和工程造价等影响很大，因此，合理确定基础埋置深度是基础设计工作中的重要环节。设计时必须综合考虑建筑物自身条件（如使用条件、结构形式、荷载的大小和性质等）以及所处的地质条件、气候条件、邻近建筑的影响等。从实际出发，抓住决定性因素，经综合分析后加以确定。

（三）确定基底的外形尺寸（见图 8-29）

在内力组合时，已获得排架柱传来的作用于基顶 3-3 截面的荷载效应的标准组合值（简称内力标准值）M_{3k}、N_{3k}、V_{3k}。对于设有基础梁的情况，尚应考虑出

基础梁传来的轴向力 N_{bk} 和相应的偏心距 e_b。于是作用在基底面的荷载（内力）标准值为

$$
\left.
\begin{aligned}
M_k &= M_{3k} + N_{bk}e_b + V_{3k}h \\
N_k &= N_{3k} + N_{bk} \\
V_k &= V_{3k}
\end{aligned}
\right\}
\tag{8-29}
$$

由于柱传来的内力有多组，故作用于基础顶面的荷载（内力）也有多组，应选最不利者进行设计，或选择轴力最大的内力组合确定基础底面尺寸，然后对其他组内力进行验算。

1. 求基础底面面积

$$
A = ab = \frac{(1.1 \sim 1.4)N_{k\max}}{f_a - \gamma_G d}
\tag{8-30}
$$

式中：$N_{k\max}$ 为基础底面相应于标准组合时，最大轴力值；f_a 为经基础宽度和埋深修正后的地基承载力特征值；γ_G 为基础和回填土的平均重度，一般取 $20\mathrm{kN/m^2}$，地下水位以下取 $10\mathrm{kN/m^2}$；a、b 分别为基底的长边、短边尺寸；式中的系数，对于中柱基础可取 $1.1 \sim 1.2$，对于边柱基础可取 $1.2 \sim 1.4$。

2. 确定基础底面边长尺寸

对于边柱基础 $\beta = a/b = 1.2 \sim 2.0$。对于中柱基础 $\beta = a/b = 1.0 \sim 1.2$。根据式(8-30)确定的 A 值，可假定 b 值，利用 $a = \beta b$ 来确定 a 值。若不合适则重新调整，直到满意为止。

3. 验算地基的承载力

在偏心荷载作用下，地基承载力应符合下式要求：

$$
p_k \leqslant f_a
\tag{8-31}
$$

$$
p_{k\max} \leqslant 1.2 f_a
\tag{8-32}
$$

其中

$$
p_k = \frac{p_{k\max} + p_{k\min}}{2}
$$

式中：p_k 为相应于荷载效应标准组合时，基础底面处的平均压应力值；$p_{k\max}$ 为相应于荷载效应标准组合时，基础底面边缘处的最大压应力值；f_a 为经基础宽度和埋深修正后的地基承载力特征值。

在偏心荷载作用下（见图 8-29），$p_{k\max}$、$p_{k\min}$ 按下式计算：

$$
\begin{aligned}
p_{k\max} \\
p_{k\min}
\end{aligned}
= \frac{N_k + G_k}{A} \pm \frac{M_k}{W} = \frac{N_k + G_k}{ab}\left(1 \pm \frac{6e_k}{a}\right)
\tag{8-33}
$$

其中

$$
e_k = \frac{M_k}{N_k + G_k}
$$

$$
G_k = A\gamma_G d
$$

$$
W = \frac{1}{6}ba^2
$$

式中：W 为基础底面的抵抗矩。

当 $p_{k\min} < 0$ 或 $e_k > a/6$ 时，有

$$
p_{k\min} = \frac{2(F_k + G_k)}{3bK}
\tag{8-34}
$$

其中

$$
K = (a/2) - e_k
$$

式中：K 为偏心荷载作用点至最大压力 p_{kmax} 作用边缘的距离。

说明：计算出偏心荷载作用下的 p_{kmax}，p_k 应满足式（8-34）和式（8-35）的要求。若太大或太小，可调整基础底面的长度或宽度再验算，反复一至二次，便能确定出合适的基础底面尺寸。当 p_{kmax}、p_{kmin} 相差过大时，则容易引起基础的倾斜，因此，p_{kmax}、p_{kmin} 相差不宜过于悬殊。一般认为，在高、中压缩性地基土上的基础，或有吊车的厂房柱基础，偏心距 e_k 不宜大于 $a/6$（相当于 $p_{kmin} \geqslant 0$）；对于低压缩性地基土上的基础，当考虑荷载作用效应的标准组合时，对偏心距 e_k 的要求可适当放宽。但也应控制在 $a/4$ 以内。若上述条件不能满足时，则应调整基础底面尺寸，使基础底面形心与荷载重心尽量重合。

（四）地基变形验算

根据地基的复杂程度、建筑物规模和功能特征以及由于地基问题可能造成建筑物破坏或影响正常使用的程度，《建筑地基基础设计规范》（GB 50007—2011）将地基基础设计分为甲级、乙级和丙级三个设计等级。对于场地和地基条件简单、荷载分布均匀的七层及七层以下的民用建筑及一般工业建筑；次要的轻型建筑定为丙级。对于一般的单层工业厂房可按丙级建筑考虑。《建筑地基基础设计规范》（GB 50007—2011）给出了可不作地基变形计算设计等级为丙级的建筑物范围，对于单层排架结构见表 8-15。但对于一些特殊情况，如单层厂房体型复杂、地基土层分布不均匀等情况〔详见《建筑地基基础设计规范》（GB 50007—2011）〕，需要进行地基变形验算。

表 8-15　可不作地基变形计算设计等级为丙级的单层排架结构范围

地基主要受力层情况	地基承载力特征值 f_{ak}（kPa）		$80 \leqslant f_{ak} < 100$	$100 \leqslant f_{ak} < 130$	$130 \leqslant f_{ak} < 160$	$160 \leqslant f_{ak} < 200$	$200 \leqslant f_{ak} < 300$
单层排架结构（6m柱距）	各土层坡度（%）		$\leqslant 5$	$\leqslant 10$	$\leqslant 10$	$\leqslant 10$	$\leqslant 10$
	单跨	吊车起重量（t）	10~15	15~20	20~30	30~50	50~100
		厂房跨度（m）	$\leqslant 18$	$\leqslant 24$	$\leqslant 30$	$\leqslant 30$	$\leqslant 30$
	多跨	吊车起重量（t）	5~10	10~15	15~20	20~30	30~75
		厂房跨度（m）	$\leqslant 18$	$\leqslant 24$	$\leqslant 30$	$\leqslant 30$	$\leqslant 30$

注　1. 地基主要受力层系指条形基础底面下 $3b$（b 为基础底面宽度），独立基础下为 $1.5b$，且厚度均不小于 5m 的范围。
　　2. 表中的吊车起重量是指最大值。

当不满足上述的要求时，需要进行地基的变形验算，满足下式要求：

$$s \leqslant [s] \tag{8-35}$$

式中：s 为地基变形计算值，按《建筑地基基础设计规范》（GB 50007—2011）所给出的方法计算，注意，传至基础上的荷载应按正常使用极限状态下荷载效应的准永久组合，且不计风荷载和地震作用；$[s]$ 为地基变形允许值，对于中、低压缩性土为 120mm，高压缩性土为 200mm，当验算不满足要求时，需要调整基础底面尺寸。

（五）基础高度确定

确定了基础底面尺寸后，先按构造要求估计基础高度，再按抗冲切和抗剪承载力的要求验算基础高度尺寸。

1. 柱下独立基础受冲切承载力验算

验算的位置取柱与基础交接处和基础的变阶处。如图 8-30 所示。基础高度的验算用柱底按荷载的基本组合所求出的内力进行设计，应满足下式要求：

$$F_l \leqslant 0.7\beta_{hp}f_t b_m h_0 \qquad (8-36)$$

$$F_l = p_j A_l \qquad (8-37)$$

$$b_m = \frac{b_t + b_b}{2} \qquad (8-38)$$

$$p_j = p_{n\max} = \frac{N}{A} + \frac{(M+Vh)}{W}$$

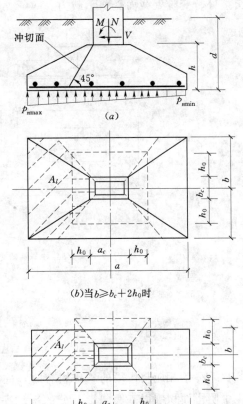

(b)当 $b \geqslant b_c + 2h_0$ 时

(c)当 $b < b_c + 2h_0$ 时

图 8-30　偏心受压基础底板厚度确定

式中：β_{hp} 为受冲切承载力截面高度影响系数，当 $h \leqslant 800$mm 时取 $\beta_{hp} = 1.0$，当 $h \geqslant 2000$mm 时取 $\beta_{hp} = 0.9$，h 取中间值时 β_{hp} 按线性内插法取用；b_m 为冲切破坏锥体截面的上边长 b_t 与下边长 b_b 的平均值；b_t 为冲切破坏锥体斜截面的上边长，当计算柱与基础交接处的冲切承载力时取柱宽，当计算基础变阶处的冲切承载力时取上阶宽；b_b 为冲切破坏锥体斜截面的下边长，当计算柱与基础交接处的冲切承载力时取柱宽加 2 倍该处基础有效高度，当计算基础变阶处的冲切承载力时取上阶宽加 2 倍该处的基础有效高度，当 $b < b_c + 2h_0$ 时取 $b_b = b$；h_0 为基础冲切破坏锥体的有效高度，柱与基础交接处取 $h_{0\text{I}}$，变阶处取 $h_{0\text{II}}$；A_l 为计算冲切荷载时取用的面积（见图 8-30），p_j 为在荷载基本组合下基础底面单位面积上土的净反力设计值（扣除基础及回填土的自重），当为偏心荷载时，可取用地基土最大净反力；N、M、V 分别为在荷载基本组合下基础顶面轴力、弯矩、剪力设计值。

当 $b > b_c + 2h_0$ 时 [见图 8-30 (b)]：

$$A_l = \left(\frac{a}{2} - \frac{a_c}{2} - h_0\right)b - \left(\frac{b}{2} - \frac{b_c}{2} - h_0\right)^2$$

当 $b < b_c + 2h_0$ 时 [见图 8-30 (c)]：

$$A_l = \left(\frac{a}{2} - \frac{a_c}{2} - h_0\right)b$$

当不满足要求时，则要调整基础的高度直至满足要求。当基础底面位于冲切破坏锥体的底面以内时，可不进行抗冲切承载力计算。

2. 柱下独立基础受剪承载力验算

当基础底面短边尺寸小于或等于柱宽加两倍基础有效高度时，应按下式验算柱与基础交接处、变阶处截面受剪承载力。

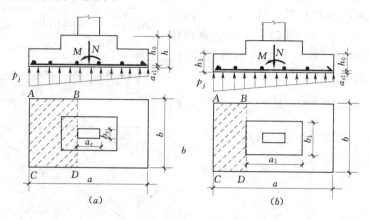

图 8 - 31 验算阶形基础受剪承载力示意
(a) 柱与基础交接处；(b) 基础变阶处

$$V_s \leqslant 0.7\beta_{hs}f_tA_0 \tag{8-39}$$

$$\beta_{hs} = (800/h_0)^{1/4} \tag{8-40}$$

$$A_0 = b_0 h_0$$

式中：V_s 为相应与作用的基本组合时，柱与基础交接处或变阶处剪力设计值，kN，图 8-31 中阴影面积乘以基底阴影部分的平均净反力；β_{hs} 为受剪承载力截面高度影响系数，当 $h_0 < 800\text{mm}$ 时取 $h_0 = 800\text{mm}$；当 $h_0 > 2000\text{mm}$ 时，取 $h_0 = 2000\text{mm}$；f_t 为混凝土抗拉强度设计值，N/mm²；A_0 为验算截面处基础的有效截面面积，m²，当验算截面为阶形或锥形时，可将其截面折算成矩形截面，截面的折算宽度和截面的有效高度按本节第（六）部分计算。

（六）阶梯形及锥形柱下独立基础斜截面受剪计算及最小配筋率验算时的截面计算宽度及有效高度

1. 阶形基础（见图 8-32）

（1）计算变阶处截面 A_1—A_1 斜截面受剪承载力及最小配筋率验算、B_1—B_1 最小配筋率验算时，截面有效高度均为 h_{01}，截面计算宽度分别为 b_{y1} 和 b_{y2}。

（2）计算柱边截面 A_2—A_2 斜截面受剪承载力及最小配筋率验算、B_2—B_2 最小配筋率验算时，截面有效高度均为 $h_{01} + h_{02}$，截面计算宽度按下式计算：

对于截面 A_2—A_2：

$$b_{y0} = \frac{b_{y1}h_{01} + b_{y2}h_{02}}{h_{01} + h_{02}} \tag{8-41}$$

对于截面 B_2—B_2：

$$b_{x0} = \frac{b_{x1}h_{01} + b_{x2}h_{02}}{h_{01} + h_{02}} \tag{8-42}$$

2. 锥形基础（见图 8-33）

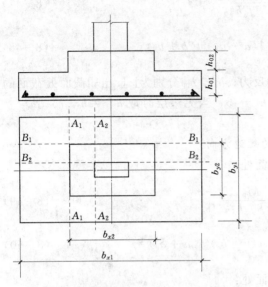

图 8-32　阶形基础截面计算宽度及有效高度

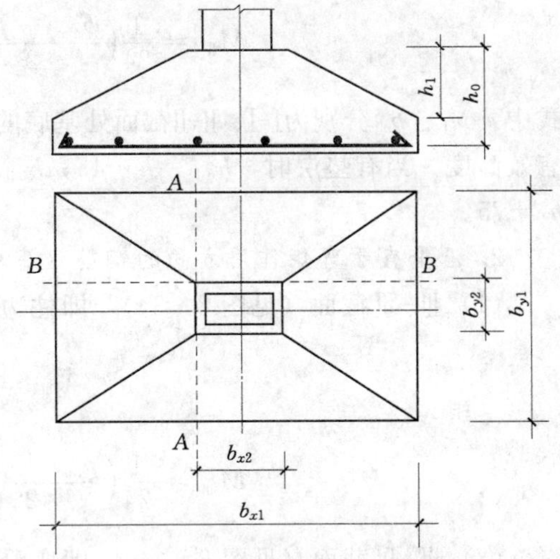

图 8-33　锥形基础截面计算宽度及有效高度

计算柱边截面 A—A 斜截面受剪承载力及最小配筋率验算、B—B 最小配筋率验算时，截面有效高度均为 h_0，截面计算宽度按下式计算：

对于截面 A—A：

$$b_{y0} = \left[1 - 0.5 \frac{h_1}{h_0} \left(1 - \frac{b_{y2}}{b_{y1}}\right)\right] b_{y1} \qquad (8-43)$$

对于截面 B—B：

$$b_{x0} = \left[1 - 0.5 \frac{h_1}{h_0} \left(1 - \frac{b_{x2}}{b_{x1}}\right)\right] b_{x1} \qquad (8-44)$$

（七）基础底板的配筋计算

基础底板在地基净反力作用下，沿两个方向产生向上的弯曲，因此，需要基础底板在两个方向都需要配置受力钢筋（见图 8-34）。

1. 沿弯矩作用方向的受力钢筋（基础的长边方向）

（1）Ⅰ-Ⅰ截面（见图 8-34），即柱的边缘处：

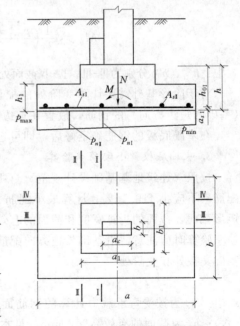

图 8-34　基础底板配筋计算简图

$$A_{s\text{Ⅰ}} = \frac{M_\text{Ⅰ}}{0.9 f_y h_{0\text{Ⅰ}}} \qquad (8-45)$$

$$M_\text{Ⅰ} = \frac{1}{24} \left(\frac{p_{\max} + p_{n\text{Ⅰ}}}{2}\right) (a - a_c)^2 (2b + b_c) \qquad (8-46)$$

（2）Ⅱ-Ⅱ截面（见图 8-34），即变阶截面处：

$$A_{s\text{II}} = \frac{M_{\text{II}}}{0.9f_y h_{0\text{II}}} \qquad (8-47)$$

$$M_{\text{II}} = \frac{1}{24}\left(\frac{p_{\max} + p_{n\text{II}}}{2}\right)(a - a_1)^2(2b + b_1) \qquad (8-48)$$

式中：$p_{n\text{I}}$、$p_{n\text{II}}$ 分别为 I-I、II-II 截面处基底的净反力；$h_{0\text{I}}$、$h_{0\text{II}}$ 分别为 I-I、II-II 截面处截面的有效高度，当有垫层时，$h_{0\text{I}} = h - 45$，$h_{0\text{II}} = h_1 - 45$，当无垫层时取 $h_{0\text{I}} = h - 75$、$h_{0\text{II}} = h_1 - 75$。

2. 沿垂直于弯矩作用方向的钢筋（基础的短边方向）

（1）III-III 截面（见图 8-34），即柱边截面处：

$$A_{s\text{III}} = \frac{M_{\text{III}}}{0.9f_y h_{0\text{III}}} \qquad (8-49)$$

$$M_{\text{III}} = \frac{1}{24}\left(\frac{p_{\max} + p_{\min}}{2}\right)(b - b_c)^2(2a + a_c) \qquad (8-50)$$

（2）IV-IV 截面（见图 8-34），即变阶截面处：

$$A_{s\text{IV}} = \frac{M_{\text{IV}}}{0.9f_y h_{0\text{IV}}} \qquad (8-51)$$

$$M_{\text{IV}} = \frac{1}{24}\left(\frac{p_{\max} + p_{\min}}{2}\right)(b - b_1)^2(2a + a_1) \qquad (8-52)$$

式中：$h_{0\text{III}}$、$h_{0\text{IV}}$ 分别为 III-III、IV-IV 截面处截面的有效高度，$h_{0\text{III}} = h_{0\text{I}} - 10$，$h_{0\text{IV}} = h_{0\text{II}} - 10$。

对于阶形基础需要计算变阶处的配筋，按计算出的较大者配置垂直于弯矩作用方向（基础的短边方向）的钢筋，放置在长边方向的钢筋上面。

在基础底板的钢筋确定好后，即可选择合适的钢筋直径和间距。

3. 基础底板最小配筋率验算

按照《建筑地基基础设计规范》（GB 50007—2011）的规定，基础底板受力钢筋最小配筋率不应小于 0.15%。计算最小配筋率时，对于阶形或锥形基础截面，可将其折算成矩形截面，截面的折算宽度和截面的有效高度按本节第（六）部分计算。基础底板最小配筋率验算时应注意：沿基础长边方向配筋和短边方向配筋均需进行验算，验算截面取柱与基础交接处和变阶处。

$$A_s \geqslant 0.15\% b_0 h_0 \qquad (8-53)$$

式中：A_s 为按受弯承载力计算的钢筋面积，mm^2；b_0 为截面的折算宽度，mm，见本节（六）；h_0 为截面的有效高度，mm，见本节第（六）部分。

（八）柱下独立基础的构造要求

1. 一般构造要求

轴心受压基础的底面一般采用正方形。偏心受压基础的底面应采用矩形，长边与弯矩作用方向平行，长、短边长的比值在 1.5~2.0，不应超过 3.0。

锥形基础的边缘高度不宜小于 200mm，且两个方向的坡度不宜大于 1:3；阶形基础的每阶高度宜为（300~500）mm。

基础混凝土强度等级不应低于 C20。基础下通常要做素混凝土垫层，垫层混凝土强度等级不宜低于 C10。垫层厚度不宜小于 70mm，一般采用 100mm，垫层面积比基础底面积大，通常每端伸出基础边 100mm。

底板受力钢筋一般采用 HRB335 或 HPB300 级钢筋，基础受力钢筋应满足最小配筋率 0.15% 的要求。底板受力钢筋最小直径应小于 10mm，间距不应大于 200mm，也不应小于 100mm。当有垫层时，受力钢筋的保护层厚度不小于 40mm，无垫层时不小于 70mm。

基础底板的边长大于 2.5m 时，底板受力钢筋长度可取边长的 0.9 倍，但应交错布置。

对于现浇柱基础，如与柱不同时浇灌，其插筋的根数与直径应与柱内纵向受力钢筋相同。插筋的锚固及与柱的纵向受力钢筋的搭接长度，应符合《混凝土结构设计规范》(50010—2010) 的规定。

2. 预制基础的杯口形式和柱的插入深度

当预制柱的截面为矩形及工字形时，柱基础常采用单杯口形式，杯口的构造如图 8-35 所示。当为双肢柱或变形缝处的双柱时，可采取双杯口，也可采用单杯口形式，详见有关资料。

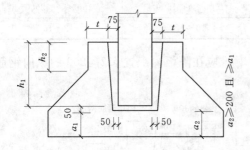 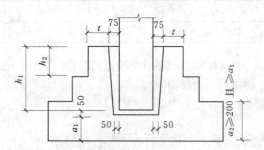

图 8-35　预制柱基础的杯口构造

预制柱插入基础杯口应有足够的深度，使柱可靠地嵌固在基础中，插入深度 h_1 应满足表 8-16 的要求，同时 h_1 还应满足柱纵向受力钢筋锚固长度的要求和柱吊装时稳定性的要求，即应使 $h_1 > 0.05$ 倍柱长（指吊装时的柱长）。

表 8-16　　　　　　　　　柱 的 插 入 深 度 h_1

矩 形 或 工 字 形 柱				双肢柱
$h < 500$	$500 \leqslant h < 800$	$800 \leqslant h \leqslant 1000$	$h > 1000$	
$h \sim 1.2h$	h	$0.9h$	$0.8h$	$(1/2 \sim 1/3)h_a$
		$\geqslant 800$	$\geqslant 1000$	$(1.5 \sim 1.8)h_b$

注　1. h 为柱截面长边尺寸；h_a 为双肢柱整个截面长边尺寸；h_b 为双肢柱整个截面短边尺寸。
　　2. 柱轴心受压或小偏心受压时，h_1 可适当减少，偏心距大于 $2h$（或 $2d$）时，h_1 可适当增大。

基础的杯底厚度 a_1 和杯壁厚度 t 可按表 8-17 选用。

表 8 - 17　　　　　　　　　　　　基础的杯底厚度和杯壁厚度

柱截面长边尺寸 h（mm）	杯底厚度 a_1（mm）	杯壁厚度 t（mm）	柱截面长边尺寸 h（mm）	杯底厚度 a_1（mm）	杯壁厚度 t（mm）
$h<500$	≥150	150～200	$1000≤h<1500$	≥250	≥350
$500≤h<800$	≥200	≥200	$1500≤h<2000$	≥300	≥400
$800≤h<1000$	≥200	≥300			

注　1. 双肢柱的杯底厚度值，可适当增大。

2. 当有基础梁时，基础梁下的杯壁厚度，应满足其支承宽度要求。

3. 柱子插入杯口部分的表面应凿毛，柱子与杯口之间的空隙，应用比基础混凝土强度等级高一级的细石混凝土充填密实，当达到材料强度设计值的70％以上时，方能进行上部结构的吊装。

3. 无短柱基础杯口的配筋构造

当柱为轴心或小偏心受压且 $t/h_2≥0.65$ 时，或大偏心受压且 $t/h_2≥0.75$ 时，杯壁可不配筋；当柱为轴心或小偏心受压且 $0.5≤t/h_2<0.65$ 时，杯壁可按表 8 - 18 的要求构造配筋，钢筋置于杯口顶部，每边两根，如图 8 - 36（a）所示；在其他情况下，应按计算配筋。

表 8 - 18　　　　　　　　　　　　杯 壁 构 造 配 筋

柱截面长边尺寸 h(mm)	$h<1000$	$1000≤h<1500$	$1500≤h<2000$
钢筋直径（mm）	8～10	10～12	12～16

当双杯口基础的中间隔板宽度小于 400mm 时，应在隔板内配置 $\phi12@200$ 的纵向钢筋和 $\phi8@300$ 的横向钢筋，如图 8 - 36（b）所示。

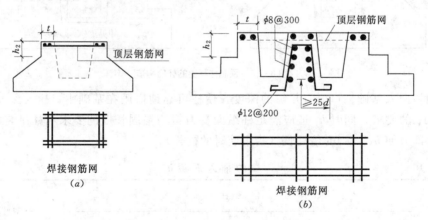

图 8 - 36　无短柱基础的杯口配筋构造

第三节　设 计 例 题

一、设计资料

(一) 设计题目

某金属装配车间双跨等高厂房。

(二) 设计内容

(1) 计算排架所受的各项荷载。

(2) 计算各种荷载作用下的排架内力（对于吊车荷载不考虑厂房的空间作用）。

(3) 柱及牛腿设计，柱下独立基础设计。

(4) 绘施工图：柱模板图和配筋图，基础模板图和配筋图。

(三) 设计资料

金属结构车间为两跨厂房，跨度均为 24m，厂房总长为 54m，柱距为 6m，轨顶标高为 8.0m。厂房剖面如图 8-37 所示。

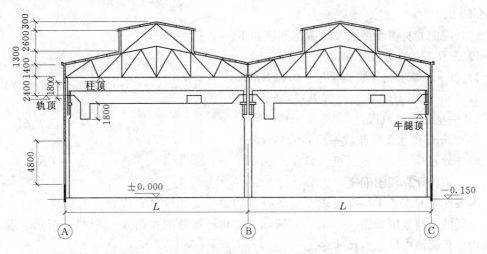

图 8-37　双跨单层厂房剖面图

(1) 厂房每跨内设两台吊车，A4 级工作制，吊车的有关参数如表 8-19 所示。

表 8-19 　　　　　　　　　　　　**吊 车 的 有 关 参 数**

吊车位置	起重量 (kN)	桥跨 L_K (m)	小车重 G (kN)	最大轮压 p_{maxk} (kN)	大车轮距 K (m)	大车宽 B (m)	轨顶以上高度 H (m)	吊车总重 (kN)
左跨（AB 跨）吊车	300/50	22.5	118	290	4.8	6.15	2.6	420
右跨（BC 跨）吊车	200/50	22.5	78	215	4.4	5.55	2.3	320

(2) 建设地点为东北某城市，基本雪压 0.35kN/m²，雪荷载准永久值系数分区分 I 区。基本风压 0.55kN/m²，冻结深度 1.8m。

(3) 厂区自然地坪下 0.8m 为回填土，回填土的下层 8m 为均匀黏性土，地基承载力特征值 f_a＝240kPa，土的天然重度为 17.5kN/m³，土质分布均匀。下层为粗砂土，地基承载力特征值 f_a＝350kPa，地下水位为 −5.5m。

厂房标准构件选用及荷载标准值如下：

1) 屋架采用跨度为 24m 梯形钢屋架，按《建筑结构荷载规范》（GB 50009—2012）屋架自重标准值（包括支撑）：0.12＋0.011L（L 为跨度，以 m 计），单位为 kN/m²。

2) 吊车梁选用钢筋混凝土等截面吊车梁，梁高 900mm，梁宽 300mm，自重标准值

39kN/根，轨道及零件自重 0.8kN/m，轨道及垫层构造高度 200mm。

3) 天窗采用矩形纵向天窗，每榀天窗架每侧传给屋架的竖向荷载为 34kN（包括自重，侧板，窗扇支撑等自重）。

4) 天沟板自重标准值为 2.02kN/m。

5) 围护墙采用 240mm 厚面粉刷墙，自重 5.24kN/m²。钢窗：自重 0.45kN/m²，窗宽 4.0m，窗高见剖面图（见图 8-37）。围护墙直接支撑于基础梁上，基础梁截面为 240mm×450mm。基础梁自重 2.7kN/m。

（4）材料：混凝土强度等级为 C25，柱的纵向钢筋采用 HRB335 级，其余钢筋采用 HPB300 级。

（5）屋面卷材防水做法及荷载标准值如下：

1) 三毡四油防水层上铺小石子：0.4kN/m²。

2) 25mm 厚水泥砂浆找平层：0.5kN/m²。

3) 100mm 厚珍珠岩制品保温层：0.4kN/m²。

4) 一毡二油隔汽层：0.05kN/m²。

5) 25mm 厚水泥砂浆找平层：0.5kN/m²。

6) 6m 预应力大型屋面板：1.4kN/m²。

二、结构计算简图确定

本装配车间工艺无特殊要求，荷载分布均匀。故选取具有代表性的排架进行结构设计。排架的负荷范围如图 8-38（a）所示，结构计算简图如图 8-38（b）所示。下面确定结构计算简图中的几何尺寸。

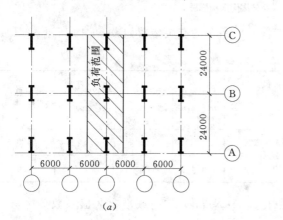 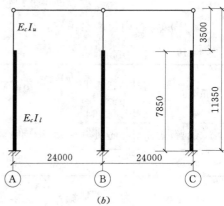

图 8-38　结构计算简图

（一）排架柱的高度

1. 基础的埋置深度及基础高度

考虑冻结深度及回填土层，选取基础底面至室外地面为 1.8m。初步估计基础的高度为 1.0m。则基础顶面标高为 -0.95m。

2. 牛腿顶面标高确定

轨顶标高为 +8.0m，吊车梁高为 0.9m，轨道及垫层高度为 0.2m。因此，牛腿顶标高为 8.0−0.9−0.2＝6.9（m）。符合 300 的模数（允许有±200mm 的偏差）。

3. 上柱顶标高的确定

如图 8−38 所示，上柱顶距轨顶 2.4m，则上柱顶的标高为 10.4m。

4. 计算简图中上柱和下柱的高度尺寸确定

上柱高为 $H_u = 10.4 − 6.9 = 3.5(m)$

下柱高为 $H_l = 6.9 + 0.95 = 7.85(m)$

柱的总高度为 $H = 11.35m$

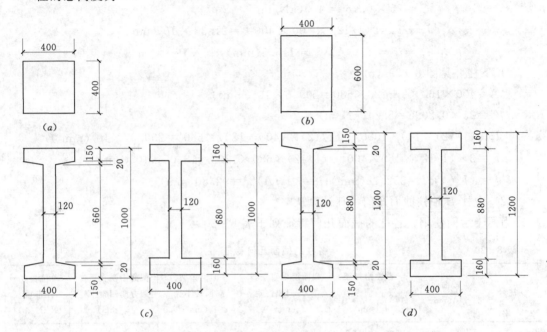

图 8−39 柱的截面详图

(a) A、C 轴柱详图；(b) B 轴柱详图；(c) A、C 轴下柱计算简图；(d) B 轴下柱计算简图

5. 柱截面确定

上柱选矩形截面，下柱选工字形截面。

由表 8−2 确定柱的截面尺寸，并考虑构造要求。

(1) 对于下柱截面高度 h：由于下柱高 $H_l = 7.85m$，吊车梁及轨道构造高度为 1.1m，因此，基础顶至吊车梁顶的高度 $H_k = 7.85 + 1.1 = 8.95$（m）。

1) 下柱截面高度 $h \geqslant H_k/9 = 8.95/9 = 0.994$（m）。

2) 下柱截面宽度 $B \geqslant H_l/20 = 7.85/20 = 0.3925$（m），并且 $B \geqslant 400mm$。

(2) 对于上柱截面主要考虑构造要求，一般截面尺寸不小于 400mm×400mm。

(3) 对于本设计边柱，即 A、C 轴柱 [见图 8−39 (a)]：

1) 上柱取 400mm×400mm。

2) 下柱取 400mm×1000mm×120mm。

(4) 对于本设计中柱，即 B 轴柱 [见图 8−39 (b)]：

1) 上柱取 400mm×600mm。

2）下柱取 400mm×1200mm×120mm。

6. 截面几何特征和柱的自重计算

截面几何特征包括：截面面积 A，排架方向惯性矩 I_x 和回转半径 i_x，垂直于排架方向惯性矩 I_y 和回转半径 i_y，单位长度柱的自重用 G 表示。

（1）A、C 轴柱截面几何特征。

1）上柱 ［见图 8-39（a）］：

$$A = 400 \times 400 = 160 \times 10^3 (\text{mm}^2)$$

$$G = 25 \times 0.16 = 4.0 (\text{kN/m})$$

$$I_x = I_y = (1/12) \times 400 \times 400^3 = 21.33 \times 10^8 (\text{mm}^4)$$

$$i_x = i_y = (I_x/A)^{1/2} = 115.5 (\text{mm})$$

2）下柱 ［见图 8-39（c）］：

$$A = 400 \times 160 \times 2 + 120 \times 680 = 209.6 \times 10^3 (\text{mm}^2)$$

$$G = 25 \times 0.2096 = 5.24 (\text{kN/m})$$

$$I_x = (1/12) \times 400 \times 1000^3 - (1/12) \times (400 - 120) \times 680^3 = 259.97 \times 10^8 (\text{mm}^4)$$

$$I_y = 2 \times (1/12) \times 160 \times 400^3 + (1/12) \times 680 \times 120^3 = 18.05 \times 10^8 (\text{mm}^4)$$

$$i_x = (I_x/A)^{1/2} = 352.18 (\text{mm}); i_y = (I_y/A)^{1/2} = 92.80 (\text{mm})$$

（2）中柱 B 轴柱截面几何特征计算从略

为便于后面使用，各柱的截面几何特征列于表 8-20。

表 8-20 各柱的截面几何特征

柱号	截面面积 $A(\text{mm}^2)$	截面沿排架方向惯性矩 $I_x(\text{mm}^4)$	截面沿垂直于排架方向惯性矩 $I_y(\text{mm}^4)$	截面沿排架方向回转半径 $i_x(\text{mm})$	截面沿垂直于排架方向回转半径 $i_y(\text{mm})$	单位长度柱自重 $G(\text{kN/m})$
A、C 上柱	160×10^3	21.33×10^8	21.33×10^8	115.5	115.5	4.0
A、C 下柱	209.6×10^3	259.97×10^8	18.05×10^8	352.18	92.80	5.24
B 上柱	240×10^3	72×10^8	32×10^8	173.2	115.5	6.0
B 下柱	233.6×10^3	416.99×10^8	18.33×10^8	422.5	88.58	5.83

三、荷载计算与计算简图的确定

（一）恒荷载（永久荷载）标准值与计算简图的确定

1. 屋盖结构自重标准值（G_{1k}）

屋面均布荷载汇集：

三毡四油防水层上铺小石子：	0.4kN/m²
25mm 厚水泥砂浆找平层：	0.5kN/m²
100mm 厚珍珠岩制品保温层：	0.4kN/m²
一毡二油隔汽层：	0.05kN/m²
25 厚水泥砂浆找平层：	0.5kN/m²
6m 预应力大型屋面板：	1.4kN/m²

屋架自重标准值（包括支撑）：

$$0.12+0.011L=0.12+0.011\times24=0.384\ (\text{kN/m}^2)$$

合计：

$$3.634\ (\text{kN/m}^2)$$

屋盖结构自重由屋架传给排架柱的柱顶 G_{1k} 按负荷范围计算：

屋面结构传来：

$$3.634\times6\times24\times0.5=261.65\ (\text{kN})$$

天窗架传来：

$$34\text{kN}$$

天沟板传来：

$$2.02\times6=12.12\ (\text{kN})$$

合计：

$$G_{1k}=307.77\text{kN}$$

对于 A、C 轴柱：

$$G_{1Ak}=G_{1Ck}=307.77(\text{kN})$$

对柱顶的偏心距为

$$e_{1A}=e_{1C}=200-150=50(\text{mm})$$

如图 8-40（a）所示。

对于中柱：

$$
\begin{aligned}
G_{1Bk}&=2G'_{1Bk}\\
&=2\times307.77\\
&=615.54(\text{kN})
\end{aligned}
$$

对柱顶的偏心距为

$$e_{1B}=0$$

如图 8-40（b）所示。

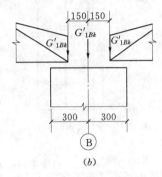

图 8-40　各柱 G_{1k} 作用位置

2. 上柱自重 G_{2k}（见图 8-41）

对于边柱（A、C 轴柱）：

$$G_{2Ak}=G_{2Ck}=4\times3.5=14(\text{kN})$$

其偏心距为

$$e_{2A}=e_{2C}=500-200=300(\text{mm})$$

对于中柱（B 轴柱）：

$$G_{2Bk}=6\times3.5=21(\text{kN})$$

其偏心距为

$$e_{2B}=0$$

3. 吊车梁、轨道与零件的自重 G_{3k}（见图 8-41）

边柱牛腿处：

$$G_{3Ak}=G_{3Ck}=39+0.8\times6=43.8(\text{kN})$$

其偏心距为

$$e_{3A}=e_{3C}=750-500=250(\text{mm})$$

对于中柱牛腿处：

$$G_{3Bk左}=G_{3Bk右}=43.8\text{kN}$$

其偏心距为

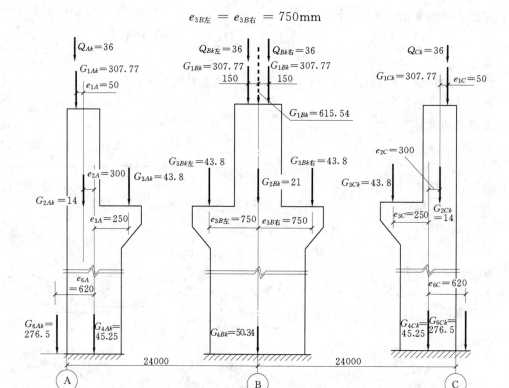

图 8 - 41　各永久荷载、活荷载的大小（kN）和作用位置（mm）

4. 下柱自重 G_{4k}（见图 8 - 41）

对于边柱：

$$G_{4Ak} = G_{4Ck} = 7.85 \times 5.24 \times 1.1 = 45.25 (\text{kN})$$

其偏心距为

$$e_{4A} = e_{4C} = 0$$

对于中柱：

$$G_{4Bk} = 7.85 \times 5.83 \times 1.1 = 50.34 (\text{kN})$$

其偏心距为

$$e_{4B} = 0$$

5. 连系梁、基础梁与上部墙体自重（G_{5k}、G_{6k}）（见图 8 - 41）

由于只在基础顶设置基础梁，因此，基础梁与上部墙体自重直接传给基础。故 G_{5k} = 0。

为了确定墙体的荷载，需要计算墙体的净高：基础顶标高为 -0.950m，轨顶标高 +8.00m。根据单层厂房剖面图（见图 8 - 37），檐口标高为 8+2.4+1.4 = +11.8（m），基础梁高 0.45m。因此，墙体净高为 11.8+0.95-0.45 = 12.3（m）。窗宽 4m，窗高 4.8+1.8m = 6.6（m）。

基础梁与上部墙体自重：

$$5.24 \times [12.3 \times 6 - 4 \times (4.8 + 1.8)] + 0.45 \times 4 \times (4.8 + 1.8) = 260.3 (\text{kN})$$

基础梁自重：

$$2.7 \times 6 = 16.2(\text{kN})$$

基础梁与上部墙体总自重：

$$G_{6Ak} = G_{6Ck} = 260.3 + 16.2 = 276.5(\text{kN})$$

这项荷载直接作用在基础顶面，对下柱中心线的偏心距为

$$e_{6A} = e_{6C} = 120 + 500 = 620(\text{mm})$$

中柱列没有围护墙，则

$$G_{6Bk} = 0$$

各永久荷载的大小和作用位置如图 8 - 41 所示。

6. 恒荷载（永久荷载）计算简图的确定方法

根据永久荷载作用点的位置，可以把永久荷载换算成对于截面形心位置的竖向力和偏心力矩。在竖向力作用下对排架结构只产生轴力，不需要对排架进行内力分析，只把轴力叠加即可。而在力矩作用下需要对排架进行内力分析。

注意：柱顶的偏心压力除了对柱顶存在偏心力矩外，由于边柱上下柱截面形心不重合，因此对下柱顶也存在偏心力矩。现把图 8 - 41 所示的排架结构在永久荷载作用下的计算简图介绍如下，对于其他的竖向荷载也采用相同的分析方法。

A、C 轴柱（边柱）各截面弯矩计算：

柱顶：

$$M_{1Ak} = M_{1Ck} = 307.77 \times 0.05 = 15.39(\text{kN} \cdot \text{m})$$

牛腿顶面：

$$M_{2Ak} = M_{2Ck} = (307.77 + 14) \times 0.3 - 43.8 \times 0.25 = 85.58(\text{kN} \cdot \text{m})$$

对于中柱，由于结构对称荷载对称，因此中柱不存在弯矩作用。

排架结构在永久荷载作用下的计算简图如图 8 - 42 所示。

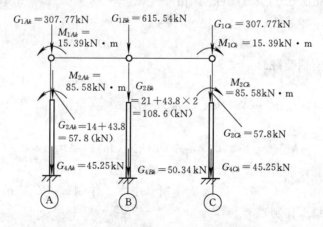

图 8 - 42 永久荷载作用下双跨排架的计算简图

（二）屋面活荷载标准值计算简图的确定

按《建筑结构荷载规范》（GB 50009—2012），屋面活荷载标准值为 0.5kN/m^2，屋面雪荷载为 0.35kN/m^2，不考虑积灰荷载，故仅按屋面活荷载计算。

由屋架传给排架柱的屋面活荷载标准值,按图 8 - 38 所示的负荷范围计算:

$$Q_{Ak} = Q_{Bk左} = Q_{Bk右} = Q_{Ck} = 0.5 \times 6 \times 24 \times 0.5 = 36(kN)$$

各 Q_k 的作用位置与相应柱顶各恒荷载的位置相同,如图 8 - 41 所示。

屋面活荷载作用下排架结构计算简图的确定(见图 8 - 43)如下。

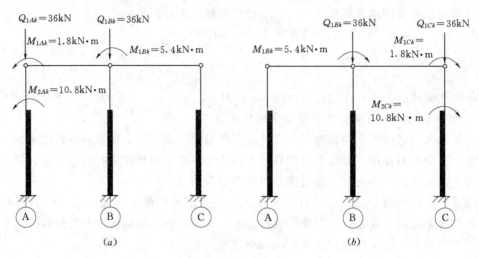

图 8 - 43 活荷载作用下双跨排架的计算简图
(a) AB 跨有活荷载作用;(b) BC 跨有活荷载作用

对于双跨单层厂房,应考虑各跨分别有屋面活荷载对结构所产生的影响。各柱顶、牛腿顶面弯矩计算方法与永久荷载相同。

AB 跨有活荷载时:

柱顶:

$$M_{1Ak} = 36 \times 0.05 = 1.8(kN \cdot m), \quad M_{1Bk} = 36 \times 0.15 = 5.4(kN \cdot m)$$

牛腿顶面:

$$M_{2Ak} = 36 \times 0.3 = 10.8(kN \cdot m), \quad M_{2Bk} = 0$$

同理,BC 跨有活荷载时:

柱顶:

$$M_{1Ck} = 36 \times 0.05 = 1.8(kN \cdot m), \quad M_{1Bk} = 36 \times 0.15 = 5.4(kN \cdot m)$$

牛腿顶面:

$$M_{2Ck} = 36 \times 0.3 = 10.8(kN \cdot m); \quad M_{2Bk} = 0$$

(三)吊车荷载标准值计算与计算简图的确定

AB 跨吊车为两台 300/50,A4 级工作制(中级工作制)。BC 跨吊车为两台 200/50,A4 级工作制(中级工作制)。

最小轮压计算:

AB 跨: $p_{mink} = \dfrac{G_{1k} + G_{2k} + G_{3k}}{2} - p_{maxk} = \dfrac{420 + 300}{2} - 290 = 70.0(kN)$

BC 跨: $p_{mink} = \dfrac{G_{1k} + G_{2k} + G_{3k}}{2} - p_{maxk} = \dfrac{320 + 200}{2} - 215 = 45.0(kN)$

1. 吊车对排架产生的竖向荷载 D_{maxk}、D_{mink} 的计算

吊车竖向荷载 D_{maxk}、D_{mink} 的计算，按每跨 2 台吊车同时工作且达到最大起重量考虑。按《建筑结构荷载规范》（GB 50009—2012）的规定，吊车荷载的折减系数为 $\beta=0.9$。吊车对排架产生的竖向荷载计算，利用吊车梁支座反力影响线求得。

AB 跨吊车对排架产生的竖向荷载 D_{maxk}、D_{mink} 的计算（见图 8-44）：

$$D_{maxk} = \beta p_{maxk} \sum y_i = 0.9 \times 290 \left(1 + \frac{1.2}{6} + \frac{4.65}{6}\right) = 515.48 \text{(kN)}$$

$$D_{mink} = \frac{p_{mink}}{p_{maxk}} D_{maxk} = \frac{70}{290} \times 515.48 = 124.43 \text{(kN)}$$

BC 跨吊车竖向荷载 D_{maxk}、D_{mink} 的计算（见图 8-45）：

$$D_{maxk} = \beta p_{maxk} \sum y_i = 0.9 \times 215 \left(1 + \frac{1.6}{6} + \frac{4.85}{6} + \frac{0.45}{6}\right) = 416.03 \text{(kN)}$$

$$D_{mink} = \frac{p_{mink}}{p_{maxk}} D_{maxk} = \frac{45.0}{215} \times 416.03 = 87.08 \text{(kN)}$$

吊车对排架产生的竖向荷载 D_{maxk}、D_{mink} 的作用位置与 G_3 作用位置相同。

2. 吊车对排架产生的水平荷载 T_{maxk} 的计算

吊车对排架产生的水平荷载 T_{maxk} 的计算，按每跨 2 台吊车同时工作且达到最大起重量考虑。按《建筑结构荷载规范》（GB 50009—2012）的规定，吊车荷载的折减系数为 $\beta=0.9$，吊车水平力系数 $\alpha=0.1$。吊车水平荷载的计算也可利用吊车竖向荷载计算时吊车梁支座反力影响线求得。各吊车水平荷载 T_{maxk} 作用在吊车梁顶面。

（1）AB 跨吊车对排架产生的水平荷载 T_{maxk}（见图 8-44）。

每个车轮传递的水平力的标准值：

$$T_k = \frac{1}{4} \alpha (G_{2k} + G_{3k}) = \frac{1}{4} \times 0.1 \times (118 + 300) = 10.45 \text{(kN)}$$

则 AB 跨的吊车传给排架的水平荷载标准值：

$$T_{maxk} = \frac{T}{p_{maxk}} D_{maxk} = \frac{10.45}{290} \times 515.48 = 18.58 \text{(kN)}$$

（2）BC 跨吊车对排架产生的水平荷载 T_{maxk}（见图 8-45）。

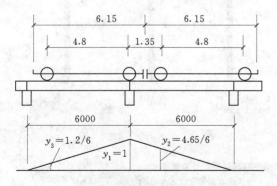

图 8-44　AB 跨吊车竖向荷载 D_{maxk}、D_{mink} 的计算

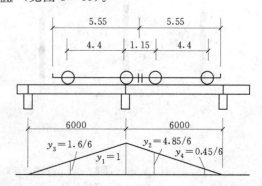

图 8-45　BC 跨吊车竖向荷载 D_{maxk}、D_{mink} 的计算

每个车轮传递的水平力的标准值：

$$T_k = \frac{1}{4}\alpha(G_{2k} + G_{3k}) = \frac{1}{4} \times 0.1 \times (78 + 200) = 6.95(\text{kN})$$

则 BC 跨的吊车传给排架的水平荷载标准值：

$$T_{\text{max}k} = \frac{T}{p_{\text{max}k}}D_{\text{max}k} = \frac{6.95}{215} \times 416.03 = 13.45(\text{kN})$$

3. 吊车荷载作用下排架结构计算简图的确定

吊车对排架产生的竖向荷载 $D_{\text{max}k}$、$D_{\text{min}k}$ 作用在吊车梁支座垫板中心处（同 G_3 作用点的位置），对下部柱都是偏心压力。其内力分析的方法同永久荷载作用，即把吊车的竖向荷载等效成对下柱的轴心压力和对下柱顶的力矩。结构分析时按两台吊车单独作用不同的跨内，考虑到 $D_{\text{max}k}$ 即可以发生在左柱又可以发生在右柱，因此在吊车竖向荷载作用下对于双跨厂房，当两跨均有吊车时，应考虑四种情况（见图 8-46）。在吊车水平荷载作用下，按两台吊车单独作用不同的跨内，考虑到 $T_{\text{max}k}$ 即可以向左又可以向右，在吊车水平荷载作用下双跨排架的计算简图应考虑四种情况（见图 8-47）。吊车对排架产生的水平荷载作用在吊车梁的顶面，即牛腿顶面上 0.9m 处。

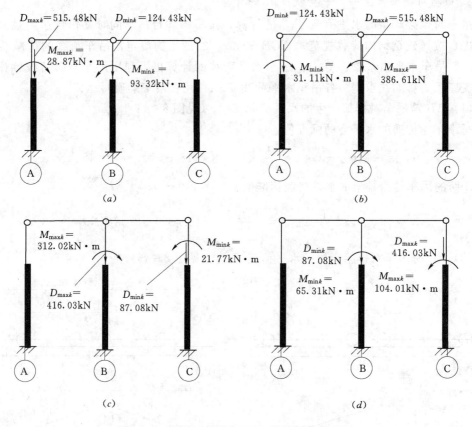

图 8-46 吊车竖向荷载作用下双跨排架的计算简图

(a) AB 跨有吊车 $D_{\text{max}k}$ 在 A 柱右；(b) AB 跨有吊车 $D_{\text{max}k}$ 在 B 柱左；
(c) BC 跨有吊车 $D_{\text{max}k}$ 在 B 柱右；(d) BC 跨有吊车 $D_{\text{max}k}$ 在 C 柱左

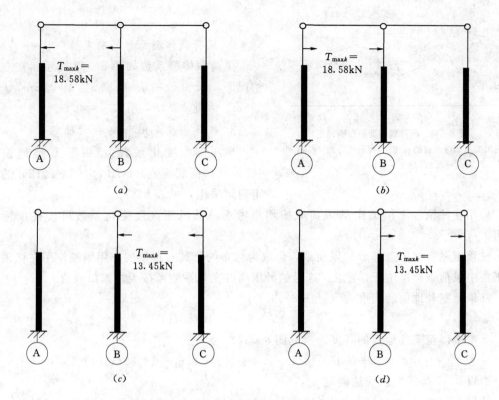

图 8-47　吊车横向水平荷载作用下双跨排架计算简图

(a) AB 跨有吊车 $T_{\mathrm{max}k}$ 向左；(b) AB 跨有吊车 $T_{\mathrm{max}k}$ 向右；

(c) BC 跨有吊车 $T_{\mathrm{max}k}$ 向左；(d) BC 跨有吊车 $T_{\mathrm{max}k}$ 向右

AB 跨吊车荷载对排架柱产生的偏心弯矩计算如下：

A 柱右：

$$M_{\mathrm{max}k} = D_{\mathrm{max}k}e_3 = 515.48 \times 0.25 = 128.87(\mathrm{kN \cdot m})$$

$$M_{\mathrm{min}k} = D_{\mathrm{min}k}e_3 = 124.43 \times 0.25 = 31.11(\mathrm{kN \cdot m})$$

B 柱左：

$$M_{\mathrm{max}k} = D_{\mathrm{max}k}e_3 = 515.48 \times 0.75 = 386.61(\mathrm{kN \cdot m})$$

$$M_{\mathrm{min}k} = D_{\mathrm{min}k}e_3 = 124.43 \times 0.75 = 93.32(\mathrm{kN \cdot m})$$

BC 跨吊车荷载对排架柱产生的偏心弯矩计算如下：

C 柱左：

$$M_{\mathrm{max}k} = D_{\mathrm{max}k}e_3 = 416.03 \times 0.25 = 104.01(\mathrm{kN \cdot m})$$

$$M_{\mathrm{min}k} = D_{\mathrm{min}k}e_3 = 87.08 \times 0.25 = 21.77(\mathrm{kN \cdot m})$$

B 柱右：

$$M_{\mathrm{max}k} = D_{\mathrm{max}k}e_3 = 416.03 \times 0.75 = 312.02(\mathrm{kN \cdot m})$$

$$M_{\mathrm{min}k} = D_{\mathrm{min}k}e_3 = 87.08 \times 0.75 = 65.31(\mathrm{kN \cdot m})$$

（四）风荷载标准值计算简图的确定

1. 基本风压

本地区基本风压为

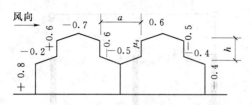

图 8－48 风荷载体型系数的确定

迎风面第 2 跨天窗的 μ_s 按下列采用：当 $a \leqslant 4h$ 时，

取 $\mu_s = 0.2$；当 $a > 4h$ 时，取 $\mu_s = 0.6$

$$w_0 = 0.55 \text{kN/m}^2$$

2. 风荷载体型系数的确定

风荷载体型系数如图 8－48 所示。在左风情况下，天窗处的 μ_s 的确定：$a = 18\text{m}$，$h = 2.6\text{m}$，因此 $a > 4h$，所以 $\mu_s = 0.6$。

3. 风压高度变化系数 μ_z 的确定

风压高度变化系数 μ_z 根据 B 类地貌按《建筑结构荷载规范》（GB 50009—2012）的规定确定采用，见表 8－7。

作用在柱顶以下墙面上的风荷载按均布考虑，其风压高度变化系数可按柱顶标高取值。

柱顶至屋脊间屋盖部分的风荷载，仍取为均布的，其对排架的作用则按作用在柱顶的水平集中风荷载标准值 F_w 考虑。这时的风压高度变化系数可按天窗檐口取值。

柱顶至室外地面的高度为（见图 8－37）

$$Z = 8 + 0.15 + 2.4 = 10.55(\text{m})$$

天窗檐口至室外地面的高度为（见图 8－37）

$$Z = 8 + 0.15 + 2.4 + 1.4 + 1.3 + 2.6 = 15.85(\text{m})$$

由表 8-7 按线性内插法确定 μ_z：

柱顶：　　$\mu_z = 1.0 + (10.55 - 10) \times (1.14 - 1.0)/(15 - 10) = 1.02$

天窗檐口处：　$\mu_z = 1.0 + (15.85 - 10) \times (1.14 - 1.0)/(15 - 10) = 1.16$

左风情况下风荷载的标准值［见图 8－49 （a）］：

$$q_{1k} = \mu_{s1}\mu_z w_0 B = 0.8 \times 1.02 \times 0.55 \times 6 = 2.69(\text{kN/m})$$

$$q_{2k} = \mu_{s2}\mu_z w_0 B = 0.4 \times 1.02 \times 0.55 \times 6 = 1.35(\text{kN/m})$$

柱顶以上的风荷载可转化为一个水平集中力计算，其风压高度变化系数统一按天窗檐口处 $\mu_z = 1.16$ 取值。其标准值为

$$\begin{aligned}
F_{wk} &= \sum \mu_s \mu_z w_0 hB \\
&= [(0.8 + 0.4) \times 1.16 \times 0.55 \times 6 \times 1.4] \\
&\quad + [(0.4 - 0.2 + 0.5 - 0.5) \times 1.16 \times 0.55 \times 6 \times 1.3] \\
&\quad + [(0.6 + 0.6 + 0.6 + 0.5) \times 1.16 \times 0.55 \times 6 \times 2.6] \\
&\quad + [(0.7 - 0.7 + 0.6 - 0.6) \times 1.16 \times 0.55 \times 6 \times 0.3] \\
&= 30.32(\text{kN})
\end{aligned}$$

右风和左风情况对称，方向相反［见图 8－49 （b）］。

四、排架结构内力分析

本厂房为两跨等高排架，可用剪力分配法进行排架结构的内力计算。在各种荷载作用下柱顶按可动铰支座计算，不考虑厂房的空间工作。这里规定柱顶不动铰支座反力 R、柱顶剪力 V 和水平荷载自左向右为正，截面弯矩以柱左侧受拉为正，柱的轴力以受压为正。

（一）各柱剪力分配系数的确定

各柱的截面几何特征如表 8－20 所示。

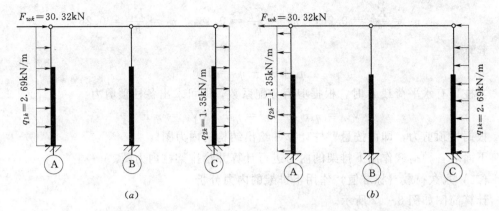

图 8-49 风荷载作用下双跨排架的计算简图
(a) 左风；(b) 右风

单位力作用下悬臂柱的柱顶位移：

$$\Delta u = \frac{H^3}{C_0 E_c I_l}, \quad C_0 = \frac{3}{1 + \lambda^3 \left(\dfrac{1}{n} - 1\right)}$$

计算有关参数如下。

A、C 柱：

$$\lambda = \frac{H_u}{H} = \frac{3.5}{11.35} = 0.308, \quad n = \frac{I_u}{I_l} = \frac{21.33 \times 10^8}{25.97 \times 10^8} = 0.082$$

$$C_0 = \frac{3}{1 + \lambda^3 \left(\dfrac{1}{n} - 1\right)} = \frac{3}{1 + 0.308^3 \times \left(\dfrac{1}{0.082} - 1\right)} = 2.261$$

B 柱：

$$\lambda = \frac{H_u}{H} = \frac{3.5}{11.35} = 0.308, \quad n = \frac{I_u}{I_l} = \frac{72.00 \times 10^8}{416.99 \times 10^8} = 0.173$$

$$C_0 = \frac{3}{1 + \lambda^3 \left(\dfrac{1}{n} - 1\right)} = \frac{3}{1 + 0.308^3 \times \left(\dfrac{1}{0.173} - 1\right)} = 2.263$$

单位力作用下悬臂柱的柱顶位移：

A、C 柱：

$$\Delta u_A = \Delta u_C = \frac{H^3}{C_0 E_c I_l} = \frac{11350^3}{2.261 \times E_c \times 259.97 \times 10^8} = \frac{24.87}{E_c}$$

B 柱：

$$\Delta u_B = \frac{H^3}{C_0 E_c I_l} = \frac{11350^3}{2.263 \times E_c \times 416.99 \times 10^8} = \frac{13.322}{E_c}$$

令 $K_i = 1/\Delta u_i$，则 $K_A = K_C = 0.040 E_c$，$K_B = 0.075 E_c$。于是，有

$$K = K_A + K_B + K_C = \frac{1}{\Delta u_A} + \frac{1}{\Delta u_B} + \frac{1}{\Delta u_C} = 0.156 E_c$$

所以，三根柱的剪力分配系数为

$$\eta_A = \frac{K_A}{K} = 0.26, \quad \eta_B = \frac{K_B}{K} = 0.48, \quad \eta_C = \frac{K_C}{K} = 0.26$$

验算：

$$\eta_A + \eta_B + \eta_C = 1.0$$

当柱顶有水平荷载 F 时，根据剪力分配系数，即可求出各柱顶剪力：

$$V_A = \eta_A F, \quad V_B = \eta_B F, \quad V_C = \eta_C F$$

根据柱顶剪力，即可按悬臂柱计算并绘出结构的内力图。

下面对各种荷载作用下排架的内力进行计算并绘排架柱内力图。

（二）永久荷载（标准值）作用下排架的内力分析

计算简图如图 8-42 所示。

只对 M 作用进行排架分析，对图 8-42 中的竖向荷载所产生的轴力直接累加。各柱顶不动铰支座的支座反力计算如下。

排架柱顶不动铰支座的支座反力系数 C 由表 8-8 确定。

A 柱：

$$\lambda = \frac{H_u}{H} = \frac{3.5}{11.35} = 0.308$$

$$n = \frac{I_u}{I_l} = \frac{21.33 \times 10^8}{25.97 \times 10^8} = 0.082$$

$$C_1 = 1.5 \times \frac{1 - \lambda^2 \left(1 - \dfrac{1}{n}\right)}{1 + \lambda^3 \left(\dfrac{1}{n} - 1\right)} = 1.5 \times \frac{1 - 0.308^2 \times \left(1 - \dfrac{1}{0.082}\right)}{1 + 0.308^3 \times \left(\dfrac{1}{0.082} - 1\right)} = 2.331$$

$$C_3 = 1.5 \times \frac{1 - \lambda^2}{1 + \lambda^3 \left(\dfrac{1}{n} - 1\right)} = 1.5 \times \frac{1 - 0.308^2}{1 + 0.308^3 \times \left(\dfrac{1}{0.082} - 1\right)} = 1.02$$

$$R_1 = \frac{M}{H} C_1 = \frac{15.39}{11.35} \times 2.331 = 3.16(\text{kN})(\rightarrow)$$

$$R_2 = \frac{M}{H} C_3 = \frac{85.58}{11.35} \times 1.02 = 7.69(\text{kN})(\rightarrow)$$

$$R_A = R_1 + R_2 = 10.85\text{kN}(\rightarrow)$$

B 柱：

$$R_B = 0$$

C 柱：

$$R_C = -R_A = -10.85\text{kN}(\leftarrow)$$

则假设的排架柱顶不动铰的支座反力之和为

$$R = R_A + R_B + R_C = 0$$

因此，各柱顶的实际剪力为

$$V_A = R_A = 10.85\text{kN}(\rightarrow)$$

$$V_B = 0$$

$$V_C = -10.85kN(\leftarrow)$$

各柱顶的实际剪力求出后，即可按悬臂柱进行内力计算。

A 轴柱弯矩及柱底剪力计算：

柱顶弯矩为其偏心力矩：$M = -15.39kN \cdot m$

上柱底弯矩：$M = -15.39 + 10.85 \times 3.5 = 22.58 （kN \cdot m）$

下柱顶弯矩：$M = 22.58 - 85.58 = -63.0 （kN \cdot m）$

下柱底弯矩：$M = 10.85 \times 11.35 - 15.39 - 85.58 = 22.18 （kN \cdot m）$

柱底剪力与柱顶剪刀相等，方向向左（$\leftarrow$）。

A 柱弯矩图如图 8-50 所示。C 轴柱各截面弯矩计算方法同 A 轴柱，只是符号相反，不再详述。B 轴柱无弯矩和剪力。

各柱的轴力计算过程如下：

柱轴力标准值计算（见图 8-43）：

A、C 轴柱：

柱顶：$N = 307.77kN$

上柱底：$N = 307.77 + 14 = 321.77 （kN）$

下柱顶：$N = 321.77 + 43.8 = 365.57 （kN）$

下柱底：$N = 365.57 + 45.25 = 410.82 （kN）$

B 轴柱：

柱顶：$N = 615.54kN$

上柱底：$N = 615.54 + 21 = 636.54 （kN）$

下柱顶：$N = 636.54 + 43.8 \times 2 = 724.14 （kN）$

下柱底：$N = 724.14 + 50.34 = 774.48 （kN）$

排架的弯矩图、柱底剪力（向左为正）和轴力图如图 8-50 所示。

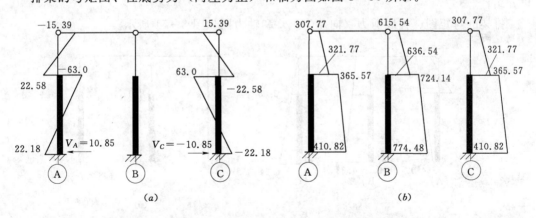

图 8-50　永久荷载作用下排架的内力图

（a）永久荷载作用下的弯矩（kN·m）和柱底剪力（kN）；（b）永久荷载作用下的轴力（kN）

（三）屋面活荷载（标准值）作用下排架内力分析

计算简图如图 8-43 所示。

（1）AB 跨有活荷载时［见图 8-43（a）］，各柱顶不动铰支座的支座反力计算如下。

A 柱：

$$C_1=2.331;C_3=1.02$$

$$R_1=\frac{M_{1Ak}}{H}C_1=\frac{1.8}{11.35}\times2.331=0.370(\text{kN})(\rightarrow)$$

$$R_2=\frac{M_{2Ak}}{H}C_3=\frac{10.8}{11.35}\times1.02=0.971(\text{kN})(\rightarrow)$$

则

$$R_A=R_1+R_2=1.341(\text{kN})(\rightarrow)$$

B 柱（不动铰支座的反力系数 C 见表 8-8）：

$$\lambda=\frac{H_u}{H}=0.308;\quad n=\frac{I_u}{I_l}=0.173$$

$$C_1=1.5\times\frac{1-\lambda^2\left(1-\frac{1}{n}\right)}{1+\lambda^3\left(\frac{1}{n}-1\right)}=1.5\times\frac{1-0.308^2\times\left(1-\frac{1}{0.173}\right)}{1+0.308^3\times\left(\frac{1}{0.173}-1\right)}=1.912$$

$$R_B=R_1=\frac{M_{1Bk}}{H}C_1=\frac{5.4}{11.35}\times1.912=0.910(\text{kN})(\rightarrow)$$

C 柱： $R_C=0$

故假设的排架柱顶不动铰支座的支座反力之和为

$$R=R_A+R_B+R_C=2.251(\text{kN})(\rightarrow)$$

各柱顶的实际剪力为

$$V_A=R_A-\eta_A R=1.341-0.26\times2.251=0.756(\text{kN})(\rightarrow)$$

$$V_B=R_B-\eta_B R=0.91-0.48\times2.251=-0.170(\text{kN})(\leftarrow)$$

$$V_C=R_C-\eta_C R=-0.26\times2.251=-0.585(\text{kN})(\leftarrow)$$

$$\sum V_i=0.756-0.170-0.585=0.001\approx0$$

求出各柱顶剪力，即可计算各柱弯矩，其原理与永久荷载下柱弯矩计算一致，在此不再介绍。

排架的弯矩图、柱底剪力（向左为正）和轴力图如图 8-51 所示。

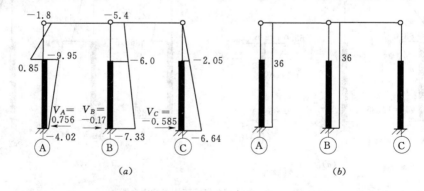

图 8-51 AB 跨有屋面活荷载时排架的内力图

(a) AB 跨有屋面活荷载时的弯矩（kN·m）和柱底剪力（kN）；(b) AB 跨有屋面活荷载时的轴力（kN）

(2) BC 跨有活荷载时 ［见图 8-43 (b)］ 与 AB 跨有活荷载时 ［见图 8-43 (a)］ 荷载为反对称，因此各柱顶的剪力为

$$V_A=0.585kN(\rightarrow);V_B=0.170kN(\rightarrow);V_C=-0.756kN(\leftarrow)$$

BC 跨有活荷载时排架的弯矩图、柱底剪力（向左为正）和轴力图如图 8-52 所示。

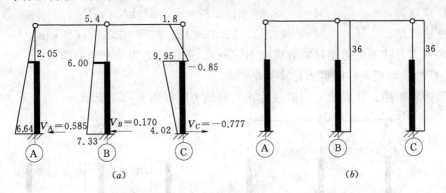

图 8-52　*BC* 跨有屋面活荷载时排架的内力图

（*a*）*BC* 跨有屋面活荷载时的弯矩（kN·m）和柱底剪力（kN）；（*b*）*BC* 跨有屋面活荷载时的轴力（kN）

（四）吊车竖向荷载（标准值）作用下排架内力分析

（1）AB 跨有吊车荷载，D_{maxk} 作用在 A 柱右，D_{mink} 作用在 B 柱左时排架内力分析。其计算简图如图 8-46（*a*）所示。

各柱顶不动铰支座的支座反力计算如下。

A 柱：　　　　　　$C_3=1.02$

$$R_A=R_2=\frac{M_{maxk}}{H}C_3=-\frac{128.87}{11.35}\times1.02=-11.58(\text{kN})(\leftarrow)$$

B 柱（不动铰支座的反力系数 C 见表 8-8）：

$$\lambda=\frac{H_u}{H}=0.308;\quad n=\frac{I_u}{I_l}=0.173$$

$$C_3=1.5\frac{1-\lambda^2}{1+\lambda^3\left(\frac{1}{n}-1\right)}=1.5\times\frac{1-0.308^2}{1+0.308^3\times(\frac{1}{0.173}-1)}=1.191$$

$$R_B=R_2=\frac{M_{mink}}{H}C_3=\frac{93.32}{11.35}\times1.191=9.79\ (\text{kN})\ (\rightarrow)$$

C 柱：

$$R_C=0$$

故假设的排架柱顶不动铰支座反力之和为

$$R=R_A+R_B+R_C=-1.79(\text{kN})(\leftarrow)$$

各柱顶的实际剪力为

$$V_A=R_A-\eta_AR=-11.58+0.26\times1.79=-11.11(\text{kN})(\leftarrow)$$

$$V_B=R_B-\eta_BR=9.79+0.48\times1.79=10.65(\text{kN})(\rightarrow)$$

$$V_C=R_C-\eta_CR=0.26\times1.9=0.47(\text{kN})(\rightarrow)$$

$$\sum V_i=-11.11+10.65+0.47=0.01\approx0$$

各柱顶的实际剪力求出后，即可按悬臂柱进行内力计算。

A 轴柱弯矩及柱底剪力计算：

上柱顶弯矩：　　　　　　$M=0$

上柱底弯矩：　　　　　　$M=-11.11\times3.5=-38.89$（kN·m）

下柱顶弯矩：　　　　　　$M=-38.89+128.87=89.98$（kN·m）

下柱底弯矩：　　　　　　$M=-11.11\times11.35+128.87=-2.77$（kN·m）

柱底剪力与柱顶剪力相等，方向向右（→）。下柱轴力为吊车竖向荷载。

B、C 轴柱弯矩及柱底剪力计算从略。

排架的弯矩图、柱底剪力（向左为正）和轴力图如图 8-53 所示。

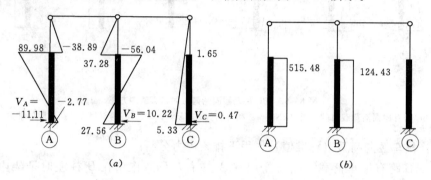

图 8-53　AB 跨有吊车 D_{maxk} 在 A 柱时排架的内力图

（a）D_{maxk} 在 A 柱时弯矩（kN·m）和柱底剪力（kN）；（b）D_{maxk} 在 A 柱时的轴力（kN）

（2）AB 跨有吊车荷载，D_{maxk} 作用在 B 柱左，D_{mink} 作用在 A 柱右时排架内力分析。其计算简图如图 8-46（b）所示。

各柱顶不动铰支座的支座反力计算如下。

A 柱：

$$C_3=1.02$$

$$R_A=R_2=\frac{M_{mink}}{H}C_3=-\frac{31.11}{11.35}\times1.02=-2.80\text{(kN)}(\leftarrow)$$

B 柱：

$$C_3=1.191$$

$$R_B=R_2=\frac{M_{maxk}}{H}C_3=\frac{386.61}{11.35}\times1.191=40.57\text{(kN)}(\rightarrow)$$

C 柱：　　　　　　$R_C=0$

故假设的排架柱顶不动铰支座的支座反力之和为

$$R=R_A+R_B+R_C=37.77\text{(kN)}(\rightarrow)$$

各柱顶的实际剪力为

$$V_A=R_A-\eta_AR=-2.80-0.26\times37.77=-12.62\text{(kN)}(\leftarrow)$$

$$V_B=R_B-\eta_BR=40.57-0.48\times37.77=21.31\text{(kN)}(\rightarrow)$$

$$V_C=R_C-\eta_CR=-0.26\times37.77=-9.82\text{(kN)}(\leftarrow)$$

$$\sum V_i=-12.62+22.44-9.82=0$$

各柱弯矩、柱底剪力及柱轴力计算参见情况 1。

排架的弯矩图、柱底剪力（向左为正）和轴力图如图 8-54 所示。

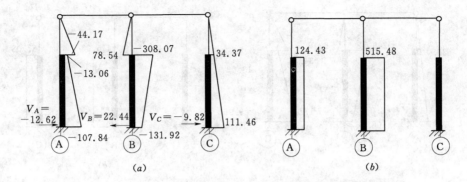

图 8 - 54 AB 跨有吊车 D_{maxk} 在 B 柱时排架的内力图

(a) D_{maxk} 在 B 柱时弯矩（kN·m）和柱底剪力（kN）；(b) D_{maxk} 在 B 柱时的轴力（kN）

（3）BC 跨有吊车荷载，D_{maxk} 作用在 B 柱右，D_{mink} 作用在 C 柱左时排架内力分析。其计算简图如图 8 - 46（c）所示。

各柱顶不动铰支座的支座反力计算如下。

B 柱：

$$C_3 = 1.191$$

$$R_B = R_2 = \frac{M_{maxk}}{H}C_3 = -\frac{312.02}{11.35} \times 1.191 = -32.74 \text{ (kN)} (\leftarrow)$$

C 柱：

$$C_3 = 1.02$$

$$R_C = R_2 = \frac{M_{mink}}{H}C_3 = \frac{21.77}{11.35} \times 1.02 = 1.96 \text{ (kN)} (\rightarrow)$$

A 柱：　　$R_A = 0$

故假设的排架柱顶不动铰支座的支座反力之和为

$$R = R_A + R_B + R_C = -30.78 \text{(kN)}(\leftarrow)$$

各柱顶的实际剪力为：

$$V_A = R_A - \eta_A R = 0.26 \times 30.78 = 8.0 \text{ (kN)} (\rightarrow)$$
$$V_B = R_B - \eta_B R = -32.74 + 0.48 \times 30.78 = -17.97 \text{ (kN)} (\leftarrow)$$
$$V_C = R_C - \eta_C R = 1.96 + 0.26 \times 30.78 = 9.96 \text{ (kN)} (\rightarrow)$$
$$\sum V_i = 8.0 - 17.97 + 9.96 = -0.01 \approx 0$$

排架的弯矩图、柱底剪力（向左为正）和轴力图如图 8 - 55 所示。

各柱弯矩、柱底剪力及柱轴力计算参见情况 1。

（4）BC 跨有吊车荷载，D_{maxk} 作用在 C 柱，D_{mink} 作用在 B 柱时排架内力分析，其计算简图如图 8 - 46（d）所示。

各柱顶不动铰支座的支座反力计算如下。

B 柱：

$$C_3 = 1.191$$

$$R_B = R_2 = \frac{M_{mink}}{H}C_3 = -\frac{65.31}{11.35} \times 1.191 = -6.85 \text{ (kN)} (\leftarrow)$$

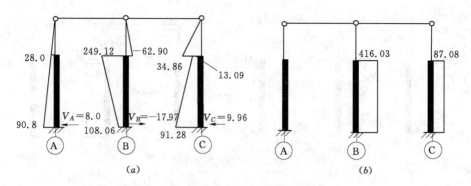

图 8-55 BC 跨有吊车 D_{maxk} 在 B 柱时排架的内力图

(a) D_{maxk} 在 B 柱时弯矩（kN·m）和柱底剪力（kN）；(b) D_{maxk} 在 B 柱时的轴力（kN）

C 柱：

$$C_3 = 1.02$$

$$R_C = R_2 = \frac{M_{maxk}}{H} C_3 = \frac{104.01}{11.35} \times 1.02 = 9.35 \ (kN) \ (\rightarrow)$$

A 柱：　　　$R_A = 0$

故假设的排架柱顶不动铰支座的支座反力之和为

$$R = R_A + R_B + R_C = 2.50(kN)(\rightarrow)$$

各柱顶的实际剪力为

$$V_A = R_A - \eta_A R = -0.26 \times 2.50 = -0.65(kN)(\leftarrow)$$

$$V_B = R_B - \eta_B R = -6.85 - 0.48 \times 2.50 = -8.05(kN)(\leftarrow)$$

$$V_C = R_C - \eta_C R = 9.35 - 0.26 \times 2.5 = 8.70(kN)(\rightarrow)$$

$$\sum V_i = -0.65 - 8.05 + 8.7 = 0$$

排架的弯矩图、柱底剪力（向左为正）和轴力图如图 8-56 所示。

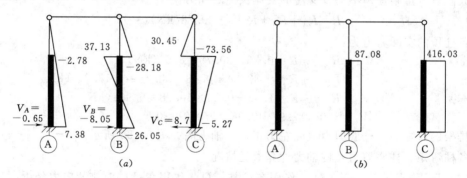

图 8-56 BC 跨有吊车 D_{maxk} 在 C 柱时排架的内力图

(a) D_{maxk} 在 C 柱时弯矩（kN·m）和柱底剪力（kN）；(b) D_{maxk} 在 C 柱时的轴力（kN）

各柱弯矩、柱底剪力及柱轴力计算参见情况 1。

（五）吊车水平荷载（标准值）作用下排架内力分析

（1）AB 跨有吊车荷载，T_{maxk} 向左作用在 AB 柱，其计算简图如图 8-47（a）所示。各柱顶不动铰支座的支座反力计算如下。

吊车水平荷载 T_{maxk} 的作用点距柱顶的距离 $y=3.5-0.9=2.6$（m）；$\alpha=y/H_u=0.743$。排架柱顶不动铰支座的支座反力系数 C_5 由表 8-8 确定。

A、C 柱：

$$\lambda=\frac{H_u}{H}=0.308;\ n=\frac{I_u}{I_l}=0.082$$

$$C_5=\frac{2-3\alpha\lambda+\lambda^3\left[\dfrac{(2+\alpha)(1-\alpha)^2}{n}-(2-3\alpha)\right]}{2\left[1+\lambda^3\left(\dfrac{1}{n}-1\right)\right]}$$

$$=\frac{2-3\times0.743\times0.308+0.308^3\times\left[\dfrac{(2+0.743)(1-0.743)^2}{0.082}-(2-3\times0.743)\right]}{2\times\left[1+0.308^3\times\left(\dfrac{1}{0.082}-1\right)\right]}$$

$$=0.522$$

B 柱：

$$\lambda=\frac{H_u}{H}=0.308;\ n=\frac{I_u}{I_l}=0.173$$

$$C_5=\frac{2-3\alpha\lambda+\lambda^3\left[\dfrac{(2+\alpha)(1-\alpha)^2}{n}-(2-3\alpha)\right]}{2\left[1+\lambda^3\left(\dfrac{1}{n}-1\right)\right]}$$

$$=\frac{2-3\times0.743\times0.308+0.308^3\times\left[\dfrac{(2+0.743)(1-0.743)^2}{0.173}-(2-3\times0.743)\right]}{2\times\left[1+0.308^3\left(\dfrac{1}{0.173}-1\right)\right]}$$

$$=0.592$$

柱顶不动铰支座反力如下。

A 柱：$\qquad R_A=C_5 T_{maxk}=0.522\times18.58=9.70$（kN）（→）

B 柱：$\qquad R_B=C_5 T_{maxk}=0.592\times18.58=11.0$（kN）（→）

C 柱：$\qquad R_C=0$

故假设的排架柱顶不动铰支座的支座反力之和为

$$R=R_A+R_B+R_C=20.70(kN)(\rightarrow)$$

各柱顶的实际剪力为：

$$V_A=R_A-\eta_A R=9.7-0.26\times20.7=4.32(kN)(\rightarrow)$$

$$V_B=R_B-\eta_B R=11.0-0.48\times20.7=1.06(kN)(\rightarrow)$$

$$V_C=R_C-\eta_C R=-0.26\times20.7=-5.38(kN)(\leftarrow)$$

$$\sum V_i=4.32+1.06-5.38=0$$

A 轴柱弯矩及柱底剪力计算：

上柱顶弯矩：$M=0$

吊车水平荷载作用点处弯矩：$M=4.32\times(3.5-0.9)=11.23$（kN·m）

上柱底弯矩：$M=4.32\times3.5-18.58\times0.9=-1.60$（kN·m）

下柱底弯矩：$M=4.32\times11.35-18.58\times(11.35-2.6)=-113.54$（kN·m）

柱底剪力：$V=4.32-18.58=-14.26$（kN）（→）

B、C 轴柱弯矩及柱底剪力计算从略。

排架的弯矩图、柱底剪力（向左为正）如图 8-57 所示，柱的轴力为零。

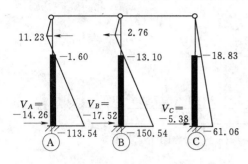

图 8-57 AB 跨有吊车 T_{maxk} 向左排架的弯矩　　图 8-58 AB 跨有吊车 T_{maxk} 向右排架的弯矩
　　　　（kN·m）和柱底剪力（kN）　　　　　　　　　（kN·m）和柱底剪力（kN）

（2）AB 跨有吊车荷载，T_{maxk} 向右作用在 AB 柱，其计算简图如图 8-47（b）所示。

由于荷载反对称，因此，其弯矩、柱底剪力与情况 1 相反，数值相等。排架的弯矩图、柱底剪力如图 8-58 所示，柱的轴力为零。

（3）BC 跨有吊车荷载，T_{maxk} 向左作用在 BC 柱，其计算简图如图 8-47（c）所示。

柱顶不动铰支座反力的计算如下。

B 柱：

$$C_5=0.592$$
$$R_B=C_5 T_{maxk}=0.592\times13.45=7.96\ （kN）\ （→）$$

C 柱：

$$C_5=0.522$$
$$R_C=C_5 T_{maxk}=0.522\times13.45=7.02\ （kN）\ （→）$$

A 柱：

$$R_A=0$$

故假设的排架柱顶不动铰支座的支座反力之和为

$$R=R_A+R_B+R_C=14.98(kN)(→)$$

各柱顶的实际剪力为

$$V_A=R_A-\eta_A R=-0.26\times14.98=-3.89(kN)(←)$$
$$V_B=R_B-\eta_B R=7.96-0.48\times14.98=0.78(kN)(→)$$
$$V_C=R_C-\eta_C R=7.02-0.26\times14.98=3.13(kN)(→)$$
$$\sum V_i\approx0$$

各柱弯矩、柱底剪力及柱轴力计算参见情况 1。

排架的弯矩图、柱底剪力（向左为正）和轴力图如图 8-59 所示，柱的轴力为零。

（4）BC 跨有吊车荷载 T_{maxk} 向右作用在 AB 柱，其计算简图如图 8-47（d）所示。

排架的弯矩图、柱底剪力（向左为正）如图 8-60 所示，柱的轴力为零。

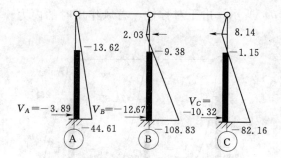

图 8-59　*BC* 跨有吊车 T_{maxk} 向左排架的弯矩
（kN·m）和柱底剪力（kN）

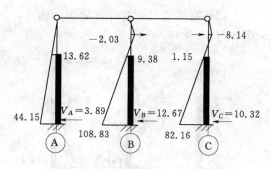

图 8-60　*BC* 跨有吊车 T_{maxk} 向右排架的弯矩
（kN·m）和柱底剪力（kN）

（六）风荷载（标准值）作用下排架结构内力分析

（1）左风情况：其计算简图如图 8-49（a）所示。

在均布风荷载作用下，各柱顶不动铰支座的计算如下。

排架柱顶不动铰支座的支座反力系数 C_9 由表 8-8 确定。

A 柱：

$$\lambda = \frac{H_u}{H} = 0.308 \; ; \; n = \frac{I_u}{I_l} = 0.082$$

$$C_9 = \frac{3\left[1 + \lambda^4\left(\frac{1}{n} - 1\right)\right]}{8\left[1 + \lambda^3\left(\frac{1}{n} - 1\right)\right]} = \frac{3 \times \left[1 + 0.308^4 \times \left(\frac{1}{0.082} - 1\right)\right]}{8 \times \left[1 + 0.308^3 \times \left(\frac{1}{0.082} - 1\right)\right]} = 0.311$$

$$R_A = -C_9 qH = -0.311 \times 2.69 \times 11.35 = -9.50(\text{kN})(\leftarrow)$$

C 柱：

$$C_9 = 0.311$$

$$R_C = -C_9 qH = -0.311 \times 1.35 \times 11.35 = -4.77(\text{kN})(\leftarrow)$$

故假设的排架柱顶不动铰支座的支座反力之和为

$$R = R_A + R_B + R_C = -14.27(\text{kN})(\leftarrow)$$

所以，各柱顶的实际剪力为

$$V_A = R_A - \eta_A R + \eta_A F_w = -9.50 + 0.26 \times 14.27 + 0.26 \times 30.32 = 2.09(\text{kN})(\rightarrow)$$

$$V_B = R_B - \eta_B R + \eta_B F_w = 0.48 \times 14.27 + 0.48 \times 30.32 = 21.40(\text{kN})(\rightarrow)$$

$$V_C = R_C - \eta_C R + \eta_c F_w = -4.77 + 0.26 \times 14.27 + 0.26 \times 30.32 = 6.82(\text{kN})(\rightarrow)$$

$$\sum V_i = 2.09 + 21.04 + 6.82 = 30.31 \approx F_w = 30.32$$

A 轴柱弯矩及柱底剪力计算如下。

上柱底弯矩：　　$M = 2.09 \times 3.5 + \frac{1}{2} \times 2.69 \times 3.5^2 = 23.79$（kN·m）

下柱底弯矩：　　$M = 2.09 \times 11.35 + \frac{1}{2} \times 2.69 \times 11.35^2 = 196.99$（kN·m）

柱底剪力：　　　$V = 2.09 + 2.69 \times 11.35 = 32.62$（kN）

B、*C* 轴柱弯矩及柱底剪力计算从略。

排架的弯矩图、柱底剪力（向左为正）如图 8-61 所示，柱的轴力为零。

（2）右风情况：其计算简图如图 8 - 49（b）所示。由于对称性，右风作用时的内力图如图 8 - 62 所示。

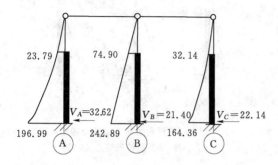

图 8 - 61　左风情况排架的弯矩（kN·m）
和柱底剪力（kN）

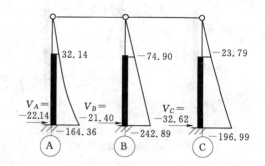

图 8 - 62　右风情况排架的弯矩（kN·m）
和柱底剪力（kN）

五、A 柱内力组合

1. A 柱控制截面

上柱底Ⅰ-Ⅰ、下柱顶Ⅱ-Ⅱ、下柱底Ⅲ-Ⅲ。每一个控制截面均进行基本组合、标准组合及准永久组合。基本组合用于柱配筋计算和基础设计；标准组合用于地基承载力设计；准永久组合用于柱的裂缝宽度验算。

2. 排架柱最不利内力

排架柱最不利内力考虑四种情况：

（1）$+M_{max}$ 及相应的 N、V；

（2）$-M_{max}$ 及相应的 N、V；

（3）N_{max} 及相应的 M、V；

（4）N_{min} 及相应的 M、V。

3. 荷载作用效应的基本组合

根据本章第八部分介绍，结构设计使用年限为 50 年，$\gamma_L = 1.0$。荷载作用效应的基本组合采用以下两个表达式：

（1）$s = 1.2$（或 1.0）$S_{GK} + 1.4 S_{Q1K} + 1.4 \sum\limits_{i=2}^{n} \psi_{ci} S_{QiK}$；

（2）$s = 1.35 S_{GK} + 1.4 \sum\limits_{i=1}^{n} \psi_{ci} S_{QiK}$；

说明：S_{GK} 为永久荷载（恒荷载）作用效应，S_{QK} 为可变荷载（风荷载、吊车荷载）作用效应。

第（1）式是可变荷载效应控制的组合，当永久荷载作用效应对结构有利时，其分项系数取 1.0。

第（2）式是永久荷载效应控制的组合，仅考虑竖向荷载。

S_{Q1K} 为诸可变荷载效应中起控制作用者；当对 S_{Q1K} 无法明显判断时，轮次以各可变荷载效应为 S_{Q1K}，选其中最不利的荷载效应组合。

可变荷载的组合值系数 ψ_{ci}：风荷载取 0.6，其他荷载取 0.7。

4. 荷载作用效应的标准组合

$$S_d = \sum_{j=1}^{m} S_{GjK} + S_{Q1K} + \sum_{i=2}^{n} \psi_{ci} S_{QiK}$$

5. 荷载作用效应的准永久组合

$$s = S_{GK} + \sum_{i=1}^{n} \psi_{qi} S_{QiK}$$

准永久值系数 ψ_{qi}：风荷载取 0；屋面活荷载，不上人屋面取 0，上人屋面取 0.4；吊车荷载在排架设计时取 0；屋面雪荷载准永久值系数分区为 I 区，取 0.5。

因此，准永久组合中可变荷载作用效应仅考虑雪荷载。各截面雪荷载产生的内力，可按雪荷载占屋面活荷载的比例确定。

6. 吊车荷载作用效应

当一个组合表达式采用 4 台吊车参与组合时，吊车荷载作用效应应乘以转换系数 0.8/0.9。

内力组合结果详见表 8 - 21。

六、柱截面设计

以 A 柱为例，柱采用对称配筋方式，即 $A_s = A'_s$。

（一）主要参数

混凝土：强度等级 C25（$f_c = 11.9\text{N/mm}^2$，$f_t = 1.27\text{N/mm}^2$）；受力钢筋：采用 HRB335 级（$f_y = f'_y = 300\text{N/mm}^2$），$f_{yk} = 335\text{N/mm}^2$。$\xi_b = 0.55$。

配筋计算时上柱按矩形设计［见图 8 - 39 （a）］，下柱按工字形截面设计，截面的翼缘厚度取平均厚度［见图 8 - 39 （c）］。

混凝土保护层厚度确定：金属装配车间属于室内正常环境，环境类别按一类，由于强度等级不大于 C25，按《混凝土结构设计规范》（GB 50010—2010）规定，最外层钢筋混凝土最小保护层厚度取 30mm，受力钢筋保护层厚度不应小于钢筋直径，考虑采用 $\phi 8$ 箍筋，因此受力钢筋保护层厚度取 35mm。柱是由工厂生产的预制构件，保护层厚度可适当减少，本设计不再减少。

所选择的受力钢筋估计 20mm 左右，钢筋暂按一排考虑，因此受力钢筋合力点至混凝土边缘距离取：

$$a_s = a'_s = 35 + \frac{20}{2} = 45 (\text{mm})$$

界限破坏时的 N_b 计算如下。

上柱：

$$h_0 = 400 - 45 = 355 (\text{mm})$$

$$N_b = \alpha_1 f_c b \xi_b h_0 = 1.0 \times 11.9 \times 400 \times 0.55 \times 355 = 929.39 (\text{kN})$$

下柱：

表 8 - 21　A 柱 内 力 组 合 表

单位：kN、kN·m

荷载内力

柱号及载面正向内力 内力	(1)恒载 M	(1)恒载 N	(1)恒载 V	(2)AB跨屋面活荷载 M	(2)AB跨屋面活荷载 N	(2)AB跨屋面活荷载 V	(3)BC跨屋面活荷载 M	(3)BC跨屋面活荷载 N	(3)BC跨屋面活荷载 V	(4)AB跨吊车D_{max}在A柱 M	(4)AB跨吊车D_{max}在A柱 N	(4)AB跨吊车D_{max}在A柱 V	(5)AB跨吊车D_{max}在B柱 M	(5)AB跨吊车D_{max}在B柱 N	(5)AB跨吊车D_{max}在B柱 V
I—I	22.58	321.77		0.85	36		2.05	0.0		-38.89	0.00		-44.17	0.00	
II—II	-63.00	365.57		-9.95	36		2.05	0.0		89.98	515.48		-13.06	124.43	
III—III	22.18	410.82	10.85	-4.02	36	0.76	6.64	0.0	0.59	-2.77	515.48	-11.11	-112.13	124.43	-12.62

基 本 组 合

内力组合类型	组 合 项 目	M	N	V
I—I　+M_{max}及N	$1.2\times(1)+1.4\times(7)+1.4\times\{[(2)+(3)+(9)]\times0.7+(10)\times0.6\}$　注1	102.47	421.40	
I—I　-M_{max}及N	$1.0\times(1)+1.4\times(5)\times0.8/0.9+1.4\times\{[(8)\times0.8/0.9+(9)]\times0.7+(11)]\times0.6\}$　注2	-75.15	321.77	
II—II　N_{max}及M	$1.35\times(1)+1.4[(2)+(3)+(7)]$　注3	60.77	469.67	
II—II　N_{min}及M	$1.0\times(1)+1.4\times(10)+1.4[(3)+(7)+(9)]\times0.7$　注4	98.68	321.77	
I—I　+M_{max}及N	$1.0\times(1)+1.4\times(4)\times0.8/0.9+1.4\times\{[(3)+(7)+(10)\times0.8/0.9+(9)]\times0.7+(10)\times0.6\}$　注5	108.71	1007.06	
I—I　-M_{max}及N	$1.2\times(1)+1.4\times(2)+1.4\times\{(2)+[(5)+(8)]\times0.8/0.9+(9)\}\times0.7$	-157.49	582.36	
II—II　N_{max}及M	$1.2\times(1)+1.4\times(4)+1.4\times\{[(2)+(6)]\times0.7+(10)\times0.6\}$　注6	62.17	1195.64	
II—II　N_{min}及M	$1.0\times(1)+1.4\times(11)+1.4[(8)+(9)]\times0.7$	-124.07	365.57	
III—III　+M_{max}及N,V	$1.2\times(1)+1.4\times(3)+1.4\times[(4)+(7)]0.8/0.9+(6)]\times0.7$　注7	496.86	942.02	70.53
III—III　-M_{max}及N,V	$1.0\times(1)+1.4\times(11)+1.4\times[(2)+(5)+(6)]\times0.7$　注8	-433.02	568.04	-45.74
III—III　N_{max}及N,V	$1.2\times(1)+1.4\times(4)+1.4\times\{[(2)+(3)+(6)]\times0.7+(10)\times0.6\}$　注9	302.05	1249.94	40.17
III—III　N_{min}及M,V	$1.0\times(1)+1.4\times(10)+1.4[(3)+(7)+(9)]\times0.7$	436.72	410.82	68.75

准永久组合

内力组合类型	组 合 项 目	M	N	V
I—I　M,N	$(1)+0.35/0.5\times[(2)+(3)]\times0.5$　注10	23.60	334.37	
II—II　M,N	$(1)+0.35/0.5\times(2)\times0.5$	-66.48	378.17	
III—III　M,N,V	$(1)+0.35/0.5\times(3)\times0.5$	24.50	410.82	11.06

对内力力组合相关项目说明：

注1：以＋M_{max}为目标，(7)，(9)项选择是考虑了"有了有D"的原则。

注2：0.8/0.9为四台吊车的转换系数。

注3：此组合按永久荷载效应控制的组合，仅限于竖向荷载。

注4：以(10)作为第一可变荷载第(7)作为第一可变荷载求出作用效应大。

注5：此项组合中以＋M_{max}为目标，M尽量取大值，吊车竖向荷载(10)的N为零，也要参与组合。

注6：此项组合以N_{max}为目标，M最多考虑4台吊车。

注7：此项组合中以＋M_{max}＋N组合，虽然(6)产生的＋M，也参与与组合，这样保证＋M最大。

注8：此项组合中以-M_{max}为目标，虽然(8)，(9)项产生-M，但乘以转换系数0.8/0.9项乘以较小，故不选(8)，(9)项。

注9：基本组合中，(1)其分项系数取0.35/0.5是根据屋面活荷载准永久值的转换系数，活荷载准永久值系数，0.5为活荷载准永久组合内力求荷载内力所乘的转换系数对结构有利的情况。

注10：准永久组合中0.35/0.5是针对永久荷载面活荷载内力求荷载内力所乘的转换系数，0.5是根据屋面雪荷载的转换系数对结构有利的情况。

对第(10)项以(4)是考虑"有了必有D"的原则。风荷载只取一项产生-M，也参与与组合（最多考虑2台吊车）。风荷载只取一项进行组合（只能考虑一个风向）。吊车水平荷载只取一项（最多考虑4台吊车）。风荷载水平荷载求出。因此在(6)吊车水平荷载也应取正值，同样道理风荷载引起的弯矩也只是取。因此此项取一项，使总值变小。故不选(8)，(9)项。

柱号及截面正向内力 / 组合类型	荷载类型 内力	(6) AB跨吊车 T_{max}(左右) M	N	V	(7) BC跨吊车 D_{max}在B柱 M	N	V	(8) BC跨吊车 D_{max}在C柱 M	N	V	(9) BC跨吊车 T_{max}左右 M	N	V	(10) 左风 M	N	V	(11) 右风 M	N	V
	I—I	∓1.60	0.00		28.00	0.00		−2.78	0.00		∓13.62	0.00		23.79	0.00		−32.14	0.00	
	II—II	∓1.60	0.00		28.00	0.00		−2.78	0.00		∓13.62	0.00		23.79	0.00		−32.14	0.00	
	III—III	∓113.54	0.00	∓14.26	90.80	0.00	8.00	−7.38	0.00		∓44.15	0.00	−0.65	196.99	0.00	32.62	−164.36	0.00	−22.14

标准组合

组合类型	内力组合	组合项目	标准组合 M	N	V
基本组合及标准组合 I—I	+M_{max}及N	(1)+(7)+[(2)+(3)+(9)]×0.7+(10)×0.6	76.42	346.97	
	−M_{max}及N	(1)+(5)×0.8/0.9+{[(8)×0.8/0.9+(9)]×0.7+(11)×0.6}	−47.23	321.77	
	N_{max}及M	(1)+[(2)+(3)]+[(7)+(9)]×0.7+(10)×0.6	68.89	357.77	
	N_{min}及M	1.0×(1)+1.4×(10)+1.4[(3)+(7)+(9)]×0.7	76.94	321.77	
II—II	+M_{max}及N	1.0×(1)+1.4×(4)×0.8/0.9+1.4{[(3)+(7)×0.8/0.9+(9)]×0.7+(10)×0.6}	59.65	823.77	
	−M_{max}及N	(1)+(11)+{(2)+[(5)+(8)]0.8/0.9+(9)}×0.7+(10)×0.6	−121.50	468.19	
	N_{max}及M	(1)+(4)+[(2)+(6)]×0.7+(10)×0.6	35.41	906.25	
	N_{min}及M	(1)+(11)+[(8)+(9)]×0.7	−106.62	365.57	
III—III	+M_{max}及N,V	(1)+(10)+{(3)+[(4)+(7)]0.8/0.9+(6)}×0.7	358.07	731.56	51.93
	−M_{max}及N,V	(1)+(11)+[(2)+(5)+(6)]×0.7	−302.96	523.12	−29.57
	N_{max}及M,V	(1)+(4)+{[(2)+(3)+(6)]×0.7+(10)×0.6}	218.92	951.50	30.24
	N_{min}及M,V	(1)+(10)+[(3)+(7)+(9)]×0.7	318.28	410.82	52.21

准永久组合	
I—I	M、N
II—II	M、N
III—III	M、N、V

$$h_0 = 1000 - 45 = 955 (mm)$$

$$\xi_b h_0 = 0.55 \times 955 = 525.25 (mm) > h'_f = 160mm$$

故界限破坏是受压区在腹板范围内。

$$
\begin{aligned}
N_b &= \alpha_1 f_c \left[(b'_f - b) h'_f + b\xi_b h_0 \right] \\
&= 1.0 \times 11.9 \times \left[(400 - 120) \times 120 + 120 \times 0.55 \times 955 \right] \\
&= 1283.18 (kN)
\end{aligned}
$$

上柱高 3.5m，下柱高 7.85m，总高 11.35m，柱截面几何特征如表 8-20 所示，按表 8-12 确定柱的计算长度如下。

排架方向：

当考虑吊车荷载时，有

上柱： $l_u = 2.0 H_u = 2.0 \times 3.5 = 7.0$ （m）

下柱： $l_l = 1.0 H_l = 7.85$ （m）

当不考虑吊车荷载时，有

上柱： $l_u = 2.0 H_u = 2.0 \times 3.5 = 7.0$ （m）

下柱： $l_l = 1.25 H = 1.25 \times 11.35 = 14.19$ （m）

垂直于排架方向（按无柱间支撑）：

当考虑吊车荷载时，有

上柱： $l_u = 1.5 H_u = 1.5 \times 3.5 = 5.25$ （m）

下柱： $l_l = 1.0 H_l = 7.85$ （m）

当不考虑吊车荷载时，有

上柱： $l_u = 1.5 H_u = 1.5 \times 3.5 = 5.25$ （m）

下柱： $l_l = 1.2 H = 1.2 \times 11.35 = 13.62$ （m）

（二）控制截面最不利内力选取

本设计采用对称配筋，选取内力时，只考虑弯矩绝对值。柱的纵向钢筋按控制截面上的 M、N 进行计算，为减少计算工作量，对内力组合确定的不利内力进行取舍。取舍原则：对大偏压，M 相等或接近时，取 N 小者；N 相等或接近时，M 取大者。对小偏压：M 相等或接近时，取 N 大者；N 相等或接近时，M 取大者。无论什么情况 N 相等或接近时，M 取大者。

对称配筋大、小偏心受压的判断方法：当 $e_i > 0.3 h_0$ 且 $N \leqslant N_b$ 可判断为大偏心受压，其他情况可判断为小偏心受压。当 $e_i < 0.3 h_0$ 且 $N \leqslant N_b$ 可判断为小偏心受压，此组内力在偏心受压承载力验算时不起控制作用。初始偏心距 $e_i = e_0 + e_a$，$e_0 = \eta_s M_0 / N$，η_s 为偏心距增大系数。附加偏心距 e_a 取 20mm 与 1/130 偏心方向截面尺寸的较大值，上柱 e_a 取 20mm，下柱 e_a 取 33.3mm。由于初步判别时偏心距增大系数 $\eta_s (\eta_s \geqslant 1.0)$ 是未知的，可假设 $\eta_s = 1.0$。

上柱配筋按 I-I 截面不利内力计算。下柱配筋不变，按 II-II、III-III 截面不利内力计算，按上述取舍原则对 II-II、III-III 截面内力比较发现，II-II 截面弯矩较小，因此 II-II 内力不起控制作用（这不是绝对的，应根据具体工程情况分析对比才能确定）。因此下柱按Ⅲ-Ⅲ截面内力配筋计算。对基本组合的不利内力取舍见表 8-22。

表 8-22 A柱配筋计算最不利内力取舍

截面	序号	是否有吊车荷载参与组合	M_0 (kN·m)	N (kN)	N_b (kN)	$e_0 = M_0/N$ (mm)	e_a (mm)	$e_i = e_{0+e_a}$ (mm)	$0.3h_0$ (mm)	初步判别大、小偏心	取舍
上柱 Ⅰ-Ⅰ	1	是	102.47	421.40		243.2		263.2		大偏心	取
	2	是	−75.15	321.77		233.6		253.6		大偏心	舍
	3	是	60.77	469.67	929.39	129.4	20.00	149.4	106.5	大偏心	舍
	4	是	98.68	321.77		306.7		326.7		大偏心	取
下柱 Ⅲ-Ⅲ	1	是	496.86	942.02		527.4		560.7		大偏心	取
	2	是	−433.02	568.04		762.3		795.6		大偏心	舍
	3	是	302.05	1249.94	1283.18	241.7	33.30	275.0	286.5	小偏心	取
	4	是	436.72	410.82		1063.0		1096.3		大偏心	取

注：1. Ⅰ-Ⅰ截面：大偏心受压第 2 项、第 4 项 N 相等取 M 大者；第 3 项与第 1 项 N 相近取 M 大者；按轴心受压验算时选第 3 项最大轴力。

2. Ⅲ-Ⅲ截面：大偏心受压第 2 项、第 4 项对比对，M 接近时，取 N 小者；按轴心受压验算时选第 3 项最大轴力。

（三）上柱配筋计算

矩形截面 $b \times h = 400\text{mm} \times 400\text{mm}$ [见图 8-39（a）]，$N_b = 929.39\text{kN}$，$l_{0x} = 7.0\text{m}$，$l_{0y} = 5.25\text{m}$，则

$$a_s = a'_s = 45\text{mm}, h_0 = 400 - 45 = 355\text{(mm)}$$

1. 按第 1 组不利内力配筋计算

$$M_0 = M = 102.47\text{kN·m}, N = 421.40\text{kN}$$

$$e_0 = M_0/N = 102.47/421.40 = 0.243\text{(m)} = 243\text{mm}$$

e_a 取 $h/30$ 和 20mm 中的大值，故取 20mm。

$$e_i = e_0 + e_a = 243 + 20 = 263\text{(mm)}$$

考虑挠度的二阶效应对偏心距的影响：

$$\zeta_c = \frac{0.5 f_c A}{N} = \frac{0.5 \times 11.9 \times 160 \times 10^3}{421.40 \times 10^3} = 2.26 > 1$$

取 $\zeta_c = 1$。

$$\eta_s = 1 + \frac{1}{1500 \frac{e_i}{h_0}} \left(\frac{l_0}{h}\right)^2 \xi_c = 1 + \frac{1}{1500 \times \frac{263}{355}} \left(\frac{7000}{400}\right)^2 \times 1.0 = 1.28$$

$$M = \eta_s M_0 = 1.28 \times 102.47 = 131.16\text{(kN·m)}$$

$$e_i = e_0 + e_a = \frac{M}{N} + e_a = \frac{131.16 \times 10^6}{421.40 \times 10^3} + 20 = 331.25\text{(mm)}$$

由于 $e_i = e_0 + e_a = 331.25$（mm）$> 0.3h_0 = 106.5$（mm）且 $N < N_b$，因此按大偏压计算。

$$e = e_i + \frac{h}{2} - a_s = 331.25 + \frac{400}{2} - 45 = 486.25(\text{mm})$$

$$x = \frac{N}{\alpha_1 f_c b} = \frac{421.40 \times 10^3}{1.0 \times 11.9 \times 400} = 88.53(\text{mm})$$

由于 $x = 88.53\text{mm} < \xi_b h_0 = 0.55 \times 355 = 195.25$（mm）且 $x < 2a'_s = 90\text{mm}$，故取 $x = 2a'_s$ 对受压区合力点写力矩，求钢筋面积。

竖向力至受压区合力点距离：

$$e' = e_i - \frac{h}{2} + a'_s = 331.25 - \frac{400}{2} + 45 = 176.25(\text{mm})$$

$$A_s = A'_s = \frac{Ne'}{f'_y(h_0 - a'_s)} = \frac{421.40 \times 10^3 \times 176.25}{300 \times (355 - 45)} = 798.62(\text{mm}^2)$$

2. 按第 4 组不利内力配筋计算

$$M_0 = M = 98.68\text{kN} \cdot \text{m}, \quad N = 321.77\text{kN}$$

$$e_0 = M_0/N = 98.68/321.77 = 0.307m = 307(\text{mm})$$

e_a 取 20mm。

$$e_i = e_0 + e_a = 307 + 20 = 327(\text{mm})$$

考虑挠度的二阶效应对偏心距的影响：

$$\zeta_c = \frac{0.5 f_c A}{N} = \frac{0.5 \times 11.9 \times 160 \times 10^3}{321.77 \times 10^3} = 2.96 > 1$$

取 $\zeta_c = 1$。

$$\eta_s = 1 + \frac{1}{1500 \frac{e_i}{h_0}} \left(\frac{l_0}{h}\right)^2 \zeta_c = 1 + \frac{1}{1500 \times \frac{327}{355}} \left(\frac{7000}{400}\right)^2 \times 1.0 = 1.22$$

$$M = \eta_s M_0 = 1.22 \times 98.68 = 120.39(\text{kN} \cdot \text{m})$$

$$e_i = e_0 + e_a = \frac{M}{N} + e_a = \frac{120.39 \times 10^6}{321.77 \times 10^3} + 20 = 394.15(\text{mm})$$

由于 $e_i = e_0 + e_a = 394.15$（mm）$> 0.3h_0 = 106.5$（mm）且 $N < N_b$，因此按大偏压计算。

$$x = \frac{N}{\alpha_1 f_c b} = \frac{321.77 \times 10^3}{1.0 \times 11.9 \times 400} = 67.60 < \xi_b h_0 = 0.55 \times 355 = 195.25(\text{mm})$$且 $x < 2a'_s = 90\text{mm}$

故取 $x = 2a'_s$ 对受压区合力点写力矩，求钢筋面积。

竖向力至受压区合力点距离：

$$e' = e_i - \frac{h}{2} + a'_s = 394.15 - \frac{400}{2} + 45 = 239.15(\text{mm})$$

$$A_s = A'_s = \frac{Ne'}{f'_y(h_0 - a'_s)} = \frac{321.77 \times 10^3 \times 239.15}{300 \times (355 - 45)} = 827.43(\text{mm}^2)$$

3. 选择钢筋及配筋率验算

上柱截面选定 A_s、A'_s 分别为 3 Φ 22，$A_s = A'_s = 1140\text{mm}^2$。配筋情况见图 8 - 62 (a)。

按一侧受力钢筋验算最小配筋率：

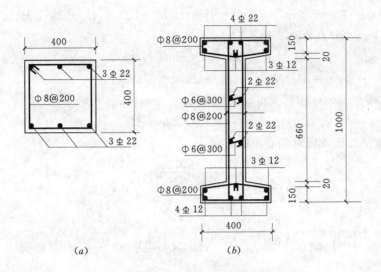

图 8-63　A、C 轴柱的配筋详图

(a) 上柱配筋详图；(b) 下柱配筋详图

$$\frac{A_s}{A}=\frac{1140}{160\times10^3}=0.71\%>0.2\%$$

满足要求。

按全部纵向受力钢筋验算最小配筋率：

$$\frac{\sum A_s}{A}=\frac{1140\times2}{160\times10^3}=1.425\%>0.6\%$$

满足要求。

按全部纵向钢筋验算最大配筋率：

$$\frac{\sum A_s}{A}=1.425\%<5\%$$

满足要求。

4. 垂直于排架方向承载力验算

按 I-I 最大轴力 $N_{max}=469.67\text{kN}$ 验算轴心受压承载力：

$l_{0y}/b=5.25/0.4=13.13$，查《混凝土结构设计原理》教材中关于轴心受压稳定系数表，按线性插入法：

$$\varphi=\frac{0.92-0.95}{14-12}\times(13.13-12)+0.95=0.93$$

$$\begin{aligned}N_u&=0.9\varphi(f_cA_c+f'_yA'_s)\\&=0.9\times0.93\times[11.9\times(160000-1140\times2)+300\times1140\times2]\\&=2143.4(\text{kN})>N_{max}=469.67\text{kN}\end{aligned}$$

所以垂直于排架方向的承载力满足要求

结论：上柱截面选定 A_s、A'_s 分别为 3⌀22 能够满足上柱承载力和构造要求。

(四) 下柱截面的配筋计算

工字形截面 I $b'_f\times h\times h'_f=400\text{mm}\times1000\text{mm}\times160\text{mm}$ ［见图 8-39 (c)］，$N_b=$

1283.18kN，$l_{0x}=l_{0y}=7.85$m，$a_s=a'_s=45$mm，$h_0=1000-45=955$（mm）。

1. 按第 1 组不利内力配筋计算

$$M_0=M=496.86 \text{kN} \cdot \text{m}, \ N=942.02 \text{kN}$$

$$e_0=M_0/N=496.86/942.02=0.527(\text{m})=527 \text{mm}$$

e_a 取 $h/30$ 和 20mm 中的大值，故取 $h/30=33.3$（mm）。

$$e_i=e_0+e_a=527+33.3=560.3(\text{mm})$$

考虑挠度的二阶效应对偏心距的影响：

$$\zeta_c=\frac{0.5f_cA}{N}=\frac{0.5 \times 11.9 \times 209.6 \times 10^3}{942.02 \times 10^3}=1.32>1$$

取 $\zeta_c=1$。

$$\eta_s=1+\frac{1}{1500\dfrac{e_i}{h_0}}\left(\frac{l_0}{h}\right)^2\zeta_c=1+\frac{1}{1500 \times \dfrac{560.3}{955}} \times \left(\frac{7850}{1000}\right)^2 \times 1.0=1.07$$

$$M=\eta_sM_0=1.07 \times 496.86=531.64(\text{kN} \cdot \text{m})$$

$$e_i=e_0+e_a=\frac{M}{N}+e_a=\frac{531.64 \times 10^6}{942.02 \times 10^3}+33.3=597.66(\text{mm})$$

由于 $e_i=e_0+e_a=597.66$（mm）$>0.3h_0=286.5$mm 且 $N<N_b=1283.18$kN，因此按大偏压计算：

$$x=\frac{N}{\alpha_1f_cb'_f}=\frac{942.02 \times 10^3}{1.0 \times 11.9 \times 400}=197.90(\text{mm})>h'_f=160 \text{mm}$$

此时中和轴在腹板内，重新求 x。

$$x=\frac{N-\alpha_1f_ch'_f(b'_f-b)}{\alpha_1f_cb}=\frac{942.02 \times 10^3-1.0 \times 11.9 \times 160 \times (400-120)}{1.0 \times 11.9 \times 120}=286.34(\text{mm})$$

$$x=286.34\text{mm}<\xi_bh_0=0.55 \times 955=525.25(\text{mm}) \text{ 且 } x>2a'_s=90(\text{mm})$$

$$e=e_i+\frac{h}{2}-a_s=597.66+\frac{1000}{2}-45=1052.66(\text{mm})$$

$$A_s=A'_s=\frac{Ne-\alpha_1f_c\left[bx(h_0-x/2)+(b'_f-b)h'_f\left(h_0-\dfrac{h'_f}{2}\right)\right]}{f'_y(h_0-a'_s)}$$

$$=\frac{942.02 \times 10^3 \times 1052.66-1.0 \times 11.9 \times \left[\begin{array}{l}120 \times 286.34 \times (955-286.34/2)\\+(400-120) \times 160 \times (955-160/2)\end{array}\right]}{300 \times (955-45)}$$

$$=707.67(\text{mm}^2)$$

2. 按第 3 组不利内力计算

$$M_0=M=302.05 \text{kN} \cdot \text{m}, \ N=1249.94 \text{kN}$$

$$e_0=M_0/N=302.05/1249.94=0.242(\text{m})=242 \text{mm}$$

$$e_a=33.3 \text{mm}, \ e_i=e_0+e_a=242+33.3=275.3(\text{mm})$$

考虑挠度的二阶效应对偏心距的影响。

$$\zeta_c=\frac{0.5f_cA}{N}=\frac{0.5 \times 11.9 \times 209.6 \times 10^3}{1249.94 \times 10^3}=0.998$$

$$\eta_s = 1 + \frac{1}{1500\frac{e_i}{h_0}}\left(\frac{l_0}{h}\right)^2 \zeta_c = 1 + \frac{1}{1500\times\frac{275.3}{955}}\times\left(\frac{7850}{1000}\right)^2\times0.998 = 1.14$$

$$M = \eta_s M_0 = 1.14\times302.05 = 344.34(\text{kN}\cdot\text{m})$$

$$e_i = e_0 + e_a = \frac{M}{N} + e_a = \frac{344.34\times10^6}{1249.94\times10^3} + 33.3 = 308.82(\text{mm})$$

由于 $e_i = e_0 + e_a = 308.82\text{mm} > 0.3h_0 = 286.5\text{mm}$ 且 $N < N_b = 1283.18\text{kN}$，因此按大偏压计算。

$$e = e_i + \frac{h}{2} - a_s = 66.1 + \frac{1000}{2} - 45 = 521.1(\text{mm})$$

由于 N 较大，假设受压区在腹板范围。

$$x = \frac{N - \alpha_1 f_c h'_f(b'_f - b)}{\alpha_1 f_c b}$$

$$= \frac{1249.94\times10^3 - 1.0\times11.9\times160\times(400-120)}{1.0\times11.9\times120}$$

$$= 501.97(\text{mm}) > h'_f = 160\text{mm}$$

故计算正确。

$$x = 501.97\text{mm} < \xi_b h_0 = 0.55\times955 = 525.25(\text{mm}) \text{ 且 } x > 2a'_s = 90(\text{mm})$$

$$e = e_i + \frac{h}{2} - a_s = 308.82 + \frac{1000}{2} - 45 = 763.82(\text{mm})$$

$$A_s = A'_s = \frac{Ne - \alpha_1 f_c\left[bx\left(h_0 - \frac{x}{2}\right) + (b'_f - b)h'_f\left(h_0 - \frac{h'_f}{2}\right)\right]}{f'_y(h_0 - a'_s)}$$

$$= \frac{1249.94\times10^3\times763.82 - 1.0\times11.9\times\left[\begin{array}{c}120\times501.97\left(955 - \frac{501.97}{2}\right)\\+(400-120)\times160\times\left(955 - \frac{160}{2}\right)\end{array}\right]}{300\times(955-45)} < 0$$

说明此组内力不起控制作用。

3. 按第 4 组不利内力配筋计算

$$M_0 = M = 436.72\text{kN}\cdot\text{m}, \quad N = 410.82\text{kN}$$

$$e_0 = M_0/N = 436.72/410.82 = 1.063(\text{m}) = 1063\text{mm}$$

$$e_a = 33.3\text{mm}, \quad e_i = e_0 + e_a = 1063 + 33.3 = 1096.3(\text{mm})$$

考虑挠度的二阶效应对偏心距的影响：

$$\zeta_c = \frac{0.5f_c A}{N} = \frac{0.5\times11.9\times209.6\times10^3}{410.82\times10^3} = 3.04 > 1$$

取 $\zeta_c = 1$。

$$\eta_s = 1 + \frac{1}{1500\frac{e_i}{h_0}}\left(\frac{l_0}{h}\right)^2 \zeta_c = 1 + \frac{1}{1500\times\frac{1096.3}{955}}\left(\frac{7850}{1000}\right)^2\times1.0 = 1.04$$

$$M = \eta_s M_0 = 1.04\times436.72 = 454.19(\text{kN}\cdot\text{m})$$

$$e_i = e_0 + e_a = \frac{M}{N} + e_a = \frac{454.19 \times 10^6}{410.82 \times 10^3} + 33.3 = 1138.87 (\text{mm})$$

由于 $e_i = e_0 + e_a = 1138.87\text{mm} > 0.3h_0 = 286.5\text{mm}$ 且 $N < N_b = 1283.18\text{kN}$

因此按大偏压计算：

$$x = \frac{N}{\alpha_1 f_c b'_f} = \frac{410.82 \times 10^3}{1.0 \times 11.9 \times 400} = 86.3 \ (\text{mm}) < h'_f = 160\text{mm}, \text{此时中和轴在翼缘内。}$$

由于 $x < 2a'_s = 90\text{mm}$，故取 $x = 2a'_s$ 对受压区合力点写力矩，求钢筋面积。

纵向力至受压区合力点距离：

$$e' = e_i - \frac{h}{2} + a'_s = 1138.87 - \frac{1000}{2} + 45 = 683.87(\text{mm})$$

$$A_s = A'_s = \frac{Ne'}{f'_y(h_0 - a'_s)} = \frac{410.82 \times 10^3 \times 683.87}{300 \times (955 - 45)} = 1029.11(\text{mm}^2)$$

4. 选择钢筋及配筋率验算

下柱配筋选 $4 \oplus 22$，$A_s = A'_s = 1520\text{mm}^2$。满足上述计算要求。配筋情况见图 8 - 63 (b)，构造钢筋共 $10 \oplus 12$，面积 $A_1 = 1131\text{mm}^2$。

按一侧受力钢筋验算最小配筋率：

$$\frac{A_s}{A} = \frac{1520}{209.6 \times 10^3} = 0.725\% > 0.2\%$$

满足要求。

按全部纵向受力钢筋验算最小配筋率：

$$\frac{\sum A_s}{A} = \frac{1520 \times 2}{209.6 \times 10^3} = 1.45\% > 0.6\%$$

满足要求。

按全部纵向钢筋验算最大配筋率：

$$\frac{\sum A_s}{A} = \frac{A_s + A'_s + A_1}{A} = \frac{2 \times 1520 + 1131}{209.6 \times 10^3} = 1.98\% < 5\%$$

满足要求。

5. 垂直于排架方向承载力验算

按Ⅲ—Ⅲ截面最大轴力 $N_{\max} = 1229.94\text{kN}$ 验算轴心受压承载力：

$$l_{oy} = 7.85\text{m}, i_y = 92.8\text{mm}, \frac{l_{0y}}{i_y} = \frac{7.85 \times 10^3}{92.8} = 84.59$$

查《混凝土结构设计原理》教材中关于轴心受压稳定系数，按线性插入法：

$$\varphi = \frac{0.6 - 0.65}{90 - 83} \times (84.59 - 83) + 0.65 = 0.64$$

$$N_u = 0.9 \times 0.64 \times [11.9 \times (209.6 \times 10^3 - 1520 \times 2) + 300 \times 1520 \times 2]$$
$$= 1941.2(\text{kN}) > N_{\max} = 1229.94\text{kN}$$

满足要求。

结论：下柱截面选定 A_s、A'_s 分别为 $4 \oplus 22$ 能够满足下柱承载力和构造要求。

（五）柱裂缝宽度验算

《混凝土结构设计规范》（GB 50010—2010）规范规定，在荷载准永久组合下 $e_0 = M_q/$

$N_q \geqslant 0.55h_0$ 需要进行裂缝宽度验算。上柱，$0.55h_0 = 195.25$（mm），下柱 $0.55h_0 = 525.25$（mm）。各截面偏心距如下。

Ⅰ-Ⅰ截面：$e_0 = \dfrac{M_q}{N_q} = \dfrac{23.6}{334.37} = 0.071$（m）$= 71\text{mm} < 195.25\text{mm}$

Ⅱ-Ⅱ截面：$e_0 = \dfrac{M_q}{N_q} = \dfrac{66.48}{378.17} = 0.176$（m）$= 176\text{mm} < 525.25\text{mm}$

Ⅲ-Ⅲ截面：$e_0 = \dfrac{M_q}{N_q} = \dfrac{24.50}{410.82} = 0.060$（m）$= 60\text{mm} < 525.25\text{mm}$

因此，各截面均不需进行裂缝宽度验算。

（六）柱箍筋配置

非地震地区单层厂房柱，其箍筋一般由构造要求来控制。根据构造要求，上柱及下柱矩形截面部分箍筋采用 $\phi8@200$ 箍筋，下柱工字形截面部分箍筋采用 $\phi8@250$，详见图 8-72。

七、牛腿设计

1. 截面尺寸确定（见图 8-64）。

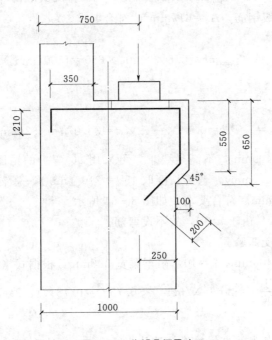

图 8-64　牛腿几何尺寸

牛腿所受到的竖向力包括吊车对排架柱产生的最大压力及吊车梁、轨道及零件自重。

$$F_{vk} = D_{\max k} + G_{3k} = 515.48 + 43.8 = 559.64(\text{kN})$$

吊车梁翼缘与上柱连接，吊车水平荷载直接传给上柱，所以 $F_{hk} = 0$。

根据牛腿裂缝控制要求：

$$F_{vk} \leqslant \beta\left(1 - 0.5\,\frac{F_{hk}}{F_{vk}}\right)\frac{f_{tk}bh_0}{0.5 + \dfrac{a}{h_0}}$$

F_{vk} 作用点：$a = -250 + 20 = -230$（mm），位于牛腿内取 $a = 0$，故

$$F_{vk} \leqslant \beta \frac{f_{tk} b h_0}{0.5}$$

β 为裂缝控制系数，支承吊车梁牛腿 $\beta = 0.65$。

C25 混凝土 $f_{tk} = 1.78 \text{N/mm}^2$，则

$$h_0 = \frac{0.5 F_{vk}}{\beta \cdot f_{tk} b} = \frac{0.5 \times 559.64 \times 10^3}{0.65 \times 1.78 \times 400} = 604.6 \text{(mm)}$$

牛腿顶纵筋保护层厚度取 30mm，纵筋合力点距混凝土近边距离 a_s 取 40mm。

$$h = h_0 + a_s = 604.6 + 40 = 644.6 \text{(mm)}$$

取 $h = 650 \text{mm}$。

2. 牛腿配筋计算

由于 $F_{hs} = 0$，F_{vs} 作用点位于牛腿内，故牛腿纵筋按构造配置。最小配筋率：ρ_{min} 取 0.2% 及 $0.45 f_t / f_y = 0.45 \times 1.27 / 300 = 0.19\%$ 中的较大值，因此 ρ_{min} 取 0.2%。

按最小配筋率计算的纵筋面积：

$$A_s \geqslant \rho_{min} b h = 0.2\% \times 400 \times 650 = 520 \text{(mm)}$$

取 $4\phi14$ HRB335 级钢筋，$A_s = 615 \text{mm}^2$，符合要求。

按最大配筋率：

$$A_s \leqslant \rho_{max} b h = 0.6\% \times 400 \times 650 = 1560 \text{(mm}^2\text{)}$$

符合要求。

纵筋锚固长度：

$$l_a = \alpha \frac{f_y}{f_t} d = 0.14 \times \frac{300}{1.27} \times d = 33.07 d = 463 \text{(mm)}$$

上柱截面宽度为 400mm，不满足要求，可采用 90° 弯折的锚固方式，水平段长度取 350mm > $0.4 l_a = 185.2$（mm），弯折长度取 $15d = 210$（mm），总锚固长度 $l = 350 + 210 = 560$（mm）> $l_a = 463$mm。符合要求，如图 8 - 64 所示。

箍筋选用 $\phi8@100$。由于 $a = 0$，故不设弯筋。

3. 吊车梁下局部受压验算

垫板取 400mm × 400mm，$\delta = 10$，吊车梁宽 300mm，根据式（8 - 27），有

$$\frac{F_{vk}}{A} = \frac{559.64 \times 10^3}{300 \times 400} = 4.66 \text{(N/mm}^2\text{)} < 0.75 f_c = 0.75 \times 11.9 = 8.925 \text{(N/mm}^2\text{)}$$

满足要求。

4. 吊车梁上翼缘与上柱内侧的连接设计

锚筋选择 $4\phi10$ 的 HPB300 级钢筋（见图 8 - 65），$A_s = 314 \text{mm}^2$，则

$$T_{max} = 18.58 \times 1.4 = 26.01 \text{(kN)}$$

根据式（8 - 28），有

$$0.8 \alpha_b f_y A_s = 0.8 \times (0.6 + 0.25 \times t/d) f_y A_s$$
$$= 0.8 \times (0.6 + 0.25 \times 10/10) \times 270 \times 314$$
$$= 57.65 \text{(kN)} > T_{max}$$

锚筋面积满足要求。

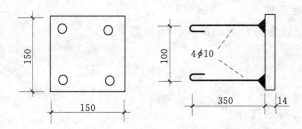

图 8 - 65 吊车梁上翼缘与上柱内侧连接的预埋件

锚筋预埋长度的确定：

$$l_a = \alpha \frac{f_y}{f_t} d = 0.16 \times \frac{270}{1.27} d = 34.02d = 34.02 \times 10 = 340.2 \text{ (mm)}$$

取 350mm，锚筋端部做弯钩。

锚板采用 Q345 级钢，锚板厚度应根据受力情况确定，且不小于锚筋直径 60%，受拉和受弯预埋件的锚板厚度尚宜大于 $b/8$，b 为锚筋间距，本设计锚板厚度取 14mm，符合要求。锚筋与锚板采用 T 形焊接，焊缝高度应根据计算确定，取 8mm。

八、柱吊装验算

柱混凝土强度达到设计强度的 100% 起吊，采用翻身起吊，绑扎起吊点设在牛腿下部，单点起吊。计算简图如图 8 - 66 所示。

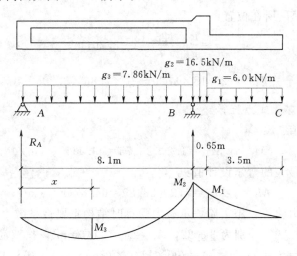

图 8 - 66 柱吊装验算简图

1. 柱的长度确定

在确定排架计算简图中，已定出柱从基础顶面至柱顶的长度为 11.35m，现要确定排架柱插入杯口的深度。

插入杯口的深度：按表 8 - 16 取 900mm；按钢筋锚固长度 $l_a = 33.07 \times 22 = 727.54$ （mm）；假定柱长 11.35+0.9=12.25 （m）；插入杯口的深度 $h_1 \geqslant 0.05 \times$ 柱长 $= 0.05 \times 12.25 = 0.613$ （m），故柱插入杯口的长度取 900mm 满足要求。排架柱的总长度为 12.25m。

柱高 ±0.00 以上 200mm 至牛腿以下 200mm 范围内做成工字形。

2. 柱吊装验算的荷载

柱吊装验算的荷载为柱自重，荷载标准值如下。

上柱：$g_{1k}=4.0\times1.5=6(kN/m)$

牛腿部分：$g_{2k}=0.4\times1.1\times25\times1.5=16.5(kN/m)$

下柱：$g_{3k}=5.24\times1.5=7.86(kN/m)$

3. 柱吊装时内力标准值计算

各控制截面弯矩计算如下：

上柱底：

$$M_{1k}=\frac{1}{2}\times6.0\times3.5^2=36.75(kN\cdot m)$$

吊点（牛腿下部）

$$M_{2k}=\frac{1}{2}\times6.0\times(3.5+0.65)^2+\frac{1}{2}\times(16.5-6.0)\times0.65^2=53.89(kN\cdot m)$$

由 $\sum M_B=0$，得

$$R_A\times8.1-\frac{1}{2}\times7.86\times8.1^2+53.89=0$$

则

$$R_A=\frac{\dfrac{1}{2}\times7.86\times8.1^2-53.89}{8.1}=25.18\ (kN)$$

跨中最大弯矩 M_{3k} 所在位置：

$$x=\frac{R_A}{g_3}=\frac{25.18}{7.86}=3.20(m)$$

则

$$M_{3k}=R_Ax-\frac{1}{2}g_3x^2=25.18\times3.20-\frac{1}{2}\times7.86\times3.20^2=40.33(kN\cdot m)$$

4. 柱起吊时受弯承载力验算

上柱弯矩设计值：

$$M_1=\gamma_GM_{1k}=1.2\times36.75=44.1(kN\cdot m)$$

下柱取绝对值最大的弯矩设计值：

$$M_2=\gamma_GM_{2k}=1.2\times53.89=64.67(kN\cdot m)$$

上柱受弯承载力验算：施工阶段承载力验算时结构重要性系数 γ_0 取 0.9。

上柱配筋为 A_s、A'_s 分别为 $3\ \phi\ 22$，$A_s=A'_s=1140mm^2$，按双筋截面计算：

$$M_u=f_yA_s(h_0-a'_s)=300\times1140\times(355-45)=106.02(kN\cdot m)$$
$$>\gamma_0M_1=0.9\times44.1=39.69(kN\cdot m)$$

上柱截面受弯承载力满足要求。

下柱截面配筋 A_s、A'_s 分别为 $4\ \phi\ 22$，$A_s=A'_s=1520mm^2$，按双筋截面计算：

$$M_u=f_yA_s(h_0-a'_s)=300\times1520\times(955-45)=414.96(kN\cdot m)$$
$$>\gamma_0M_2=0.9\times64.67=58.20(kN\cdot m)$$

下柱截面受弯承载力满足要求。

5. 柱起吊时裂缝宽度验算

验算公式：

$$\omega_{max} = \alpha_{cr}\psi\frac{\sigma_{sq}}{E_s}\left(1.9c_s + 0.08\frac{d_{eq}}{\rho_{te}}\right) \leqslant \omega_{lim} = 0.2mm$$

荷载准永久组合下弯矩设计值：

上柱底：

$$M_{1q} = M_{1k} = 36.75kN \cdot m$$

下柱牛腿根部：

$$M_{2q} = M_{2k} = 53.89kN \cdot m$$

（1）上柱裂缝宽度验算。

按准永久组合计算的钢筋应力：

$$\sigma_{sq} = \frac{M_{1q}}{0.87A_sh_0} = \frac{36.75\times10^6}{0.87\times1140\times355} = 104.38(N/mm^2)$$

按有效受拉混凝土截面面积计算的纵向受拉钢筋配筋率：

$$\rho_{te} = \frac{A_s}{0.5bh} = \frac{1140}{0.5\times400\times400} = 0.014 > 0.01$$

符合要求。

裂缝间纵向受拉钢筋应变不均匀系数：

$$\psi = 1.1 - 0.65\frac{f_{tk}}{\rho_{te}\sigma_{sk}} = 1.1 - 0.65\times\frac{1.78}{0.014\times104.38} = 0.308 > 0.2 \text{ 且小于 } 1.0$$

符合要求。

最外层纵向受拉钢筋外边缘至受拉区底边的距离 $c_s = 35mm$。

受拉区纵向钢筋等效直径：

$$d_{eq} = \frac{\sum n_i d_i^2}{\sum n_i \nu_i d_i} = \frac{3\times22^2}{3\times1.0\times22} = 22(mm)$$

钢筋弹性模量：

$$E_s = 2.0\times10^5(N/mm^2)$$

$$\omega_{max} = \alpha_{cr}\psi\frac{\sigma_{sq}}{E_s}\left(1.9c_s + 0.08\frac{d_{eq}}{\rho_{te}}\right)$$

$$= 1.9\times0.308\times\frac{104.38}{2.0\times10^5}\times\left(1.9\times35 + 0.08\times\frac{22}{0.014}\right)$$

$$= 0.06mm < \omega_{lim} = 0.2mm$$

上柱裂缝宽度验算符合要求。

（2）下柱裂缝宽度验算：

$$\sigma_{sq} = \frac{M_{2q}}{0.87A_sh_0} = \frac{53.89\times10^6}{0.87\times1520\times955} = 42.67(N/mm^2)$$

$$\rho_{te} = \frac{A_s}{0.5bh} = \frac{1520}{0.5\times209.6\times10^3} = 0.0145 > 0.01$$

符合要求。

$$\psi = 1.1 - 0.65\frac{f_{tk}}{\rho_{te}\sigma_{sk}} = 1.1 - 0.65\times\frac{1.78}{0.0145\times42.67} < 0.2$$

取 0.2。

$c_s = 35$mm。

$$d_{eq} = \frac{\sum n_i d_i^2}{\sum n_i \nu_i d_i} = \frac{4 \times 22^2}{4 \times 1.0 \times 22} = 22 \text{(mm)}$$

$$E_s = 2.0 \times 10^5 \text{N/mm}^2$$

$$\omega_{\max} = \alpha_{cr} \psi \frac{\sigma_{sq}}{E_s} \left(1.9 c_s + 0.08 \frac{d_{eq}}{\rho_{te}}\right)$$

$$= 1.9 \times 0.2 \times \frac{42.67}{2.0 \times 10^5} \times \left(1.9 \times 35 + 0.08 \times \frac{22}{0.0145}\right)$$

$$= 0.015 \text{(mm)} < \omega_{\lim} = 0.2 \text{(mm)}$$

下柱裂缝宽度验算符合要求。

结论：柱吊装验算符合要求。

九、柱下基础设计

以 A 柱基础为例，基础形式采用柱下独立杯形基础。

基础设计的内容包括：按地基承载力确定基础底面尺寸，按基础抗冲切和抗剪承载力要求确定基础高度。根据《建筑地基基础设计规范》（GB 50007—2011）的规定，6m 柱距单层多跨排架结构，地基承载力特征值 $200\text{kN/m}^2 \leqslant f_{ak} < 300\text{kN/m}^2$、吊车起重量 $30 \sim 75$t 厂房跨度 $l \leqslant 30$m，设计等级为丙级时，可不做地基变形验算。因此，本设计不进行地基变形的验算。

基础材料选用：基础用 C25 混凝土，钢筋为 HPB300 级，基础下垫层用 C10 混凝土。预制柱和基础之间用 C30 细石混凝土填充。

（一）按构造要求确定基础的高度尺寸

前面确定了预制柱插入基础的深度为 $h_1 = 900$mm，柱底留 50mm 的间隙，柱子与杯口之间的空隙用 C30 细石混凝土填充。根据表 8-17，基础杯底厚度 $a_1 = 200$mm，杯壁厚度 $t = 400$mm（满足基础梁支承宽度要求），则基础的高度为

$$h = h_1 + a_1 + 50$$
$$= 900 + 200 + 50$$
$$= 1150 \text{ (mm)}$$

此值与前面假定的基础高度 1000mm 略有误差，可以满足计算要求。杯壁高度 h_2 按台阶下面的基础抗冲切条件确定，应尽量使得 h_2 大一些以减少基础混凝土

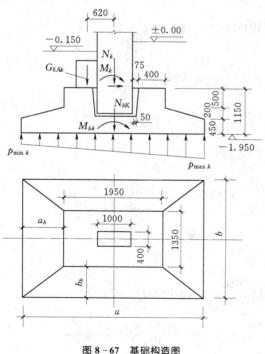

图 8-67 基础构造图

的用量，初步确定 $h_2 = 500$mm，$t/h_2 = 0.8 > 0.75$，因此杯壁可不配筋。基础底面尺寸按地基承载力条件确定。基础的构造如图 8-67 所示。

（二）确定基础顶面上的荷载

作用于基础顶面上的荷载包括柱底（Ⅲ—Ⅲ截面）传至基础顶面的弯矩 M、轴力 N、剪力 V 及由基础梁传来的荷载。

柱底传至基础顶面 M、N、V 由表 8-21 中的Ⅲ—Ⅲ截面选取（见表 8-23）。内力标准组合用于确定基础底面尺寸，即地基承载力验算。内力基本组合用于基础首冲切承载力验算和基础底板配筋计算。内力正负号规定见图 8-67。由基础梁传到基础顶面的永久荷载标准值为 $G_{6Ak}=276.5\text{kN}$，对基础中心线的偏心距为 $e_6=620\text{mm}$（见图 8-67）。

表 8-23　　　　　　　　　　　**基础设计时基础顶面不利内力选择**

内力种类	荷载效应基本组合				荷载效应标准组合			
	第 1 组	第 2 组	第 3 组	第 4 组	第 1 组	第 2 组	第 3 组	第 4 组
M (kN·m)	496.86	−433.02	302.05	436.72	358.07	−302.96	218.92	318.28
N (kN)	942.02	568.04	1249.94	410.82	731.56	523.12	951.50	410.82
V (kN)	70.53	−45.74	40.17	68.75	51.93	−29.57	30.24	52.21

（三）基础底面尺寸确定

1. 地基承载力特征值的确定

根据设计任务书地基持力层承载力特征值 $f_{ak}=240\text{kN/m}^2$。按《建筑地基基础设计规范》（GB 50007—2011）的要求，需要进行宽度和深度的修正。由于基础宽度较小（一般小于 3m），故仅考虑基础埋深的修正。经修正后的地基承载力特征值为

$$f_a=f_{ak}+\eta_d\gamma_m(d-0.5)=240+1.6\times17.5(1.8-0.5)=276.4(\text{kN/m}^2)$$

$$1.2f_a=331.68(\text{kN/m}^2)$$

2. 换算到基础底面的弯矩和轴向力标准值

按荷载效应标准组合并考虑基础梁转来的荷载，各组内力传到基础底面的弯矩标准值 M_{bk} 和轴向力标准值 N_{bk} 如表 8-24 所示。

$$N_{bk}=N_k+G_{6Ak}$$

$$M_{bk}=M_k+V_kh-G_{6Ak}e_6$$

表 8-24　　　　　　　　**按荷载效应标准组合传至基础底面的内力标准值**

内 力 种 类	第 1 组	第 2 组	第 3 组	第 4 组
M_K (kN·m)	358.07	−302.96	218.92	318.28
N_k (kN)	731.56	523.12	951.5	410.82
V_k (kN)	51.93	−29.57	30.24	52.21
N_{bk} (=N_k+G_{6Ak}) (kN)	1008.06	799.62	1228.00	687.32
M_{bk}(=$M_k+V_kh-G_{6Ak}e_6$)(kN·m)	246.36	−508.40	82.27	206.89

3. 按地基承载力确定基础底面尺寸

先按第 4 组内力标准值计算基础底面尺寸。

基础的平均埋深为

$$d=1.8+0.15/2=1.875(\text{m})$$

按中心受压确定基础底面面积 A：

$$A = \frac{N_{bk}}{f_a - \gamma_G d} = \frac{1202.8}{265.4 - 20 \times 1.875} = 5.3(\text{m}^2)$$

增大 25%，则

$$1.2A = 1.25 \times 5.3 = 6.63(\text{m}^2)$$

所以取 $b = 2.0\text{m}$，$a = 1.7b = 3.4$ (m)。

以上是初步估计的基础底面尺寸，还必须进行地基承载力验算。

基础底面面积：

$$A = a \times b = 3.4 \times 2 = 6.8(\text{m}^2)$$

基础底面的抵抗矩：

$$W = \frac{1}{6} \times b \times a^2 = \frac{1}{6} \times 2 \times 3.4^2 = 3.85(\text{m}^3)$$

基础和回填土的平均重力：

$$G_k = \gamma_m dA = 20 \times 1.875 \times 6.8 = 255(\text{kN})$$

地基承载力验算应符合下列要求：

$$p_k = \frac{p_{\text{max}k} + p_{\text{min}k}}{2} \leqslant f_a (= 276.4\text{kN/m}^2)$$

$$p_{\text{max}k} = \frac{N_{bk} + G_k}{A} + \frac{M_{bk}}{W_k} \leqslant 1.2f_a (= 331.68\text{kN/m}^2)$$

$$p_{\text{min},k} \frac{N_{bk} + G_k}{A} - \frac{M_{bk}}{W_k} > 0$$

在各组内力作用下，地基承载力验算如表 8-25 所示。

表 8-25 地 基 承 载 力 验 算 表

内力种类	第 1 组	第 2 组	第 3 组	第 4 组
N_{bk} （kN）	1008.06	799.62	1228.00	687.32
M_{bk} （kN·m）	246.36	−508.40	82.27	206.89
$p_k = \frac{p_{\text{max}k} + p_{\text{min}k}}{A}$ （kN·m）	185.74<276.4	155.09<276.4	218.09<276.4	138.58<276.4
$p_{\text{max}k} = \frac{N_{bk} + G_k}{A} + \frac{M_{bk}}{W_k}$ （kN/m²）	249.73<331.68	287.14<331.68	239.46<331.68	192.31<331.68
$p_{\text{min}k} = \frac{N_{bk} + G_k}{A} - \frac{M_{bk}}{W_k}$ （kN/m²）	121.75>0	23.04>0	196.72>0	84.84>0

经验算 2.0m×3.4m 的基础底面尺寸满足地基承载力要求。基础边缘高度取 450mm（大于 200mm），锥形基础斜面高度为 200mm，斜面水平长度 $a_b = 725$mm，坡度为 1:3.6，小于允许坡度 1:3。短边方向杯壁至基础边缘水平长度 $b_b = 325$mm，由于长度较小，也可不放坡（见图 8-67）。

(四) 基础设计

1. 换算到基础底面的弯矩和轴向力设计值

按荷载效应基本组合并考虑基础梁转来的荷载，如图 8-68 所示。各组内力传到基础

底面的弯矩设计值 M_b 和轴向力设计值 N_b 见表 8 - 26，$N_b = N + 1.2G_{6Ak}$；$M_b = M + Vh - 1.2G_{6Ak}e_6$。

基础设计时采用地基净反力，不考虑基础及回填土自重。各组内力求出的地基净反力 p_n、p_{nmax} 及 p_{nmin} 见表 8 - 26 所示。其计算方法如下：

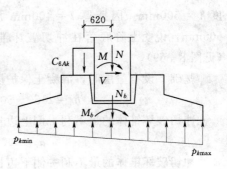

图 8 - 68 基础设计计算简图

$$p_{nmax} = \frac{N_b}{A} + \frac{M_b}{W}$$

$$p_{nmin} = \frac{N_b}{A} - \frac{M_b}{W}$$

$$p_n = \frac{p_{nmax} + p_{nmin}}{2}$$

由于由于第 2 组内力求出的地基净反力 $p_{nmin} < 0$，p_{nmax} 应重新计算（见图 8 - 69）。求合力偏心距：

$$e_n = \frac{M_b}{N_b} = \frac{691.36}{899.84} = 0.768 \, (\text{m})$$

合力到最大压力边的距离：

$$K = 0.5a - e_n = 0.5 \times 3.4 - 0.768 = 0.932 \, (\text{m})$$

根据力的平衡条件

$N_b = \frac{1}{2} p_{nmax} \times 3Kb$，得

$$p_{nmax} = \frac{2N_b}{3Kb} = \frac{2 \times 899.84}{3 \times 0.932 \times 2.0} = 321.83 \, (\text{kN/m}^2)$$

$$p_{nmin} = 0.0$$

$$p_n = \frac{p_{nmax} + p_{nmin}}{2} = \frac{321.83 + 0}{2} = 160.92 \, (\text{kN/m}^2)$$

表 8 - 26　按荷载效应基本组合传至基础底面的内力设计值及地基净反力

内力种类	第 1 组	第 2 组	第 3 组	第 4 组
M（kN·m）	496.86	−433.02	302.05	436.72
N（kN）	942.02	568.04	1249.94	410.82
V（kN）	70.53	−45.74	40.17	68.75
$N_b = N + 1.2G_{6Ak}$（kN）	1273.82	899.84	1581.74	742.62
$M_b = M + Vh - 1.2G_{6Ak}e_6$（kN·m）	372.25	−691.34	142.53	310.07
$p_{nmax} = \dfrac{N_b}{A} + \dfrac{M_b}{W}$（kN/m²）	284.02	321.83	269.63	189.75
$p_{nmin} = \dfrac{N_b}{A} - \dfrac{M_b}{W}$（kN/m²）	90.64	0.00	195.59	28.67
$p_n = \dfrac{p_{nmax} + p_{nmin}}{2}$（kN/m²）	187.33	160.92	232.61	109.21

2. 基础抗冲切承载力验算

冲切承载力按第 2 组荷载作用下地基最大净反力验算：$p_{nmax} = 346.12 \text{kN/m}^2$。杯壁高

度 $h_2 = 500\text{mm}$。因壁厚 $t = 400\text{mm}$ 加填充 75mm，则共 475mm，小于杯壁高度 $h_2 = 500\text{mm}$，说明上阶底落在冲切破坏锥体以内，故仅需对台阶以下进行冲切承载力验算（见图 8 - 69）。

基础下设有垫层时，混凝土保护层厚度取 40mm。冲切破坏锥体的有效高度为

$$h_0 = 1150 - 500 - 45 = 650 - 45 = 605(\text{mm})$$

冲切破坏锥体的最不利一侧上边长：

$$a_t = 400 + 2 \times 475 = 1350(\text{mm})$$

冲切破坏锥体的最不利一侧下边长：

$$a_b = 1350 + 2 \times 605 = 2560(\text{mm}) > 2000\text{mm}$$

所以取 $a_b = 2000\text{mm}$

$$a_m = \frac{a_t + a_b}{2} = \frac{1350 + 2000}{2} = 1675(\text{mm})$$

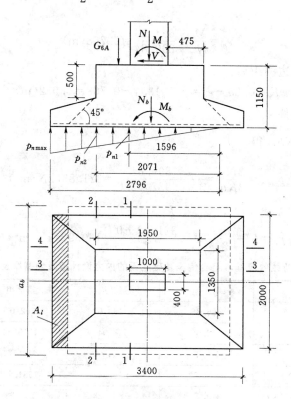

图 8 - 69　基础冲砌计算简图

考虑冲切荷载时的基础底面积近似为

$$A_l = 2.0 \times \left(\frac{3.4}{2} - \frac{1.95}{2} - 0.605 \right) = 0.24(\text{m}^2)$$

冲切力：

$$F_l = p_{n\max} A_l = 321.83 \times 0.24 = 77.24\text{kN}$$

抗冲切力的计算：

$$h = 650\text{mm} < 800\text{mm}, \beta_{hp} = 1.0, f_t = 1.1\text{N/mm}^2$$

$$0.7\beta_{hp}f_{t}a_{m}h_{0}=0.7\times1.0\times1.1\times1675\times605=780.30(kN)>77.24kN$$

所以抗冲切力满足要求。

3. 基础受剪承载力验算

基础底面宽度 2000mm 小于柱宽加两倍基础有效高度，即 $400+2\times1105=2610$ (mm)，因此需要对基础进行受剪承载力验算。验算位置为柱与基础交接处（1—1 截面）、变阶处（2—2 截面），如图 8-69、图 8-70 所示。

第 2 组内力产生的基底净反力见图 8-69，第 1、3、4 组内力产生的基底净反力见图 8-70。柱边、变阶处地基净反力计算方法如下。

第 1、3、4 组基地净反力：

$$p_{n1}=p_{nmin}+\frac{2.2}{3.4}(p_{nmax}-p_{nmin})$$

$$p_{n2}=p_{nmin}+\frac{2.575}{3.4}(p_{nmax}-p_{nmin})$$

第 2 组基地净反力：

$$p_{n1}=\frac{1.596}{2.796}p_{nmax}$$

$$p_{n2}=\frac{2.071}{2.796}p_{nmax}$$

柱边、变阶处地基净反力计算结果如表 8-27 所示。

表 8-27　　　　　　　　　　柱边及变阶处地基净反力计算

参数	第 1 组	第 2 组	第 3 组	第 4 组
p_{nmax}（kN/m²）	284.02	321.83	269.63	189.75
$p_{n,min}$（kN/m²）	90.64	0.00	195.59	28.67
p_{n1}（kN/m²）	215.76	183.71	243.50	132.90
p_{n2}（kN/m²）	237.09	238.38	251.66	150.66
$\frac{p_{nmax}+p_{n1}}{2}$（kN/m²）	249.89	252.77	256.56	161.32
$\frac{p_{nmax}+p_{n2}}{2}$（kN/m²）	260.55	280.10	260.65	170.20
$\frac{p_{nmax}+p_{nmin}}{2}$（kN/m²）	187.33	160.92	232.61	109.21

验算公式：$V_{s}\leqslant0.7\beta_{hs}f_{t}A_{0}$；$A_{0}=b_{0}h_{0}$，详见本章第二节第十一（六）部分。

1—1 截面受剪承载力验算如下。

截面有效高度：$h_{0}=1105mm$。

柱与基础交接处剪力设计值：

$$V_{s}=A\frac{p_{nmax}+p_{n1}}{2}=2.0\times(1.7-0.5)\times256.56=615.74(kN)$$

受剪承载力截面高度影响系数：

$$\beta_{hs}=(800/h_{0})^{1/4}=(800/1105)^{1/4}=0.922$$

C20 混凝土抗拉强度设计值：$f_{t}=1.1N/mm^{2}$。

截面有效宽度：

$$b_{y0}=\frac{b_{y1}h_{01}+b_{y2}h_{02}}{h_{01}+h_{02}}=\frac{2000\times605+1350\times500}{605+500}=1705.88(mm)$$

验算截面处基础的有效截面面积：

$$A_0 = b_{y0}h_0 = 1705.88 \times 1105 = 188.5 \times 10^4 \text{(mm}^2\text{)}$$

受剪承载力验算：

$$0.7\beta_{hs}f_tA_0 = 0.7 \times 0.922 \times 1.1 \times 188.5 \times 10^4 = 1338.24\text{(kN)} > V_s = 615.74\text{kN}$$

所以，1—1 截面验算受剪承载力满足要求。

2—2 截面受剪承载力验算如下。

截面有效高度：$h_0 = 605\text{mm}$。

变阶处剪力设计值：

$$V_s = A\frac{p_{n\max} + p_{n2}}{2} = 2.0 \times (1.7 - 0.5 \times 1.95) \times 280.10 = 406.15\text{(kN)}$$

受剪承载力截面高度影响系数：

$$\beta_{hs} = (800/h_0)^{1/4} = (800/800)^{1/4} = 1.0$$

C20 混凝土抗拉强度设计值：$f_t = 1.1\text{N/mm}^2$。

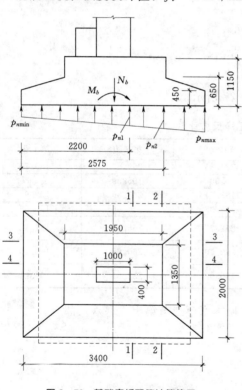

图 8 - 70 基础底板配筋计算简图

截面有效宽度：

$$b_{y0} = \left[1 - 0.5\frac{h_1}{h_0}\left(1 - \frac{b_{y2}}{b_{y1}}\right)\right]b_{y1}$$

$$= \left[1 - 0.5 \times \frac{200}{605} \times \left(1 - \frac{1350}{2000}\right)\right] \times 2000$$

$$= 1892.56\text{(mm)}$$

验算截面处基础的有效截面面积：

$$A_0 = b_{y0}h_0 = 1892.56 \times 605 = 114.5 \times 10^4 \text{(mm}^2\text{)}$$

受剪承载力验算：

$$0.7\beta_{hs}f_tA_0 = 0.7 \times 1.0 \times 1.1 \times 114.5 \times 10^4$$
$$= 881.65\text{(kN)} > V_s$$
$$= 406.15\text{(kN)}$$

所以，2—2 截面验算受剪承载力满足要求。

结论：基础受剪承载力满足要求。

4. 基础底板的配筋计算

沿基础长边方向钢筋的计算分别按柱边（1—1 截面）、变阶处（2—2 截面）两个截面计算，沿基础短边方向钢筋的计算分别按柱边（3—3 截面）、变阶处（4—4 截面）两个截面计算（见图 8 - 69、图 8 - 70）。

基础弯矩计算所用地基净反力计算见表 8 - 26。

（1）基础底板沿长边方向钢筋的计算。

$$M_1 = \frac{1}{24}\left(\frac{p_{n\max} + p_{n1}}{2}\right)(a - a_c)^2(2b + b_c)$$

$$= \frac{1}{24} \times 256.56 \times (3.4 - 1.0)^2(2 \times 2.0 + 0.4)$$

$$= 270.92\text{(kN} \cdot \text{m)}$$

$$h_{01} = 1150 - 45 = 1105 \text{(mm)}$$

则

$$A_{s1} = \frac{M_1}{0.9 f_y h_{01}} = \frac{270.92 \times 10^6}{0.9 \times 270 \times 1105} = 1008.96 \text{ （mm}^2\text{)}$$

$$M_2 = \frac{1}{24} \left(\frac{p_{n\max} + p_{n2}}{2} \right) (a - a_1)^2 (2b + b_1)$$

$$= \frac{1}{24} \times 280.10 \times (3.4 - 1.95)^2 \times (2 \times 2.0 + 1.35)$$

$$= 131.82 \text{ （kN·m)}$$

$$h_{02} = 650 - 45 = 605 \text{ （mm)}$$

则

$$A_{s2} = \frac{M_1}{0.9 f_y h_{02}} = \frac{131.82 \times 10^6}{0.9 \times 270 \times 605} = 896.64 \text{ （mm}^2\text{)}$$

按最小配筋率 0.15% 确定钢筋面积，计算截面详见本章第二节第十一（六）部分。

1—1 截面按最小配筋率 0.15% 确定钢筋面积：$h_{01} = 650 - 45 = 605$ （mm）；$h_{02} = 500 \text{mm}$。

截面有效高度：

$$h_0 = h_{01} + h_{02} = 1105 \text{mm}$$

截面有效宽度：

$$b_{y0} = \frac{b_{y1} h_{01} + b_{y2} h_{02}}{h_{01} + h_{02}} = 1705.88 \text{(mm)}$$

最小配筋面积：

$$A_{s\min} = \rho_{\min} b_{y0} h_0 = 0.15\% \times 1705.88 \times 1105 = 2827.5 \text{(mm}^2\text{)}$$

2—2 截面按最小配筋率 0.15% 确定钢筋面积。

截面有效高度：$h_0 = 605 \text{mm}$。

截面有效宽度：

$$b_{y0} = \left[1 - 0.5 \frac{h_1}{h_0} \left(1 - \frac{b_{y2}}{b_{y1}} \right) \right] b_{y1} = 1892.56 \text{(mm)}$$

最小配筋面积：

$$A_{s\min} = \rho_{\min} b_{y0} h_0 = 0.15\% \times 1892.56 \times 605 = 1717.50 \text{(mm}^2\text{)}$$

因此，基础底板沿长边方向钢筋面积应按最大值 $A_{s\max} = 2827.5 \text{mm}^2$ 确定。按《建筑地基基础设计规范》的规定：钢筋直径不小于 $\phi10$ 的钢筋间距不大于 200mm，也不小于 100mm。因此本设计钢筋直径用 $\phi14$，单根面积为 $A_{s1} = 153.9 \text{mm}^2$。

所需钢筋根数：

$$n = \frac{A_{s\max}}{A_{s1}} = \frac{2827.5}{153.9} = 18.4 \text{（根)}$$

取 19 根。

钢筋间距：

$$s = \frac{2000 - 2 \times 40}{18} = 106.4 \text{(mm)}$$

取 100mm。

基础底板沿长边方向的配筋为 $\phi14@100$，共 20 根，符合设计要求。由于基础的长边方向大于 2.5m，因此，该方向钢筋长度边长 0.9 倍，即 $0.9 \times 3.4 = 3.06$ （m）=

3060mm，并交错布置，钢筋可用同一编号。

（2）基础底板沿短边方向钢筋的计算。

$$M_3 = \frac{p_n}{24}(b-b_c)^2(2a+a_c) = \frac{232.61}{24} \times (2.0-0.4)^2 \times (2 \times 3.4+1.0) = 193.53(\text{kN} \cdot \text{m})$$

$$h_{03} = h_{01} - d = 1105 - 14 = 1091(\text{mm})$$

则

$$A_{s3} = \frac{M_3}{0.9 f_y h_{03}} = \frac{193.53 \times 10^6}{0.9 \times 270 \times 1091} = 730.00(\text{mm}^2)$$

$$M_4 = \frac{p_n}{24}(b-b_1)^2(2a+a_1) = \frac{232.61}{24} \times (2.0-1.35)^2 \times (2 \times 3.4+1.95) = 35.83(\text{kN} \cdot \text{m})$$

$$h_{04} = h_{02} - d = 605 - 14 = 591(\text{mm})$$

则 $A_{s4} = \dfrac{M_4}{0.9 f_y h_{04}} = \dfrac{35.83 \times 10^6}{0.9 \times 270 \times 591} = 249.49 \ (\text{mm}^2)$

按最小配筋率 0.15% 确定钢筋面积，计算截面详见本章第二节第十一（六）部分。

3—3 截面按最小配筋率 0.15% 确定钢筋面积。

$$h_{01} = 650 - 45 = 605(\text{mm}); h_{02} = 500(\text{mm})$$

截面有效高度：

$$h_0 = h_{01} + h_{02} = 1105(\text{mm})$$

截面有效宽度：

$$b_{x0} = \frac{b_{x1} h_{01} + b_{x2} h_{02}}{h_{01} + h_{02}} = \frac{3400 \times 605 + 1850 \times 500}{605 + 500} = 2743.89(\text{mm})$$

最小配筋面积：

$$A_{smin} = \rho_{min} b_{x0} h_0 = 0.15\% \times 2743.89 \times 1105 = 2548.0(\text{mm}^2)$$

4—4 截面按最小配筋率 0.15% 确定钢筋面积。

截面有效高度：$h_0 = 605\text{mm}$

截面有效宽度：

$$b_{x0} = \left[1 - 0.5 \frac{h_1}{h_0}\left(1 - \frac{b_{x2}}{b_{x1}}\right)\right]b_{x1} = \left[1 - 0.5 \times \frac{200}{605} \times \left(1 - \frac{1950}{3400}\right)\right] \times 3400 = 3160.33(\text{mm})$$

最小配筋面积：

$$A_{smin} = \rho_{min} b_{x0} h_0 = 0.15\% \times 3160.33 \times 605 = 2868.0(\text{mm}^2)$$

因此，基础底板沿长边方向钢筋面积应按最大值 $A_{smax} = 2868.0\text{mm}^2$ 确定。用 $\phi 14$ 钢筋，单根面积：$A_{s1} = 153.9\text{mm}^2$。

所需钢筋根数：

$$n = \frac{A_{smax}}{A_{s1}} = \frac{2868.0}{153.9} = 18.64(\text{根})$$

取 19 根。

钢筋间距：

$$s = \frac{3400 - 2 \times 40}{18} = 184(\text{mm})$$

取 180mm。

基础底板沿短边方向的配筋为 $\phi 14@180$，共 19 根，符合设计要求。

柱和基础的施工图见图 8-71。

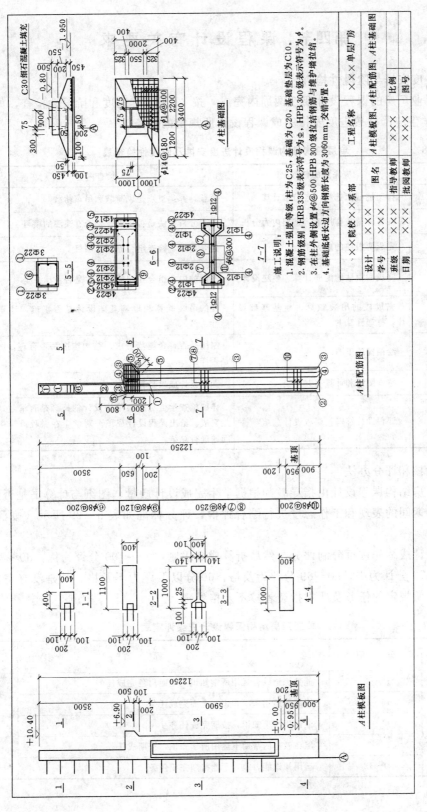

图 8-71　A 柱与 A 柱基础施工图

第四节 课程设计有关要求

一、进度安排与阶段性检查

单层工业厂房的课程设计要在两周内完成,按 12 天安排进度和阶段性检查,如表 8 - 28 所示。学生应严格按进度安排完成课程设计所规定的任务。

表 8 - 28　　　　　　　　单层厂房结构课程设计进度安排及阶段性检查表

时间安排	应完成的任务	检查内容
第 1～2 天	排架柱截面选择,各荷载计算	荷载计算:重点是风荷载和吊车荷载
第 3～4 天	在各种荷载作用下,排架内力分析	内力分析方法是否正确,是否有遗漏的项目
第 4～6 天	完成两根柱的内力组合	这是重点,检查组合原则、项目
第 7～8 天	完成两根柱的配筋计算、牛腿设计	不同的内力组合在配筋计算中是否考虑齐全
第 9 天	完成柱的吊装验算、地基基础设计,整理计算书	柱的吊装验算和地基基础设计是否正确,计算书的完整性
第 10～11 天	绘结构施工图	制图是否符合规范要求,结构构造是否合理,图面表达是否详细
第 12 天	整理图纸和计算书并上交	课程设计成果是否齐全
第 13 天	课程设计答辩;课程设计总结	详细检查学生对排架结构设计的概念是否清楚,是否独立完成。给出课程设计成绩。对学生在课程设计中存在的问题进行总结

二、考核和评分办法

单层厂房结构课程设计由指导教师根据学生完成设计质量、图纸与计算书是否独立完成以及设计期间的表现和工作态度进行综合评价,评分标准如表 8 - 29 所示(按百分制,最后折算)。

课程设计成绩先按百分制评分,然后折算成 5 级制:90～100 分评为优,80～89 分评为良,70～79 分评为中,60～69 分评为及格,60 分以下评为不及格。凡是没有完成课程设计任务书所规定的任务及严重抄袭者按不及格处理。

表 8－29　　　　　　　　　单层厂房结构课程设计成绩评定表

项　目	分　值	评　分　标　准	实评分
完成任务	18～20	能熟练地综合运用所学知识,全面出色完成任务	
	16～18	能综合运用所学知识,全面完成任务	
	14～16	能运用所学知识,按期完成任务	
	12～14	能在教师的帮助下运用所学知识,按期成任务	
	0～12	运用知识能力差,不能按期完成任务	

项　目	分　值	评　分　标　准	实评分
计算书	54～60	结构计算的基本原理、方法、计算简图完全正确。荷载传递思路清楚、运算正确。计算书完整、系统性强、书写工整、便于审核	
	48～54	结构计算的基本原理、方法、计算简图正确。荷载传递思路基本清楚，运算无误。计算书完整、有系统、书写清楚	
	42～48	结构计算的基本原理、方法、计算简图正确。荷载传递思路清楚、运算正确。计算书完整、系统性强、书写工整、便于审核	
	36～42	结构计算的基本原理、方法、计算简图基本正确。荷载传递思路不够清楚，运算有错误。计算书无系统性、书写潦草，便于审核	
	0～42	结构计算的基本原理、方法、计算简图不正确。荷载传递思路不清楚，运算错误多。计算书书写不认真，无法审核	
图纸	18～20	正确表达设计意图；图例、符号、习惯做法符合规定。有解决特殊构造做法之处，图面布置、线条、字体很好，图纸无错误	
	16～18	正确表达设计意图；图例、符号、习惯做法符合规定。在理解基础上照样图绘制施工图，图面布置、线条、字体很好，图纸有小错误	
	14～16	尚能表达设计意图；图例、符号、习惯做法符合规定。有抄图现象。图面布置、线条、字体一般，图纸有小错误	
	12～14	能表达设计意图；习惯做法符合规定。有抄图不求甚解现象。图面布置不合理、内容空虚	
	0～12	不能表达设计意图；习惯做法不符合规定。有抄图不求甚解现象。图面布置不合理、内容空虚、图纸错误多	
合　计			

三、课程设计中存在的问题

(一) 关于排架柱截面尺寸选择

一般不需要验算排架的水平变形，因此，排架柱截面尺寸符合表 8-2 的要求即可，不宜选择过大。

(二) 计算简图中柱的高度确定

牛腿顶和柱顶标高由工艺要求确定，按照设计任务书的要求确定即可。基础顶面标高取决于基础的埋深和基础高度。基础的埋深一般考虑土的冻深和持力层的位置，可有地质资料确定。基础高度取决于基础的抗冲切承载力要求，一般先假定一个尺寸，如取 0.8～1.0m。按照这些要求确定计算简图即可。如果最后基础高度验算不合适，使基础高度适当增大或减少，这对内力计算影响很小可以忽略。

(三) 关于荷载计算

(1) 对于吊车荷载，一跨内一般按两台吊车进行排架柱的荷载计算，并考虑吊车荷载的折减系数，分别计算吊车的竖向荷载和吊车的水平荷载。

（2）对于风荷载应注意风压高度变化系数和体型系数的取值，并考虑左风和右风情况。

（3）对屋面于雪荷载、屋面积灰荷载和屋面活荷载，应注意三者之间的关系：屋面积灰荷载只与屋面雪荷载和屋面活荷载中较大值同时考虑。

（四）排架结构的内力分析

一般采用剪力分配法，也可采用其他方法分析。在设计中，各种荷载作用下的内力均要计算并画出内力图，不能丢项。在画内力图时要把控制截面的内力数值和正负号标注清楚。避免在内力组合中出现错误。

（五）控制截面内力组合的注意事项

（1）每次组合都必须包括恒荷载项。

（2）每次组合以一种内力为目标来决定荷载项的取舍，例如，当考虑第（1）种内力组合时，必须以得到 $+M_{max}$ 为目标，然后得到与它对应的 N、V 值。

（3）当取 N_{max} 或 N_{min} 为组合目标时，应使相应的 M 绝对值尽可能的大，因此对于不产生轴向力而产生弯矩的荷载项（风荷载及吊车水平荷载）中的弯矩值也应组合进去。以 N_{min} 为组合目标时，对可变荷载效应控制的组合项目中，永久荷载作用效应的分项系数取 1.0。

（4）风荷载项中有左风和右风两种，每次组合只能取其中的一种。

（5）对于吊车荷载项要注意以下两点：

1）注意 D_{max}（或 D_{min}）与 T_{max} 之间的关系。由于吊车横向水平荷载不可能脱离其竖向荷载而单独存在，因此当取用 T_{max} 所产生的内力时，就应把同跨内 D_{max}（或 D_{min}）产生的内力组合进去，即"有 T，必有 D"。另一方面，吊车竖向荷载却是可以脱离吊车横向水平荷载而单独存在的，即"有 D 不一定有 T"。不过考虑到 T_{max} 既可向左又可向右作用的特性，如果取用了 D_{max}（或 D_{min}）产生的内力，总是要同时取用了 T_{max}（多跨时也只取一项）才能得最不利的内力。因此，在吊车荷载的内力组合时，要遵守"有 T_{max} 必有 D_{max}（或 D_{min}），有 D_{max}（或 D_{min}）也要有 T_{max}"的原则。

2）注意取用的吊车荷载项目数。在一般情况下，内力组合表中每一个吊车荷载项都是表示一个跨度内两台吊车的内力（已乘两台吊车时的吊车荷载折减系数 β，对轻级和中级 $\beta=0.9$，对重级和特重级 $\beta=0.95$）。因此，对于 T_{max}，不论单跨还是多跨排架，都只能取用表中的一项，对于吊车竖向荷载，单跨时在 D_{max} 或 D_{min} 中两者取一，多跨时或者取一项或者取两项（在不同跨内各取一项），当取两项时，吊车荷载折减系数 β 应改为四台吊车的值，故对其内力值应乘以转换系数，轻级和中级时为 $0.8/0.9$，重级和超重级时为 $0.85/0.95$。

（6）由于柱底水平剪力对基础底面将产生弯矩，其影响不能忽视，故在组合截面Ⅲ—Ⅲ的内力时，要把相应的水平剪力值求出。

（7）对于 $e_0 > 0.55h_0$ 的截面应验算裂缝宽度 $\omega_{max} < \omega_{lim}$，因此要进行荷载效应的准永久组合。

（8）需要验算地基的变形时，对于Ⅲ—Ⅲ截面还应做荷载作用效应的准永久组合。

（六）关于排架柱的配筋计算问题

由于排架所受荷载较多，一个截面所求出的内力组合项目较多。采用手算时需要进行取舍，其原则为：对大偏压，M 相等或接近时，取 N 小者；N 相等或接近时，M 取大者；对小偏压，M 相等或接近时，取 N 大者；N 相等或接近时，M 取大者；若几组内力不宜判断取舍必须都要进行验算。

（七）柱在施工阶段验算

柱的起吊有平吊和翻身起吊两种，验算时只取一种，并在图纸中注明起吊方法和起吊点。

（八）地基基础设计

应注意确定基础底面面积时应取荷载标准组合，确定基础高度和配筋时采用荷载的基本组合。经过内力组合后，柱底有多组内力，应使地基基础的设计均满足这些内力要求。切不可只对 N_{max}、M_{max} 进行地基基础设计。

第五节　课程设计任务书

一、设计题目

某金属装配车间双跨等高厂房结构设计。

二、设计内容

（1）计算排架所受的各项荷载。

（2）计算各种荷载作用下的排架内力（对于吊车荷载不考虑厂房的空间作用）。

（3）柱及牛腿设计，柱下独立基础设计。

（4）绘施工图：柱模板图和配筋图，基础模板和配筋图。

要求完成一根中柱或一根边柱的设计和相应柱下独立基础设计。

三、设计资料

学生一人一题：每位学生（按学号）所对应的设计参数如表 8-30 和表 8-31 所示。

（1）某金属装配车间为两跨厂房，跨度均为 L（m）。厂房总长 54m 柱距为 6m。厂房剖面如图 8-72 所示。

（2）厂房每跨内设两台吊车，A4 级工作制，吊车的有关参数如表 8-31 所示。

（3）建设地点为东北某城市，基本雪压 0.35kN/m²，雪荷载准永久值系数分区为 I 区。基本风压 0.55kN/m²。冻结深度 1.8m。

（4）厂区自然地坪下 0.8m 为回填土，回填土的下层 8m 为均匀黏性土，地基承载力特征值 $f_a=240$kPa，土的天然重度为 17.5kN/m³，土质分布均匀。下层为粗砂土，地基承载力特征值 $f_a=350$kPa。地下水位 −5.5m。

（5）厂房标准构件选用及荷载标准值：

1）屋架采用预应力折线形屋架，屋架自重标准值：21m 跨 95kN/每榀，24m 跨 109kN/每榀（均包括支撑自重）。

2）吊车梁选用钢筋混凝土等截面吊车梁，梁高 900mm，梁宽 300mm，自重标准值 39kN/根，轨道及零件自重 0.8kN/m，轨道及垫层构造高度 200mm。

3）天窗采用矩形纵向天窗，每榀天窗架每侧传给屋架的竖向荷载为34kN（包括自重、侧板、窗扇支撑等自重）。

4）天沟板自重标准值为2.02kN/m。

5）围护墙采用240mm厚面粉刷墙，自重5.24kN/m²。钢窗：自重0.45kN/m²，窗宽4.0m，窗高见剖面图（见图8-72）。维护墙直接支撑于基础梁上，基础梁截面为240mm×450mm。基础梁自重2.7kN/m。

（6）材料：混凝土强度等级和钢筋级别的选择由学生自己确定。也可参照给出的材料级别选用。混凝土强度等级C25～C30，柱的纵向钢筋采用HRB335（Ⅱ）级，其余钢筋采用HPB300级。

（7）屋面卷材防水做法及荷载标准值如下：

三毡四油防水层上铺小石子：0.4kN/m²。

25mm厚水泥砂浆找平层：0.5kN/m²。

100mm厚珍珠岩制品保温层：0.4kN/m²。

一毡二油隔汽层：0.05kN/m²。

25mm厚水泥砂浆找平层：0.5KN/m²。

6m预应力大型屋面板：1.4kN/m²。

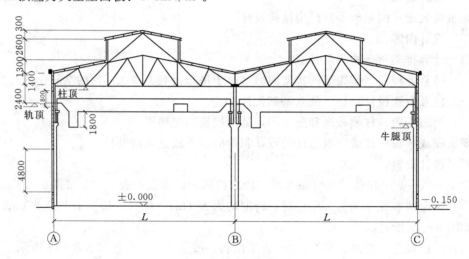

图8-72 单层厂房剖面图

表8-30 各学号所对应的桥式吊车序号和牛腿顶标高

跨度 L（m）	左跨吊车序号										右跨 吊车序号
	C1	C1	C1	C2	C2	C2	C2	C3	C3	C3	
21	1	2	3	4	5	6	7	8	9	10	C1
21	11	12	13	14	15	16	17	18	19	20	C2
21	21	22	23	24	25	26	27	28	29	30	C3
24	31	32	33	34	35	36	37	38	39	40	C1
24	41	42	43	44	45	46	47	48	49	50	C3

跨度 L (m)	左跨吊车序号										右跨 吊车序号
	C1	C1	C1	C2	C2	C2	C2	C3	C3	C3	
27	51	52	53	54	55	56	57	58	59	60	C1
27	61	62	63	64	65	66	67	68	69	70	C2
27	71	72	73	74	75	76	77	78	79	80	C3
轨顶标高 (m)	6.5	6.8	7.0	7.2	7.6	8.0	8.4	9.0	9.2	9.5	轨顶标高 (m)

表 8-31 吊车的有关参数参数表

吊车 序号	起重量 (kN)	桥跨 L (km)	小车重 G (kN)	最大轮压 p_{maxk} (kN)	大车轮距 K (m)	大车宽 B (m)	轨顶 以上高度 H (m)	吊车总重 (kN)
C1	300/50	25.5	118	310	5.25	6..65	2.6	475
		22.5	118	290	4.8	6.15	2.6	420
		19.5	118	280	4.8	6.15	2.6	365
C2	200/50	25.5	78	230	5.25	6.4	2.3	305
		22.5	78	215	4.4	5.55	2.3	320
		19.5	78	205	4.4	5.55	2.3	280
C3	150/30	25.5	74	195	5.25	6.4	2.15	360
		22.5	74	185	4.4	5.55	2.15	321
		19.5	74	175	4.4	5.55	2.15	285

四、进度安排与阶段性检查

单层工业厂房的课程设计要在两周内完成，按 12 天安排进度和阶段性检查，如表 8-28 所示。学生应严格按进度安排完成课程设计所规定的任务。

思 考 题

8-1 单层厂房结构设计在施工图阶段的内容和步骤是什么？

8-2 单层厂房横向承重结构有哪几种结构类型？它们各自的适用范围如何？

8-3 单层厂房结构布置的内容和要求是什么？结构布置的目的何在？

8-4 单层厂房中有哪些支撑？它们的作用是什么？

8-5 根据厂房的空间作用和受荷特点在内力计算时可能遇到哪几种排架计算简图？分别在什么情况下采用？

8-6 荷载组合的原则是什么？荷载组合中什么是基本组合？什么是标准组合？什么是准永久组合？各适用于什么情况？

8-7 单层厂房排架柱的控制截面有哪些？最不利内力有哪几种？为何这样考虑？

8-8 什么是单层厂房的整体空间作用？哪些荷载作用下厂房的整体空间作用最明

显？单层厂房整体空间作用的程度与哪些因素有关？

8-9　排架柱的截面尺寸和配筋是怎样确定的？牛腿的尺寸和配筋如何确定？

8-10　柱下单独基础的底面尺寸、基础高度（包括变阶处的高度）以及基底配筋是根据什么条件确定的？

8-11　为什么在确定基底尺寸时要采用全部地基土反力？而在确定基础高度和基底配筋时又采用土净反力（不考虑基础及其台阶上回填土自重）？

参考文献

［1］ 中华人民共和国国家标准．混凝土结构设计规范（GB 50010—2010）．北京：中国建筑工业出版社，2011.

［2］ 中华人民共和国国家标准．建筑结构荷载规范（GB 5009—2001）．北京：中国建筑工业出版社，2002.

［3］ 中华人民共和国国家标准．建筑地基基础设计规范（GB 50007—2011）．北京：中国建筑工业出版社，2012.

［4］ 中华人民共和国国家标准．钢结构设计规范（GB 50017—2003）．北京：中国建筑工业出版社，2003.

［5］ 中华人民共和国国家标准．砌体结构设计规范（GB 50003—2011）．北京：中国建筑工业出版社，2012.

［6］ 中华人民共和国国家标准．房屋建筑制图统一标准（GB/T 50001—2001）．北京：中国建筑工业出版社，2002.

［7］ 中华人民共和国国家标准．建筑制图标准（GB/T 50105—2001）．北京：中国建筑工业出版社，2002.

［8］ 中华人民共和国国家标准．中小学校建筑设计规范（GBJ 99—86）北京：中国建筑工业出版社．

［9］ 沈蒲生，梁兴文．混凝土结构设计．第4版．北京：高等教育出版社，2012.

［10］ 沈蒲生，梁兴文．混凝土结构设计设计原理．第4版．北京：高等教育出版社，2012.

［11］ 东南大学等四校．混凝土结构设计．北京：中国建筑工业出版社，2002.

［12］ 唐岱新，孙伟民．高等学校建筑工程专业课程设计指导书．北京：中国建筑工业出版社，2002.

［13］ 赵明华．土力学与基础工程．武汉：武汉理工大学出版社，2003.

［14］ 白国良．荷载与结构设计方法．北京：高等教育出版社，2003.

［15］ 建筑设计资料集（第二版）编委会．建筑设计资料集．北京：中国建筑工业出版社，1995.

［16］ 刘建荣，龙世潜．房屋建筑学课程设计任务书及设计基础知识．北京：中央广播电视大学出版社，1984.

［17］ 刘永才，等．工业与民用建筑专业毕业设计指导．武汉：武汉工业大学出版社，1997.

［18］ 沈蒲生，等．高等学校建筑工程专业毕业设计指导．北京：中国建筑工业出版社，2000.

［19］ 赵志缙，等．施工组织设计快速编制手册．北京：中国建筑工业出版社，1997.

［20］ 建筑施工手册编写组．建筑施工手册．北京：中国建筑工业出版社，1992.

［21］ 杨万渊，等．桥梁施工工程师手册．北京：人民交通出版社，1995.

［22］ 周水兴，等．路桥施工计算手册．北京：人民交通出版社，2001.

[23] 潘全祥，等．建筑工程施工组织设计编制手册．北京：中国建筑工业出版社，1997.

[24] 蔡雪峰，等．建筑施工组织．武汉：武汉工业大学出版社，1997.

[25] 姜卫杰，等．《建筑施工》学习指导．武汉：武汉工业大学出版社，2000.

[26] 周银河，等．建筑施工组织与预算．北京：中央广播电视大学出版社，1986.

[27] 黎谷，等．建筑施工组织与管理．北京：中国人民大学出版社，1986.

[28] 赵志缙，等．建筑施工．上海：同济大学出版社，1998.

[29] 毛鹤琴．土木工程施工．武汉：武汉工业大学出版社，2000.

[30] 刘金昌，等．建筑施工组织与现代管理．北京：中国建筑工业出版社，1996.

[31] 重庆建筑大学，等．建筑施工．北京：中国建筑工业出版社，1997.

[32] 刘志才，等．建筑工程施工项目管理．哈尔滨：黑龙江科学技术出版社，1996.

[33] 孙济生，等．建筑施工组织与项目管理．北京：中国建筑工业出版社，1997.

[34] 董玉学，等．工程网络计划技术．哈尔滨：黑龙江科学技术出版社，1991.

[35] 全国建筑施工企业项目经理培训教材编写委员会，等．施工组织设计与进度管理．北京：中国建筑工业出版社，1995.

[36] 杨劲，等．建筑项目进度控制．北京：中国地震出版社，1993.

[37] 闵小莹，等．土木工程施工课程设计指导．武汉：武汉理工大学出版社，2004.

[38] 江苏省建筑工程综合预算定额，2001.

[39] 江苏省建筑工程单位估价表（上、下），2001.

[40] 江苏省建筑安装工程费用定额，2001.

[41] 沈杰，等．建筑工程定额与预算．南京：东南大学出版社，19998.

[42] 钟善桐．钢结构．北京：中国建筑工业出版社，1988.

[43] 王肇民，等．钢结构设计原理．上海：同济大学出版社，1991.

[44] 陈绍蕃．钢结构．北京：中国建筑工业出版社，1994.

[45] 侯治国，混凝土结构．武汉：武汉理工大学出版社，2002.

[46] 王振东，混凝土结构及砌体结构．北京：中国建筑工业出版社，2002.